Mathematik heute 9

Regelschule
Thüringen

Realschulkurs

Herausgegeben von
Heinz Griesel, Helmut Postel, Rudolf vom Hofe

Mathematik heute 9

Regelschule
Thüringen

Realschulkurs

Herausgegeben und bearbeitet von

Professor Dr. Heinz Griesel
Professor Helmut Postel
Professor Dr. Rudolf vom Hofe

Joachim Baum, Arno Bierwirth, Bernhard Humpert, Dagmar Jantsch, Dirk Kehrig, Wolfgang Krippner, Prof. Dr. Matthias Ludwig

An dieser Ausgabe für Thüringen wirkten mit:
Christine Fiedler, Sylvia Günther, Edeltraud Reiche, Jörg Triebel, Ulrich Wenzel

Zum Schülerband erscheint:
Lösungen Best.-Nr. 87725
Arbeitsheft 9 Thüringen Realschulkurs Best.-Nr. 87715

Diagnostizieren. Fördern. Evaluieren.
Die OnlineDiagnose zu diesem Lehrwerk testet die wichtigsten Kompetenzen und erstellt individuelle Fördermaterialien und Arbeitshefte zum Downloaden oder Bestellen. Nähere Informationen unter **www.onlinediagnose.de**

westermann GRUPPE

© 2013 Bildungshaus Schulbuchverlage Westermann Schroedel Diesterweg Schöningh Winklers GmbH
Braunschweig, www.westermann.de

Das Werk und seine Teile sind urheberrechtlich geschützt. Jede Nutzung in anderen als den gesetzlich zugelassenen bzw. vertraglich zugestandenen Fällen bedarf der vorherigen schriftlichen Einwilligung des Verlages. Nähere Informationen zur vertraglich gestatteten Anzahl von Kopien finden Sie auf www.schulbuchkopie.de.

Für Verweise (Links) auf Internet-Adressen gilt folgender Haftungshinweis: Trotz sorgfältiger inhaltlicher Kontrolle wird die Haftung für die Inhalte der externen Seiten ausgeschlossen. Für den Inhalt dieser externen Seiten sind ausschließlich deren Betreiber verantwortlich. Sollten Sie daher auf kostenpflichtige, illegale oder anstößige Inhalte treffen, so bedauern wir dies ausdrücklich und bitten Sie, uns umgehend per E-Mail davon in Kenntnis zu setzen, damit beim Nachdruck der Verweis gelöscht wird.

Druck A^4 / Jahr 2021
Alle Drucke der Serie A sind im Unterricht parallel verwendbar.

Redaktion: Dr. Heike Bütow
Titel- und Innenlayout: Janssen Kahlert, Design & Kommunikation GmbH, Hannover
Illustrationen: Dietmar Griese; Zeichnungen: Günter Schlierf, Peter Langner
Satz: Konrad Triltsch, Print und digitale Medien GmbH, 97199 Ochsenfurt
Druck und Bindung: Westermann Druck GmbH, Braunschweig

ISBN 978-3-507-**87705**-4

Inhaltsverzeichnis

Zum methodischen Aufbau der Lerneinheiten 4
Einheiten – Verzeichnis mathematischer Symbole . 5

Bleib fit im Umgang mit Termen und Gleichungen . 6

1 Arbeiten mit Variablen – Potenzen ... 12

Lösen von linearen Gleichungen mit Klammern 12
Multiplizieren von Summen und Differenzen .. 18
△ Binomische Formeln 21
Potenzen mit ganzzahligen Exponenten 25
Wurzeln und irrationale Zahlen 35
Reelle Zahlen 39
Die Zahlenbereiche $\mathbb{N}$, $\mathbb{Q}_+$, $\mathbb{Q}$ und $\mathbb{R}$ 43
Vermischte und komplexe Übungen 44
Bist du fit? 47
Im Blickpunkt: Berechnen von Wurzeln und
Potenzen mit dem Computer 49

Bleib fit im Umgang mit dem Dreisatz 50

2 Funktionen – Lineare Funktionen 52

Funktionen als eindeutige Zuordnungen 53
Lineare Funktionen mit der Gleichung
$y = m \cdot x$ 62
Lineare Funktionen mit der Gleichung
$y = m \cdot x + n$ 69
Im Blickpunkt: Graphen linearer Funktionen –
Veranschaulichung mit Tabellenkalkulation .. 79
Vermischte und komplexe Übungen 80
Bist du fit? 83
Projekt: Funktionen – Messen und Darstellen. 84

3 Lineare Gleichungssysteme 86

Lineare Gleichungen mit zwei Variablen 87
Lineare Gleichungssysteme – Grafisches Lösen 94
Lineare Gleichungssysteme – Rechnerisches
Lösen 98
Anwenden von linearen Gleichungssystemen . 110
Vermischte und komplexe Übungen 116
Bist du fit? 117
Im Blickpunkt: Lösen eines linearen
Gleichungssystems mit Tabellenkalkulation . 118

4 Ähnlichkeit 120

Maßstäbliches Vergrößern und Verkleinern.... 121
Ähnliche Vielecke – Eigenschaften 123
Im Blickpunkt: Volumen bei zueinander
ähnlichen Körpern..................... 133

Hauptähnlichkeitssatz für Dreiecke –
Konstruieren und Begründen 135
Im Blickpunkt: Ähnlichkeit –
mit Maus und Monitor.................. 138
Strahlensätze 140
Berechnen von Längen in ebenen und
räumlichen Figuren 151
Vermischte und komplexe Übungen 154
Bist du fit? 157

Bleib fit im Umgang mit Pythagoras 158

5 Zusammengesetzte Körper 160

Darstellen und Berechnen von Körpern –
Wiederholung 161
Berechnungen an zusammengesetzten
Körpern 168
Vermischte und komplexe Übungen 172
Bist du fit? 174
Im Blickpunkt: Sehr groß – sehr klein 175
Projekt: Reguläre Polygone und Polyeder 176

6 Quadratische Gleichungen 178

Quadratische Gleichungen – Grafisches
Lösen 179
Rechnerisches Lösen einer quadratischen
Gleichung 185
Anwenden von quadratischen Gleichungen ... 195
Vermischte und komplexe Übungen 197
Bist du fit? 199
Im Blickpunkt: Goldener Schnitt 200

7 Zweistufige Zufallsexperimente 202

Zufall und Wahrscheinlichkeit 203
Zweistufige Zufallsexperimente und
Baumdiagramme 207
Pfadregeln zur Berechnung von
Wahrscheinlichkeiten 209
Vermischte und komplexe Übungen 213
Bist du fit? 215

■ Bist du topfit? 216

■ Anhang

Lösungen zu Bist du fit? 224
Lösungen zu Bist du topfit? 228
Stichwortverzeichnis 231

ZUM METHODISCHEN AUFBAU DER LERNEINHEITEN

Einstieg bietet einen direkten Zugang zum Thema.

Aufgabe mit vollständigem Lösungsbeispiel. Diese Aufgaben können alternativ oder ergänzend als Einstiegsaufgaben dienen. Die Lösungsbeispiele eignen sich sowohl zum eigenständigen Nacharbeiten als auch zum Erarbeiten von Lernstrategien.

Zum Festigen und Weiterarbeiten Hier werden die neuen Inhalte durch benachbarte Aufgaben, Anschlussaufgaben und Zielumkehraufgaben gefestigt und erweitert. Sie sind für die Behandlung im Unterricht konzipiert und legen die Basis für eine erfolgreiche Begriffsbildung.

Information Wichtige Begriffe, Verfahren und mathematische Gesetzmäßigkeiten werden hier übersichtlich hervorgehoben und an charakteristischen Beispielen erläutert.

Übungen In jeder Lerneinheit findet sich reichhaltiges Übungsmaterial. Dabei werden neben grundlegenden Verfahren auch Aktivitäten des Vergleichens, Argumentierens und Begründens gefördert, sowie das Lernen aus Fehlern.
Aufgaben mit Lernkontrollen sind an geeigneten Stellen eingefügt.
Grundsätzlich lassen sich fast alle Übungsaufgaben auch im Team bearbeiten. In einigen besonderen Fällen wird zusätzlich Anregung zur Teamarbeit gegeben.
Die Fülle an Aufgaben ermöglicht dabei unterschiedliche Wege und innere Differenzierung.

Vermischte und komplexe Übungen Hier werden die erworbenen Qualifikationen in vermischter Form angewandt und mit den bereits gelernten Inhalten vernetzt.

Bist du fit? Auf diesen Seiten am Ende eines Kapitels können Lernende eigenständig überprüfen, inwieweit sie die neu erworbenen Grundqualifikationen beherrschen. Die Lösungen hierzu sind im Anhang des Buches abgedruckt.

Im Blickpunkt / Projekt Hier geht es um komplexere Sachzusammenhänge, die durch mathematisches Denken und Modellieren erschlossen werden. Die Themen gehen dabei häufig über die Mathematik hinaus, sodass Fächer übergreifende Zusammenhänge erschlossen werden. Es ergeben sich Möglichkeiten zum Arbeiten in Projekten und zum Einsatz neuer Medien.

Bist du topfit? Auf diesen Seiten am Ende des Buches können Lernende eigenständig überprüfen, inwieweit sie die in der Jahrgangsstufe 9 erworbenen Qualifikationen beherrschen.

Piktogramme weisen auf besondere Anforderungen bzw. Aufgabentypen hin:

Teamarbeit	Suche nach Fehlern	Internet	Dynamische Geometrie-Software	Tabellenkalkulation

Zur Differenzierung

Der Aufbau und insbesondere das Übungsmaterial sind dem Schwierigkeitsgrad nach gestuft. Dem Lehrer sei daher empfohlen, bei den schwierigeren Aufgaben zu überprüfen, welche für seine Schüler noch angemessen sind. Eine weitere Hilfe für die individuelle Förderung der einzelnen Schüler geben die folgenden Zeichen:
Anspruchsvolle Aufgaben sind durch eine rote Aufgabennummer, z. B. **7.** gekennzeichnet.
Zusätzliche Aufgabenstellungen sind durch △ und ▲ gekennzeichnet.

Einheiten

Längen

10 mm	= 1 cm
10 cm	= 1 dm
10 dm	= 1 m
1 000 m	= 1 km

Flächeninhalte

100 mm^2	= 1 cm^2	100 m^2	= 1 a
100 cm^2	= 1 dm^2	100 a	= 1 ha
100 dm^2	= 1 m^2	100 ha	= 1 km^2

Die Umwandlungszahl ist 100

Volumina

1 000 mm^3	= 1 cm^3	1 dm^3	= 1 l
1 000 cm^3	= 1 dm^3	1 000 ml	= 1 l
1 000 dm^3	= 1 m^3	1 cm^3	= 1 ml

Die Umwandlungszahl ist 1 000

Massen

1 000 mg	= 1 g
1 000 g	= 1 kg
1 000 kg	= 1 t

Die Umwandlungszahl ist 1 000

Zeitdauer

60 s	= 1 min
60 min	= 1 h
24 h	= 1 d

Mathematische Symbole

Zahlen

$a = b$	a gleich b	$\frac{a}{b}$	Bruch mit dem Zähler a und dem Nenner b
$a \neq b$	a ungleich b	$\|a\|$	Betrag von a
$a < b$	a kleiner b	a^n	Potenz aus Basis (Grundzahl) a und Exponent (Hochzahl) n; a hoch n
$a > b$	a größer b		
$a \approx b$	a ungefähr gleich (rund) b	$p\%$	p Prozent
$a + b$	Summe aus a und b; a plus b	$\mathbb{N}$	Menge der natürlichen Zahlen
$a - b$	Differenz aus a und b; a minus b	$\mathbb{Z}$	Menge der ganzen Zahlen
$a \cdot b$	Produkt aus a und b; a mal b	$\mathbb{Q}$	Menge der rationalen Zahlen
$a : b$	Quotient aus a und b; a durch b	$\mathbb{Q}_+$	Menge der gebrochenen Zahlen
		$\mathbb{R}$	Menge der reellen Zahlen

Geometrie

$\overline{AB}$	Verbindungsstrecke der Punkte A und B; Strecke mit den Endpunkten A und B; Länge der Strecke $\overline{AB}$	$P(x\|y)$	Punkt P mit den Koordinaten x und y
		ABC	Dreieck mit den Eckpunkten A, B und C
AB	Verbindungsgerade durch die Punkte A und B; Gerade durch A und B	ABCD	Viereck mit den Eckpunkten A, B, C und D
$\overrightarrow{AB}$	Strahl mit dem Anfangspunkt A durch den Punkt B	$\sphericalangle PSQ$	Winkel mit dem Scheitel S und den Schenkeln $\overrightarrow{SP}$ und $\overrightarrow{SQ}$
$g \parallel h$	Gerade g ist parallel zur Geraden h	$F \sim G$	Figur F ist ähnlich zu Figur G
$g \perp h$	Gerade g ist senkrecht zur Geraden h	$F \cong G$	Figur F ist kongruent zu Figur G
		h_a	Höhe auf der Seite a

Bleib fit im ...
Umgang mit Termen und Gleichungen

Zum Aufwärmen

1. Das Kantenmodell rechts soll in verschiedenen Größen hergestellt werden.
   a) Für die Berechnung des Materialbedarfs wurden folgende Terme aufgestellt. Erläutere die Terme.
      (1) $4x + 12x + 4x$ (2) $2 \cdot 8x + 4x$
   b) Bestimme einen möglichst einfachen Term für den Materialbedarf.
   c) Berechne den Materialbedarf für eine Kantenlänge von (1) $x = 4$ cm; (2) $x = 6{,}5$ cm.

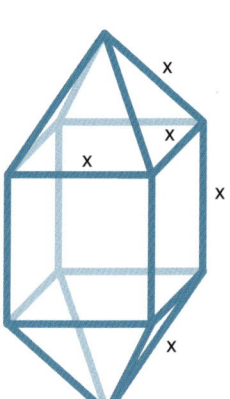

2. Vereinfache die Terme:
   a) $6 \cdot (3x + 15) - 40$ b) $120a - 5 \cdot (20 - 4a)$

3. Bestimme die Lösungsmenge der Gleichung:
   a) $5x - 7 = 2x + 5$ b) $17 - 3x = 5x - 11$ c) $7a - 14 + 2a = 16 - 3a + 10$

Zum Erinnern

(1) Wertgleiche Terme – Termumformungen

Zwei Terme heißen **wertgleich**, wenn sie bei *jeder* beliebigen Einsetzung übereinstimmende Werte ergeben. Wenn nichts anderes vereinbart wurde, ist die Menge der rationalen Zahlen der Variablengrundbereich.

Bei einer **Termumformung** wird ein Term in einen anders aufgebauten, aber *wertgleichen* Term umgeformt. Man verbindet beide Terme durch ein Gleichheitszeichen.

> **Vorrangregeln für die Berechnung von Termen**
> (1) Das Innere einer Klammer wird zuerst berechnet.
> (2) Wenn durch Klammer nicht anders vorgeschrieben, geht Punktrechnung vor Strichrechnung und Potenzrechnung noch vor Punktrechnung und vor Strichrechnung.
> (3) Sonst wird von links nach rechts gerechnet.

(2) Struktur (Name) eines Terms

Bei der Berechnung eines Terms kommt eine Rechenart zuletzt an die Reihe. Diese entscheidet über die Struktur des Terms.

Beispiel:
$(15 \cdot 3 - 10) : 7$
$= (45 - 10) : 7$
$= 35 : 7$
$= 5$

Rechenart, die zuletzt an die Reihe kommt	Struktur des Terms
Addieren	Summe
Subtrahieren	Differenz
Multiplizieren	Produkt
Dividieren	Quotient
Potenzieren	Potenz

Das Dividieren kommt zuletzt an die Reihe. Der Term $(15 \cdot 3 - 10) : 5$ ist also ein *Quotient*.

(3) Termumformungen

(a) *Zusammenfassen gleichartiger Glieder*

Beispiele:

> Gleichartige Glieder unterscheiden sich nur in den Zahlfaktoren

(1) $3x + 7x$
    $= 10x$

(2) $-16a + 3b + 4a$
    $= -12a + 3b$

(3) $17a - 2ab + 6a + 4ab$
    $= 23a + 2ab$

(b) *Multiplizieren und Dividieren von Produkten*

Beispiele:

(1) $7x \cdot 8y = 56xy$

(2) $21ab : 7 = 3ab$

(3) $24a^2 b : 6ab = 4a$ $(a, b \neq 0)$

(c) *Auflösen von Klammern bei Produkten und Quotienten*

> Jedes Glied der Klammer mit dem Faktor multiplizieren

Beispiele:

(1) $8 \cdot (2x + 3)$
    $8 \cdot 2x + 8 \cdot 3$
    $= 16x + 24$

(2) $(3a - b) \cdot 2c$
    $= 3a \cdot 2c - b \cdot 2c$
    $= 6ac - 2bc$

(3) $(12ax - 16x) : 4x$ $(x \neq 0)$
    $= 12ax : 4x - 16x : 4x$
    $= 3a - 4$

(d) *Ausklammern eines gemeinsamen Faktors*

Beispiele:

(1) $7 - 21a$
    $= 7 \cdot (1 - 3a)$

(2) $8x^2 - 2x$
    $= 2x \cdot (4x - 1)$

(3) $15ab - 9abc$
    $= 3ab \cdot (5 - 3c)$

(e) *Auflösen von Klammern bei Summen und Differenzen – Minusklammern*

Beispiele:

> Plusklammer kann man weglassen

> Minusklammern auflösen

(1) $17b + (3a - 5b)$
    $= 17b + 3a - 5b$
    $= 3a + 12b$

(2) $-(6r + 5s)$
    $= (-1) \cdot (6r + 5s)$
    $= -6r - 5s$

(3) $8a - 2 \cdot (a - 4b)$
    $= 8a - 2a + 8b$
    $= 6a + 8b$

(4) Lösung einer Gleichung – Lösungsmenge

Eine Zahl ist **Lösung** einer Gleichung, wenn nach dem Einsetzen der Zahl für die Variable eine wahre Aussage entsteht.
Alle Lösungen einer Gleichung zusammengefasst ergeben die **Lösungsmenge L** der Gleichung.

(5) Umformungsregeln für Gleichungen

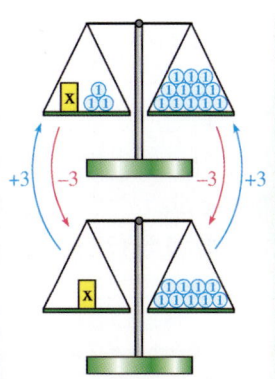

Additions- und Subtraktionsregel:

Addiert oder subtrahiert man auf beiden Seiten einer Gleichung dieselbe Zahl, so ändert sich die Lösungsmenge nicht.

$x + 3 = 12$
$x + 3 - 3 = 12 - 3$
$x = 9$

Multiplikations- und Divisionsregel:

Multipliziert (dividiert) man beide Seiten einer Gleichung mit derselben Zahl (durch dieselbe Zahl) ungleich 0, so ändert sich die Lösungsmenge nicht.

$8x = 24$
$8x : 8 = 24 : 8$
$x = 3$

BLEIB FIT

Bleib fit im Umgang mit Termen und Gleichungen

(6) Strategie beim Bestimmen der Lösungsmenge einer Gleichung

> Um die Variable auf einer Seite zu isolieren, kann man in folgenden Schritten vorgehen:
>
> (1) *Zusammenfassen* gleichartiger Glieder auf beiden Seiten der Gleichung (Anwenden von Termumformungsregeln)
> (2) *Sortieren* der Summanden: mit Variable auf eine Seite, ohne Variable auf die andere Seite der Gleichung (Anwenden der Additions- und Subtraktionsregel für Gleichungen)
> (3) *Isolieren* der Variablen durch Division durch deren Vorfaktor (Anwenden der Multiplikations- und Divisionsregel für Gleichungen)
> (4) Kontrollieren der Lösung mithilfe einer Probe.
> (5) Notiere die Lösungsmenge.
>
> *Beispiel:*
> $x + 2 + 5x = 4 + 2x + 6$
> $6x + 2 = 2x + 10$
> $4x = 8$
> $x = 2$
>
> LS: $4 + 2 \cdot 2 + 6 = 14$
> RS: $2 + 2 + 5 \cdot 2 = 14$
> Lösungsmenge $L = \{2\}$

Zum Trainieren

4. Gib die Struktur (den Namen) des Terms an. Berechne auch den Wert des Terms.

a) $15 \cdot 3 - 10 : 5$ c) $2 \cdot (4 \cdot 3 - 5)$ e) $(24 + 5 \cdot 18) : 6$ g) $\frac{3 + 45}{9}$

b) $12 + 11 \cdot 3$ d) $14 - 18 : 6$ f) $42 : 7 + 15$ h) $\frac{23 - 5}{6}$

5. Gib die Struktur (den Namen) des Terms an.

a) $x \cdot (a + 4b)$ b) $(8x - 12y) : 4$ c) $(2x - y)^2$ d) $7x \cdot (26y : 13)^2$

6. Stelle den Term auf und gib seine Struktur an. Berechne den Wert des Terms für
(1) $a = 8$ und $b = 4$;   (2) $a = 12{,}5$ und $b = 7{,}5$.

a) Multipliziere 4 mit a und subtrahiere davon b.
b) Addiere zu 2a die Summe aus b und dem Dreifachen von a.
c) Bilde die Differenz aus dem Vierfachen von a und dem Vierfachen von b.
d) Multipliziere die Differenz aus a und b mit 4.
e) Multipliziere die Summe aus 2 und a mit der Summe aus b und 2.

7. Beschreibe den Term in Worten. Um was für einen Term handelt es sich?

a) $2x - 5$ b) $2 \cdot (x - 5)$ c) $x^2 - 5$ d) $(x - 5)^2$ e) $(x - 5) : 2$

8. Setze für x nacheinander die Zahlen 1, 2, 0, 5, 10, −1, −3 ein und berechne jeweils ohne Taschenrechner den Wert des Terms. Lege eine Tabelle an.

a) $3x - 5$ b) $3 \cdot (x - 5)$ c) $(6x + 9) : 3$ d) $(x + 2) \cdot (x - 1)$ e) $2(x - 5)^2$

9. Setze für y nacheinander die Zahlen 2,25; 6,75; −5,45; 123; −245 ein und berechne jeweils mithilfe des Taschenrechners den Wert des Terms. Lege eine Tabelle an.

a) $17y + 87$ b) $(y - 94) \cdot (-12)$ c) $(84y - 144) : 12$ d) $15 \cdot (33 - y)^2$

10. Fasse gleichartige Glieder zusammen.

a) $5x + 3x$ c) $219x^2 - 112x^2 - 47x^2$ e) $a - b + 6a + b - 7a$

b) $14y + 16y - 3y$ d) $240cb - 17cb + 28cb$ f) $7a^2 - 2b^2 + 5a^2 + 8b^2$

Bleib fit im Umgang mit Termen und Gleichungen — BLEIB FIT 9

11. Vereinfache den Term.

a) $7 \cdot 9a$
b) $18z : 2$
c) $12x^2 \cdot (-3x)$
d) $27a^3 : 9a$
e) $0{,}5x^2 \cdot 12xy$
f) $(-7)z^2 \cdot 24x$
g) $48a^2 : 16a$
h) $-6ab : 2a$
i) $-48xy : (-8y)$
j) $7 \cdot 9a + 5a \cdot 2$
k) $-3 \cdot 5b + 10b : (-2)$
l) $6x^4y : (-1x^2) - (-2x) \cdot 3xy$

12. Der Versorgungsbetrieb einer Großstadt liefert Brauchwasser zu folgenden Preisen:
Grundpreis für den Zähler: 36,50 € pro Jahr;   Verbrauchspreis: 5,60 € pro m³

a) Stelle einen Term auf, mit dem man zu jeder Menge verbrauchten Wassers (in m³) den Preis (in €) berechnen kann.
b) Berechne mithilfe des in Teilaufgabe a) aufgestellten Terms den Preis für 127 m³, 154 m³, 187 m³ verbrauchten Wassers.

13. Ein Versorgungsunternehmen bietet Gas zu folgenden Preisen an:
Grundgebühr: 343,95 € pro Jahr
Verbrauchspreis: 36,35 ct pro m³

a) Stelle einen Term auf, mit dem man zu jeder jährlich verbrauchten Gasmenge (in m³) den Preis (in €) berechnen kann.
b) Berechne mithilfe des in Teilaufgabe a) aufgestellten Terms den Preis für 5 256 m³, 6 359 m³, 7 061 m³ Gas.

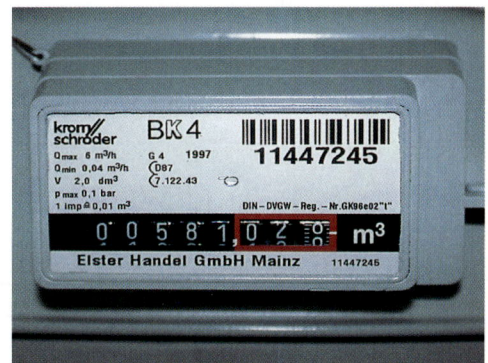

14. Löse die Klammer auf.

a) $9 \cdot (a + 2)$
b) $(-3) \cdot (1 + x)$
c) $(24x + 36) : 4$
d) $(8x^2 - 6x) : 2x$
e) $(2x + 7y) \cdot (-9)$
f) $(10x - 4) : (-2)$
g) $a \cdot (x + 3y)$
h) $(5y - 2z) \cdot 4x$
i) $\frac{a}{2} \cdot (14a - 30b)$
j) $(16a^2 - 28ab) : 4a$
k) $(6x^2y + 7x^3y^2) : x$
l) $(49xy^2 - 84x^2y) : 7y$

15. Löse die Minusklammer auf. Vereinfache den Term, soweit möglich.

a) $-(5x + 9)$
b) $-(2a^2 - 5b)$
c) $-(8xy + 2z)$
d) $2{,}5a - (8a + 3b)$
e) $7a - 5 \cdot (2y - 3z)$
f) $4a - 2 \cdot (8a - 2b + 3a)$

16. Klammere einen gemeinsamen Faktor aus.

a) $5a + 5b$
b) $2xy - 5x$
c) $7ab + 5a$
d) $9a - 3ab$
e) $10pq + 15q - 20pq$
f) $\frac{2}{3}x + \frac{2}{3}y + \frac{2}{3}z$
g) $r \cdot s - r^2$
h) $r^2 - r$
i) $15u^2v - 5u^2s + 20uv^2 - 45uv$
j) $14x^2y - 7x^2y^2 + 84xy^2 + 49x$
k) $39ab^2c + 13abc - 26a^2bc + 52a^2b^2c^2$
l) $27de^2 - 9ef^2 - 18d^2e + 81def$

17. Welche Terme sind wertgleich?

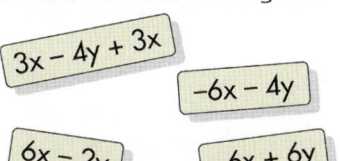
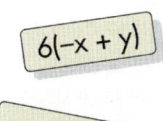
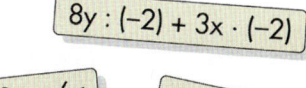

BLEIB FIT

18. Ergänze den fehlenden Term in der Klammer.

a) $3a^2 \cdot (4a + \square) = 12a^3 + 9a^2b$

b) $-5x \cdot (7x - \square) = -35x^2 + 25x$

c) $9c \cdot (4a + \square) = 36ac + 63bc$

d) $9a \cdot (3b + \square) = 27ab + 81a^2$

e) $(1 + \square) \cdot (-8k) = -8k - 16k^2$

f) $10x^2 \cdot (4 + \square) = 40x^2 - 50x^2y$

19. Löse die Klammern auf. Fasse dann zusammen.

a) $5a - 3b + 7(a + b)$
$xy - 9x + x(3 - y)$
$7(x + y) + (x - y) \cdot 3$

b) $-2(x + y) + 4x - 9y$
$ab - 6a(2a + 5b) - 21a^2$
$-9(8x + 2y) - (x - 6y) \cdot 11$

c) $\frac{1}{3}(9r - 12s) + (5s - 4r)$
$7a + \frac{3}{5}b + \frac{a}{2}(22 - b)$
$-\frac{x}{4}(28 - 8x) + \frac{x}{5}(15x + 20)$

> Multiplikationszeichen können weggelassen werden.
> $4(a + b)$ statt $4 \cdot (a + b)$

20. Klammere den Faktor (-1) aus.

a) $-5 - a$
$-x - y$
$-b - 7$

b) $-x + y$
$-4 + q$
$a - 3$

c) $-r^2 - 9$
$-ab + 20$
$-x^2y - 11$

d) $a + b - c$
$r - s^2 + rs$
$-q - p$

e) $-2a + 5b - 9c$
$-x - 2y - 3z$
$\frac{4}{5} + x + y$

21. Wurde richtig umgeformt? Berichtige gegebenenfalls das Ergebnis.

a) $-x(x + y) = -x^2 + xy$

b) $(x^2 - y) \cdot 3x = 3x^3 - 3yx^3$

c) $(a + b) \cdot 2a = 2a^2 + b$

d) $(a^2 - b^2) - (a^2 + b^2) = 0$

e) $5a - 2b(a + b) = 3a - 2b^2$

f) $4x - 2x(x + y) = 4x - 2x^2 + y$

g) $7x^2 - 15x(2x + y) = -8x(2x + y)$

h) $2{,}5r - r(3 + s) = 2{,}5r - 3rs$

22. Setze für $\square$ nacheinander passende Terme ein, sodass du jeweils ausklammern kannst.

a) $12x^2y^3 + \square \cdot y^2$

b) $72x^3y^2 + 108 \square z^3$

c) $-84 \square y^2 + \square \cdot \square \cdot y$

23. Suche Einsetzungen für a und b, sodass sich einer der Werte rechts ergibt. Findest du verschiedene Möglichkeiten?

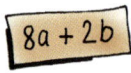 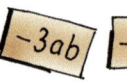 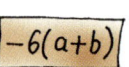 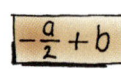 {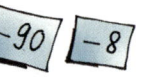

24. Bestimme die Lösungsmenge. Welche Umformungsregeln für Gleichungen und welche Termumformungen wendest du an?

a) $24x - 40 = 19x$

b) $150 + 8x = 4x + 170$

c) $85 - 6x = 19 - 3x$

d) $63 - 7y = 8y - 12$

e) $37 - 3a + 4 = 7a + 13 - 2a$

f) $4z - 7 + z = 24 + 2z - 10$

> Vergiss die Probe nicht

25. Löse das Zahlenrätsel mithilfe einer Gleichung.

a) Subtrahiert man vom Doppelten einer Zahl 15, so erhält man 17.

b) Wenn man zum 8fachen der gesuchten Zahl 5 addiert, erhält man 4 weniger als das 7fache der Zahl.

c) Verringert man das 9fache einer Zahl um 12, so erhält man dasselbe, wie wenn man das 7fache der Zahl um 2 vergrößert.

26. Gib zu der Gleichung ein Zahlenrätsel an. Bestimme auch die gesuchte Zahl.

a) $2a - 16 = 3$

b) $18 - 3x = x$

c) $\frac{x}{3} + 7 = 12$

d) $9a - 19 = 26 + 3a$

27. Aus einem 1,20 m langen Draht soll ein Dreieck hergestellt werden. Die längste Seite ist 12 cm länger, die kürzeste 12 cm kürzer als die mittlere Seite.

a) Berechne mithilfe einer Gleichung die Seitenlänge der mittleren Seite.

b) Gib die Länge der anderen Seiten an.

28. Ein Taxifahrer verlangt für eine Taxifahrt einen Grundpreis von 2,65 € und für jeden gefahrenen Kilometer 0,68 €.

a) Ergänze die Tabelle.

Länge der Strecke (in km)	Kosten (in €)
3	
6,5	
x	

b) Ein Fahrgast muss 10,47 € bezahlen. Berechne mithilfe einer Gleichung die Länge der gefahrenen Strecke.

29. Herr Jung wird gefragt wie alt er sei. Herr Jung antwortet mit einem Rätsel: „Meine Frau, unsere Tochter und ich sind zusammen 100 Jahre alt. Meine Frau ist doppelt so alt wie unsere Tochter und fünf Jahre jünger als ich."
Wie alt ist jeder?

30. In einem gleichschenkligen Dreieck (siehe rechts) soll die Winkelgröße γ gegeben sein. Stelle eine Formel für die Winkelgröße α auf.
Berechne mit der Formel die Winkelgröße α für γ = 70°. Kontrolliere das Ergebnis.

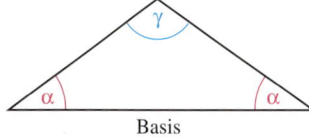

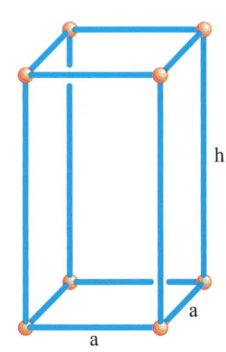

31. Das Kantenmodell eines Quaders mit quadratischer Grundfläche soll gebaut werden.

a) Stelle eine Formel für die Gesamtkantenlänge auf (siehe links).

b) Berechne mithilfe der Formel die Kantenlänge a, wenn der Quader 15 cm hoch und das Kantenmodell aus einem 100 cm langen Stab gebaut werden soll.

32. a) Auf einer Wanderkarte (Maßstab 1 : 50 000) beträgt die Entfernung zweier Burgen 5,8 cm. Wie groß ist die wirkliche Entfernung (Luftlinie)?

b) Auf einem Lageplan (Maßstab 1 : 750) ist ein rechteckiges Grundstück 4,0 cm lang und 3,2 cm breit. Wie breit und wie lang ist das Grundstück in der Wirklichkeit?

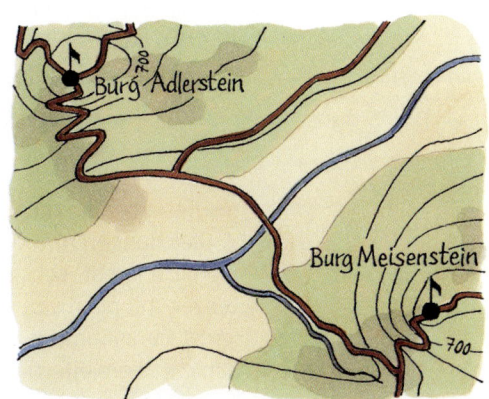

1 Arbeiten mit Variablen – Potenzen

Für die Beschreibung von Längen hast du bereits Vorsätze (Vorsilben) kennengelernt, mit denen du große Entfernungen oder kleine Abstände angeben kannst. Die Vorsätze kilo (k) und milli (m) nutzt du für die Längeneinheiten km und mm.

Noch wesentlich dünner als ein Millimeter sind moderne Beschichtungen z. B. für Oberflächen von Solarzellen oder Fahrzeugkarosserien. Diese dünnen Schichten sorgen dafür, dass Wasser, andere Flüssigkeiten oder Verschmutzungen von der Oberfläche abperlen.

Das bekannteste Beispiel ist das Abperlen des Wassers von den Blättern der Lotosblume. Man spricht daher auch vom *Lotuseffekt*.

Solche Schichten sind z. B. nur ein tausendstel mm bzw. ein millionstel Meter dick.
Für ein millionstel gibt es den Vorsatz mikro (Abkürzung µ)

Mikrometer: 1 µm = 0,000 001 m.

Noch dünnere Schichten, die aus nur einigen hundert Atomen oder Molekülen bestehen, sind sogar nur wenige milliardstel Meter dick. Für ein milliardstel gibt es den Vorsatz nano (Abkürzung n)

Nanometer: 1 nm = 0,000 000 001 m

→ Informiere dich, z. B. im Internet oder Lexikon, über den Lotuseffekt.

→ Vergleiche die Längeneinheiten m, mm, µm, nm. Du kannst auch eine Einheitentabelle erstellen.

→ Gib den Durchmesser der abgebildeten Kugeln in µm und mm an.

→ Bestimme, wie viele Beschichtungen der Dicke 1 µm eine Schichtdicke von 0,1 mm ergeben.

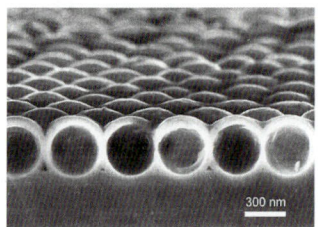

In diesem Kapitel lernst du …
… Gleichungen mit Klammern zu lösen und Produkte aus Summen und Differenzen umzuformen. Du lernst, sehr kleine und sehr große Zahlen mithilfe von Vorsätzen und von Zehnerpotenzen mit positiven und negativen Exponenten zu schreiben. Im Zusammenhang mit Wurzeln lernst du außerdem, den Zahlenbereich der rationalen Zahlen zum Zahlenbereich der reellen Zahlen zu erweitern.

Arbeiten mit Variablen – Potenzen

LÖSEN VON LINEAREN GLEICHUNGEN MIT KLAMMERN
Gleichungen mit Klammern

Einstieg

Ich denke mir eine Zahl und subtrahiere 7. Das Ergebnis multipliziere ich mit 3. Ich erhalte -6. Wie heißt die Zahl?

Aufgabe

1. Bestimme die Lösungsmenge der Gleichung.

a) $2(x + 3) = 19$ b) $7(2x - 4) - 1 = 3x + 4$

Lösung

a)
$$2(x + 3) = 19$$
$$2 \cdot x + 2 \cdot 3 = 19$$
$$2x + 6 = 19 \quad | -6$$
$$2x = 13 \quad | :2$$
$$x = 6{,}5$$

Ergebnis: $L = \{6{,}5\}$

Probe:

$2 \cdot (6{,}5 + 3) = 19$ (w?)	
LS: $2 \cdot (6{,}5 + 3)$ $= 2 \cdot 9{,}5$ $= 19$	RS: 19

b)
$$7(2x - 4) - 1 = 3x + 4$$
$$7 \cdot 2x - 7 \cdot 4 - 1 = 3x + 4$$
$$14x - 28 - 1 = 3x + 4$$
$$14x - 29 = 3x + 4 \quad | -3x$$
$$11x - 29 = 4 \quad | +29$$
$$11x = 33 \quad | :11$$
$$x = 3$$

Ergebnis: $L = \{3\}$

Probe:

$7(2 \cdot 3 - 4) - 1 = 3 \cdot 3 + 4$ (w?)	
LS: $7(2 \cdot 3 - 4) - 1$ $= 7 \cdot 2 - 1$ $= 13$	RS: $3 \cdot 3 + 4$ $= 9 + 4$ $= 13$

Zum Festigen und Weiterarbeiten

2. Bestimme die Lösungsmenge.

a) $4 \cdot (x + 5) = 28$ c) $12x + 20 = 2(3x + 1)$ e) $13 - (x + 2) = 9$

b) $(z - 9) \cdot 4 = 10$ d) $13 + (5 - 2x) = 19$ f) $-19x - 4(16 - 2x) = x + 12$

3. a) Tim und Julia haben unterschiedliche Lösungswege notiert. Erkläre und bewerte.

b) Bestimme die Lösungsmenge.

(1) $5(x - 7) = 0$ (2) $\frac{1}{5}(x + 5) = 2$ (3) $7(2a + 3) = 14$ (4) $\frac{1}{2}(-2y - 5) = 0$

Übungen

4. Bestimme die Lösungsmenge. Kontrolliere dein Ergebnis.

a) $4(x+3) - 2x = 22$
$x + 5(18 - x) = 46$
$2(5a - 1) + 3a = 19$

b) $4x + 3(1 + 2x) = 73$
$(8a + 1) - 2a = 124$
$22x - (9 - 3x) = 41$

c) $\frac{3}{2}(y - 10) - y = 0$
$y + \frac{1}{3}(y + 6) = 22$
$6\left(\frac{1}{3}x - 2\right) - x = 0$

5. Bestimme die Lösungsmenge.

a) $6(4 + x) = 5(x - 6) + 60$
b) $5(x - 3) = 2(7 - x) - 1$
c) $(12 + 3x) \cdot \frac{1}{3} = 7(2 - x) - 2$
d) $14 + 2(3x - 1) = 3(x - 8) + 66$

e) $6(7 - 2p) + 2 = 5(6 - 4p) + 46$
f) $5k + 4\left(\frac{1}{2}k - 6\right) = k + (12 - 2k) \cdot 2 + 12$
g) $6\left(4 - \frac{1}{2}r\right) - 2r = \frac{1}{3}(15 - 3r) + 19$
h) $\frac{1}{4}(12h + 8) - h = 2(14 - 2h + 6)$

6.
a) $5(x - 7) - 4x = 11$
b) $8x + (4x - 4) \cdot 2 = -8$
c) $4t + 5(-4 - t) = -7$
d) $10 + 3(4x - 5) = 15x + 40$
e) $2x + 8(-12 - x) = 54 - 18x$
f) $12(x - 0{,}4) + 0{,}9 = 10x - 0{,}7$

g) $32 + 2{,}25a = 0{,}25a - (0{,}5a + 8)$
h) $4(0{,}1 - 5x) - x = 1{,}7 - 20x$
i) $9(4 - 6s) = -21 + 3(2{,}5s - 1{,}5)$
j) $(x - 0{,}7) = (4x + 2{,}4) \cdot \frac{1}{8}$
k) $5x + 2(x^2 - 1) = 3x + 2x^2 - 8$
l) $2x(x + 1) = x(2x - 1) - 9$

7. Bestimme die gesuchte Zahl mithilfe einer Gleichung. Überprüfe die Lösung am Text.

a) Wenn man eine Zahl um 1,5 vergrößert und das Ergebnis verdoppelt, erhält man das 3fache der gesuchten Zahl.

b) Wenn man eine Zahl von 30 subtrahiert und die Differenz mit 0,5 multipliziert, erhält man 40.

Mehrere Möglichkeiten

8. Bei den folgenden Aufgaben kann man die Lösungsmenge auch bestimmen, ohne die Klammern aufzulösen.

a) $4(x + 3) = 28$
b) $(x - 2) \cdot 6 = 6$
c) $(x + 1) : 5 = -2$
d) $(x - 7) : 4 = 1$
e) $(z - 3) \cdot 5 = 15$
f) $(a + 3) : 5 = 17$
g) $\frac{4}{5}(5x - 5) = 40$
h) $3(8 + s) : 4 = 6$

9. Bestimme die Lösungsmenge. Denke an die Probe.

a) $(2x - 3) + (8x - 7) = 40$
b) $(8x - 5) - (3x - 10) = 35$
c) $(6x + 40) - (10x + 14) = 18$
d) $(14a - 10) - (6a + 8) = 14$
e) $14x - (10x - 6) = 12x - (6x + 16)$
f) $24y - (18y - 6) - 18 - (8 - 2y) = 0$

10.
a) $(2x + 3) + (6x - 4) = (9x - 3) + (8x - 16)$
b) $(10x - 4) - (5x - 6) = (8x - 1) - (4x - 7)$
c) $5(a + 1) - 3(4 - a) = 6(a - 1) + 5$
d) $7z - 2(z + 3) = 3z - 3(8 - 2z)$

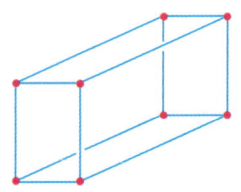

11. Aus einem Draht der Länge 8 m soll ein Modell eines Quaders hergestellt werden. Die Breite ist doppelt so lang wie die Länge; die Höhe ist 7-mal so lang wie die Länge. Bestimme Länge, Breite und Höhe.

12. Die Seiten eines Rechtecks sind 8 cm und 5 cm lang.
Um wie viel cm muss man die längere Seite des Rechtecks verlängern, damit der Flächeninhalt des neuen Rechtecks 100 cm² beträgt?

Besondere Verfahren bei Gleichungen mit Brüchen

Aufgabe

1. Bestimme die Lösungsmenge der Gleichung $\frac{3}{4}x - \frac{1}{2} = \frac{1}{6}x - \frac{9}{4}$.
   Dies kann auf zwei unterschiedlichen Wegen erfolgen. Vergleiche sie.

   Lösung

   1. Weg:
   Es wird mit Brüchen gerechnet.

   $\frac{3}{4}x - \frac{1}{2} = \frac{1}{6}x - \frac{9}{4}$ $|-\frac{1}{6}x$ $|+\frac{1}{2}$
   $\frac{3}{4}x - \frac{1}{6}x = -\frac{9}{4} + \frac{1}{2}$
   $\frac{9}{12}x - \frac{2}{12}x = -\frac{9}{4} + \frac{2}{4}$
   $\frac{7}{12}x = -\frac{7}{4}$ $|\cdot \frac{12}{7}$
   $x = -\frac{7 \cdot 12}{4 \cdot 7}$
   $x = -3$
   $L = \{-3\}$

   2. Weg:
   Die Brüche werden beseitigt.   *(12 ist Hauptnenner)*

   $\frac{3}{4}x - \frac{1}{2} = \frac{1}{6}x - \frac{9}{4}$ $|\cdot 12$
   $(\frac{3}{4}x - \frac{1}{2}) \cdot 12 = (\frac{1}{6}x - \frac{9}{4}) \cdot 12$
   $\frac{3}{4}x \cdot 12 - \frac{1}{2} \cdot 12 = \frac{1}{6}x \cdot 12 - \frac{9}{4} \cdot 12$
   $9x - 6 = 2x - 27$ $|-2x$ $|+6$
   $7x = -21$ $|:7$
   $x = -3$
   $L = \{-3\}$

   Bei Gleichungen mit Brüchen ist es oft günstiger, zunächst die Brüche zu beseitigen.

Zum Festigen und Weiterarbeiten

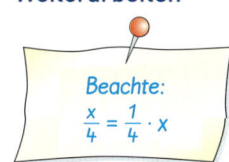

Beachte:
$\frac{x}{4} = \frac{1}{4} \cdot x$

2. Bestimme die Lösungsmenge.
   a) $\frac{x}{4} = \frac{1}{2}$ b) $-\frac{7}{8} = \frac{x}{16}$ c) $\frac{z}{2} + \frac{z}{5} = 7$ d) $\frac{x}{3} - \frac{x}{4} = 1$ e) $\frac{x}{15} + \frac{x}{10} = \frac{1}{6}$

3. Bestimme die Lösungsmenge.
   a) $\frac{x-2}{3} = 5$ b) $\frac{x+2}{5} = \frac{x}{4}$ c) $\frac{a+3}{4} = \frac{a-2}{2}$ d) $\frac{z-1}{2} + \frac{z+3}{6} = 6$

4. Bestimme die Lösungsmenge wie in der Lösung zu Aufgabe 1 auf zwei verschiedenen Wegen. Vergleiche und bewerte beide Lösungswege.
   a) $\frac{2}{3}x + \frac{3}{8} = \frac{5}{3}x - \frac{1}{4}$ b) $\frac{4}{3} - \frac{2}{5}x = \frac{3}{5} - \frac{1}{3}x$ c) $\frac{1}{2}x - \frac{1}{3} = \frac{5}{6}x - \frac{3}{7}$

Übungen

5. Bestimme die Lösungsmenge. Denke an die Probe.
   a) $\frac{x}{3} + \frac{x}{4} = 7$ c) $\frac{x}{8} + 5 = \frac{x}{3}$ e) $\frac{7x}{2} - \frac{3x}{4} = \frac{11}{4}$ g) $\frac{5}{12}z - \frac{7}{18}z = 2$
   b) $-\frac{x}{2} - \frac{x}{5} = 7$ d) $\frac{y}{2} - \frac{y}{3} = -\frac{1}{3}$ f) $\frac{3x}{5} - \frac{1}{15} = \frac{2x}{5}$ h) $\frac{7}{9}x - \frac{13}{6}x = \frac{1}{12}$

6. a) $\frac{5}{6}(x-3) = 10$ b) $-\frac{1}{3}(x+21) = -4$ c) $\frac{3}{4}(z+8) = \frac{1}{3}(z-12)$

7. a) $\frac{x}{8} = \frac{x+5}{4}$ b) $\frac{2a-1}{3} = 5$ c) $\frac{3b+1}{2} = \frac{21-2b}{3}$ d) $\frac{7-z}{2} + \frac{6+6z}{3} = \frac{25+3z}{4}$

8. Dezimalbrüche in einer Gleichung kann man ebenfalls beseitigen.

   $0{,}7x + 3{,}87 = 2{,}4$ $|\cdot 100$
   $70x + 387 = 240$

   a) Rechne das Beispiel rechts zu Ende. Führe auch die Probe durch.
   b) Bestimme die Lösungsmenge. Beginne wie im Beispiel.
      (1) $4{,}2x + 3{,}9 = 2{,}6x + 39{,}1$ (2) $0{,}48x - 4{,}17x = 250 - 3{,}19x$

Sonderfälle bei der Lösungsmenge einer Gleichung

Einstieg

Anna hat sich ein Zahlenrätsel ausgedacht.

„Ich denke mir eine Zahl. Zu ihrem Doppelten addiere ich 7, subtrahiere dann ihr Dreifaches und noch 8. Dasselbe Ergebnis erhalte ich, wenn ich von 4 die Zahl subtrahiere und anschließend noch 5 subtrahiere. Welche Zahl habe ich mir gedacht?"

Aufgabe

1. Bestimme die Lösungsmenge.

a) $3(4x + 8) = 2(12 + 6x)$

b) $6(8x - 5) = 12(3 + 4x)$

Lösung

a) $3(4x + 8) = 2(12 + 6x)$
$12x + 24 = 24 + 12x$ $\quad | -12x$
$24 = 24$ (wahr)

Du erkennst schon an der vorletzten Gleichung: *Jede* rationale Zahl ist Lösung der Gleichung. Setzt man irgendeine Zahl ein, beispielsweise 5, so erhält man eine wahre Aussage:
$12 \cdot 5 + 24 = 24 + 12 \cdot 5$
Jede Zahl ist Lösung der Gleichung.

$L = \mathbb{Q}$

b) $6(8x - 5) = 12(3 + 4x)$
$48x - 30 = 36 + 48x$ $\quad | -48x$
$-30 = 36$ (falsch)

Du erkennst schon an der vorletzten Gleichung: *Keine* rationale Zahl ist Lösung der Gleichung. Setzt man irgendeine Zahl ein, beispielsweise 2, so erhält man eine falsche Aussage:
$48 \cdot 2 - 30 = 36 + 48 \cdot 2$
Die Gleichung hat keine Lösung.
Die Lösungsmenge ist leer.
$L = \{ \}$

Information

Die **Lösungsmenge einer Gleichung** kann auch gleich der Menge $\mathbb{Q}$ der rationalen Zahlen oder gleich der leeren Menge $\{ \}$ sein.

Zum Festigen und Weiterarbeiten

2. a) Welcher Lösungsweg ist fehlerhaft? Suche den Fehler. Begründe deine Antwort.

b) Ändert die Multiplikation mit x bzw. mit (x − 3) auf beiden Seiten die Lösungsmenge der Gleichung? Prüfe dazu jeweils, ob die angegebene Zahl Lösung der Gleichung vor und nach der Umformung ist.

(1) $\quad 2x + 5 = 1 - 2x \quad | \cdot x$
$(2x + 5) \cdot x = (1 - 2x) \cdot x$
Führe die Probe mit der Zahl 0 durch.

(2) $\quad 4x + 3 = 3x + 4 \quad | \cdot (x - 3)$
$(4x + 3) \cdot (x - 3) = (3x + 4) \cdot (x - 3)$
Führe die Probe mit der Zahl 3 durch.

Arbeiten mit Variablen – Potenzen

3. Bestimme die Lösungsmenge. Beende die Rechnung möglichst frühzeitig.
- a) $x + 5 = x + 9$
- b) $2x - 7 = 2x - 7$
- c) $8x - 5 = 8x + 5$
- d) $8x = 2x$
- e) $2x + 4 = 3x + 4$
- f) $2 - 4x = 7 - 4x$
- g) $2(10x + 3) = 5(4x - 1) + 11$
- h) $(2x - 4) \cdot 3 = 4(4 + 2x) - 2x$
- i) $-8(x + 3) + 2(12 + 4x) = 0$

Information

Die Multiplikation (Division) auf beiden Seiten einer Gleichung mit einem Term, der eine Variable enthält, ist *nicht immer* eine zulässige Anwendung der Multiplikations- und Divisionsregel, weil der Term gleich 0 werden kann.

Übungen

4. Bestimme die Lösungsmenge.
- a) $3x + 7 + 9x = 10 - 12x - 3$
- b) $3w - 7 + 9w = 10 + 12w + 3$
- c) $3x + 7 + 9x = 10 + 12x - 3$
- d) $3p - 4{,}6 + 2p = 8p - 4{,}6 - 3p$
- e) $10x - 13{,}5 - 30x = 11x - 13{,}5 - 30x$
- f) $15a + 0{,}9 - 10a = 1{,}5 + 5a - 0{,}6$

5. Notiere die Lösungsmenge. Überlege dazu, welche Zahlen die Gleichung erfüllen.
- a) $2x = x + x$
- b) $x = x + 5$
- c) $x \cdot x = -4$
- d) $0 \cdot x = 5$
- e) $2(x - x) = 5$
- f) $0 \cdot x = 0$
- g) $x : (-1) = 0$
- h) $2x + 1 = 2x$
- i) $7x + 8 = 8 + 7x$
- j) $x^2 = 0$
- k) $1 + \frac{x}{2} = \frac{1}{2}x + 1$
- l) $5 : x = 0$

6. Multipliziere die Gleichung (1) $2x = x - 3$ (2) $-5x = 6 - x$ mit
- a) 10,
- b) x,
- c) 5x,
- d) x – 3.

Wann liegt eine zulässige Anwendung der Multiplikations- und Divisionsregel vor?

7. Kontrolliere, ob die Gleichungen fehlerfrei gelöst wurden.

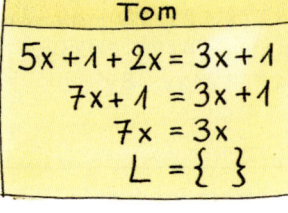
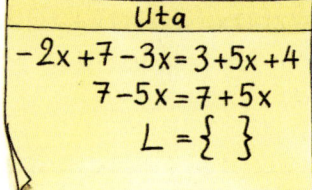
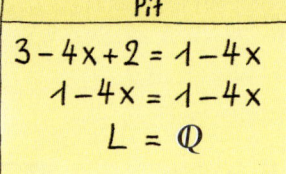

8. Bestimme die Lösungsmenge.
- a) $6x + 12 = 30 - 3x$
- b) $18x - 7 = 29x - 7$
- c) $y + 9 \cdot 3y = 2 - 2y$
- d) $1 - 4z = 4z - 1$
- e) $3(4x + 5) = 2(3 + 5x)$
- f) $2(9x - 4) = 3(6x + 5)$
- g) $4(5 - 6y) = 3(7 - 8y)$
- h) $15(2z + 6) - 4 = 6 \cdot (5z) + 86$
- i) $12(7 - 3x) + 6 = 100 - 6 \cdot (6x)$
- j) $5(3 - 2a) + 5 = -10 - 5 \cdot (5a)$
- k) $(3 - 2k) - (2k + 5) = 7 - 3k$
- l) $6(4 - 9x) - 18(3x - 2) = 60$

zu 9.
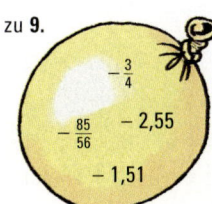

9.
- a) $5a - 8{,}3 + a + 4{,}9 - 12a + 11{,}5 + 3a - 0{,}8 + 6a - 9{,}1 + a + 12 = 0$
- b) $7{,}5r - 4{,}25 - 2{,}8r + 9{,}03 - 8{,}3r - 11{,}6 + 0{,}2r + 0{,}37 - 2{,}2r - 2{,}05 = 0$
- c) $4s + \frac{1}{4} - \frac{1}{2}s - \frac{3}{8} - s - \frac{1}{3} + s + \frac{1}{8} - 3s - \frac{1}{2} - \frac{2}{3}s + \frac{1}{12} = 0$

MULTIPLIZIEREN VON SUMMEN UND DIFFERENZEN

Einstieg

Der Garten der Familie Meier hat die Form eines Rechtecks. Die Anteile der Rasenfläche, Blumenbeete usw. am Garten sind im Bild rechts veranschaulicht.
Berechne die Größe des Gartens auf zwei Wegen:

→ Gib für jede der Berechnungsweisen einen Term mit den Variablen a, b, c, d an.

→ Berechne die Gesamtfläche durch Einsetzen der Werte für a, b, c, d.

Aufgabe

1. a) Wie kannst du bei den folgenden Termen die Klammern auflösen? Führe dies durch. Du erhältst eine Umformungsregel.
   (1) $(a + b) \cdot (c + d)$ (2) $(a - b) \cdot (c + d)$

   b) Wende diese Regel auf die folgenden Produkte an:
   (1) $(3x + 7y) \cdot (4y + 2z)$ (2) $(2x - 4y) \cdot (7x + 2y)$

   Lösung

   a) (1) $(a + b) \cdot e = a \cdot e + b \cdot e$
   $(a + b) \cdot (c + d) = a \cdot (c + d) + b \cdot (c + d)$
   $= a \cdot c + a \cdot d + b \cdot c + b \cdot d$

   (2) $(a - b) \cdot (c + d) = a \cdot (c + d) - b \cdot (c + d)$
   $= a \cdot c + a \cdot d - b \cdot c - b \cdot d$

   Zweimal das Distributivgesetz anwenden

   b) (1) $(3x + 7y) \cdot (4y + 2z) = 3x \cdot 4y + 3x \cdot 2z + 7y \cdot 4y + 7y \cdot 2z$
   $= 12xy + 6xz + 28y^2 + 14yz$

   (2) $(2x - 4y) \cdot (7x + 2y) = 2x \cdot 7x + 2x \cdot 2y - 4y \cdot 7x - 4y \cdot 2y$
   $= 14x^2 + 4xy - 28xy - 8y^2$
   $= 14x^2 - 24xy - 8y^2$

Information

> **Auflösen von zwei Klammern in einem Produkt**
>
> Jedes Glied der einen Klammer wird mit jedem Glied der anderen Klammer multipliziert. Die Zeichen + und − werden nach den Vorzeichenregeln bestimmt.
>
> **$(a + b) \cdot (c + d) = ac + ad + bc + bd$**   **$(a - b) \cdot (c + d) = ac + ad - bc - bd$**
>
> *Beispiele:*
>
> (1) $(3 + x) \cdot (7 + y) = 21 + 3y + 7x + xy$ (2) $(3 - x) \cdot (7 + y) = 21 + 3y - 7x - xy$

Zum Festigen und Weiterarbeiten

2. Löse bei dem folgenden Term die Klammern auf.

   a) $(a + b) \cdot (c - d)$ c) $(14 + x) \cdot (y - 12)$ e) $(a + b) \cdot (c + d - e)$
   b) $(a - b) \cdot (c - d)$ d) $(3a - 7b) \cdot (4c - 2d)$ f) $(2 + a) \cdot (b + 2 - c)$

Arbeiten mit Variablen – Potenzen

3. Löse die Klammern auf. Fasse, wenn möglich, zusammen.
   a) $(x + 4) \cdot (y + 3)$
   b) $(2 + a) \cdot (7 - b)$
   c) $(a + 1) \cdot (a + 1)$
   d) $(x - y) \cdot (b - c)$
   e) $(4a + 2) \cdot (a + 1)$
   f) $(3 - x) \cdot (3 + x)$
   g) $(2a - 1) \cdot (3a + 4)$
   h) $(5x - 1) \cdot (4x - 1)$
   i) $(a - x) \cdot (a - x)$

4. Löse die Produkte auf.
   a) $5(x - 3)(x + 2)$
   b) $-(a + 7)(a - 5)$
   c) $(x - y)(2 - x) \cdot (-5)$
   d) $\frac{1}{2}(3 - 2x)(x - 6)$
   e) $-\frac{2}{3}(a - 5)(2 + 4a)$
   f) $(2x - 3y)(4x + 6y) \cdot \left(-\frac{1}{2}\right)$

5. Bestimme die Lösungsmenge. Löse zuvor die Klammern auf. Was ist neu?
   a) $(x + 7) \cdot (x - 4) = x^2 + 2$
   b) $(x - 2) \cdot (x - 5) = x^2 + 3$
   c) $(5x - 2) \cdot (x + 4) = 5(x^2 + 2)$
   d) $(2x - 5) \cdot (5x - 2) = 10x^2 - 34x$
   e) $(3x - 1) \cdot (4x + 2) = (2x + 1) \cdot (6x - 2)$

Probe!

$(x + 3) \cdot (x - 1) = x^2 + x - 1$
$x^2 + 3x - x - 3 = x^2 + x - 1 \quad | -x^2$
$3x - x - 3 = x - 1$
$2x - 3 = x - 1 \quad | -x$
$x - 3 = -1 \quad | +3$
$x = 2$
$L = \{2\}$

Übungen

6. Löse die Klammern auf.
   a) $(x + 7)(y + 4)$
   $(2 + a)(2 + a)$
   $(-a - b)(x - y)$
   b) $(4 - 5x)(4 - 5x)$
   $(8r + 3s)(7s - 2t)$
   $(8a - 3b)(5c - 7d)$
   c) $(-4a + 6b)(3a - 9)$
   $(-6u - v)(3w - 5t)$
   $(-2a - 9b)(-5 - 7c)$

7. Kontrolliere Janinas Hausaufgaben. Berichtige auch.

$(x - y)(2 - x) = 2x - 2y^2 - x^2 - xy$
$(x - 4)(x - 4) = x^2 - 16$
$(-x + y)(2 + x) = -2x - x^2 - 2y - x^2$

$(4a + b)(4a + b) = 16a^2 + b^2$
$(2a - 1)(x + a) = 2ax - a$
$(-3a + b)(a - 2b) = -3a^2 - 5ab - 2b$

8. Löse die Klammern auf. Fasse dann zusammen.
   a) $(a + 11)(a + 11)$
   $(9 - x)(4 + x)$
   $(x - 0{,}3)(x + 7)$
   b) $(8 - 7x)(4x + 1)$
   $(r - 4s)(r + 4s)$
   $(4a - 1{,}5)(0{,}3 - 2a)$
   c) $(-5x - 7y)(4x + 2y)$
   $(2a + 9b)(2a - 9b)$
   $(-4r - 2s)(-7r + 3s)$

In jedem deiner Ergebnisse sollte einer der Terme auftauchen:
$-1\frac{2}{5}r \quad -t^2 \quad 10\frac{2}{5}a$
$10\frac{2}{3}ab \quad -\frac{1}{4}ab \quad -4uv$
$\frac{17}{48}ab \quad -1\frac{1}{15}xy \quad -5xy$

9. a) $\left(a - \frac{2}{5}\right)(10 - a)$
   $(1 - r)\left(\frac{2}{5} - r\right)$
   $\left(\frac{1}{8} - t\right)\left(t + \frac{1}{8}\right)$
   b) $\left(\frac{1}{3}x - y\right)\left(x - \frac{1}{5}y\right)$
   $\left(9a - \frac{1}{2}b\right)\left(5a + \frac{1}{4}b\right)$
   $(7x - 3y)\left(\frac{2}{3}x - \frac{3}{7}y\right)$
   c) $\left(-\frac{1}{4}u + v\right)(-5u - 4v)$
   $(-2a - 9b)\left(-a - \frac{5}{6}b\right)$
   $\left(-\frac{1}{6}a + \frac{1}{2}b\right)\left(\frac{2}{3}a - \frac{1}{8}b\right)$

10. a) $(a + b + c)(a - b)$
   $(x - y - z)(x^2 - y)$
   b) $(a^2 - 4)(2c + d - 3)$
   $(3r + s^2)(7r + u - v)$
   c) $(8 - 5x)(7 - x + 2y)$
   $(4y^2 - 5)(2y^2 - 6y + 7)$

11. a) $7ab + 2a^2 - b^2 + (5a - 3b)(9a - 6b)$
   b) $8xy - (2x - 5y)(2x - 3y) + 3x^2 - 4y^2$
   c) $4 - (2x^2 - y^2)(x - y) + 3x^3 - 2xy^2 + 4y^3$
   d) $9pq^2 - (4p - 3q^2)(2p + q) + 8p^2 - 14pq$

$7a - (4a + 3)(2b - 4)$
$= 7a - (8ab - 16a + 6b - 12)$
$= 7a - 8ab + 16a - 6b + 12$
$= 23a - 8ab - 6b + 12$

Vorsicht: Minusklammer

12.
a) $(a+b)(c+d) + (a+b)(c-d)$
$(x-y)(2+x) - (x+y)(x-2)$
$(3-x)(2-y) + (x-y)(3-x)$

b) $6y^2 - 11 + (2x+3y)(3x-2y)$
$5x^2 - 50y^2 + (2x-9y)(x+6y)$
$41 + (11-5x)(3-x^2) + 5x^3 - 15x$

13. Stelle eine Formel für den Flächeninhalt auf; vereinfache sie.

a)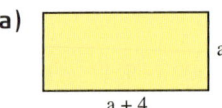
b)
c)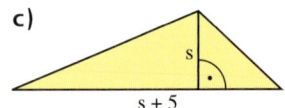

14. Bestimme die Lösungsmenge.

a) $(x+7)(x-4) = x^2 + 2$
b) $(x-2)(x-5) = x^2 + 3$
c) $(2x+1)(3x-1) = 6x^2$
d) $(x-1)(x+6) = x^2 + 4x + 4$
e) $(6x+2)(x-3) = (3x+1)(2x-4)$
f) $(3x-5)(3x+2) = (x-7)(9x+1)$
g) $(9x+5)(2x-8) = (6x+1)(3x-10)$
h) $(x-8)(x+14) - (x+3)(x+2) = -1$

15. Suche die Fehler in Michas Rechnung. Korrigiere dann.

$x^2 - (x+1)(x-3) = 7$
$x^2 - x^2 - 3x + x - 3 = 7$
$-2x - 3 = 7$
$-2x = 4$
$x = -2$

Probe:
LS:
$(-2)^2 - (-2+1)(-2+3)$
$= 4 - (-1) \cdot (1)$
$= 5$

RS:
7

16.
a) $(3a-4)(2a+1) - (6a^2 - 9) = 15$
b) $-10b^2 - (7-2b)(5b-2) = 271$
c) $(-c+6)(4c-9) = 2 + 72c - 4c^2$
d) $26 - (x+1)(2x-1) = 4(x+3) - 2x^2$
e) $(-r+3)(-2r+4) = (2r-5)(r-1) + 2$
f) $(7-t)(0,7+t) + (t+3)(t-0,5) = -1$
g) $4(5s-1)(2-5s) = (-10s+4)(-7+10s)$
h) $(8u+1)(3-6u) = 3(16u-1)(-1-u)$

17. Wie heißt die Zahl? Kontrolliere am Text.

a) Ich denke mir eine Zahl, subtrahiere 2 und multipliziere das Ergebnis mit der um 1 verringerten Zahl. Ich erhalte dann dasselbe Ergebnis, wenn ich vom Quadrat der gedachten Zahl 7 subtrahiere.

b) Zum Doppelten einer Zahl addiere ich 1 und multipliziere das Ergebnis mit dem um 1 verringerten Dreifachen der gedachten Zahl. Ich erhalte dann das Sechsfache des Quadrates der Zahl.

18. Verkürzt man die längere Seite eines Rechtecks um 8 cm und verlängert die kürzere Seite um 4 cm, so erhält man ein zum Rechteck flächeninhaltsgleiches Quadrat.
Wie lang ist die Quadratseite? Wie lang sind die Seiten des ursprünglichen Rechtecks?

19. Steffi vergleicht ein Rechteck mit einem Quadrat und stellt fest:
Die Länge des Rechtecks übertrifft die Quadratseitenlänge um 3 cm. Die Breite des Rechtecks ist um 2 cm kleiner als die Quadratseitenlänge. Trotzdem haben Quadrat und Rechteck den gleichen Flächeninhalt.
Wie lang ist die Quadratseite?

Arbeiten mit Variablen – Potenzen

△ BINOMISCHE FORMELN
△ Quadrate von Summen und Differenzen

Einstieg

Der Garten der Familie Hansel hat die Form eines Quadrats. Welche Teile sind quadratisch, welche rechteckig?

→ Berechnet die Größe des Gartens auf zwei Wegen. Stellt zunächst Terme auf.

→ Wieso folgt daraus
$(a + b)^2 = a^2 + 2ab + b^2$ für positive Zahlen a und b?

→ Präsentiert eure Ergebnisse.

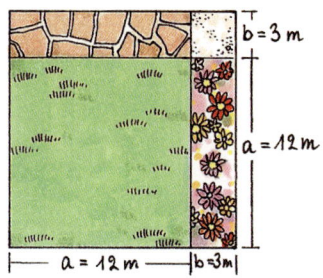

Aufgabe

△ **1.** Löse die Klammern auf. Schreibe Teilaufgabe a) und b) zunächst als Produkt.

a) $(a + b)^2$ b) $(a - b)^2$ c) $(a + b) \cdot (a - b)$

Lösung

a) $(a + b)^2 = (a + b) \cdot (a + b) = a^2 + ab + ba + b^2 = a^2 + 2ab + b^2$
b) $(a - b)^2 = (a - b) \cdot (a - b) = a^2 - ab - ba + b^2 = a^2 - 2ab + b^2$
c) $(a + b) \cdot (a - b) = a^2 - ab + ba - b^2 = a^2 - b^2$

Information

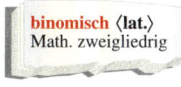
binomisch ⟨lat.⟩
Math. zweigliedrig

Binomische Formeln:

$(a + b)^2 = a^2 + 2ab + b^2$ (1. binomische Formel)
$(a - b)^2 = a^2 - 2ab + b^2$ (2. binomische Formel)
$(a + b) \cdot (a - b) = a^2 - b^2$ (3. binomische Formel)

Zum Festigen und Weiterarbeiten

△ **2.** Vergleiche die Lösungswege und bewerte sie.

(1) $(a + 3)^2 = (a + 3)(a + 3)$
$= a^2 + 3a + 3a + 9$
$= a^2 + 6a + 9$

(2) $(a + 3)^2 = a^2 + 6a + 9$

△ **3.** Notiere die binomischen Formeln auch mit anderen Variablen als a und b.

a) $(x + y)^2 = \ldots$
$(x - y)^2 = \ldots$
$(x + y) \cdot (x - y) = \ldots$

b) $(p + q)^2 = \ldots$
$(p - q)^2 = \ldots$
$(p + q) \cdot (p - q) = \ldots$

c) $(r + s)^2 = \ldots$
$(r - s)^2 = \ldots$
$(r + s)(r - s) = \ldots$

△ **4.** Wende eine binomische Formel an.

a) $(x + 1)^2$
$(x - 5)^2$
$(x + 2)(x - 2)$

b) $(y + 6)^2$
$(y - 3)^2$
$(y + 4)(y - 4)$

c) $(a + 7)^2$
$(a - 6)^2$
$(a - 3)(a + 3)$

d) $(3 + x)^2$
$(4 - x)^2$
$(1 - x)(1 + x)$

△ **5.** Erkläre die nebenstehende Rechnung und rechne ebenso.

a) $(4a)^2$ c) $(\frac{1}{2}x)^2$ e) $(1{,}5c)^2$ g) $(2{,}5r)^2$

b) $(6p)^2$ d) $(\frac{2}{3}b)^2$ f) $(-2x)^2$ h) $(-\frac{3}{4}z)^2$

$$(3x)^2 = 3x \cdot 3x = 9x^2$$

△ **6. a)** Rechts wird die erste binomische Formel auf den Term $(2x + 3y)^2$ angewandt. Erkläre die Rechnung.

$$(a + b)^2 = a^2 + 2 \cdot a \cdot b + b^2$$
$$(2x + 3y)^2 = (2x)^2 + 2 \cdot 2x \cdot 3y + (3y)^2$$
$$= 4x^2 + 12xy + 9y^2$$

b) Wende eine binomische Formel an.

(1) $(x + 3)^2$ (2) $(x - 4)^2$ (3) $(z + 3)(z - 3)$ (4) $(0{,}5x - 3)^2$

$(2x + 3)^2$ $(2x - y)^2$ $(2x + 1)(2x - 1)$ $(8x + \frac{3}{4})^2$

$(3x + 2y)^2$ $(7x - 5y)^2$ $(3b - 2)(3b + 2)$ $(\frac{1}{2} - 4y) \cdot (\frac{1}{2} - 4y)$

△ **7.** Löse die Gleichung mithilfe einer binomischen Formel.

a) $(x + 2)^2 = x^2 + 8$ c) $(y + 4)^2 = (y - 3)^2$ e) $(a - 5)(a + 5) = (a - 7)(a + 4)$

b) $(x - 1)^2 = (x - 7)^2$ d) $(z + 5)^2 = (z + 3)^2$ f) $(2y - 4)^2 - 3y = 4(y + 3)(y - 4)$

Übungen

△ **8.** Wende eine binomische Formel an.

a) $(a + 5)^2$ b) $(6 + b)^2$ c) $(x + 11)^2$ d) $(y - 17)^2$

$(a - 7)^2$ $(2 - b)^2$ $(20 - x)^2$ $(19 - y)(y + 19)$

$(a + 3)(a - 3)$ $(1 + b)(1 - b)$ $(x + 9)(9 - x)$ $(2{,}5 + y)^2$

△ **9.** Kontrolliere, ob richtig gerechnet wurde. Korrigiere, falls nötig.

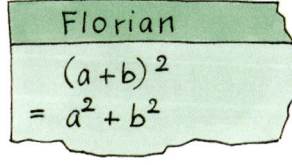
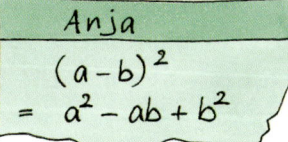
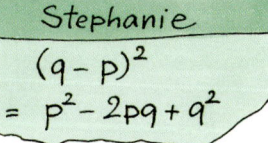
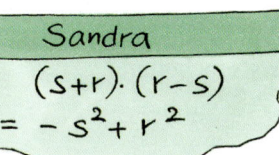

△ **10.** Löse die Klammern auf: $(7x)^2$, $(15m)^2$, $(0{,}2y)^2$, $(\frac{1}{5}r)^2$, $(\frac{3}{4}a)^2$, $(\frac{k}{10})^2$, $(xy)^2$.

△ **11.** a) $(3p + 4)^2$ b) $(3x + y)^2$ c) $(4a + 3b)^2$ ▲ d) $(\frac{4}{5}x - y)^2$

$(5p - 3)^2$ $(8x - y)^2$ $(6a - 5b)^2$ $(\frac{1}{2}x + \frac{2}{3}y)^2$

$(2p + 7)(2p - 7)$ $(4x + y)(4x - y)$ $(9a - b)(9a + b)$ $(\frac{1}{3}x + y)(\frac{1}{3}x - y)$

Vorsicht bei Minusklammern

△ **12.** Wende eine binomische Formel auf einen Teilterm an und fasse dann zusammen.

a) $3 + (2a + 4)^2$ d) $8x - (5x - 1)^2 - 20x^2$ g) $4x^2 + (3x - 1)(3x + 1) + 5$

b) $7x + (2x + 1)^2$ e) $4p^2 + (3p - 5)^2 - 2p$ h) $2a^2 - (3 - 2a)(3 + 2a) + 11$

c) $(3c - 4)^2 + 7c^2$ f) $8s^2 - (3s - 2)^2 + 7s$ i) $9b + (2a - 3b)(2a + 3b) - 4a$

Arbeiten mit Variablen – Potenzen

KAPITEL 1

△ 13. a) $(-4+x)^2$ b) $(r+(-s))^2$ c) $(-6x+y)^2$ d) $(-3a+2b)^2$
          $(x+(-3))^2$ $(-r-s)^2$ $(+4x+(-3y))^2$ $(-a+4b)(-a-4b)$
          $(-2-x)^2$ $(-r+s)^2$ $(-5x-7y)^2$ $(8u-7v)(8u+7v)$

zu 15.

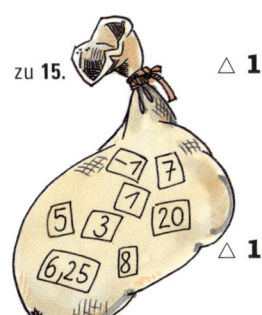

△ 14. Löse die Klammern auf und fasse zusammen.
  a) $(a+3b)^2 + (a+b)(4a+b)$
  b) $(5a-b)^2 + (3a+b)(a-3b)$
  c) $(2x-y)(2x+y) - (x+3y)^2$
  d) $(8x-y)(8x-y) - 4(8x+y)^2$
  e) $(0{,}5x+0{,}3y)^2 - (0{,}2x-0{,}4y)^2$
  f) $\left(\frac{a}{2}-2b\right)^2 + \left(6a-\frac{b}{3}\right)^2$

△ 15. Bestimme die Lösungsmenge. Führe auch die Probe durch.
  a) $(x+3)^2 = (x-1)^2$
  b) $(x+1)^2 = (x-2) \cdot (x+7)$
  c) $(x-6)(x+6) = (x-8)^2$
  d) $4x^2 - 12x + 1 = (2x-7)^2$
  e) $(y-3)^2 = (y-5) \cdot (y+3) - y$
  f) $(2a-4)^2 - 36 = (6-2a)^2$
  g) $(x-11)^2 - (x+9)^2 = 0$
  h) $(4-y)^2 + 6y = -(24-y^2)$

△ 16. Wie heißt die Zahl? Kontrolliere.

> Wenn ich zu einer Zahl 5 addiere und das Ergebnis mit sich selbst multipliziere, erhalte ich dasselbe, als wenn ich die Zahl mit sich selbst multipliziere und zu dem Ergebnis 135 addiere.

△ Faktorisieren mithilfe einer binomischen Formel

Einstieg

Robert hat seine Hausaufgaben zu den binomischen Formeln erledigt. Er hat nur die Ergebnisse notiert.

a) $c^2 + 2cd + d^2$ c) $g^2 - h^2$ e) $9z^2 - 24z + 16$
b) $e^2 - 4ef + 4f^2$ d) $4u^2 - 12uv + 9v^2$ f) $\frac{1}{4}x^2 - \frac{1}{9}y^2$

→ Finde den passenden Term dazu. Berichte über dein Vorgehen.

Aufgabe

△ 1. Beim Ausklammern entsteht aus einer Summe ein Produkt. Das Überführen einer Summe in ein Produkt nennt man auch **Faktorisieren**.
Mithilfe der binomischen Formeln kann man in geeigneten Fällen faktorisieren.
Faktorisiere: a) $x^2 + 8x + 16$ b) $x^2 - 9y^2$

Lösung

a) Wir können die 1. binomische Formel $(a+b)^2 = a^2 + 2ab + b^2$ von rechts nach links anwenden.

$x^2 + 8x + 16$
$= x^2 + 2 \cdot x \cdot 4 + 4^2 = (x+4)^2$
$\ \ \downarrow\ \ \ \downarrow\ \downarrow\ \ \downarrow$
$\ a^2 + 2 \cdot a \cdot b + b^2 = (a+b)^2$

b) Wir können die 3. binomische Formel $(a+b)(a-b) = a^2 - b^2$ von rechts nach links anwenden.

$x^2 - 9y^2$
$= x^2 - (3y)^2 = (x+3y) \cdot (x-3y)$
$\ \downarrow\ \ \ \downarrow\ \ \ \ \downarrow\ \ \ \downarrow\ \ \ \downarrow\ \ \ \downarrow$
$\ a^2 - b^2\ \ = (a+b) \cdot (a-b)$

KAPITEL 1 — Arbeiten mit Variablen – Potenzen

Zum Festigen und Weiterarbeiten

△ **2.** Faktorisiere wie in Aufgabe 1 mithilfe einer binomischen Formel.
- (1) $c^2 + 2cd + d^2$
- (2) $m^2 - 2mn + n^2$
- (3) $z^2 + 6z + 9$
- (4) $b^2 - 8b + 16$
- (5) $g^2 - h^2$
- (6) $y^2 - 81$
- (7) $x^2 + 12xy + 36y^2$
- (8) $a^2 - 60ab + 900b^2$
- (9) $36 - s^2$

▲ **3.** Faktorisiere mithilfe einer binomischen Formel.
- a) $(3x)^2 + 12xy + (2y)^2$
- b) $(7c)^2 - (9d)^2$
- c) $25a^2 - 2 \cdot 5a \cdot 6b + 36b^2$
- d) $r^2 - 16s^2$
- e) $(8xy)^2 + 32xyz + 4z^2$
- f) $25b^2 - 90bc - (9c)^2$
- g) $16x^2 - 56xy + 49y^2$
- h) $121p^2 - 169q^2$

△ **4.** Welcher Fehler wurde gemacht? Begründe.

$16x^2 + 20xy + 25y^2 = (4x + 5y)^2$

Übungen

△ **5.** Faktorisiere. Prüfe durch Anwenden einer binomischen Formel.
- a) $x^2 + 2xy + y^2$
  $r^2 - 2rs + s^2$
- b) $a^2 + 2ax + x^2$
  $a^2 - 2a + 1$
- c) $49 - t^2$
  $r^2 - 1$
- d) $0{,}25 - b^2$
  $a^2 - 1{,}44$

△ **6.** Fülle die Lücken aus.
- a) $x^2 + \square + y^2 = (x + y)^2$
- b) $\square - 2r + r^2 = (1 - r)^2$
- c) $a^2 + \square + b^2 = (a + \square)^2$
- d) $a^2 - \square = (\square - b)(\square + \square)$
- e) $\square + 36b + b^2 = (\square + b)^2$
- f) $x^2 + 5xy + \square = (x + \square)^2$

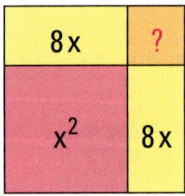

△ **7.** Ergänze den Term zunächst so, dass du faktorisieren kannst. Wende dann eine binomische Formel an.
- a) $x^2 + 16x + \square$
- b) $r^2 - 18r + \square$
- c) $y^2 - 14y + \square$
- d) $a^2 + 6ab + \square$
- e) $a^2 - 10ab + \square$
- f) $c^2 + 4cd + \square$
- g) $36s^2 - 48st + \square$
- h) $81x^2 - 144xy + \square$
- i) $16z^2 - 360zy + \square$

Quadratische Ergänzung
$x^2 + 4xy + \square$
$= x^2 + 2 \cdot x \cdot 2y + (2y)^2$
$= x^2 + 4xy + 4y^2$
$= (x + 2y)^2$

△ **8.** Faktorisiere. Prüfe, ob du richtig gerechnet hast.
- a) $x^2 - 10x + 25$
  $a^2 + 20a + 100$
  $y^2 - 50y + 625$
- b) $49 - 14y + y^2$
  $36 + 12b + b^2$
  $x^2 + 900 - 60x$
- c) $a^2 + 5a + 6{,}25$
  $x^2 + 1{,}44 - 2{,}4x$
  $0{,}81 + 1{,}8y + y^2$
- d) $a^2 - 9b^2$
  $x^2 - 4y^2$
  $0{,}01y^2 - x^2$

△ **9.** Kontrolliere Rebeccas Hausaufgaben. Berichtige gegebenenfalls. Erkläre die Fehler.
- a) $r^2 + 25 = (r + 5)^2$
- b) $x^2 - a^2 = (x - a)^2$
- c) $a^2 + 12ab + 9b^2 = (a + 3b)^2$
- d) $u^2 + 16uv + 16v^2 = (u + 8v)^2$

△ **10.** Klammere zunächst einen Faktor aus. Faktorisiere dann mithilfe einer binomischen Formel.
- a) $2x^2 + 4x + 2$; Faktor 2
  $7x^2 + 14x + 7$; Faktor 7
  $2z^2 + 12z + 18$; Faktor 2
- b) $8a^2 + 32a + 32$
  $9p^2 + 18pq + 9q^2$
  $50x^2 + 120x + 72$

△ **11.** Jeder Partner denkt sich einen quadratischen Term zum Beispiel $(7x + 5y)^2$ aus und schreibt ihn als Summe mithilfe einer binomischen Formel. Anschließend werden nur die Ergebnisse ausgetauscht. Der andere Partner faktorisiert den ausgerechneten Term wieder.

Arbeiten mit Variablen – Potenzen

POTENZEN MIT GANZZAHLIGEN EXPONENTEN
Potenzen mit natürlichen Exponenten

Einstieg

Falte einen DIN-A4-Papierbogen mehrmals nacheinander.
→ Notiere in einer Tabelle die Anzahl der Faltungen und die Anzahl der Papierlagen.
→ Wie viele Lagen würden entstehen, wenn man das Blatt 20-mal faltet?
→ Wie dick wäre dann das gefaltete Papier?
→ Wie realistisch sind diese Überlegungen?

Aufgabe

1. Lies den Text rechts aus einem Biologiebuch.

   a) Am Anfang sollen 1 Mio. Salmonellen vorhanden sein. Notiere das Wachstum der Salmonellen übersichtlich in einer Tabelle. Verwende dabei auch Potenzen.

   b) Gib eine Formel an, mit der man die Anzahl der Salmonellen zu jeder vollen Stunde berechnen kann.

Bakterien als Krankheitserreger

Vormittags hatte Ilona in der Stadt ein Hackfleischbrötchen gegessen. Abends fühlte sie sich sehr schlapp. Am nächsten Morgen hatte sie Durchfall, Erbrechen und Fieber. Der herbeigerufene Arzt stellte eine Lebensmittelvergiftung fest. Das Hackfleisch war mit Bakterien verunreinigt gewesen. Es handelte sich um Salmonellen.
Salmonellen werden erst durch längeres Kochen oder Braten abgetötet. Daher besteht beim Verzehr von rohen oder nur kurz erhitzten Eiern und Fleischwaren die Gefahr einer Infektion. Besonders riskant wird es, wenn salmonellenhaltige Nahrungsmittel im warmen Raum stehen bleiben. Da sich die Anzahl der Bakterien jede Stunde verdoppelt, können aus zehn Bakterien in einigen Stunden zehn Millionen Bakterien werden, eine Menge, die tödlich wirken kann.

Lösung

a)
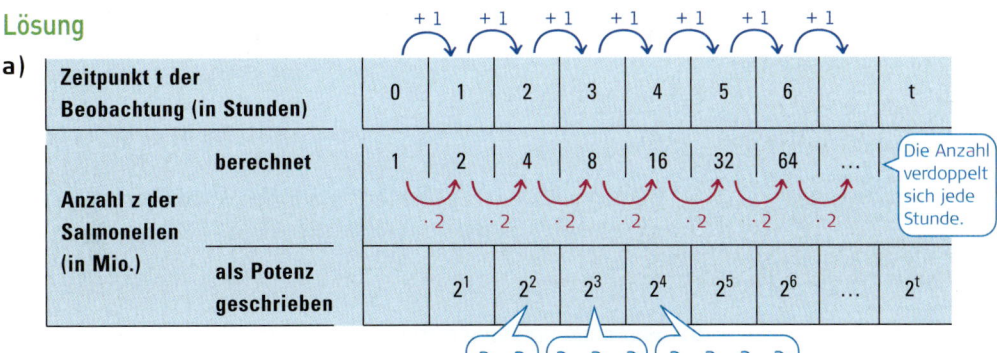

b) Der Tabelle entnehmen wir:
Die Zahl, die den Zeitpunkt angibt, und der Exponent der zugehörigen Potenz stimmen überein. Daher lautet die gesuchte Formel:
$z = 2^t$, wobei t eine natürliche Zahl ist.
Um die Formel einheitlich verwenden zu können, werden wir $2^0 = 1$ festlegen.

Wiederholung

Potenzen mit natürlichen Exponenten

Beispiele:

$3^7 = \underbrace{3 \cdot 3 \cdot 3 \cdot 3 \cdot 3 \cdot 3 \cdot 3}_{\text{7 Faktoren 3}} = 2\,187$

$(-5)^3 = \underbrace{(-5) \cdot (-5) \cdot (-5)}_{\text{3 Faktoren }(-5)} = -125$

$\left(\frac{2}{3}\right)^4 = \underbrace{\left(\frac{2}{3}\right) \cdot \left(\frac{2}{3}\right) \cdot \left(\frac{2}{3}\right) \cdot \left(\frac{2}{3}\right)}_{\text{4 Faktoren }\left(\frac{2}{3}\right)} = \frac{16}{81}$

$\left(-\frac{1}{2}\right)^5 = \underbrace{\left(-\frac{1}{2}\right) \cdot \left(-\frac{1}{2}\right) \cdot \left(-\frac{1}{2}\right) \cdot \left(-\frac{1}{2}\right) \cdot \left(-\frac{1}{2}\right)}_{\text{5 Faktoren }\left(-\frac{1}{2}\right)} = -\frac{1}{32}$

3^7 ist eine Potenz mit der *Basis* 3 und dem *Exponenten* 7.
2 187 ist die 7. Potenz von 3; man nennt 2 187 auch den *Wert der Potenz* 3^7.

Information

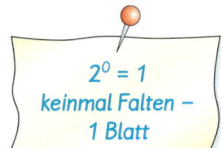

$2^0 = 1$
keinmal Falten –
1 Blatt

Die Potenz 2^0

Um auch zu Beginn der Beobachtung die Anzahl der Salmonellen mit der Formel $z = 2^t$ beschreiben zu können, ist es sinnvoll, $2^0 = 1$ festzulegen.

Potenzen mit natürlichen Exponenten

$a^0 = 1 \quad (a \neq 0)$
$a^1 = a$
$a^2 = a \cdot a$
$a^3 = a \cdot a \cdot a$
$a^4 = a \cdot a \cdot a \cdot a$
$\vdots$
$a^n = \underbrace{a \cdot a \cdot \ldots \cdot a}_{\substack{\text{n Faktoren a}\\ \text{(für natürliche Zahlen n)}}}$

$3^5 = 3 \cdot 3 \cdot 3 \cdot 3 \cdot 3 = 243$

↑ Basis   ↑ Exponent   ↑ Wert der Potenz

Zum Festigen und Weiterarbeiten

Potenz ⟨lat. »Macht«⟩
Math.: Produkt aus gleichen Faktoren

Basis ⟨griech. »Grundlage«⟩ Math.: Grundzahl

Exponent ⟨lat. »der Hervorgehobene«⟩
Math.: Hochzahl

2. Berechne und vergleiche.
Unterscheide insbesondere Potenz und Produkt.

a) $2 \cdot 5$
2^5

b) $5 \cdot 2$
5^2

c) $(-3) \cdot 3$
$(-3)^3$

d) $(-2) \cdot 2$
$(-2)^2$

e) $\frac{1}{3} \cdot 4$
$\left(\frac{1}{3}\right)^4$

f) $7 \cdot 0$
7^0

3. Schreibe als Potenz.

a) $2^4 \cdot 2$
b) $3^5 \cdot 3$
c) $7 \cdot 7^8$
d) $(-5)^9 \cdot (-5)$
e) $a^3 \cdot a^4$
f) $3^n \cdot 3$

4. Berechne und vergleiche; achte auf das Vorzeichen.

a) $(-3)^4$
-3^4

b) $(-4)^5$
-4^5

c) $(-7)^2$
-7^2

d) $(-2)^6$
-2^6

e) $(-5)^3$
-5^3

f) $(-2)^0$
-2^0

5. Berechne und vergleiche.
2^6 und $(-2)^6$; 2^5 und $(-2)^5$; $1,5^2$ und $(-1,5)^2$; $\left(\frac{2}{3}\right)^3$ und $\left(-\frac{2}{3}\right)^3$; $\left(\frac{4}{3}\right)^3$ und $\left(-\frac{4}{3}\right)^3$
Wann ist eine Potenz positiv, wann ist sie negativ?

6. Berechne mit dem Taschenrechner.

a) 4^8
b) 11^6
c) $(-23)^7$
d) $0,4^7$
e) $(-0,24)^5$
f) $\left(\frac{1}{2}\right)^4$
g) $\left(\frac{2}{3}\right)^4$
h) $\left(-\frac{3}{4}\right)^7$
i) $\left(\frac{6}{5}\right)^6$
j) $\left(-2\frac{1}{3}\right)^2$

Arbeiten mit Variablen – Potenzen

KAPITEL 1

Übungen

Potenzen, die du wissen solltest

$2^2 = 4$
$2^3 = 8$
⋮
$2^5 = 32$
$2^{10} = 1\,024$

$11^2 = 121$
$12^2 = 144$
⋮
$20^2 = 400$
$25^2 = 625$

$3^2 = 9$
$3^3 = 27$
$3^4 = 81$

7. Berechne ohne Taschenrechner.
  a) 4^3 b) 5^3 c) $\left(\frac{2}{5}\right)^4$ d) $\left(-\frac{3}{7}\right)^3$ e) $(-1)^9$ f) $0{,}1^4$ g) $0{,}2^5$

8. Berechne und vergleiche.
  a) $\frac{1}{2} \cdot 4$ b) $0{,}7 \cdot 5$ c) $(-5)^4$ d) 2^2 e) $(-2)^3$ f) $(-5)^3$ g) $(-0{,}1)^4$
  $\left(\frac{1}{2}\right)^4$ $0{,}7^5$ -5^4 $(-2)^2$ -2^3 5^3 $0{,}1^4$

9. Berechne und vergleiche.
  a) 2^3 b) $(-2)^0$ c) -2^3 d) $(-4)^5$ e) $(2^2)^3$ f) $(3^3)^2$ g) $(3^2)^3$
  3^2 $(-3)^0$ -3^2 -4^5 $2^{(2^3)}$ $3^{(3^2)}$ $3^{(2^3)}$

10. Schreibe ins Heft und setze passend ein. Hast du mehrere Möglichkeiten?
  a) $2^\square = 1\,024$ c) $5^\square = 625$ e) $\square^3 = -64$ g) $3^\square = 27$
  b) $19^\square = 361$ d) $\square^4 = 81$ f) $\square^2 = 5$ h) $\square^3 = -0{,}027$

11. Schreibe jeweils als Potenz. Findest du mehrere Möglichkeiten?
  a) 27   e) 625   i) 10 000   m) $-\frac{64}{324}$ q) 6,25
  b) 64   f) 256   j) $\frac{1}{256}$ n) $-\frac{243}{32}$ r) $-0{,}00001$
  c) -125 g) 1   k) $\frac{1}{81}$ o) 0,01   s) 0,125
  d) 196   h) 900   l) $\frac{32}{243}$ p) 3,24   t) 0,0256

12. Berechne mit dem Taschenrechner.
  a) $7{,}4^3$ d) $(-5{,}2)^4$ g) $(-4{,}5)^5$ j) $\left(\frac{1}{3}\right)^4$ m) $\left(-\frac{1}{2{,}5}\right)^3$
  b) $0{,}2^7$ e) $(-0{,}1)^8$ h) $\left(\frac{3}{5}\right)^5$ k) $\left(\frac{5}{2}\right)^6$ n) $\left(\frac{0{,}3}{0{,}4}\right)^6$
  c) $0{,}14^3$ f) $(-0{,}7)^8$ i) $\left(-\frac{2}{3}\right)^3$ l) $\left(-\frac{2}{5}\right)^6$ o) $\left(-\frac{0{,}2}{0{,}5}\right)^3$

13. Berechne.
  a) $7 \cdot 5^2$ b) $10 \cdot 2^{10}$ c) $5 \cdot (-2)^4$ d) $9 \cdot 3^4 + 2 \cdot 3^3$ e) $8 \cdot 0{,}3^0 - 5 \cdot 0{,}2^4$

14. Setze im Heft das passende Zeichen <, > oder =.
  a) $2^4 \;\square\; 2^5$ b) $2^4 \;\square\; 3^4$ c) $\left(\frac{1}{2}\right)^3 \;\square\; \left(\frac{1}{2}\right)^4$ d) $\left(\frac{1}{2}\right)^3 \;\square\; \left(\frac{1}{3}\right)^3$

15.
  a) Zum Zeitpunkt t = 0 ist eine Hefekultur A = 3 cm² groß. Jede Stunde verdreifacht sich ihre Größe. Beschreibe den Wachstumsvorgang durch eine Tabelle.
  b) Gib eine Formel an, welche die Flächengröße A der Hefekultur in Abhängigkeit von der Zeit t beschreibt.

16. Welches ist die größte Zahl, die man als Potenz mit drei Ziffern schreiben kann?

17. Finde den größtmöglichen Exponenten bzw. die größtmögliche Basis.
  a) $3^x < 1\,000$ b) $y^{17} < 500\,000$ c) $1{,}2^a < 5\,000$ d) $0{,}2^y < 0{,}00001$

Potenzen mit negativen Exponenten

Einstieg

$$\begin{array}{r}2^3 = 8 \\ 2^2 = 4 \\ 2^1 = \square \\ 2^\square = \square \\ 2^\square = \square \\ 2^\square = \square\end{array}$$

$$\begin{array}{r}3^3 = 27 \\ 3^2 = 9 \\ 3^1 = \square \\ 3^\square = \square \\ 3^\square = \square \\ 3^\square = \square\end{array}$$

→ Setze fort.

Aufgabe

1.  In der Aufgabe 1 (Seite 25) haben wir eine Salmonellenvermehrung betrachtet, bei der sich die Anzahl der Salmonellen jede Stunde verdoppelt. Die Vermehrung der Salmonellen wurde in einer Tabelle beschrieben und konnte mit der Formel $z = 2^t$ berechnet werden.

Wie viele Salmonellen waren vor Beginn der Beobachtungen, also zu den Zeitpunkten – 1 h, – 2 h, … vorhanden? Ergänze die Tabelle geeignet.
Beachte: Zeitpunkt – 2 h bedeutet: 2 Stunden *vor* dem Beginn der Beobachtung.

Lösung

Die Anzahl der Salmonellen verdoppelt sich jede Stunde.
Zum Zeitpunkt 0 h waren 1 Mio. vorhanden.
Zum Zeitpunkt – 1 h waren halb so viele vorhanden, also $\frac{1}{2}$ Mio., zum Zeitpunkt – 2 h waren wieder halb so viele wie zum Zeitpunkt – 1 h vorhanden, also $\frac{1}{4}$ Mio., zum Zeitpunkt – 3 h waren $\frac{1}{8}$ Mio. vorhanden, usw.

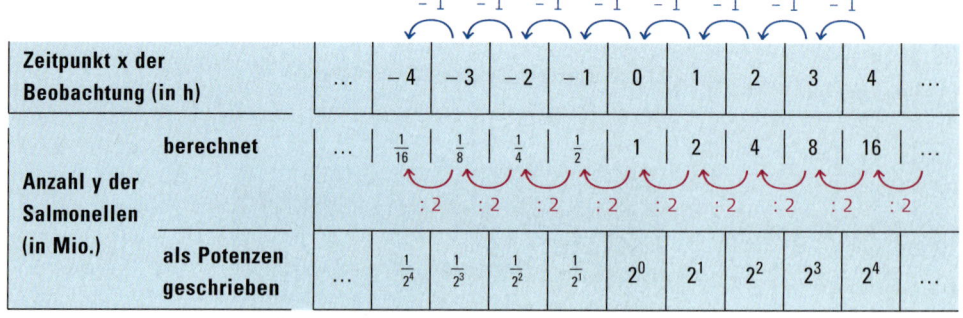

Information

Ganze Zahlen
… –3; –2; –1; 0; 1; 2; …

(1) Potenzen mit negativen Exponenten

Bisher traten in den Potenzen nur natürliche Zahlen wie 0, 1, 2, 3, 4, … als Exponenten auf. Die Aufgabe 1 legt die Erweiterung des Potenzbegriffs auf negative ganze Zahlen nahe.

Wir legen fest: $a^{-n} = \dfrac{1}{a^n}$ (für $a \neq 0$ und für natürliche Zahlen n)

Arbeiten mit Variablen – Potenzen

KAPITEL 1

Mit dieser Festsetzung ist eine Erweiterung des Potenzbegriffs auf *ganzzahlige Exponenten* erfolgt. Die Potenz 0^{-n}, z. B. 0^{-1}, ist nicht erklärt, weil $\frac{1}{0^1}$, d. h. $\frac{1}{0}$ nicht definiert ist.

Beispiele: $5^{-2} = \frac{1}{5^2} = \frac{1}{25}$ $\Big|$ $(-4)^{-3} = \frac{1}{(-4)^3} = -\frac{1}{64}$ $\Big|$ $\left(\frac{2}{5}\right)^{-3} = \frac{1}{\left(\frac{2}{5}\right)^3} = \frac{1}{\frac{8}{125}} = \frac{125}{8}$

Zum Festigen und Weiterarbeiten

2. Berechne nacheinander folgende Potenzen.
   a) 6^5; 6^4; 6^3; 6^2; 6^1; 6^0; 6^{-1}; 6^{-2}; 6^{-3}; 6^{-4}; 6^{-5}
   b) $(-3)^3$; $(-3)^2$; $(-3)^1$; $(-3)^0$; $(-3)^{-1}$; $(-3)^{-2}$; $(-3)^{-3}$
   c) $\left(\frac{2}{3}\right)^4$; $\left(\frac{2}{3}\right)^3$; $\left(\frac{2}{3}\right)^2$; $\left(\frac{2}{3}\right)^1$; $\left(\frac{2}{3}\right)^0$; $\left(\frac{2}{3}\right)^{-1}$; $\left(\frac{2}{3}\right)^{-2}$; $\left(\frac{2}{3}\right)^{-3}$; $\left(\frac{2}{3}\right)^{-4}$
   d) $\left(-\frac{1}{2}\right)^4$; $\left(-\frac{1}{2}\right)^3$; $\left(-\frac{1}{2}\right)^2$; $\left(-\frac{1}{2}\right)^1$; $\left(-\frac{1}{2}\right)^0$; $\left(-\frac{1}{2}\right)^{-1}$; $\left(-\frac{1}{2}\right)^{-2}$; $\left(-\frac{1}{2}\right)^{-3}$; $\left(-\frac{1}{2}\right)^{-4}$

3. Berechne und vergleiche.
   Welche der Potenzen sind größer, welche sind kleiner als die Zahl 0?
   Beachte die Klammern und das Minuszeichen.
   a) 2^{-3}; -2^3; $(-2)^3$; $(-2)^{-3}$; -2^{-3}
   b) 5^{-2}; -5^2; $(-5)^2$; $(-5)^{-2}$; -5^{-2}

4. Berechne mit dem Taschenrechner.
   a) 4^{-12}
   b) 8^{-9}
   c) $2{,}7^{-7}$
   d) $0{,}16^{-7}$
   e) $\left(\frac{1}{2}\right)^{-4}$
   f) $\left(\frac{3}{7}\right)^{-7}$
   g) $(-3)^{-8}$
   h) $-(-3)^{-9}$
   i) $(-4{,}5)^{-6}$
   j) $(-0{,}31)^{-5}$
   k) $\left(\frac{2}{3}\right)^{-3}$
   l) $\left(-\frac{3}{5}\right)^{-4}$

5. Schreibe ohne negative Exponenten und berechne dann.
   a) 2^{-5}; $\frac{3}{5^{-3}}$
   b) $7^2 \cdot 3^{-4}$; $2^{-4} \cdot 9^5$
   c) $\frac{5^{-4}}{3^{-3}}$; $\frac{7^{-2}}{4^{-5}}$

6. Schreibe ohne negative Exponenten.
   a) $\left(\frac{1}{7}\right)^{-2}$
   b) $\left(-\frac{1}{4}\right)^{-3}$
   c) $\left(\frac{2}{5}\right)^{-3}$
   d) $\left(-\frac{7}{3}\right)^{-5}$
   e) $\left(\frac{2}{3}\right)^{-2}$

7. Zeige:
   a) $\left(\frac{1}{a}\right)^{-4} = a^4$
   b) $\left(\frac{a}{b}\right)^3 = \left(\frac{b}{a}\right)^{-3}$

Übungen

8. Berechne.
   a) 3^{-1}
   b) 3^{-2}
   c) $(-8)^{-2}$
   d) 4^{-3}
   e) 2^{-5}
   f) $0{,}1^{-3}$
   g) $0{,}2^{-4}$
   h) $\left(\frac{3}{4}\right)^{-1}$
   i) $\left(\frac{1}{2}\right)^{-2}$
   j) $\left(-\frac{1}{3}\right)^{-3}$

9. Schreibe als Potenz mit negativem Exponenten (z. T. mehrere Möglichkeiten).
   a) $\frac{1}{16}$; $\frac{1}{25}$; $\frac{1}{64}$; $\frac{1}{625}$; $\frac{1}{256}$; $\frac{1}{27}$; $\frac{1}{10000}$
   b) $\frac{1}{900}$; $\frac{1}{1600}$; $\frac{1}{40000}$; $\frac{1}{250000}$; $\frac{1}{16900}$; $\frac{1}{196000000}$

10. Berechne.
   a) $3 \cdot 2^{-3} - 4 \cdot 3^{-2}$
   b) $6 \cdot 10^{-3} + 2^{-4} \cdot 4^{-2}$
   c) $-(-1)^3 + (-1)^2 - (-1)^1 + (-1)^0 - (-1)^{-1}$

11. Berechne mit dem Taschenrechner.
   a) 4^{-10}
   b) $0{,}7^{-8}$
   c) $(-3{,}4)^{-7}$
   d) $\left(\frac{2}{3}\right)^{-5}$
   e) $\left(-\frac{3}{4}\right)^{-6}$

12. Kontrolliere Kevins Hausaufgaben. Erläutere deine Anmerkungen.

a) $-5^{-2} = -25$ c) $0{,}1^{-2} = 100$ e) $\left(\dfrac{3}{4}\right)^{-2} = -\dfrac{16}{9}$

b) $2^{-4} < 2^{-3}$ d) $\left(\dfrac{1}{2}\right)^{-3} < \left(\dfrac{1}{2}\right)^{3}$ f) $(-3)^0 > (-3)^{-3}$

13. Berechne und vergleiche. Welche Potenzen sind größer, welche sind kleiner als 1? Versuche eine Gesetzmäßigkeit zu entdecken.
(1) $0{,}5^3$ und $0{,}5^{-3}$;   (2) 2^4 und 2^{-4};   (3) $1{,}5^{-2}$ und $1{,}5^2$;   (4) $0{,}99^{-1}$ und $0{,}99^1$

14. Schreibe ohne negative Exponenten.

a) x^{-3} b) $(-y)^{-4}$ c) $\dfrac{1}{x^{-4}}$ d) $(5x)^{-1}$ e) $\left(\dfrac{a}{b}\right)^{-4}$ f) $\dfrac{a^{-4}}{b^{-5}}$ g) $\dfrac{y^5}{y^{-8}}$

15. Schreibe ohne Bruchstrich, verwende negative Exponenten.

a) $\dfrac{1}{x^7}$ b) $\dfrac{1}{7x}$ c) $\left(\dfrac{a}{b}\right)^2$ d) $\dfrac{a}{b}$ e) $\dfrac{a}{c^5}$ f) $\dfrac{x^3}{y^4}$ g) $\dfrac{1}{1+z}$

16. Schreibe ohne negativen Exponenten und berechne dann.

a) $\dfrac{1}{3^{-3}}$; $\dfrac{2}{(-3)^{-4}}$ b) $15^3 \cdot 5^{-2}$; $21^3 \cdot 7^{-5}$ c) $\dfrac{4^{-3}}{8^{-4}}$; $\dfrac{3^5}{9^{-4}}$

Abgetrennte Zehnerpotenzen mit natürlichen Exponenten

Einstieg

Berechne mit deinem Taschenrechner:
(1) 9999^2 (2) 9999^3 (3) 9999^4 usw.

→ Was fällt dir auf? Versuche zu erklären.

Aufgabe

1. Berechne zunächst ohne und dann mit dem Taschenrechner: $4785{,}3 \cdot 1\,000\,000\,000$
Vergleiche die Ergebnisse miteinander.

Lösung

$4785{,}3 \cdot 1\,000\,000\,000 = 4\,785\,300\,000\,000$

Dein Taschenrechner zeigt vermutlich eines der Ergebnisse unten an.

Es sind Darstellungen derselben Zahl. Sie kommen bei Taschenrechnern und Computern vor. In allen Fällen wird die Zahl $4\,785\,300\,000\,000$ dargestellt.

$4\,785\,300\,000\,000 = 4{,}7853 \cdot 10^{12}$

Multiplizieren mit 10^{12} bewirkt: Verschieben des Kommas um 12 Stellen nach rechts.

Die Zahl $4\,785\,300\,000\,000$ wurde als Produkt einer Zahl a und einer Zehnerpotenz geschrieben, wobei die Zahl a zwischen 1 und 10 liegt. Das ist manchmal übersichtlicher. Solche Zahldarstellungen heißen **Schreibweise mit abgetrennter Zehnerpotenz** oder *Exponentendarstellung* oder *scientific notation*.
Bei dieser Zahldarstellung benötigt man die Zehnerpotenzen (Potenzen mit der Basis 10).

scientific notation ⟨engl.⟩
Wissenschaftliche Schreibweise; sie wird insbesondere in den Naturwissenschaften verwendet; siehe auch Taste für SCI beim Taschenrechner.

Arbeiten mit Variablen – Potenzen

Information

Große Zahlen lassen sich übersichtlich mit abgetrennten Zehnerpotenzen oder mit gewissen genormten Vorsätzen (bei Einheiten von Größen) schreiben.

Beispiel: 1 500 m = 1,5 · 10^3 m = 1,5 km

Gewisse genormte Vorsätze bei Einheiten bedeuten Zehnerpotenzen:

Potenz	Vorsätze	Abkürzung	Beispiel
10^2	Hekto	h	Hektoliter: 1 hl = 10^2 l
10^3	Kilo	k	Kilometer: 1 km = 10^3 m
10^6	Mega	M	Megawatt: 1 MW = 10^6 W
10^9	Giga	G	Gigahertz: 1 GHz = 10^9 Hz
10^{12}	Tera	T	Terajoule: 1 TJ = 10^{12} J

Für den Transport und die Speicherung von Information beim Computer verwendet man die Einheit Byte (1 Byte = 8 bit):

> Kilobyte: 1 KB = 2^{10} Byte = 1.024 Byte ≈ 10^3 Byte
> Megabyte: 1 MB = 2^{20} Byte = 1.048.576 Byte ≈ 10^6 Byte
> Gigabyte: 1 GB = 2^{30} Byte = 1.073.741.824 Byte ≈ 10^9 Byte
> Terabyte: 1 TB = 2^{40} Byte = 1.099.511.627.776 Byte ≈ 10^{12} Byte

Die Abkürzungen K, M, G und T bedeuten hier nur näherungsweise 10^3, 10^6, 10^9 bzw. 10^{12}.

Zum Festigen und Weiterarbeiten

2. Schreibe mit abgetrennter Zehnerpotenz.

a) 78 500 b) 28 433 c) 9 245 682 d) 2 435

> 34 785 = 3,4785 · 10^4

3. Schreibe ohne Zehnerpotenzen.

a) 3,2 · 10^5 b) 7,82 · 10^3 c) 2,85 · 10^3 d) 7,25 · 10^2

> 4,32 · 10^3 = 4 320

Übungen

4. Berechne mit dem Taschenrechner.

a) 4^{12} b) 7^9 c) $(-3)^{10}$ d) $(-3)^{11}$ e) $2,1^6$ f) $0,98^{55}$ g) $(-2,5)^7$ h) $(-1,3)^{12}$

5. Schreibe mit abgetrennter Zehnerpotenz.

a) 27 c) 607 e) 3 507 g) 48,5 i) 112,304 k) 7 548,04
b) 810 d) 8 540 f) 85 644 h) 841,23 j) 8 412,36 l) 48 235,004

6. Schreibe ohne Zehnerpotenz.

a) 4,3 · 10^2 c) 8,357 · 10^3 e) 7,2 · 10^5 g) 2,85 · 10^8
b) 7,45 · 10^2 d) 6,54 · 10^4 f) 8,249 · 10^6 h) 3,75421 · 10^4

7. Schreibe mit abgetrennter Zehnerpotenz; runde die Zahl vor der abgetrennten Zehnerpotenz auf Hundertstel.

a) 857 352 b) 21 048 c) 2 136 547 d) 8 607 435 e) 948 376 542

> 314 896 ≈ 3,15 · 10^5

8. Schreibe ausführlich und lies.

a) Volumen der Erde: 1 · 10^{12} km^3
b) Größe von Afrika: 3,03 · 10^7 km^2
c) Entfernung Erde – Sonne: 1,5 · 10^8 km
d) Umfang der Erdbahn: 9,4 · 10^8 km

9. Schreibe mit abgetrennter Zehnerpotenz (scientific notation).
   a) Lichtgeschwindigkeit: 300 000 $\frac{km}{s}$
   b) Durchmesser der Sonne: 1 390 000 km
   c) Entfernung Erde – Mond: 384 000 km
   d) Größe von Asien: 41 600 000 km²
   e) Entfernung Sonne – Neptun: 4 500 Mio. km
   f) Ältester Stein der Erde: 3,962 Mrd. Jahre

10. Schreibe mit genormten Vorsätzen.
   a) $5 \cdot 10^3$ m   d) $6,2 \cdot 10^9$ Hz
   b) $7,5 \cdot 10^2$ l   e) 7 800 Hz
   c) $2,6 \cdot 10^6$ g   f) 13 600 000 W

$4,2 \cdot 10^6$ W = 4,2 MW
140 l = $1,4 \cdot 10^2$ l = 1,4 hl

11. Schreibe mit abgetrennter Zehnerpotenz und ohne Zehnerpotenz wie im Beispiel.
   a) 6,3 kg   e) 6,6 kt
   b) 1,5 hl   f) 1,25 MW
   c) 3,6 GHz   g) 4,7 GB
   d) 0,85 km   h) 2,22 GHz

2,1 km = $2,1 \cdot 10^3$ m = 2 100 m

12. Berechne.
   a) $2,1 \cdot 10^3 + 3,4 \cdot 10^2$ b) $8,6 \cdot 10^2 \cdot 1,5 \cdot 10^2$ c) $6,5 \cdot 10^3 : (5 \cdot 10^2)$

1 Lichtjahr ist eine Längeneinheit, keine Zeiteinheit.

13. a) Große Entfernungen im Weltraum gibt man in Lichtjahren an. Eine Strecke hat die Länge 1 Lichtjahr, wenn ein Lichtblitz zum Durchlaufen 1 Jahr benötigt.
   Gib 1 Lichtjahr in km an (Lichtgeschwindigkeit: $3 \cdot 10^5 \frac{km}{s}$).
   b) Die Entfernung Sonne – Erde beträgt $149,6 \cdot 10^6$ km.
   Wie lange braucht ein Lichtblitz, um von der Sonne zur Erde zu gelangen?

Abgetrennte Zehnerpotenzen mit negativen Exponenten

Einstieg

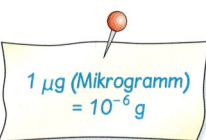
1 μg (Mikrogramm) = 10^{-6} g

Hausmilben ernähren sich von abgefallenen Hautschuppen.
In 8 Stunden verliert ein Mensch ca. 0,5 g an Hautschuppen.
Eine Hausmilbe benötigt täglich 4,2 μg Hautschuppen.

→ Wie viele Milben können mit 0,5 g Hautschuppen täglich ernährt werden?

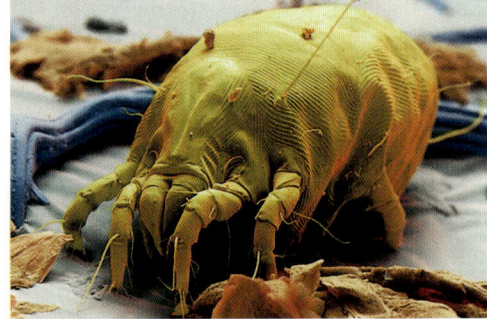

Aufgabe

1. Berechne zunächst ohne und dann mit dem Taschenrechner:
0,47853 · 0,000000001
Vergleiche die Ergebnisse miteinander.

Arbeiten mit Variablen – Potenzen

Lösung

0,47853 · 0,000000001 = 0,00000000047853

Dein Taschenrechner zeigt vermutlich eines der Ergebnisse an:

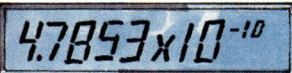 

Es sind drei Darstellungen derselben Zahl, nämlich 0,00000000047853.

$0{,}00000000047853 = 4{,}7853 \cdot 10^{-10}$

Multiplizieren mit 10^{-10} bewirkt: Verschieben des Kommas um 10 Stellen nach links.

Information

Auch kleine Zahlen lassen sich übersichtlich mit abgetrennten Zehnerpotenzen oder gewissen genormten Vorsätzen (bei Einheiten von Größen) schreiben.

Beispiel: 0,015 m = $1{,}5 \cdot 10^{-2}$ m = 1,5 cm

Gewisse genormte Vorsätze bei Einheiten bedeuten eine Zehnerpotenz mit negativem Exponenten:

Potenz	Vorsätze	Abkürzung	Beispiel			
10^{-1}	Dezi	d	Dezitonne:	1 dt	$= \frac{1}{10^1}$ t	= 0,1 t
10^{-2}	Zenti	c	Zentimeter:	1 cm	$= \frac{1}{10^2}$ m	= 0,01 m
10^{-3}	Milli	m	Milliliter:	1 ml	$= \frac{1}{10^3}$ l	= 0,001 l
10^{-6}	Mikro	μ	Mikrogramm:	1 μg	$= \frac{1}{10^6}$ g	= 0,000001 g
10^{-9}	Nano	n	Nanosekunde:	1 ns	$= \frac{1}{10^9}$ s	= 0,00000001 s
10^{-12}	Piko	p	Pikofarad:	1 pF	$= \frac{1}{10^{12}}$ F	= 0,000000000001 F

1 Farad und 1 Mikrofarad sind Einheiten für die Kapazität von Kondensatoren in der Elektronik.

Zum Festigen und Weiterarbeiten

2. Schreibe mit abgetrennter Zehnerpotenz.

a) 0,0023 b) 0,00042 c) 0,00407 d) 0,010003

$0{,}0078 = 7{,}8 \cdot 10^{-3}$

3. Schreibe ohne Zehnerpotenz.

a) $3{,}2 \cdot 10^{-5}$ b) $7{,}85 \cdot 10^{-3}$ c) $8{,}475 \cdot 10^{-2}$

$3{,}45 \cdot 10^{-4} = 0{,}000345$

Übungen

4. Schreibe die Zahl mit abgetrennter Zehnerpotenz.

a) 0,01 f) 0,0085 k) 0,0000081
b) 0,68 g) 0,0049 l) 0,00000000807
c) 0,07 h) 0,0125 m) 0,00000000037
d) 0,003 i) 0,0625 n) 0,00000874
e) 0,0048 j) 0,000073 o) 0,0000000001

$0{,}08 = \frac{8}{100} = \frac{8}{10^2} = 8 \cdot 10^{-2}$

5. Schreibe mit abgetrennter Zehnerpotenz; runde die Zahl vor der abgetrennten Zehnerpotenz auf Hundertstel.

$\boxed{0{,}007286 \approx 7{,}29 \cdot 10^{-3}}$

a) 0,314 b) 0,00213752 c) 0,00084765 d) 0,000004214

6. Schreibe als Dezimalbruch.

a) $3 \cdot 10^{-2}$ f) $4{,}5 \cdot 10^{-5}$ k) $3{,}14 \cdot 10^{-6}$
b) $8 \cdot 10^{-3}$ g) $3{,}7 \cdot 10^{-8}$ l) $2{,}859 \cdot 10^{-4}$
c) $4{,}2 \cdot 10^{-4}$ h) $1{,}06 \cdot 10^{-4}$ m) $0{,}216 \cdot 10^{-3}$
d) $6{,}5 \cdot 10^{-5}$ i) $3{,}75 \cdot 10^{-3}$ n) $0{,}57 \cdot 10^{-6}$
e) $7{,}5 \cdot 10^{-6}$ j) $2{,}53 \cdot 10^{-5}$ o) $0{,}215 \cdot 10^{-5}$

$\boxed{4{,}72 \cdot 10^{-5} = 0{,}0000472}$

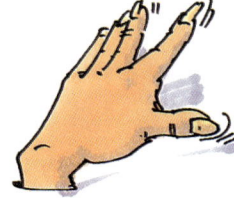

7. a) Schreibe mit einem Dezimalbruch als Maßzahl.

(1) Täglicher Längenzuwachs eines Fingernagels: $8{,}6 \cdot 10^{-5}$ m

(2) Durchmesser des Wasserstoffatoms: ca. 10^{-8} cm

(3) Durchmesser eines roten Blutkörperchens: $7 \cdot 10^{-4}$ cm

(4) Durchmesser eines bestimmten Bakteriums: $9{,}4 \cdot 10^{-5}$ cm

(5) Tägliches Wachstum beim Kopfhaar: $2{,}5 \cdot 10^{-4}$ m

(6) Masse des Elektrons: $9 \cdot 10^{-28}$ g

(7) Täglicher Massenzuwachs eines Fingernagels: $5{,}5 \cdot 10^{-3}$ g

(8) Der Mensch schmeckt in 1 cm³ Wasser ca. 10^{-5} g Salz.

(9) Massenanteil von Schwefel in der Erdkruste: $4{,}8 \cdot 10^{-20}$ %

b) Gib die Längenangaben in Teilaufgabe a) zu (2) bis (4) auch in der Einheit m an.

8. Berechne mit dem Taschenrechner. Überprüfe dein Ergebnis.

a) $5 \cdot 10^{-3} \cdot 10^{-2} \cdot 10 \cdot 10^{-1}$ b) $\dfrac{2 \cdot 10^{4}}{10^{-3}}$

9. Gib die kleinste Zahl an, die dein Taschenrechner in abgetrennter Zehnerpotenz anzeigen kann.

10. Schreibe in der Einheit, die in Klammern steht.

a) $3 \cdot 10^{-3}$ kg (g) b) $5 \cdot 10^{-10}$ m (mm) c) $1{,}48 \cdot 10^{-6}$ mm (m)
$\;\;\;2 \cdot 10^{-2}$ g (kg) $\;\;\;3{,}2 \cdot 10^{-4}$ cm (m) $\;\;\;3{,}69 \cdot 10^{-9}$ g (kg)

11. Schreibe mit genormten Vorsätzen.

a) $4{,}2 \cdot 10^{-2}$ m d) $4{,}2 \cdot 10^{-9}$ s
b) $15 \cdot 10^{-3}$ l e) $1{,}5 \cdot 10^{-12}$ F
c) $8{,}5 \cdot 10^{-1}$ t f) $3{,}2 \cdot 10^{-6}$ m

$\boxed{4{,}5 \cdot 10^{-3} \text{ g} = 4{,}5 \text{ mg}}$

12. Schreibe mit abgetrennter Zehnerpotenz wie im Beispiel.

a) 7,5 cm d) 2,7 µm
b) 6,2 mg e) 13 ns
c) 5,6 dm f) 1,7 pF

$\boxed{3{,}7 \text{ mm} = 3{,}7 \cdot 10^{-3} \text{ m}}$

Arbeiten mit Variablen – Potenzen

WURZELN UND IRRATIONALE ZAHLEN
Quadratwurzeln und Kubikwurzeln – Wiederholung

Zum Wiederholen

1. Für eine Präsentation soll ein Quadrat und ein Kreis mit dem Flächeninhalt 250 cm² gezeichnet werden.
Berechne die Seitenlänge des Quadrates und den Radius des Kreises.

Lösung

Für den Flächeninhalt eines Quadrates mit der Seitenlänge a gilt:

$A = a^2$
$a^2 = 250 \text{ cm}^2$
$a = \sqrt{250 \text{ cm}^2}$
$a \approx 15{,}8 \text{ cm}$

Ergebnis: Die Seitenlänge eines Quadrates mit dem Flächeninhalt 250 cm² beträgt a ≈ 15,8 cm.

Für den Flächeninhalt eines Kreises mit dem Radius r gilt:

$A = \pi r^2$
$\pi \cdot r^2 = 250 \text{ cm}^2$
$r = \sqrt{\frac{250 \text{ cm}^2}{\pi}}$
$r \approx 8{,}9 \text{ cm}$

Ergebnis: Der Radius eines Kreises mit dem Flächeninhalt 250 cm² beträgt r ≈ 8,9 cm.

2. Berechne die Kantenlänge eines Würfels mit dem Volumen 250 cm³.

Lösung

Für das Volumen eines Würfels mit der Kantenlänge a gilt:

$V = a^3$
$a^3 = 250 \text{ cm}^3$
$a = \sqrt[3]{250 \text{ cm}^3}$
$a \approx 6{,}30 \text{ cm}$

Ergebnis: Die Kantenlänge eines Würfels mit dem Volumen 250 cm³ beträgt ca. 6,30 cm.

Wiederholung

Unter der **Quadratwurzel** aus einer positiven Zahl a versteht man diejenige positive Zahl, die mit sich selbst multipliziert a ergibt.

Für die Quadratwurzel aus a schreibt man kurz:
$\sqrt{a}$, gelesen: *Quadratwurzel aus a*, kurz: *Wurzel aus a*.

Unter der **3. Wurzel** (*Kubikwurzel*) aus einer positiven Zahl a versteht man diejenige positive Zahl, die mit 3 potenziert die Zahl a ergibt.
Für 3. Wurzel aus a schreibt man kurz: $\sqrt[3]{a}$

Die Zahl a, aus der man die Wurzel zieht, heißt *Radikand*.

Für den Sonderfall a = 0 gilt: $\sqrt{0} = 0$ und $\sqrt[3]{0} = 0$

Beispiele:
$\sqrt{256} = 16$, da $16^2 = 256$
$\sqrt[3]{729} = 9$, da $9^3 = 729$

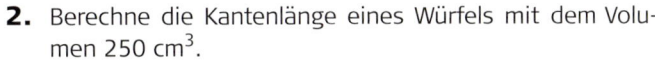

Wurzelexponent
$\sqrt[3]{125} = 5$
Radikand   Wert der Wurzel

Übungen

2. Welche der Quadratwurzeln $\sqrt{25}$, $\sqrt{50}$, $\sqrt{75}$, $\sqrt{125}$, … $\sqrt{250}$ kannst du sofort angeben?
Grenze die anderen Wurzeln wie im Beispiel zwischen zwei aufeinanderfolgenden natürlichen Zahlen ein.

$$\sqrt{25} = 5$$
$$7 < \sqrt{50} < 8$$

3. Bestimme mit dem Taschenrechner.
a) $\sqrt{1561}$ c) $\sqrt{85184}$ e) $\sqrt{0{,}0938}$ g) $\sqrt[3]{1331}$ i) $\sqrt[3]{274{,}625}$
b) $\sqrt{10526}$ d) $\sqrt{1{,}525}$ f) $\sqrt{0{,}00195}$ h) $\sqrt[3]{21952}$ j) $\sqrt[3]{0{,}000343}$

4. Bestimme mit dem Taschenrechner und runde auf vier Stellen nach dem Komma.
a) $\sqrt{3}$ d) $\sqrt{741}$ g) $\sqrt{0{,}176}$ j) $\sqrt[3]{1250}$
b) $\sqrt{13}$ e) $\sqrt{1025}$ h) $\sqrt{0{,}00153}$ k) $\sqrt[3]{0{,}743}$
c) $\sqrt{30}$ f) $\sqrt{20000}$ i) $\sqrt[3]{100}$ l) $\sqrt[3]{0{,}00345}$

5. Bestimme die Seitenlänge eines Quadrates mit dem angegebenen Flächeninhalt.
a) 484 m² b) 200 cm² c) 500 mm² d) 1 km²

6. Bestimme den Radius eines Kreises mit dem angegebenen Flächeninhalt.
a) 1 cm² b) 10 cm² c) 100 cm² d) 1 km²

7. Bestimme die Kantenlänge eines Würfels mit dem Volumen.
a) 512 cm³ b) 3,375 dm³ c) 8000 l d) 5 m³

8. Bestimme die Kantenlänge eines Würfels mit dem angegebenen Oberflächeninhalt.
a) 1 m² b) 10 dm² c) 750 cm² d) 937,5 cm²

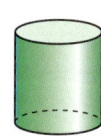
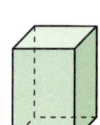

9. Es sollen verschiedene Zylinder und Quader mit quadratischer Grundfläche hergestellt werden. Alle Körper sollen ein Volumen von 1 500 cm³ haben.
a) Welchen Radius hat ein solcher Zylinder, wenn er 15 cm hoch sein soll?
b) Welche Höhe muss ein solcher Zylinder haben, wenn der Durchmesser seiner Grundfläche 15 cm betragen soll?
c) Welche Seitenlänge hat die Grundfläche des Quaders, wenn dieser 15 cm hoch sein soll?
d) Wie hoch muss ein solcher Quader sein, wenn die Seitenlänge der Grundfläche 15 cm lang ist?
e) Berechne die Kantenlänge eines Würfels mit dem Volumen 1 500 cm³.

10. Ein rechteckiges Grundstück ist 28 m lang und 17,5 m breit. Es soll gegen ein gleich großes quadratisches Grundstück getauscht werden.
a) Bestimme die Seitenlänge des quadratischen Grundstücks.
b) Berechne den Umfang des rechteckigen Grundstücks. Vergleiche mit dem Umfang des quadratischen Grundstücks.

11. a) Berechne die Kantenlänge eines Würfels mit dem Volumen 1 l.
b) Berechne die Kantenlänge eines Würfels mit dem
(1) doppelten, (2) vierfachen, (3) achtfachen Volumen.

Arbeiten mit Variablen – Potenzen

Irrationale Zahlen

Einstieg

Welche Seitenlänge hat ein Quadrat mit dem Flächeninhalt 2 cm²?
Um diese Frage zu beantworten, bestimmen wir eine Zahl, die quadriert 2 ergibt. Diese Zahl haben wir $\sqrt{2}$ genannt.
Bestimmen wir die Kantenlänge eines Würfels mit dem Volumen 10 cm³ erhalten wir die Länge $\sqrt[3]{10}$ cm.
Mit dem Taschenrechner können wir zum Beispiel $\sqrt{2}$ bestimmen. Quadrieren wir den angezeigten Dezimalbruch anschließend mit dem Taschenrechner, erhalten wir 2.
Ebenso können wir $\sqrt[3]{10}$ bestimmen. Potenzieren wir mit 3 zeigt der Taschenrechner das Ergebnis 10 an.

→ Zeigt der Taschenrechner das genaue Ergebnis oder nur den Näherungswert an?

Information

(1) Wie genau kann man Wurzeln bestimmen?

Bei $\sqrt{729}$ = 27 erhalten wir mit dem Taschenrechner ein genaues Ergebnis.
Bei $\sqrt{2}$ erhalten wir nur einen Näherungswert nämlich 1,414213562. Dies kann man nachprüfen, indem man 1,414213562 mit sich selbst multipliziert. Dabei reicht es, die letzte Stelle zu betrachten:

Man erhält einen Dezimalbruch mit 18 Stellen nach dem Komma, der als letzte Stelle eine 4 hat. Daher gilt: 1,414213562 · 1,414213562 ≠ 2
Die Zahl 1,414213562 ist somit nur ein Näherungswert für $\sqrt{2}$.
Könnte ein Taschenrechner, der mehr als 10 Ziffern anzeigt, den genauen Wert für $\sqrt{2}$ angeben?
Wir überlegen: Als Endziffern eines endlichen Dezimalbruches kommen 1, 2, 3, 4, 5, 6, 7, 8, 9 in Frage; durch Quadrieren erhält man die Endziffern 1, 4, 9, 6, 5, 6, 9, 4, 1, also nie 0.
Ebenso erhalten wir bei $\sqrt[3]{10}$ nur einen Näherungswert.
Wir stellen fest:
$\sqrt{2}$ und $\sqrt[3]{10}$ kann man *nicht* durch einen endlichen Dezimalbruch darstellen.

(2) $\sqrt{2}$ ist keine rationale Zahl

Wir haben festgestellt:
$\sqrt{2}$ kann man nicht durch einen endlichen Dezimalbruch angeben.
Kann man $\sqrt{2}$ durch einen gemeinen Bruch angeben?
Man kann zeigen:
Jede gebrochene Zahl $\frac{m}{n}$ ist ungleich $\sqrt{2}$. Dabei sind m und n natürliche Zahlen.
$\sqrt{2}$ ist daher nicht durch einen gemeinen Bruch darstellbar, ist also keine rationale Zahl.

Begründung

Der Bruch $\frac{m}{n}$ soll vollständig gekürzt sein.

$\frac{m}{n} = \sqrt{2}$ würde bedeuten, dass $\frac{m}{n} \cdot \frac{m}{n} = 2$ und damit $\frac{m^2}{n^2} = 2$, also auch $m^2 = 2n^2$ ist.

Betrachte nun die Tabellen rechts. Darin sind nur die Endziffern notiert.

Die Zahlen m^2 und $2n^2$ können höchstens dann übereinstimmen, wenn beide als letzte Ziffer 0 haben.

Dann müsste aber m als letzte Ziffer 0 haben und zugleich n als letzte Ziffer 0 oder 5 haben; dann wäre aber der Bruch $\frac{m}{n}$ mit 5 kürzbar. Wir sind jedoch davon ausgegangen, dass $\frac{m}{n}$ vollständig gekürzt ist.

Folglich kann $\frac{m}{n}$ nicht genau $\sqrt{2}$ sein.

Letzte Ziffer		Letzte Ziffer		
von m	von m²	von n	von n²	von 2n²
0	0	0	0	0
1	1	1	1	2
2	4	2	4	8
3	9	3	9	8
4	6	4	6	2
5	5	5	5	0
6	6	6	6	2
7	9	7	9	8
8	4	8	4	8
9	1	9	1	2

Es soll gelten: m = 2n

> $\sqrt{2}$ ist keine rationale Zahl.

In gleicher Weise lässt sich zeigen, dass auch Wurzeln wie $\sqrt{5}$, $\sqrt{7}$, $\sqrt[3]{10}$, $\sqrt[3]{2}$ keine rationalen Zahlen sein können. Auch π ist keine rationale Zahl.

(3) Unzulänglichkeit der rationalen Zahlen zum Wurzelziehen

Du hast gesehen, dass das Wurzelziehen nicht immer eine rationale Zahl liefert. Wir werden deshalb einen erweiterten Zahlenbereich einführen.

> $\sqrt{2}$, $\sqrt{3}$, $\sqrt{5}$, $\sqrt[3]{10}$ und $\sqrt[3]{2}$ sind Beispiele für irrationale Zahlen (*nichtrationale Zahlen*). Sie lassen sich nicht durch einen gemeinen Bruch darstellen.
>
> Auch die Zahl π ist eine irrationale Zahl. π lässt sich weder als gemeiner Bruch noch als Wurzel darstellen.
>
> *Beachte:* $\sqrt{4}$, $\sqrt{\frac{25}{9}}$ und $\sqrt[3]{8}$ sind aber rationale Zahlen, denn $\sqrt{4} = 2$, $\sqrt{\frac{25}{9}} = \frac{5}{3}$, $\sqrt[3]{8} = 2$.

Übungen

1. Notiere fünf rationale und fünf irrationale Wurzeln.

2. Gib Aufgaben an, bei deren Lösung man irrationale Wurzeln benötigt.

3. Bestimme die Wurzeln mit dem Taschenrechner. Welche Wurzeln sind rational, welche irrational? Runde die irrationalen Wurzeln auf vier Stellen nach dem Komma.
   a) $\sqrt{39{,}0625}$ b) $\sqrt{4123{,}4}$ c) $\sqrt{5{,}5696}$ d) $\sqrt{140{,}608}$ e) $\sqrt[3]{564{,}32}$

4. Ein quadratisches Baugrundstück hat eine Fläche von 265 m². Bestimme die Seitenlänge des Grundstücks. Runde sinnvoll.

5. a) Bestätige, dass nicht genau $\sqrt{3} = 1{,}732050808$ gilt.
   b) Andere Rechner liefern für $\sqrt{3}$ den Wert 1,732050807569. Kann dies genau sein?
   c) Vielleicht geht es mit mehr Stellen. Kann der genaue Wert von $\sqrt{3}$ ein Dezimalbruch mit 15 Stellen nach dem Komma oder mit 50 Stellen nach dem Komma sein?

Arbeiten mit Variablen – Potenzen

REELLE ZAHLEN

Wir haben bereits gezeigt, dass wir beim Wurzelziehen auch Zahlen erhalten, die keine rationalen Zahlen sind. Ebenso führt die Kreisberechnung auf eine nichtrationale Zahl, nämlich π.
Daher müssen wir unseren Zahlenbereich erweitern. Diesen neuen Zahlenbereich lernen wir im Folgenden kennen. Wir betrachten jedoch zunächst noch einmal die Darstellung der Menge $\mathbb{Q}$ der rationalen Zahlen.

Rationale Zahlen und ihre Darstellung auf der Zahlengeraden

Einstieg

→ Was meint ihr dazu? Wer hat recht? Tragt eure Überlegungen vor.

Information

Die *rationalen* Zahlen kann man auf einer *Zahlengeraden* darstellen. Das ist eine Gerade, auf der zwei Punkte als Darstellung der Zahlen 0 und 1 festgelegt sind. Meist zeichnet man die Zahlengerade waagerecht und so, dass 0 links von 1 liegt. Dann ist die Lage der weiteren Zahlen wie folgt festgelegt:
Um zum Beispiel die Zahl $\frac{8}{3}$ darzustellen, teilen wir die Strecke von 0 bis 1 in drei gleich lange Teilstrecken und tragen dann acht solcher Teilstrecken von 0 aus nach rechts ab.

Entsprechend kann man jede rationale Zahl $\frac{z}{n}$ darstellen (wobei z eine ganze Zahl und n eine natürliche Zahl ist). Hier ist das ausgeführt für $\frac{1}{3}, \frac{8}{3}, \frac{3}{2}, \frac{10}{7}, \frac{1}{5}, -\frac{5}{8}, -\frac{2}{1}$.

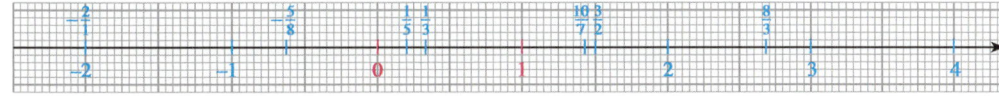

Aufgabe

1. a) Nenne eine rationale Zahl a, die zwischen $\frac{10}{3}$ und $\frac{3}{2}$ liegt.

b) Versuche eine rationale Zahl anzugeben, die *unmittelbar hinter* $\frac{10}{7}$ liegt, d. h. es soll keine andere Zahl dazwischen liegen.

Lösung

a) Wir können z. B. das arithmetische Mittel der beiden Zahlen berechnen:

$a_1 = \frac{1}{2}\left(\frac{10}{7} + \frac{3}{2}\right)$

$= \frac{1}{2}\left(\frac{20}{14} + \frac{21}{14}\right)$

$= \frac{1}{2} \cdot \frac{41}{14} = \frac{41}{28}$

$\frac{10}{7} = \frac{40}{28} < \frac{41}{28} < \frac{42}{28} = \frac{3}{2}$

Ergebnis: $a_1 = \frac{41}{28}$

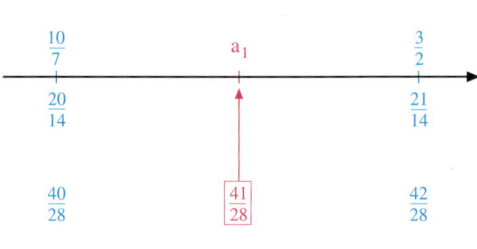

b) Kann $a_1 = \frac{41}{28}$ die gesuchte Zahl sein?

$\frac{41}{28}$ liegt nicht unmittelbar hinter $\frac{10}{7}$, denn man kann leicht eine weitere Zahl a_2 angeben, die zwischen $\frac{10}{7}$ und $\frac{41}{28}$ liegt, z. B. das arithmetische Mittel dieser Zahlen:

$a_2 = \frac{1}{2}\left(\frac{10}{7} + \frac{41}{28}\right)$

$= \frac{1}{2}\left(\frac{40}{28} + \frac{41}{28}\right)$

$= \frac{1}{2} \cdot \frac{81}{28} = \frac{81}{56}$

Auch $\frac{81}{56}$ liegt nicht unmittelbar hinter $\frac{10}{7}$, denn man kann wiederum eine Zahl a_3 berechnen, die zwischen $\frac{10}{7}$ und a_2 liegt:
Man braucht nur wieder das arithmetische Mittel zu bilden.
Auf diese Weise kann man zu jeder rationalen Zahl a hinter $\frac{10}{7}$ eine andere rationale Zahl finden, die noch zwischen $\frac{10}{7}$ und a liegt.
Daher gibt es keine Zahl, die unmittelbar hinter $\frac{10}{7}$ liegt.

Information

> Jede rationale Zahl lässt sich als Punkt der Zahlengeraden darstellen.
> Zu einer rationalen Zahl gibt es *keine Zahl, die unmittelbar nachfolgt.*
> Vielmehr liegen zwischen zwei rationalen Zahlen auf der Zahlengeraden immer noch weitere, ja sogar unendlich viele rationale Zahlen.
> Man sagt: Die rationalen Zahlen liegen *dicht* auf der Zahlengeraden.

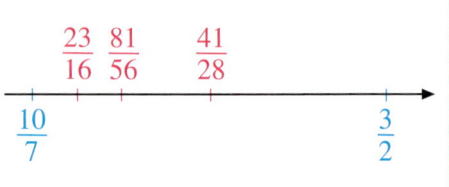

Übungen

2. a) Nenne eine rationale Zahl zwischen $\frac{80}{56}$ und $\frac{81}{56}$. Begründe dein Ergebnis.

b) *Begründe:*
Zwischen $\frac{80}{56}$ und $\frac{81}{56}$ liegen unendlich viele rationale Zahlen.
Beschreibe, wie man nacheinander immer neue Zahlen mit dieser Eigenschaft finden kann.

3. Gib jeweils drei rationale Zahlen an zwischen

a) $\frac{7}{10}$ und $\frac{8}{10}$;

b) 1 und 0,9;

c) $-\frac{3}{2}$ und $-\frac{10}{7}$;

d) 1,414 und $\sqrt{2}$.

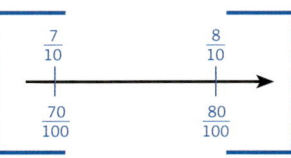

Irrationale Zahlen und ihre Darstellung auf der Zahlengeraden

Einstieg

→ Wer hat recht? Nehmt Stellung zu den Schüleräußerungen.

Aufgabe

1. a) Begründe, dass das Quadrat im Bild rechts den Flächeninhalt 2 cm² hat.
   b) Welche Zahl liegt auf der Zahlengeraden an der Stelle x?
   Ist es eine rationale Zahl?
   Begründe dein Ergebnis.

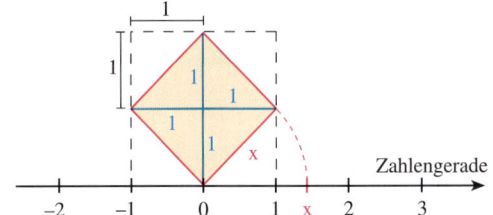

Lösung

a) Jedes der vier rechtwinkligen Dreiecke hat den Flächeninhalt
$\frac{1}{2} \cdot 1$ cm $\cdot 1$ cm $= \frac{1}{2}$ cm².
Alle vier zusammen haben den Flächeninhalt 2 cm².

b) x ist die Maßzahl der Seitenlänge des Quadrates, also ist
$x^2 = 2$, d.h. $x = \sqrt{2}$.
Da $\sqrt{2}$ irrational ist, liegt an dieser Stelle keine rationale Zahl.

Zum Festigen und Weiterarbeiten

2. Konstruiere auf der Zahlengeraden die Punkte. Beschreibe dein Vorgehen.
   (1) $1 + \sqrt{2}$ (3) $1 - \sqrt{2}$ (5) $-\sqrt{2}$ (7) $-2 \cdot \sqrt{2}$
   (2) $2 + \sqrt{2}$ (4) $2 - \sqrt{2}$ (6) $2 \cdot \sqrt{2}$ (8) $3 \cdot \sqrt{2}$

Information

Punkte auf der Zahlengeraden, die keine rationalen Zahlen darstellen

Durch Addieren, Subtrahieren oder Multiplizieren wie in Aufgabe 2 kann man beliebig viele Punkte finden, die nicht zu einer rationalen Zahl gehören.

> Auf der Zahlengeraden gibt es unendlich viele Punkte, die keine rationale Zahl darstellen.

Übungen

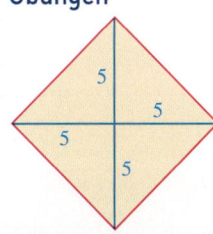

3. Zeige, dass man mit der Figur links $\sqrt{50}$ konstruieren kann.
   Konstruiere ebenso: (1) $\sqrt{8}$ (2) $\sqrt{32}$ (3) $\sqrt{72}$

4. Konstruiere auf der Zahlengeraden die Punkte für:
   (1) $1 + \sqrt{8}$ (2) $2 - \sqrt{8}$ (3) $2 \cdot \sqrt{8}$ (4) $-3 + \sqrt{8}$

Reelle Zahlen – Rechnen mit reellen Zahlen

Information

(1) Zahlengerade und reelle Zahlen

Will man jeden Punkt der Zahlengeraden durch eine Zahl erfassen, so benötigt man die Menge $\mathbb{Q}$ der rationalen Zahlen und zusätzlich noch die Menge der nichtrationalen Zahlen. Beide zusammen bezeichnet man als die Menge $\mathbb{R}$ der **reellen Zahlen**.

Jeder Punkt der Zahlengeraden stellt eine **reelle Zahl** dar. Umgekehrt gehört zu jeder reellen Zahl ein Punkt der Zahlengeraden.
Die Menge der reellen Zahlen besteht aus rationalen Zahlen und irrationalen Zahlen.

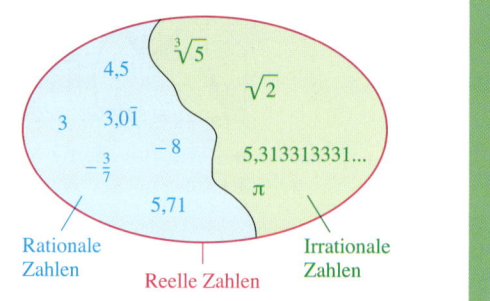

(2) Rechnen mit reellen Zahlen

Mit rationalen Zahlen kann man rechnen und dabei die Rechengesetze anwenden.
Kann man auch mit irrationalen Zahlen in gewohnter Weise rechnen?
Da die irrationalen Zahlen wie die rationalen durch Punkte oder durch Pfeile auf der Zahlengeraden darstellbar sind, kann man mit ihnen auch ebenso rechnen.
Addieren bedeutet z. B., die zugehörigen Pfeile aneinanderzulegen.
Multiplizieren bedeutet, den Pfeil zu dem zweiten Faktor mit dem ersten Faktor zu strecken oder zu stauchen.

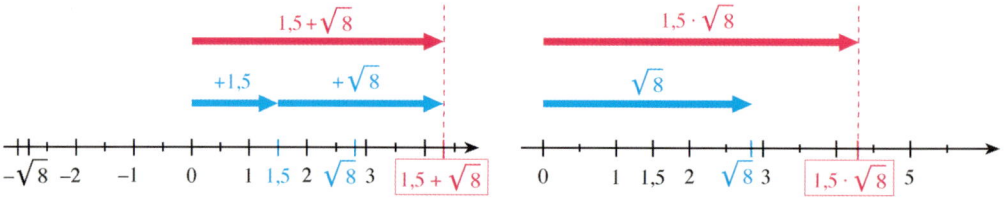

Man kann mit allen *reellen Zahlen* (rationalen und irrationalen) gleichermaßen rechnen und es gelten dieselben Rechengesetze.

Wenn wir im Folgenden von *Zahlen* sprechen, meinen wir jetzt immer – sofern nichts anderes gesagt ist – **reelle Zahlen**.

Übungen

1. Begründe anhand eines Beispiels, warum man neben den rationalen Zahlen noch weitere Zahlen benötigt.

2. a) Berechne $\sqrt{2} \cdot \sqrt{8}$ sowie $\sqrt{12} : \sqrt{3}$ mit dem Taschenrechner. Was stellst du fest?
   b) Suche weitere Zahlenbeispiele für Wurzeln, bei denen der Taschenrechner als Produkt bzw. Quotient natürliche Zahlen errechnet.

3. a) Begründe, dass $5 + \sqrt{2}$ und $5 - \sqrt{2}$ irrationale Zahlen sind.
   b) Addiere die beiden Zahlen. Erläutere das Ergebnis.

DIE ZAHLENBEREICHE ℕ, ℚ₊, ℚ UND ℝ

Du hast verschiedene Zahlenbereiche kennen gelernt:

Menge ℕ der natürlichen Zahlen (einschließlich 0);
Menge ℚ₊ der gebrochenen Zahlen (der nichtnegativen rationalen Zahlen);
Menge ℚ der rationalen Zahlen;
Menge ℝ der reellen Zahlen.

Das Diagramm zeigt dir die Beziehung zwischen diesen Zahlenmengen. Erkläre.
Wir wollen nun rückblickend gemeinsame und unterschiedliche Eigenschaften dieser Zahlenbereiche zusammenstellen:

(1) Gemeinsame Eigenschaften der Zahlenbereiche

In der Menge ℕ erhält man beim Addieren und Multiplizieren stets wieder eine natürliche Zahl. Man sagt: Die Addition und die Multiplikation sind in ℕ *stets ausführbar*.
Entsprechendes gilt für die Addition und die Multiplikation jeweils in ℚ₊, ℚ und ℝ.

(2) Unterschiedliche Eigenschaften der Zahlenbereiche

(a) In der Menge ℕ erhält man beim Dividieren nicht immer eine natürliche Zahl:
$12 : 4 \in \mathbb{N}$, aber $12 : 5 \notin \mathbb{N}$. Die Division ist in ℕ *nicht immer* ausführbar.
Dagegen ist in ℚ₊, ℚ und ℝ die Division durch eine von 0 verschiedene Zahl stets ausführbar. Das Dividieren bedeutet hier nämlich das Multiplizieren mit dem Reziproken.
Multiplikation von Zahl und Reziproken: $a \cdot \frac{1}{a} = 1$ (wobei $a \neq 0$).

∈ bedeutet: gehört zu

(b) In den Mengen ℕ und ℚ₊ erhält man beim Subtrahieren nicht immer eine natürliche bzw. gebrochene Zahl: $7 - 3 \in \mathbb{N}$, aber $3 - 7 \notin \mathbb{N}$, bzw. $\frac{3}{4} - \frac{1}{2} \in \mathbb{Q}_+$, aber $\frac{1}{2} - \frac{3}{4} \notin \mathbb{Q}_+$.
Die Subtraktion ist in ℕ bzw. ℚ₊ *nicht immer* ausführbar.
Dagegen ist sie in ℚ und ℝ stets ausführbar. Das Subtrahieren bedeutet hier das Addieren der entgegengesetzten Zahl.
Addition von Zahl und entgegengesetzter Zahl:
$a + (-a) = 0$ (wobei $a \in \mathbb{Q}$ bzw. $a \in \mathbb{R}$).

(c) Bei ℕ ist auf der Zahlengeraden links von 0 keinem Punkt eine Zahl zugeordnet; ferner liegt zwischen zwei natürlichen Zahlen *nicht immer* eine natürliche Zahl, z. B. zwischen 2 und 3. Jede natürliche Zahl hat einen Nachfolger; jede natürliche Zahl, außer 0, hat einen Vorgänger (siehe Bild unten).
Bei ℚ₊ ist ebenfalls links von 0 keinem Punkt eine Zahl zugeordnet; aber zwischen zwei gebrochenen Zahlen liegt immer wieder eine gebrochene Zahl, sogar unendlich viele.
Bei ℚ sind auch Punkte links von 0 Zahlen zugeordnet, und zwischen zwei rationalen Zahlen liegen unendlich viele solcher Zahlen. Jedoch gibt es unendlich viele Punkte auf der Zahlengeraden, denen keine rationale Zahl zugeordnet ist (s. Bild).

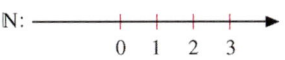
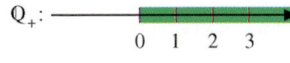
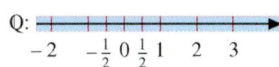

Bei ℝ ist jedem Punkt auf der Zahlengeraden eine reelle Zahl zugeordnet und umgekehrt.
Zu den irrationalen Zahlen, das sind die reellen, aber nicht rationalen Zahlen, gehören nicht nur die Quadrat- und Kubikwurzeln aus positiven rationalen Zahlen, sondern z. B. auch π, $\sqrt{\sqrt{2}}$ oder $\sqrt{10} - \sqrt{2}$.

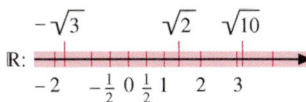

VERMISCHTE UND KOMPLEXE ÜBUNGEN

1. Setze für x nacheinander die Zahl 3, −4, 0, 1, −2 ein und berechne jeweils den Wert des Terms.
   a) $5 \cdot x + 7$ **b)** $5 \cdot (x + 7)$ **c)** $(2x + 7)^2$ **d)** $(10 \cdot x - 12) : 2$

2. Löse jeweils die Klammer auf.
   a) $(3a - 20b) \cdot 5c$ **b)** $15 \cdot (1 - x^2 - y)$ **c)** $a - (b + c)$ **d)** $(12x^2 + 3y) \cdot 7$
   $(12x^3 - 1) \cdot 15y^3$ $(a - b + c) \cdot 4$ $a - (b - c)$ $8 \cdot (x^2 + y^2 + z^2)$

3. Bestimme die Lösungsmenge.
   a) $2x - (7 - 4x) = 5$ **b)** $(2y - 7) \cdot 3 - 6y = 21$ **c)** $2z - (5z + 2) \cdot 5 = 10$
   $8x - (3 + 5x) = 2x$ $4(3x + 8) - 12x = 32$ $8z + (3z + 2) \cdot 10 = 58$

4. Löse die Klammern auf. Fasse zusammen, falls möglich.
   a) $(a - 7)(b + 3)$ **c)** $(2x - 5)(3y + 6)$ **e)** $(2{,}5x - 3y)(-x - 1{,}5y)$
   b) $(9 - r)(s - 12)$ **d)** $(a - 2b)(4b - 2a)$ **f)** $(-2r - 3s)(-2s - 3r)$

5. Findet ihr das Lösungswort. Addiert zunächst die Lösungen jeder Teilaufgabe.
   a) $(x - 4)(x + 5) = x^2 - 17$ **c)** $(8 - 2x)(9 - x) = 2x^2 + 10x$
   $(9 - x)(4 + x) = 46 - x^2$ $(2x + 1)(6x + 5) = (3x + 2)(4x + 3)$
   b) $(x - 4)(7 - x) = 11x + 16 - x^2$ **d)** $(x + 3)(x - 2) = (x - 1)(x + 5) + 11$
   $(4a - 3)(2a - 1) = 8a^2 + 13$ $(x - 4)(x + 5) - (x - 1)(x + 6) = 6$

6. Löse die Klammern auf. Fasse dann zusammen.
   a) $(7u + 5v)^2$ **b)** $(1{,}2 - 0{,}5a)^2$ **c)** $(4x - 3y)(x + 5y) - (2x + y)^2$
   $(-x + 12y)^2$ $\left(\frac{4}{7}a - \frac{7}{8}b\right)^2$ $(7r - 5s)^2 - (5s - 7r)^2$

7. a) Schreibe mit genormten Vorsätzen.
   (1) $4{,}2 \cdot 10^3$ m (2) $1{,}2 \cdot 10^2$ l (3) $5{,}5 \cdot 10^{-3}$ g (4) $2{,}4 \cdot 10^{-6}$ s
   b) Schreibe mit abgetrennter Zehnerpotenz.
   (1) 1,4 kg (2) 314,5 MW (3) 13,2 µm (4) 12,5 ns

8. Ein Baugrundstück der Familie Müller in einem Neubaugebiet sollte ursprünglich quadratisch sein. Durch Planänderungen ging an einer Seite ein 1 m breiter Streifen für einen Fußweg und an einer benachbarten Seite ein 2 m breiter Streifen für die Vergrößerung des Spielplatzes verloren. Dadurch wurde es insgesamt um 79 m² kleiner. Berechne seine ursprüngliche Größe.

9. Der Flächeninhalt der rechts abgebildeten Rechtecke ist gleich. Berechne die Seitenlängen und den Flächeninhalt der Rechtecke (Maße in cm).

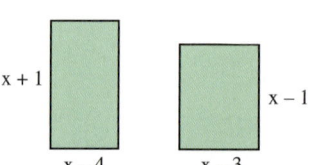

10. Elias: „Denke dir eine Zahl. Verdopple sie. Addiere 5. Multipliziere mit 5. Subtrahiere 5. Dividiere schließlich durch 5. Sage mir dein Ergebnis, und ich sage dir, welche Zahl du dir gedacht hast."

Arbeiten mit Variablen – Potenzen

11. Sarah erklärt Rico die Formel zur Berechnung des durchschnittlichen Benzinverbrauchs für eine Fahrstrecke von 100 km: „Du teilst das benötigte Benzinvolumen durch die gefahrenen Kilometer und multiplizierst anschließend mit 100".

a) Stelle eine Formel für die Berechnung des durchschnittlichen Benzinverbrauchs für 100 Kilometer auf. Wähle geeignete Variablen.

b) Berechne den durchschnittlichen Benzinverbrauch für 100 Kilometer, falls für eine Fahrstrecke von
(1) 635 km 41,28 *l* Benzin;   (2) 584 km 39,71 *l* Benzin   verbraucht wurde.

c) In einer Autozeitschrift wird der durchschnittliche Benzinverbrauch eines Pkw mit 5,8 *l* pro 100 km angegeben. Stelle die Formel um und berechne, wie weit man mit einer Tankfüllung von 52 Litern fahren kann.

12. a) Wenn man zu einer Zahl 5 addiert und die Summe mit 6 multipliziert, dann erhält man das 12fache der Zahl vermindert um 12.

b) Vom 4fachen einer Zahl wird 6 subtrahiert. Wenn man diese Differenz verdoppelt, dann erhält man das 6fache der Zahl vermindert um 5.

13. Ein Radweg wird für insgesamt 38 400 € ausgebaut. Die Firma A stellt 1 250 m² Radweg fertig. Die Firma B 1 310 m².
Wie wird der Gesamtbetrag auf die beiden Baufirmen verteilt?

14. Addiere das Dreifache von x zu der Summe aus 15 und x². Stelle den Term auf.
Berechne dann den Wert des Terms für   x = 17;   x = 0,8;   x = $\frac{2}{3}$;   x = −1.

15. Gib zu der Gleichung ein Zahlenrätsel an. Bestimme dann die gesuchte Zahl.
a) 4(x + 10) = 60   b) $\frac{1}{2}$(x − 3) = 7   c) 2(x + 16) = 26   d) 8 · (8 − z) = 48

16. Was gehört in die Lücken? Beachte jeweils die Lösungsmenge links.

a) Wenn man zu dem 5fachen einer Zahl die Zahl 46 addiert, erhält man das □fache der gesuchten Zahl, verringert um 10.

b) Wenn man von 75 das 7fache einer Zahl subtrahiert, erhält man das 11fache der gesuchten Zahl, vermehrt um □.

17. a) Verlängert man jede Seite eines Quadrats um 3 cm, so ändert sich der Flächeninhalt des Quadrats um 57 cm².
Wie lang sind die Seiten der Quadrate?

b) Verkürzt man jede Seite eines Quadrats um 2 cm, so verändert sich sein Flächeninhalt um 24 cm².
Wie lang sind die Seiten der Quadrate?

c) Verdoppelt man jede Seite eines Quadrats und verlängert dann jede verdoppelte Seite um 4 cm, so erhält man ein Quadrat, dessen Flächeninhalt um 160 cm² größer ist als der vierfache Flächeninhalt des ursprünglichen Quadrats.

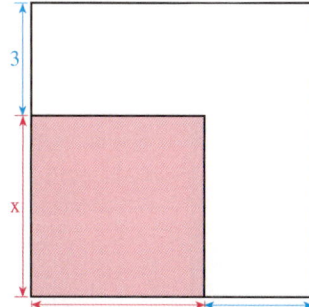

18. Fülle die Lücken aus.
a) $2^{\square + 7} = \frac{1}{32}$ b) $\left(-\frac{1}{3}\right)^{\square - 4} = 9$ c) $(-1,8)^{3 \cdot \square - 1} = 1$

19. Schreibe die Potenz zunächst als Produkt. Fasse dann zu einer Potenz zusammen.

a) $3^4 \cdot 3^2$ c) $7^2 \cdot 7$ e) $\dfrac{4^3}{4}$ g) $5^2 \cdot 5^3 : 5^4$ i) $a^3 \cdot a^4$

b) $2^3 \cdot 2^5$ d) $\dfrac{3^7}{3^5}$ f) $\dfrac{6^2}{6^5}$ h) $\dfrac{7^4 \cdot 7^2}{7^3}$ j) $\dfrac{b^5}{b^5}$

20. Berechne.

a) $3 \cdot 2^3 + 2^2$ b) $3^2 \cdot 8 - 3 \cdot 2^4$ c) $5 \cdot 4^{-2} - 3 \cdot 2^{-3}$ d) $25 \cdot 5^{-1} + 3 \cdot 5^{-2}$

21. Überprüfe die Hausaufgabe. Korrigiere gegebenenfalls.

a) $x^2 = 36$ b) $x^2 = -16$ c) $x^3 = 18$ d) $3x^3 + 8 = -16$

$L = \{\sqrt{6}\}$ $L = \{-4\}$ $L = \{\sqrt[3]{18}; -\sqrt[3]{18}\}$ $L = \{\ \}$

22. Ein Kopfhaar wächst täglich $2{,}5 \cdot 10^{-4}$ m. Ist das Haar 1,5 cm länger geworden, sollte man sich die Haare schneiden lassen.
In welchen Zeitabständen steht ein Frisörbesuch an?

23. Viele Sterne im Weltall sind in spiralig aufgebauten so genannten Galaxien angeordnet.
Auch das Milchstraßensystem, zu dem unser Sonnensystem gehört, ist eine solche Galaxie.
Astronomen schätzen, dass es ca. 100 Mrd. Galaxien mit jeweils 200 Mrd. Sternen gibt.
Wie viele Sterne sind das insgesamt?

24.

Lebenssaft Blut

Rote Blutkörperchen des Menschen haben die Gestalt einer flachen Scheibe.
Ein Mensch hat in 1 mm³ Blut etwa $5{,}5 \cdot 10^6$ solcher Blutkörperchen und durchschnittlich 6 l Blut in seinen Adern.

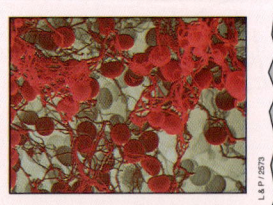

Berechne ohne Taschenrechner: Wie viele rote Blutkörperchen hat ein Mensch?

25. Ein Elektron hat eine Masse von etwa $9{,}11 \cdot 10^{-28}$ g. Protonen wiegen ca. $1{,}67 \cdot 10^{-24}$ g. Das Neutron wiegt ungefähr so viel wie das Proton.
Stelle selbst Fragen und beantworte sie.

26. Ein am PC bearbeiteter und gedruckter Brief im DIN-A4-Format besteht aus Daten (Zeichen, Buchstaben) und hat einen Speicherbedarf von 19 600 Byte.

a) Wie viele solcher Briefe kann man auf einer 700-MB-CD-ROM speichern?
Beachte die Information auf Seite 31.

b) Wie viele Briefe können etwa auf einem USB-Stick (8 GB) bzw. einer Festplatte (500 GB) gespeichert werden?

Arbeiten mit Variablen – Potenzen

BIST DU FIT?

1. Löse die Klammern auf und vereinfache dann, wenn möglich.
 a) $(x + 2)(y - 3)$ d) $(4a + 14)(10b - 2)$ g) $(25a + 12b)(5a - 4b)$
 b) $(3x - 4)(z + 4)$ e) $(8x - y)(y - 18x)$ h) $(40p - 28q)(2p - 4q)$
 c) $(18x - 22)(6 - 8y)$ f) $(-4x - y)(2x - 3y)$ i) $(-12r + 15s)(3s - 5r)$

2. a) $(x + 7)^2$ c) $(x - 4)(x + 4)$ e) $(11a + 15b)^2$ g) $\left(\frac{1}{3}x - \frac{2}{5}y\right)^2$
    b) $(x - 3)^2$ d) $(3x - y)(3x + y)$ f) $(10x + 16y)^2$ h) $(0{,}5x + 1{,}5y)^2$

3. a) $9(3x - 5y) - (8x - 3)$ c) $(12y - 3z) - (8x + 2)(7y - 1)$
    b) $5(2x + 7) - (x - 3) \cdot (-4)$ d) $-(3a - 12)(-2a + 1) + 6(3a - 5)$

4. a) $(x - 2y)(x + y) + (2x - y)^2$ c) $(1 - 6a)^2 - (6 - x)^2$
    b) $(4a - 3b)(a + 5b) + (2a + b)^2$ d) $(7x - 5y)^2 - (5y - 7x)^2$

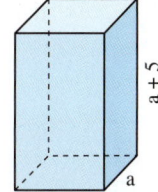

5. Richtig oder falsch?

 a) $6u^2 + 6uv + v^2 = (6u + v)^2$ b) $16x^2 - y^2 = (8x + y)(8x - y)$

6. Bestimme die Lösungsmenge. Denke an die Probe.
 a) $7(2x - 2) = 6(4x + 7)$ e) $(x + 9)(x + 1) = (x + 5)^2$
 b) $8(2x - 3) - 6 = 4x + 30$ f) $(x - 3)^2 = x^2 + 3$
 c) $(x + 2)(x + 1) = x^2 + 5$ g) $(2 - x)^2 = (2 + x)^2$
 d) $(x + 4)(x + 3) = (x + 5)(x + 2)$ h) $(x - 4)^2 = (x - 4)(x + 4) - 2(x + 2)$

7. Wie heißt die Zahl?

 Wenn ich von der Zahl 8 subtrahiere und das Ergebnis quadriere, so erhalte ich dasselbe, wenn ich vom Quadrat der Zahl 14 subtrahiere.

8. Stelle eine Formel für den Oberflächeninhalt und das Volumen des links abgebildeten Quaders auf (Maße in cm).

9. Das abgebildete Trapez besitzt einen Flächeninhalt von 45 cm². Berechne die Länge der beiden Grundseiten (Maße in cm).

10. Berechne.
 a) 3^5 c) $(-4)^4$ e) $\left(\frac{2}{3}\right)^3$ g) $(-2{,}5)^{-2}$ i) 64^{-1}
 b) 3^{-5} d) $(-4)^{-4}$ f) $\left(-\frac{2}{3}\right)^3$ h) $(-2{,}5)^0$ j) 1000^0

11. Schreibe als Potenz.
 a) 49   c) $\frac{1}{81}$ e) $\frac{1}{32}$ g) 0,25   i) 625   k) $\frac{16}{169}$
 b) 81   d) 32   f) 125   h) 1,44   j) 12 100 l) $\frac{64}{27}$

12. Schreibe mit abgetrennter Zehnerpotenz.
- a) 7 460
- b) 0,0367
- c) 56 000
- d) 0,00037
- e) 0,001
- f) 0,00806
- g) 1 000 000
- h) 60 200 000

13. Schreibe ohne abgetrennte Zehnerpotenz.
- a) $7{,}72 \cdot 10^4$
- b) $5{,}1052 \cdot 10^7$
- c) $3{,}349 \cdot 10^{-5}$
- d) $2{,}08 \cdot 10^{-2}$
- e) $9{,}305 \cdot 10^{-6}$
- f) $4{,}834 \cdot 10^{-7}$
- g) 10^{11}
- h) 10^{-4}

14. Schreibe mit genormten Vorsätzen.
- a) $4{,}15 \cdot 10^3$ g
- b) $3{,}2 \cdot 10^9$ Hz
- c) $12{,}5 \cdot 10^6$ t
- d) $1{,}25 \cdot 10^2$ l
- e) $8{,}5 \cdot 10^{-2}$ m
- f) $2{,}25 \cdot 10^{-3}$ g
- g) $5{,}5 \cdot 10^{-6}$ s
- h) $4{,}7 \cdot 10^{-9}$ F

15. Schreibe mit abgetrennter Zehnerpotenz.
- a) 3,3 kW
- b) 42 000 m
- c) 3,65 GHz
- d) 1,4 MW
- e) 3,2 mm
- f) 5,5 mg
- g) 16,2 µm
- h) 1,75 ns

16. Berechne.
- a) $1{,}4 \cdot 10^4 + 3{,}2 \cdot 10^3$
- b) $2{,}1 \cdot 10^{-2} - 0{,}02$
- c) $3 \cdot 4^2 - 4 \cdot 2^{-3}$
- d) $\dfrac{10^{-3} + 2 \cdot 10^{-2}}{5 \cdot 10^2}$

17. Bestimme die Seitenlänge eines
(1) Quadrates; (2) Kreises mit dem Flächeninhalt 250 cm².

18.
- a) Bestimme die Kantenlänge eines Würfels mit dem Volumen 750 cm³.
- b) Bestimme die Kantenlänge eines Würfels mit dem Oberflächeninhalt 750 cm².

19. Eine 120 m lange Brücke besteht aus 5 m langen Einzelteilen. Jedes Teilstück dehnt sich bei einer Temperaturerhöhung um 1 Grad um $6 \cdot 10^{-5}$ m aus.
Berechne den Längenunterschied der Brücke zwischen Sommer (45 °C) und Winter (– 15 °C).

20.
- a) Vergleiche die Masse der Erde ($m_E = 5{,}98 \cdot 10^{24}$ kg) mit der Masse des Mondes ($m_M = 7{,}3 \cdot 10^{22}$ kg).
- b) Die Sonne ist etwa $3{,}3 \cdot 10^5$-mal so schwer wie die Erde.
Berechne die Masse der Sonne.

21. Schreibe ab und fülle die Lücken aus.
- a) $3^{\square+1} = 243$
- b) $4^{\square-2} = 1024$
- c) $2 \cdot \square^2 = 32$
- d) $10 \cdot \square^3 = 1\,250$

22. Überprüfe, ob die Behauptung wahr oder falsch ist.
- a) Das Quadrat einer Zahl ist immer größer als die Zahl.
- b) Potenziert man eine gerade Zahl mit 3, dann ist das Ergebnis durch 8 teilbar.

Arbeiten mit Variablen – Potenzen

IM BLICKPUNKT: BERECHNEN VON WURZELN UND POTENZEN MIT DEM COMPUTER

Mit einem Tabellenkalkulationsprogramm kannst du auch Quadrat- und Kubikwurzeln sowie Potenzen berechnen. In der Übersicht findest du die entsprechenden Formeln:

	A	B	C	D
1	Berechnung	Zahl	Ergebnis	Formel
2	Quadratwurzel	15	3,872983346	=wurzel(B2)
3	Kubikwurzel	19	2,668401649	=B3^(1/3)
4	Potenzieren mit 2	3,8	14,44	=B4^2
5	Potenzieren mit 3	3,2	32,768	=B5^3

1. Erstelle eine Tabelle und gib in der Spalte A die Zahlen 1,5; 2,5; 3,5; ...; 9,5 ein. Berechne in der Spalte B die Quadrate dieser Zahlen.

Welchen Zusammenhang kannst du erkennen? Formuliere eine Vermutung. Überprüfe deine Vermutung mit dem Kalkulationsprogramm. Erweitere dazu die Tabelle und berechne die Quadrate der Zahlen 10,5; 11,5; 12,5; ...; 15,5.

2. In der Tabelle rechts wird das Volumen eines Zylinders aus dem Radius r und der Höhe h berechnet.
In der Zelle C6 wird die Formel **=PI()*C3^2*C4** zur Berechnung des Volumens eingegeben.
Beachte die Eingabe für die Zahl π.
Gib die Tabelle in dein Kalkulationsprogramm ein.
Untersuche, wie sich das Volumen ändert, wenn du (1) die Höhe h, (2) den Radius r verdoppelst, verdreifachst.

	A	B	C
1	Volumen des Zylinders		
3	Radius	r =	4,5
4	Höhe	h =	5,6
6	Volumen	V =	356,26

3. Erstelle eine Tabelle und berechne die fehlende Größe für Zylinder mit dem Volumen 100 cm³, 200 cm³, ..., 500 cm³.
Stelle zunächst die Formel für das Volumen eines Zylinders entsprechend um.

  a) Der Radius aller Zylinder beträgt r = 5 cm.

  b) Alle Zylinder haben die Höhe h = 10 cm.

4. Bei einem Zylinder soll die Höhe gleich dem Durchmesser der Grundfläche sein.

  a) Erstelle eine Formel für (1) das Volumen V, (2) den Oberflächeninhalt A_O des Zylinders.

  b) Erstelle eine Tabelle und berechne für verschiedene Volumina die Höhe h und den Radius r des Zylinders.

  c) Erstelle eine Tabelle und berechne für verschiedene Oberflächeninhalte die Höhe h und den Radius r des Zylinders.

5. Erstelle die abgebildete Tabelle. Sobald du den Wert für a in der Zelle A2 änderst, werden die Terme sofort neu berechnet.

	A	B	C	D	E	F	G
1	a	$\sqrt{a}$	$\sqrt{10a}$	$\sqrt{100a}$	$\sqrt{1000a}$	$\sqrt{10000a}$	$\sqrt{100000a}$
2	3	1,73205081	5,47722558	17,3205081	54,7722558	173,205081	547,722558

Vergleiche die Ergebnisse in der Zeile 2 und formuliere eine Vermutung. Überprüfe deine Vermutung und wähle für a verschiedene positive Zahlen.

Bleib fit im ...
Umgang mit dem Dreisatz

Zum Aufwärmen

1. Zuckerrüben werden zur Herstellung von Zucker verwendet. Aus 100 kg Zuckerrüben erhält man 18 kg Zucker.
   a) Wie viel kg Zucker kann man aus 200 kg, 300 kg, 150 kg, 650 kg Zuckerrüben erzeugen?
   b) Es sollen 180 kg, 90 kg, 900 kg, 45 kg Zucker hergestellt werden. Wie viel kg Zuckerrüben werden dafür benötigt?

2. Ein Rechteck ist 72 mm lang und 36 mm breit. Wie breit ist ein Rechteck mit gleichem Flächeninhalt, wenn es 36 mm, 24 mm, 18 mm, 144 mm, 108 mm lang ist?

Zum Erinnern

> Eine Größe heißt **proportional** zu einer zweiten Größe, wenn die folgende Regel gilt:
>
> *Verdoppelt* (verdreifacht, vervierfacht, ...) man einen Wert der ersten Größe, so *verdoppelt* (verdreifacht, vervierfacht, ...) sich auch der zugehörige Wert der zweiten Größe.
>
> Eine Größe heißt **umgekehrt proportional** zu einer zweiten Größe, wenn die folgende Regel gilt:
>
> *Verdoppelt* (verdreifacht, vervierfacht, ...) man einen Wert der ersten Größe, so *halbiert* (drittelt, viertelt, ...) sich auch der zugehörige Wert der zweiten Größe.

> **Lösungsverfahren für Dreisatzaufgaben**
>
> Prüfe zunächst, ob die Größen proportional oder umgekehrt proportional zueinander sind.
>
> Löse die Aufgabe dann mithilfe einer Tabelle:
> (1) Trage das gegebene Wertepaar und den dritten bekannten Wert ein.
> (2) Finde einen geeigneten Hilfswert.
> (3) Fülle die Lücken entsprechend den Regeln für proportionale bzw. umgekehrt proportionale Zuordnungen aus.
>
> Ist die Zuordnung der ersten Größe zur zweiten weder proportional noch umgekehrt proportional, so kann man die Aufgabe nicht mit dem Dreisatz lösen.

Beispiele:
Benzinkauf an einer Tankstelle

Benzin-Volumen (in *l*)	Preis (in €)
40	68,40
5	☐
45	☐

(:8, ·9 auf der linken Seite; :8, ·9 auf der rechten Seite)

Frühjahrspflege eines Parks

Anzahl der Gärtner	Benötigte Arbeitstage
18	12
1	☐
24	☐

(:18, ·24 auf der linken Seite; ·18, :24 auf der rechten Seite)

Bleib fit im Umgang mit dem Dreisatz

Zum Trainieren

3. Bei einer Tankstelle betrug die Rechnung für 10 Liter Superbenzin 16,50 €. Fülle die Tabelle aus.

Volumen (in *l*)	10	50	40	26	36
Preis (in €)	16,50				

4. In einem alten Rezept für eine Pastete werden neben anderen Zutaten 150 g Fleisch, 30 g Speck und 2 geriebene Kartoffeln empfohlen.
Wie viel Speck und Kartoffeln sollte man zu 250 g Fleisch hinzufügen?

5. Eine überschwemmte Tiefgarage könnte durch vier gleich starke Pumpen in 10 Stunden leergepumpt werden.
  a) Wie lange dauert der Vorgang, wenn nur zwei solcher Pumpen zur Verfügung stehen?
  b) Wie viele solcher Pumpen benötigt man, um die Tiefgarage in 8 Stunden leerzupumpen?

6. Bei der Montage von Deckenbrettern rechnet man, dass ein Paket mit 100 Schraubkrallen für eine Fläche von 5,5 m² reicht.
  a) Wie viele Schraubkrallen sollte man für das Montieren bei einer Deckenfläche von 22 m² bereitstellen?
  b) Für welche Fläche reichen 3 Pakete mit je 250 Krallen?

7. Beim Füllen eines Öltanks sind nach 6 min erst 1 500 *l* Heizöl in den Tank gepumpt worden. Wie lange dauert es noch, bis die restlichen 3 500 *l* Heizöl im Tank sind?

8. Erik und Jan besteigen einen Aussichtsturm. Vom Eingang führen 50 gleich hohe Stufen bis zum ersten Aussichtspunkt. Beim Hinaufsteigen stellt Jan fest, dass der 1,62 m große Erik so hoch wie 9 Stufen ist.
  a) Wie hoch liegt der erste Aussichtspunkt über dem Eingang?
  b) Der zweite Aussichtspunkt liegt 35 Stufen über dem ersten Aussichtspunkt. Wie hoch liegt der zweite Aussichtspunkt über dem Eingang?

9. Ein Getränkebetrieb füllte bisher Mineralwasser in Glasflaschen mit 0,7 *l* Inhalt ab. In jedem Kasten waren 12 Flaschen. Die Produktion wird jetzt auf PET-Flaschen mit 1,25 *l* Inhalt umgestellt. Die neuen Kästen enthalten jeweils 8 Flaschen.
  a) Wie viele Glasflaschen bzw. alte Kästen benötigte man bisher für 21 000 *l* Mineralwasser?
  b) Wie viele PET-Flaschen bzw. neue Kästen benötigt man jetzt für 21 000 *l* Mineralwasser?
  c) Welche Menge (in Liter) an Mineralwasser enthalten 1 000 alte bzw. 1 000 neue Kästen?

PET
Abkürzung für Polyethylenterephthalat hochbeständiger, fester Kunststoff

10. Bei einer durchschnittlichen Geschwindigkeit von 80 $\frac{km}{h}$ legt Frau Berger mit dem Auto in 3 h 15 min eine Strecke von 260 km zurück.
  a) Wie weit fährt sie bei 80 $\frac{km}{h}$ in 4 Stunden?
  b) Wie lange würde Frau Berger für 260 km mit einer Geschwindigkeit von 90 $\frac{km}{h}$ brauchen?

11. Norman benötigte für einen 42 km langen Lauf 2 h 20 min. Warum kann man nicht mit einem Dreisatz-Verfahren berechnen, wie lange Norman für einen Halbmarathon-Lauf von 21 km brauchen wird?

2 Funktionen – Lineare Funktionen

Abhängigkeiten zwischen Größen werden häufig durch Diagramme oder Tabellen veranschaulicht. Hier findest du einige Beispiele aus dem Automobilbereich:

- Aus einer Auto-Test-Zeitschrift:

  Gute Werte für das Modell *Rasanti*

Geschwindigkeit (in $\frac{km}{h}$)	50	70	90	100	120	130	150
Benzinverbrauch (in l pro 100 km)	5,3	5,7	6,1	6,6	7,4	8,3	10

- Der Benzinverbrauch für das Modell *Luna*.

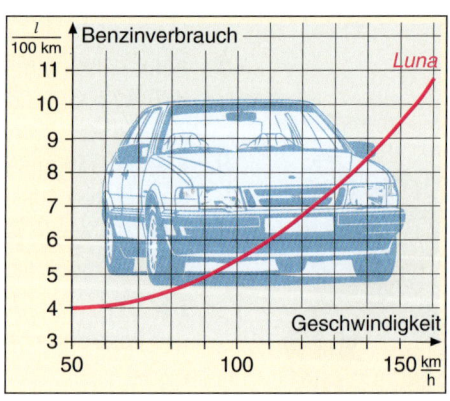

CARGO INFO

Die Höchstgeschwindigkeit beträgt 140 $\frac{km}{h}$. Für Geschwindigkeiten v (in $\frac{km}{h}$) zwischen 50 $\frac{km}{h}$ und 140 $\frac{km}{h}$ lässt sich der Benzinverbrauch B (in l pro 100 km) beschreiben durch:

$B = 0{,}001\, v^2 - 0{,}1\, v + 6{,}3$.

- Aus der technischen Anleitung des Modells *Cargo* (links):

  Eine Formel für den Benzinverbrauch.

→ Vergleiche den Benzinverbrauch der drei Automodelle.
→ Beschreibe die Vor- und Nachteile der drei Darstellungsformen.

In diesem Kapitel lernst du ...
... spezielle Zuordnungen kennen, die man *Funktionen* nennt. Damit kann man Abhängigkeiten zwischen Größen beschreiben und Werte berechnen. Außerdem lernst du besondere Funktionen und deren Eigenschaften kennen.

FUNKTIONEN ALS EINDEUTIGE ZUORDNUNGEN
Eindeutige Zuordnungen — Wertetabelle, Graph

Einstieg

Beim Aufstieg eines Wetterballons wird mit zunehmender Höhe jeweils die Temperatur gemessen.
Die Abbildung rechts zeigt den Zusammenhang zwischen der Höhe über dem Erdboden und der durchschnittlichen Temperatur.

→ Welche Auskunft gibt dir die Abbildung?
→ Wie verändert sich die Temperatur mit zunehmender Höhe?
→ Lies für verschiedene Höhen die Temperaturen ab.
 Lies für verschiedene Temperaturen die Höhe ab.
→ Lassen sich die Größen jeweils eindeutig zuordnen?

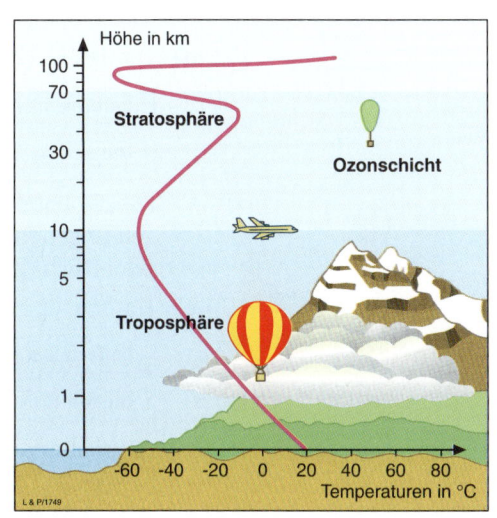

Aufgabe

1. Die Deutsche Bahn benutzt neben dem Kursbuch auch grafische Fahrpläne.
 Die Abbildung zeigt einen vereinfachten Ausschnitt. Von links nach rechts ist die Länge der Fahrstrecke in km, von unten nach oben sind die Uhrzeiten abgetragen.
 Aus diesem Plan kannst du ablesen, wann sich ein Zug an einem bestimmten Ort befinden soll, z. B. in Gotha oder bei Streckenkilometer 50.

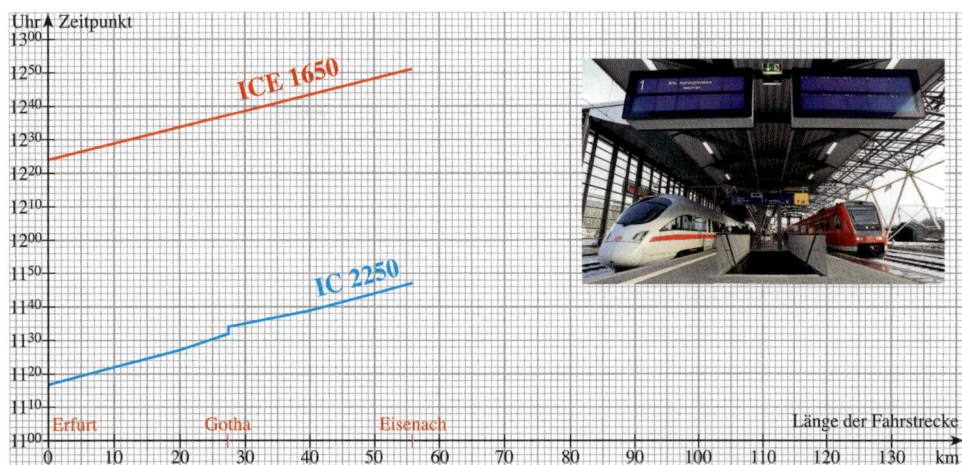

a) Beschreibe die Fahrt des IC 2250 und des Intercity-Express 1650 aufgrund der grafischen Darstellung.
b) Wann ist der IC 2250 10 km; 20 km; 30 km; 40 km; 50 km von Erfurt entfernt? Lege eine Wertetabelle an. Was fällt auf?
c) Beantworte die Frage in Teilaufgabe b) für den Intercity-Express 1650.
 Lege ebenfalls eine Wertetabelle an.

Lösung

a) Der IC 2250 startet um 11.17 Uhr in Erfurt und erreicht um 11.32 Uhr Gotha. Von dort fährt er um 11.34 Uhr weiter, bis er 11.47 Uhr Eisenach erreicht.
Der ICE 1650 startet um 12.24 Uhr in Erfurt und erreicht ohne Zwischenstopp um 12.51 Uhr Eisenach.

b) Für den IC 2250 erhalten wir folgende Tabelle:

Entfernung von Erfurt	10 km	20 km	27 km	40 km	50 km
Uhrzeit	11.22	11.27	???	11.39	11.44

Für die Entfernung 27 km von Erfurt (also für Gotha) lässt sich *nicht nur eine* Uhrzeit angeben. Sowohl um 11.31 Uhr als auch um 11.32 Uhr oder um 11.33 Uhr befindet sich der Zug 27 km von Erfurt entfernt.

c) Für den ICE 1650 erhalten wir folgende Tabelle:

Entfernung von Erfurt	10 km	20 km	27 km	40 km	50 km
Uhrzeit	12.28	12.34	12.38	12.44	12.48

Für die Entfernung 27 km von Erfurt lässt sich hier *nur* eine Uhrzeit angeben.

Information

Die Aufgabe 1 zeigt: Für den ICE 1650 kann man zu jeder Entfernung von Erfurt *genau eine* Uhrzeit angeben, zu welcher der Zug diesen Streckenpunkt erreicht hat.
Die Zuordnung *Entfernung von Erfurt (in km) → Uhrzeit* ist für den ICE 1650 *eindeutig*.

Beim IC 2250 kann man für den Streckenkilometer 27 *mehrere* Uhrzeiten angeben, da der Zug in Gotha hält.
Für diesen IC 2250 ist die Zuordnung *Entfernung von Erfurt (in km) → Uhrzeit* nicht *eindeutig*.
In der Mathematik sind eindeutige Zuordnungen besonders wichtig.

> Bei einer *eindeutigen* Zuordnung wird *jeder* Ausgangsgröße (Ausgangszahl) *genau eine* Größe (Zahl) zugeordnet. Eine solche eindeutige Zuordnung heißt **Funktion**.
>
> Beispiele: Zeitpunkt → Lufttemperatur
> Seitenlänge eines Quadrats → Flächeninhalt des Quadrats
> Seitenlänge eines Quadrats → Umfang des Quadrats
> Masse einer bestimmten Ware → Preis dieser Ware
>
> Man kann eine Funktion auch in einer *Wertetabelle* (auch Zuordnungstabelle genannt) oder im Koordinatensystem als Graph darstellen.

Wertetabellen sind hilfreich für das Zeichnen von Graphen.

Zum Festigen und Weiterarbeiten

2. Um Überholvorgänge planen zu können, muss die Deutsche Bahn wissen, wo sich ein Zug zu einer bestimmten Uhrzeit auf seiner Fahrstrecke befindet.
Stelle für den IEC 1558 (rechts) eine Wertetabelle für die Zuordnung *Uhrzeit → Entfernung von Leipzig (in km)* auf.
Zeichne den Graphen der Zuordnung.
Ist diese Zuordnung eine Funktion?

Funktionen – Lineare Funktionen

3. An dem Graphen rechts kann man die Gebühren für Zustellungen durch einen Paketdienst ablesen.

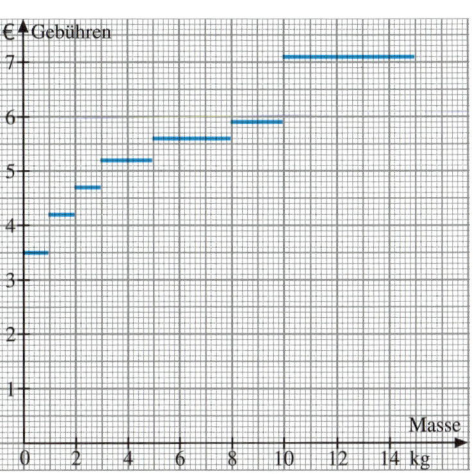

a) Übertrage ins Heft und ergänze die Wertetabelle.

Masse	Gebühren
bis 1 kg	3,50 €
über 1 kg bis 2 kg	€
über 2 kg bis 3 kg	€
über 3 kg bis 5 kg	€

b) Ist die Zuordnung
(1) *Masse des Pakets → Gebühr*,
(2) *Gebühr → Masse des Pakets*
eine Funktion?

4. a) Beschreibe anhand des grafischen Fahrplans die Fahrt des Zuges.

b) Ist die Zuordnung *Fahrstrecke → Uhrzeit* eine Funktion? Begründe.

c) Wie kannst du am Graphen einer Zuordnung auf einen Blick erkennen, dass diese Zuordnung nicht eindeutig ist? Begründe.

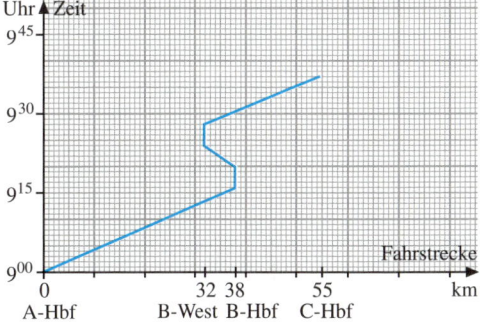

Übungen

5. Durch Ebbe und Flut an der Nordsee ändert sich der Wasserstand in einem Seehafen ständig. Für den Verlauf eines Tages wurde der Wasserstand bezüglich des Normalpegels in Form eines Graphen aufgezeichnet.

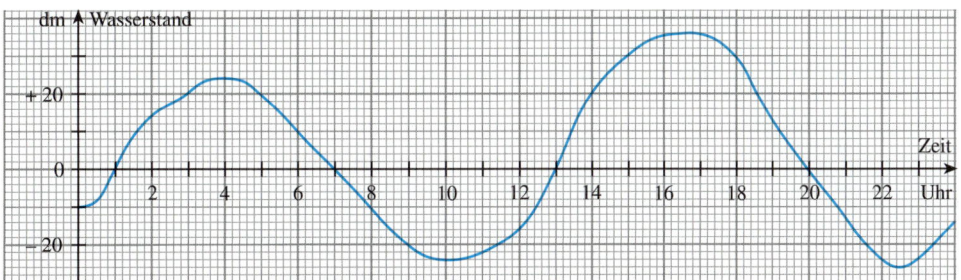

a) Was kannst du dem Diagramm entnehmen? Beschreibe die Veränderungen des Wasserstandes. Achte auch auf starke und weniger starke Änderungen.
Zu welchen Zeiten werden die höchsten bzw. niedrigsten Werte erreicht?

b) Wie hoch ist der Wasserstand um 3.00 Uhr; 5.00 Uhr; 8.00 Uhr; 10.00 Uhr; 14.00 Uhr; 18.00 Uhr; 20.00 Uhr; 24.00 Uhr?
Notiere in Form einer Wertetabelle.

c) Zu welchen Zeitpunkten beträgt der Wasserstand +20 dm; 0 dm; −20 dm?

d) (1) Ist die Zuordnung *Zeitpunkt → Wasserstand* eindeutig, also eine Funktion?
(2) Ist die Zuordnung *Wasserstand → Zeitpunkt* eindeutig, also eine Funktion?
Begründe deine Antwort.

6. Eine *Fieberkurve* enthält für den Arzt Informationen über den Verlauf der Erkrankung.

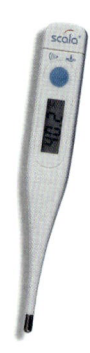
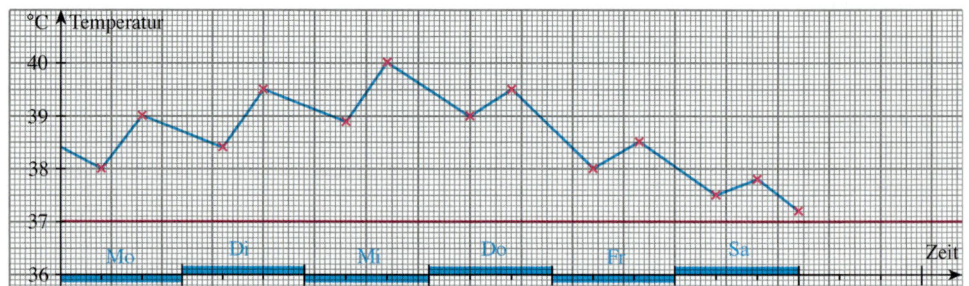

   a) Lies aus der Fieberkurve die Temperaturen ab und trage sie in eine Wertetabelle ein.

   b) (1) Ist die Zuordnung *Zeitpunkt der Messung → Temperatur* eine Funktion?
   (2) Ist die Zuordnung *Temperatur → Zeitpunkt der Messung* eine Funktion?
   Begründe deine Antwort.

   c) Welche Informationen lassen sich aus den durchgezogenen Linien zwischen den Messpunkten entnehmen? Erkläre.

7. Um den Verlauf eines Graphen wie rechts abgebildet zu beschreiben, ist es sinnvoll, die x-Achse in einzelne *Abschnitte* einzuteilen. In der Abbildung rechts wurde der Abschnitt von 2 bis 4 markiert.

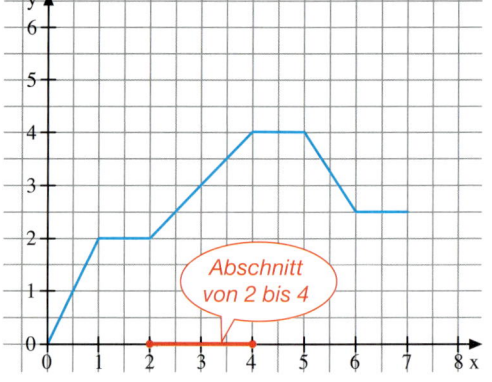

   a) Beschreibe den Verlauf des Graphen
   (1) im Abschnitt von 0 bis 1;
   (2) im Abschnitt von 5 bis 6.

   b) Zeichne den Graphen ab. Markiere auf der x-Achse Abschnitte, in denen der Graph parallel zur x-Achse verläuft. Schreibe diese Abschnitten auf.

   c) Denke an Wasserstände. In welchen Abschnitten nimmt der Wasserstand zu, in welchen ab? Markiere verschiedenfarbig.

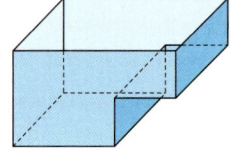

8. Links siehst du die Skizze eines Schwimmbeckens. In dieses Becken wird gleichmäßig Wasser eingelassen. Welcher Graph (1) bis (4) kann dazu passen?

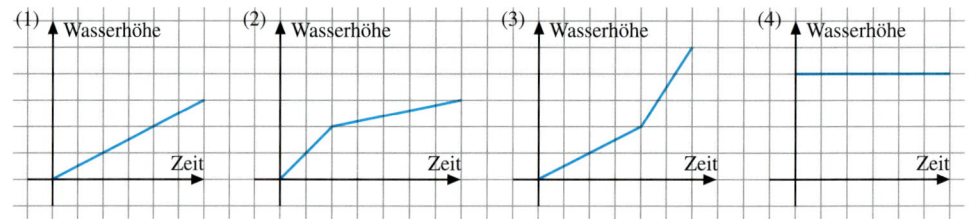

9. Liegt der Graph einer Funktion vor? Begründe.

a) 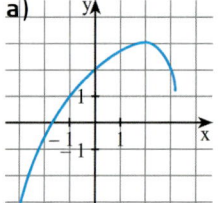 b) 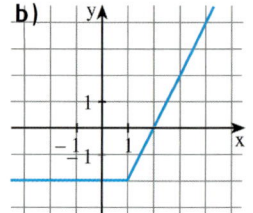 c) 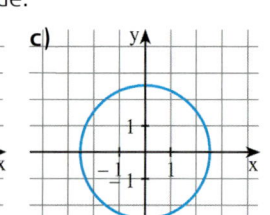 d)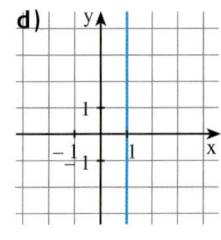

Funktionen – Lineare Funktionen

KAPITEL 2

10. Für das Projekt *Wetterbeobachtung* hat Anke an einem Tag alle zwei Stunden die Lufttemperatur gemessen und notiert.

Zeitpunkt	6.00 Uhr	8.00 Uhr	10.00 Uhr	12.00 Uhr	14.00 Uhr	16.00 Uhr	18.00 Uhr	20.00 Uhr
Temperatur	14,0 °C	15,5 °C	18,0 °C	20,5 °C	23,5 °C	26,5 °C	22,5 °C	20,5 °C

a) Zeichne den Graphen der Zuordnung *Zeitpunkt → Temperatur*.

b) Ist die Zuordnung *Zeitpunkt → Temperatur* [*Temperatur → Zeitpunkt*] eine Funktion?

11. Das nebenstehende Diagramm zeigt die Entwicklung der (durchschnittlichen) Körpergröße in den ersten vier Lebensjahren eines Kindes.

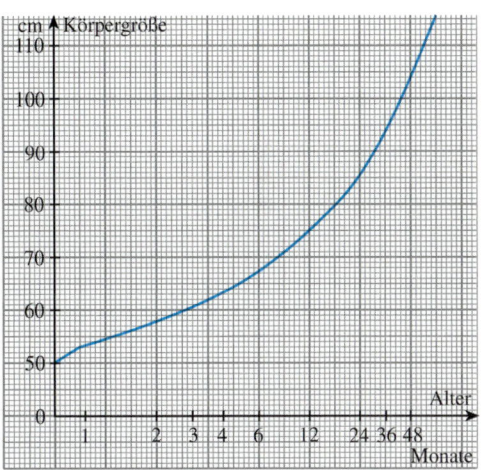

a) Welche Körpergröße hat ein Kind nach 4, 8, 12, ..., 48 Lebensmonaten erreicht?
Stelle eine Wertetabelle auf.

b) Ein Neugeborenes ist 50 cm groß. In der Tabelle wird der Zuwachs (in cm) des Kindes im ersten, im zweiten, im dritten und im vierten Lebensjahr notiert.
Fülle die Tabelle aus und vergleiche.

c) Auf den ersten Blick sieht es so aus, dass ein Kind immer stärker wächst, da der Graph immer stärker ansteigt. Finde den Grund für diesen Trugschluss.
Zeichne den Graphen optisch korrekt.

Lebensjahr	1. Jahr	2. Jahr	3. Jahr	4. Jahr
Größenzuwachs in cm	25			

Angabe einer Funktion durch Funktionsgleichung und Definitionsbereich

Einstieg

Eine rechteckige Schafweide soll 360 m² groß sein. Für die Länge x in m und die Breite y in m gibt es mehrere Möglichkeiten. Betrachte die Zuordnung
Länge x (in m) → Breite y (in m).

→ Erstelle eine Formel, mit der man zu jeder Länge die zugeordnete Breite berechnen kann.

→ Erstelle mithilfe der Formel eine Wertetabelle.
Zeichne dann den Graphen der Zuordnung.
Wie verhalten sich Länge und Breite zueinander?

→ Welche Längen und Breiten sind sinnvoll, welche nicht? Begründe.

→ Stelle eine Formel für die Zaunlänge auf. In welchem Fall ist die Zaunlänge am kleinsten?

Aufgabe

1. a)  Berechne den Flächeninhalt für ein Quadrat mit den Seitenlängen
0,5 cm; 1 cm; 1,5 cm; 2 cm; allgemein a cm.
Notiere eine Gleichung, mit der du den Flächeninhalt A (in cm²) aus der Seitenlänge a (in cm) berechnen kannst.
Stelle die Ergebnisse in einer Wertetabelle zusammen. Zeichne mithilfe der Tabelle den Graphen der Funktion
Seitenlänge a (in cm) → Flächeninhalt A (in cm²).
Was für Zahlen darfst du hier für a einsetzen?

b) Jeder Zahl x wird das Quadrat y dieser Zahl zugeordnet.
Es gilt: $y = x^2$.
Setze für x auch negative Zahlen ein.
Stelle eine Wertetabelle auf und zeichne den Graphen.

Lösung

a) Für den Flächeninhalt A (in cm²) eines Quadrates mit der Seitenlänge a (in cm) gilt: $A = a^2$

Wertetabelle   *Graph*

Seitenlänge a (in cm)	Flächeninhalt A (in cm²)
0,5	0,25
1	1
1,5	2,25
2	4
a	a^2

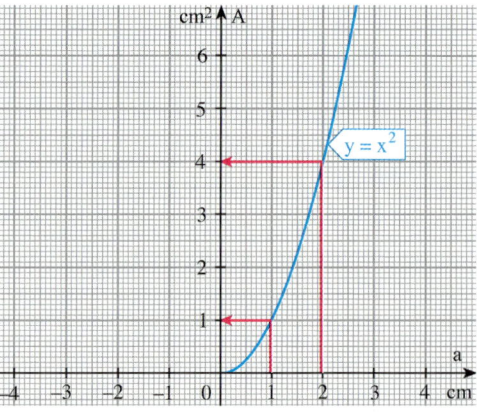

Für die Länge a sind nur *positive reelle* Zahlen sinnvoll, d. h. Zahlen aus $\mathbb{R}_+$ ohne null.
Man nennt $\mathbb{R}_+$ den *Definitionsbereich* der Funktion.

b) Jeder Zahl x wird das Quadrat y dieser Zahl zugeordnet: $y = x^2$

Wertetabelle   *Graph*

x	y
−2	4
−1	1
0	0
1	1
2	4

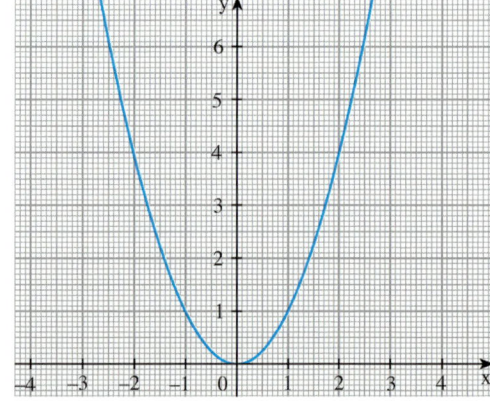

Für x sind alle *reellen* Zahlen zugelassen.
Hier ist die gesamte Menge $\mathbb{R}$ der *Definitionsbereich* der Funktion.

Funktionen – Lineare Funktionen

Information

Eine Funktion kann man angeben durch eine **Funktionsgleichung,** wie z. B. $y = x^2$.
Durch die Gleichung wird jeder Zahl x eine Zahl y *eindeutig* zugeordnet.
Die Menge der für x zugelassenen Zahlen heißt **Definitionsbereich.**
Die Zahlen für x heißen **Argumente** (Stellen) der Funktion.
Die Zahlen für y heißen **Funktionswerte**.
Die Menge aller Funktionswerte heißt **Wertebereich**.
Man schreibt bei der Angabe der Funktion z. B. $y = x^2$ mit $x \in \mathbb{R}$.

Wir vereinbaren:
(1) Wenn für eine Funktion kein Definitionsbereich angegeben ist, soll der für die Funktionsgleichung größtmögliche Definitionsbereich genommen werden.
(2) Achsenbezeichnungen: Bei Funktionsgleichungen benutzt man üblicherweise die Variablen x und y. Daher nennt man im Koordinatensystem die Achse nach rechts *x-Achse* und die Achse nach oben *y-Achse*.

Zum Festigen und Weiterarbeiten

2. a) Welchen Wert hat die Funktion mit $y = x^2$ für die Argumente 0,5; 1,2; –1,2; 3; –3,5?
  b) Für welche Argumente x hat die Funktion mit $y = x^2$ den Wert 4; 2,25; 0,64; 1,96?

3. Eine Funktion hat die Funktionsgleichung $y = 4 - x$.
  a) Wähle als Definitionsbereich die Menge $\mathbb{R}_+$ der positiven reellen Zahlen einschließlich 0. Lege eine Wertetabelle an. Setze dazu für x selbstgewählte Zahlen ein. Zeichne den Graphen.
  b) Wähle nun den größtmöglichen Definitionsbereich $\mathbb{R}$. Wie ändert sich der Graph?

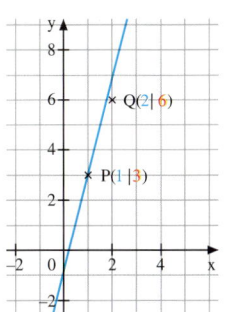

4. Eine Funktion ist gegeben durch:
  a) $y = 8x$ **c)** $y = 7x^3$
  b) $y = 5 - \frac{1}{x}$ **d)** $y = \frac{x+1}{4}$

Stelle fest, welche der Punkte
$P_1(1|4)$, $P_2(0|0)$, $P_3\left(\frac{1}{2}|4\right)$, $P_4(-1|0)$,
$P_5(-1|-7)$, $P_6(0,2|0)$, $P_7\left(\frac{1}{2}|3\right)$,
$P_8(1|0,5)$
auf dem Graphen der Funktion liegen (*Punktprobe*).

> **Punktprobe**
> Funktionsgleichung: $y = 4x - 1$
> Wir setzen die Koordinaten des Punktes $P(1|3)$ in die Funktionsgleichung ein:
> $3 = 4 \cdot 1 - 1$ ist eine wahre Aussage.
> P gehört zum Funktionsgraphen.
>
> Wir setzen die Koordinaten des Punktes $Q(2|6)$ in die Funktionsgleichung ein:
> $6 = 4 \cdot 2 - 1$ ist eine falsche Aussage.
> Q gehört *nicht* zum Funktionsgraphen.

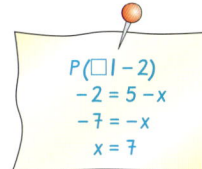

5. a) Die Punkte liegen auf dem Graphen der Funktion mit $y = 5 - x$.
Gib jeweils eine passende Zahl für die fehlende Koordinate an.
$P_1(3|\square)$; $P_2(-2|\square)$; $P_3(7|\square)$; $P_4(\square|5)$; $P_5(\square|0)$; $P_6(\square|-1)$

  b) Die folgenden Punkte liegen auf dem Graphen der Funktion mit $y = x^2$.
Gib jeweils alle passenden Zahlen für die fehlende Koordinate an.
$P_1(4|\square)$; $P_2(-4|\square)$; $P_3\left(\frac{1}{3}|\square\right)$; $P_4(\square|0,81)$; $P_5\left(\square|\frac{1}{4}\right)$; $P_6\left(\square|2\frac{7}{9}\right)$

Information

Punktprobe
Mithilfe der Funktionsgleichung kann man überprüfen, ob ein gegebener Punkt zum Graphen einer Funktion gehört.
Man setzt beide Koordinaten in die Funktionsgleichung ein.
Erhält man eine wahre Aussage, so gehört der Punkt zum Graphen, sonst nicht.

6. a) *Funktionen und Funktionsterme*

Gegeben ist eine Funktion mit der Gleichung y = x · (4 − x) und dem Definitionsbereich ℝ. Wir wollen diese Funktion kurz mit einem Buchstaben, z. B. f, bezeichnen. f ist also Name der gegebenen Funktion. Die Funktion f hat für das Argument 1 den Funktionswert 3.
Dafür schreibt man kurz:
f(1) = 3, gelesen: *f von 1 gleich 3*.

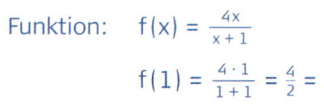

Funktion: $f(x) = \frac{4x}{x+1}$

$f(1) = \frac{4 \cdot 1}{1+1} = \frac{4}{2} = 2$

$f(2) = \frac{4 \cdot 2}{2+1} = \frac{8}{3} = 2\frac{2}{3}$

Entsprechend schreibt man auch für den Funktionsterm einer Funktion f kurz:
f(x), gelesen: *f von x*.

Hier ist x · (4 − x) der Funktionsterm, d.h.: f(x) = x · (4 − x).
Bestimme die Funktionswerte f(0), f(3), f(4), f(4,5), f(−7), f(0,5), f(4,5), f$\left(-\frac{3}{7}\right)$.

b) g soll Name der Funktion mit der Gleichung y = $\frac{z}{z-1}$ und dem Definitionsbereich ℝ ohne 1 sein.
Gib die Kurzbezeichnung für den Funktionsterm $\frac{z}{z-1}$ an.

Bestimme dann die Funktionswerte g(2), g(−1), g(0), g$\left(\frac{1}{2}\right)$, g$\left(-\frac{1}{2}\right)$, g(1,1).

7. Eine Funktion kann man auch in der *Wortvorschrift* angeben, z. B. beschreibt „Jeder Zahl wird ihr Dreifaches zugeordnet" die Funktion mit der Gleichung y = 3x.

a) Notiere die Funktionsgleichung zu: Jeder Zahl wird das Quadrat der Zahl zugeordnet.

b) Eine Packung Bonbons kostet 1,05 Euro. Stelle die Funktionsgleichung auf für die Zuordnung *Anzahl der Bonbonpackungen → Preis (in Euro)*.

c) Beschreibe durch die Wortvorschrift: (1) y = 5x; (2) y = 3x + 4; (3) y = x² − 1.

Information

Eine Funktion kann zusammen mit dem Definitionsbereich angegeben werden durch
(1) eine **Funktionsgleichung** wie z. B. y = x²;
(2) einen **Funktionsterm** wie z. B. x²
(3) eine **Wertetabelle** (Menge *geordneter Paare*) wie z. B. (−2|4), (−1|1), (0|0), (1|1), (2|4);
(4) eine **Wortvorschrift** wie z. B. „Ordne jeder Zahl x das Quadrat der Zahl zu."
(5) einen **Graphen** im Koordinatensystem.

x	x²
−2	4
−1	1
0	0
1	1
2	4

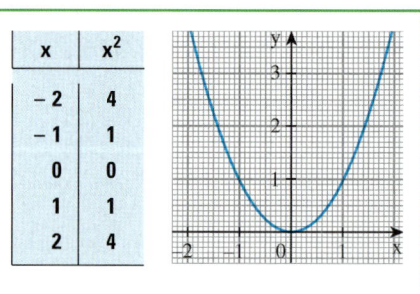

Übungen

8. a) Jedes Quadrat hat einen ganz bestimmten Umfang.

Seitenlänge s (in cm)	0,5	1	1,5	2	2,5	3
Umfang u (in cm)						

Fülle die Wertetabelle aus. Notiere für die Funktion
Seitenlänge s (in cm) → Umfang u (in cm) die entsprechende Funktionsgleichung.
Zeichne den Graphen dieser Funktion mithilfe der Wertetabelle.

b) Welchen Graphen erhältst du, wenn du für s auch negative Zahlen einsetzt?

c) Für welche Argumente nimmt die Funktion den Funktionswert 24; 2; 1; 0; 6 an?

Funktionen – Lineare Funktionen

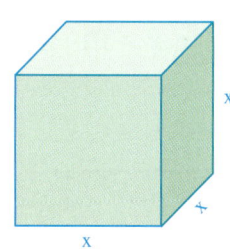

9. a) Jeder Würfel hat ein ganz bestimmtes Volumen und einen ganz bestimmten Oberflächeninhalt. Notiere die Gleichung für die Funktion
 (1) *Kantenlänge (in cm)* → *Volumen (in cm³)*;
 (2) *Kantenlänge (in cm)* → *Oberflächeninhalt (in cm²)*.
b) Wähle für dieselbe Funktionsgleichung wie in (1) [wie in (2)] reelle Zahlen für x (auch negative). Zeichne mithilfe einer Wertetabelle den Graphen dieser Funktion.
c) Bestimme den Funktionswert zu jedem Argument: 5; –4; 0,5; –5; 0,2.

10. Zeichne mithilfe einer Wertetabelle den Graphen der Funktion zu:
a) $y = 2x - 1$ **b)** $y = 1 - 2x$ **c)** $y = -\frac{2}{5}x$ **d)** $y = x^2 + 1$
Welche der folgenden Punkte liegen auf dem Graphen?
$P_1(8|0)$, $P_2(0|0)$, $P_3(-5|11)$, $P_4(-2|5)$, $P_5(0|1)$, $P_6(2|3)$ und $P_7(-1|-3)$

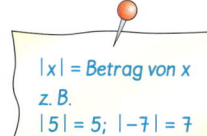

|x| = Betrag von x
z. B.
|5| = 5; |–7| = 7

11. Zeichne den Graphen der Funktion.
a) $y = x - 3$ **c)** $y = -x + 5$ **e)** $y = -\frac{1}{4}x$ **g)** $y = \frac{1}{2}x - 3$ **i)** $y = (x - 2)^2$
b) $y = x + 5$ **d)** $y = -2x + 1$ **f)** $y = \frac{1}{4}x + 2$ **h)** $y = x^2 - 2$ **j)** $y = |x|$
Die Punkte $P_1(3|\square)$, $P_2(0,5|\square)$, $P_3(1,5|\square)$, $P_4(-1|\square)$ und $P_5(-7|\square)$ gehören zum Graphen. Berechne jeweils die fehlende Koordinate.

12. Gegeben sind:
(1) $y = x - 2$ (3) $y = -x + 2$
(2) $y = -x - 2$ (4) $y = x + 2$
Gib bei jeder Funktionsgleichung an, zu welchem Graphen die Gleichung gehört. Begründe.

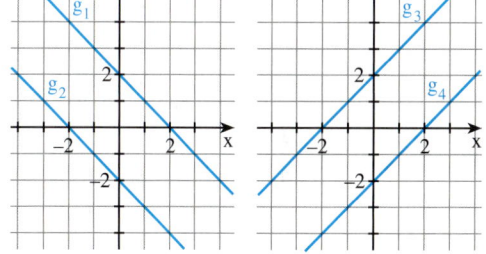

13. Löse die Gleichung nach y auf. Zeichne dann den Graphen der Funktion.
a) $y - 4 = x$ **c)** $2y + 4 = 8x$ **e)** $8x + 2y = 14$ **g)** $\frac{6-y}{3} = 1 + x$
b) $3 \cdot y = 24x$ **d)** $x + y = 0$ **f)** $6x + 9y + 18 = 0$ **h)** $0{,}3x - 0{,}6y - 1{,}2 = 0$

14. Eine Funktion hat die Gleichung: **a)** $y = \frac{1}{2}x + 1$ **b)** $y = \frac{1}{2}x^2$ **c)** $y = 1 + |x|$
(1) Zeichne den Graphen. Nimm als Definitionsbereich die Menge $\mathbb{R}$ der reellen Zahlen.
(2) Wähle als Definitionsbereich anstelle der Menge $\mathbb{R}$ die Menge $\mathbb{Z}$ der ganzen Zahlen. Wie ändert sich der Graph?

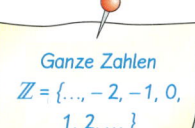

Ganze Zahlen
$\mathbb{Z} = \{..., -2, -1, 0, 1, 2, ...\}$

15. a) Gib zu der Funktion die Funktionsgleichung an.
Jeder Zahl wird das Vierfache der Zahl vermehrt um 3 zugeordnet.
b) Gib die Wortvorschrift an für: (1) $y = 2x - 3$ (2) $y = \frac{x}{3}$ (3) $y = \frac{1}{x}$

16. Herr Beier kauft auf dem Wochenmarkt Eier. Ein Ei kostet 28 ct. Stelle für die Zuordnung *Anzahl der Eier* → *Preis (in ct)* eine Funktionsgleichung auf.

17. Die Funktion ist gegeben durch den Funktionsterm f(x).
a) $f(x) = 7x - 6$ **b)** $f(x) = 9x^2 - 3$ **c)** $f(x) = 8 - 2x^2$ **d)** $f(x) = x \cdot (1 - 2x)$
(1) Berechne $f(4)$; $f\left(\frac{1}{2}\right)$; $f(0)$; $f(-3)$; $f(-1,5)$.
(2) Für welche Argumente nimmt die Funktion den Wert 6 an?

LINEARE FUNKTIONEN MIT DER GLEICHUNG y = m · x
Graph einer Funktion mit y = m · x

Einstieg

Auf einer Teststrecke fährt ein Auto mit der konstanten Geschwindigkeit 120 $\frac{km}{h}$.

→ Notiere die Funktionsgleichung für die Zuordnung *Zeit t (in h) → Entfernung s (in km)*.

→ Erstelle eine Wertetabelle und zeichne den Graphen der Funktion.

→ Wie kann man die Zuordnung rechnerisch beschreiben?

Aufgabe

1. Mit einer Preistabelle oder einem Graphen kann man schnell überblicken, was Kartoffeln in Abhängigkeit von der Masse kosten.

   a) Lege für die Funktion *Masse x (in kg) von Kartoffeln → Preis y (in €)* eine Wertetabelle an.
      Zeichne auch den Graphen. Wie verläuft der Graph?
      Stelle eine Gleichung auf, mit der du die Preise für verschiedene Massen der Kartoffeln berechnen kannst.
      Wie ändert sich der Preis, wenn man die Masse verdoppelt, verdreifacht, vervierfacht, ...?
      Um was für eine Zuordnung handelt es sich?

   b) Verwende dieselbe Funktionsgleichung wie bei Teilaufgabe a).
      Wie ändert sich der Graph, wenn man ℝ als Definitionsbereich wählt?
      Wie ändert sich der Funktionswert, wenn man die Zahl für x verdoppelt, verdreifacht, vervierfacht, ...?

Lösung

a) *Wertetabelle*

Masse x (in kg)	Preis y (in €)
1	0,65
2	1,30
3	1,95
4	2,60
⋮	⋮
8	5,20
⋮	⋮
x	0,65 · x

(·3 ergibt ·3; ·2 ergibt ·2)

Graph

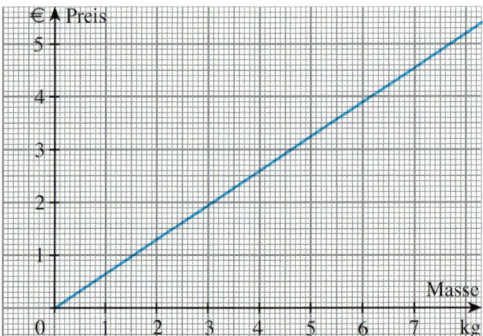

Funktionsgleichung: y = 0,65 · x
Setzt man für x die Masse (in kg) ein, so erhält man den Preis y (in €).

Der Graph ist *geradlinig* und nach einer Seite begrenzt. Es ist ein Strahl, der im Koordinatenursprung beginnt.

Wenn man die Masse verdoppelt, verdreifacht, vervierfacht, ... wird auch der Preis verdoppelt, verdreifacht, vervierfacht, ... Es handelt sich also um eine *proportionale Zuordnung*.

Funktionen – Lineare Funktionen

KAPITEL 2

b) *Wertetabelle*

x	0,65 · x
⋮	⋮
3	1,95
2	1,30
1	0,65
0	0
−1	−0,65
−2	−1,30
−3	−1,95
⋮	⋮

Graph

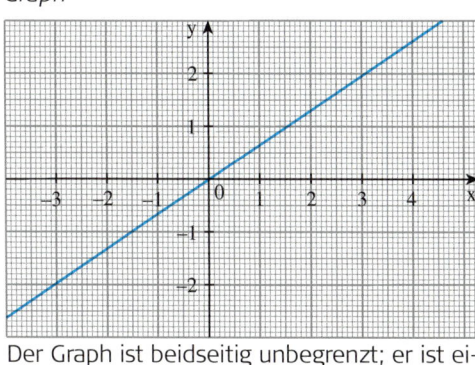

Der Graph ist beidseitig unbegrenzt; er ist eine *Gerade durch den Koordinatenursprung*.

Auch hier gilt: Wenn man die Zahl für x verdoppelt, verdreifacht, vervierfacht, …, wird auch der Funktionswert verdoppelt, verdreifacht, vervierfacht, ….

Zum Festigen und Weiterarbeiten

2. Zeichne den Graphen der Funktion mit der angegebenen Funktionsgleichung. Überlege, wie viele Punkte du dazu mindestens benötigst.

a) $y = 3x$
b) $y = 2,5x$
c) $y = m \cdot x$ mit $m = \frac{3}{4}$

3. *Lineare Funktionen $y = m \cdot x$ mit negativen Werten für m*

a) $y = -3x$
b) $y = -1,25x$
c) $y = m \cdot x$ mit $m = -\frac{1}{2}$

Gilt auch hier: Verdoppelt man x, so verdoppelt sich auch der Funktionswert y? Prüfe.

Information

Eine Funktion mit $y = m \cdot x$ ist eine besondere **lineare Funktion** (*proportionale Funktion*).
Ihr Definitionsbereich ist $\mathbb{R}$; der Wertebereich ist $\mathbb{R}$ für $m \neq 0$.
Der Graph einer solchen linearen Funktion ist eine Gerade durch den Ursprung des Koordinatensystems.

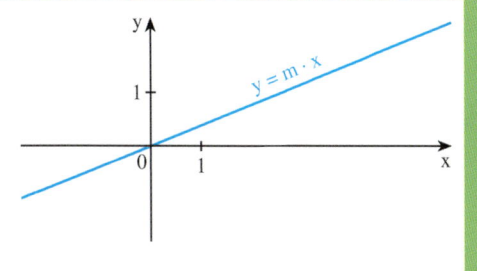

Übungen

4. Gemüsebauer Sasse bietet im Straßenverkauf Weißkohl für 1,45 € pro kg an.

a) Stelle für die Funktion *Masse (in kg) → Preis (in €)* eine Wertetabelle auf und zeichne den Graphen der Funktion. Notiere die Funktionsgleichung.

b) Wähle für die Funktion aus Teilaufgabe a) als Definitionsbereich $\mathbb{R}$. Zeichne den Graphen.

5. Die lineare Funktion hat die Gleichung:

a) $y = 2,5x$
b) $y = -4x$
c) $y = \frac{2}{5}x$
d) $y = -0,6x$
e) $y = \frac{x}{10}$

(1) Zeichne die zugehörige Gerade.
(2) Welcher der Punkte $P_1(-1|\frac{3}{5})$, $P_2(10|4)$, $P_3(-2|-5)$, $P_4(10|1)$, $P_5(-\frac{1}{2}|2)$ liegt auf der Geraden?
(3) Die Punkte $P_1(2|\square)$; $P_2(-1|\square)$; $P_3(\square|6)$; $P_4(\square|-3)$ liegen auf der Geraden. Bestimme die fehlende Koordinate.
(4) Für welche Argumente nimmt die Funktion den Funktionswert 100; −10; 0,1; $-\frac{1}{2}$ an?

6. Ein leeres Becken wird mit Wasser gefüllt. In jeder Minute fließen
   (1) 3 Liter, (2) 1,2 Liter Wasser in das Becken.

   a) Lege für die Funktion *Zeit t (in min) → Wasservolumen V (in l)* eine Wertetabelle an und zeichne den Graphen.
   Gib die Funktionsgleichung an; benutze die Variablen t und V.

   b) Das Wasserbecken ist quaderförmig. Die Grundfläche ist 3 dm lang und 2 dm breit. Lege entsprechend für die Funktion *Zeit t (in min) → Wasserhöhe h (in dm)* eine Wertetabelle an. Zeichne den Graphen und gib die Funktionsgleichung an.

7. An einem Küchenmessbecher findest du Markierungen für das Volumen V (in cm^3) und die Masse m (in g) verschiedener Zutaten.

   a) Ein Volumen von 400 cm^3 entspricht ungefähr
   (1) 240 g Mehl, (2) 140 g Haferflocken. Stelle die Funktionsgleichung für die Funktion *Volumen V (in cm^3) → Masse m (in g)* auf. Zeichne den Graphen.

   b) Welches Volumen V besitzen
   (1) 100 g, 150 g, 200 g Mehl; (2) 100 g, 150 g, 200 g Haferflocken?

   c) Stelle die Funktionsgleichung für die Funktion *Masse m (in g) → Volumen V (in cm^3)* auf. Erstelle mit einem Kalkulationsprogramm eine Wertetabelle der Funktion.

Anstieg, Steigungsdreieck

Das Verkehrsschild informiert über den Anstieg (die Steigung) einer Straße. Auf dem Bild kannst du erkennen, was ein Anstieg von 8% bedeutet:
Auf einer horizontalen Entfernung von 100 m steigt die gerade Straße um 8 m an.
Der Anstieg beträgt $\frac{8}{100}$ = 8%.
Ebenso wie bei der geraden Straße wollen wir den Anstieg einer Geraden im Koordinatensystem beschreiben.

Statt Anstieg sagt man auch Steigung.

Einstieg

Aus den Planungsunterlagen einer neu gebauten Straße:

> Auf einem geraden Teilstück steigt die Straße auf einer horizontalen Entfernung von 250 m um 15 m an.
> Im weiteren Verlauf fällt sie auf einer horizontalen Entfernung von 300 m um 27 m ab.

→ Welche Verkehrsschilder müssen aufgestellt werden?

Aufgabe

1. Zeichne die Gerade zu der linearen Funktion mit:

   a) (1) y = 2x   (2) y = $\frac{1}{2}$x   b) (1) y = −2x   (2) y = −$\frac{1}{2}$x

   Wie ändert sich jeweils der Funktionswert, wenn man x um 1 erhöht?
   Zeichne bei jeder Geraden zwei Steigungsdreiecke mit der waagerechten Seitenlänge 1.

Funktionen – Lineare Funktionen

Lösung

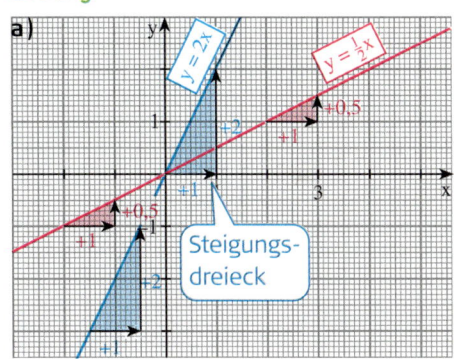

Du erkennst an jedem Steigungsdreieck:

(1) Wenn man x um 1 erhöht, ändert sich der Funktionswert y um +2.
Anstieg $m = \frac{+2}{+1} = +2$

(2) Wenn man x um 1 erhöht, ändert sich der Funktionswert y um +0,5.
Anstieg $m = \frac{+0,5}{+1} = +\frac{1}{2}$

Der Anstieg m ist positiv, die Gerade steigt (von links nach rechts).

Wir sagen: Die Gerade ist monoton steigend.

(1) Wenn man x um 1 erhöht, ändert sich der Funktionswert y um −2.
Anstieg $m = \frac{-2}{+1} = -2$

(2) Wenn man x um 1 erhöht, ändert sich der Funktionswert y um −0,5.
Anstieg $m = \frac{-0,5}{+1} = -\frac{1}{2}$

Der Anstieg m ist negativ, die Gerade fällt (von links nach rechts).

Wir sagen: Die Gerade ist monoton fallend.

Zum Festigen und Weiterarbeiten

2. Zeichne die Gerade zu der linearen Funktion. Gehe dabei vom Ursprung
a) um 1 nach rechts, um 1,5 nach oben; b) um 1 nach rechts, um 2 nach unten.
Notiere den Anstieg m der Geraden und die Funktionsgleichung.

3. Zeichne in ein gemeinsames Koordinatensystem (Einheit 1 cm) mithilfe von Steigungsdreiecken die Geraden zu den linearen Funktionen mit den Anstiegen
(1) m = 5;   (2) m = 2,5;   (3) m = −4;   (4) m = −1,5.
Notiere die Funktionsgleichung. Ist die Gerade monoton steigend oder fallend.

Information

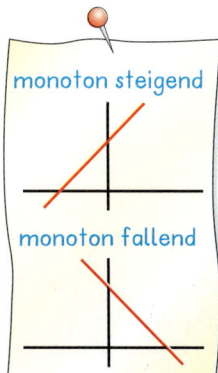

monoton steigend

monoton fallend

Für eine lineare Funktion mit der Gleichung $y = m \cdot x$ gilt:
Wenn man x um 1 erhöht, erhöht sich der Funktionswert um m.
Der Faktor m gibt den **Anstieg** (die Steigung) der Geraden an.

Ist der Anstieg m positiv, so steigt die Gerade an (von links nach rechts).

Ist der Anstieg m negativ, so fällt die Gerade (von links nach rechts).

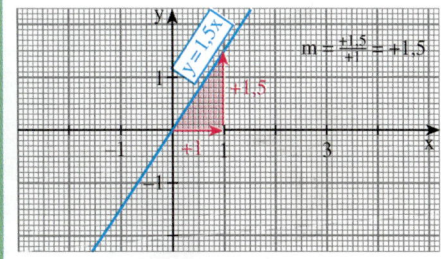
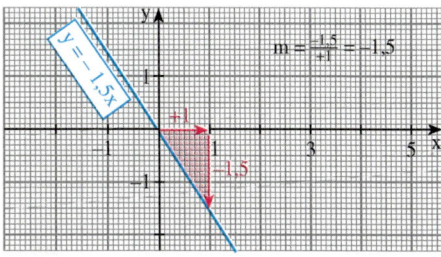

Übungen

4. Wie ändert sich y, wenn man x um 1 erhöht? Gib die Gleichung der Funktion an.

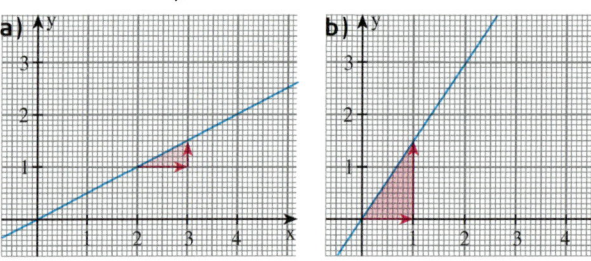

5. Zeichne die Gerade zu der linearen Funktion. Gehe dabei vom Ursprung
   a) um 1 nach rechts, um 1,5 nach unten;   c) um 1 nach rechts, um 3,5 nach unten;
   b) um 1 nach rechts, um 3,5 nach oben;   d) um 1 nach rechts, um 3 nach oben.
   Gib den Anstieg m der Geraden und die Funktionsgleichung an.

6. Zeichne mithilfe eines Steigungsdreiecks die Gerade zu der linearen Funktion, ohne eine Wertetabelle anzulegen. Gib an, ob die Gerade monoton steigt oder fällt.
   a) $y = 5x$ c) $y = 1,5x$ e) $y = 3,5x$ g) $f(x) = -3,5x$
   b) $y = -4x$ d) $y = 2,5x$ f) $y = -0,5x$ h) $f(x) = 4,5x$

7. Die Gerade zu einer linearen Funktion mit $y = mx$ geht durch
   a) $P(1|5)$;   b) $P(1|-3)$;   c) $P(1|-0,5)$;   d) $P(1|3,5)$;   e) $P(1|-1)$.
   Notiere den Anstieg m der Geraden und die Funktionsgleichung.

Anstieg als Proportionalitätsfaktor – Zeichnen eines geeigneten Steigungsdreiecks

Einstieg

Käse-Kiste

kg	€/kg	€
0,240	Tilsiter 14,50	3,48
0,185	Emmentaler 12,90	2,39

Lukas hat im Supermarkt Käse eingekauft.
→ Welche Bedeutung haben die einzelnen Angaben auf dem Kassenbon?
→ Sind die Angaben korrekt?

Aufgabe

1. Julias Vater ist Stammkunde bei einer Tankstelle. Er hat in letzter Zeit seine Ausgaben für Benzin in einer Tabelle notiert.

Volumen	Kosten
9 l	15,30 €
4 l	6,80 €
6 l	10,20 €

   a) Zeichne zu den Wertepaaren in der Tabelle die Punkte in ein Koordinatensystem und verbinde sie mit dem Lineal.
      Was stellst du fest?
   b) Woran erkennst du, dass eine proportionale Zuordnung vorliegt?
      Berechne den Proportionalitätsfaktor. Was gibt er an?
      Fällt dir etwas auf?

Funktionen – Lineare Funktionen

KAPITEL 2

Lösung

a) Die Punkte liegen auf einer Geraden, die durch den Ursprung geht.
Der Anstieg m der Geraden ergibt sich aus den Steigungsdreiecken:

$$m = \frac{15{,}30}{9} = \frac{10{,}20}{6} = \frac{6{,}80}{4} = 1{,}70$$

b)

Volumen	Kosten	Kosten : Volumen
9 l	15,30 €	$\frac{15{,}30\,€}{9\,l} = \frac{1{,}70\,€}{1\,l} = 1{,}70\,\frac{€}{l}$
4 l	6,80 €	$\frac{6{,}80\,€}{4\,l} = \frac{1{,}70\,€}{1\,l} = 1{,}70\,\frac{€}{l}$
6 l	10,20 €	$\frac{10{,}20\,€}{6\,l} = \frac{1{,}70\,€}{1\,l} = 1{,}70\,\frac{€}{l}$

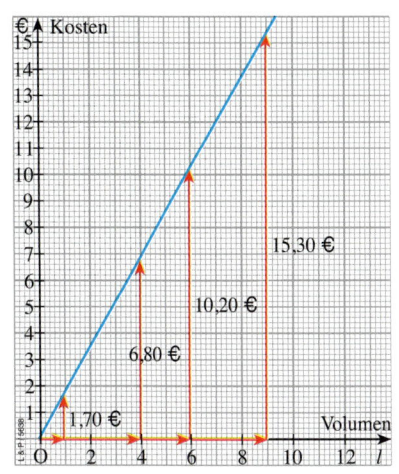

Aus der Tabelle erkennen wir:
Alle Wertepaare aus Kosten und Volumen sind *quotientengleich*.
Der *feste Quotient* ist 1,70 $\frac{€}{l}$. Er gibt den Preis in Euro für 1 l Benzin an.
Der Graph ist ein Strahl, der im Ursprung O(0|0) beginnt.
Der Anstieg des Graphen ist die Maßzahl des Proportionalitätsfaktors der Funktion
Volumen (in l) → Kosten (in Euro).

Information

Bei einer linearen Funktion mit der Gleichung y = m · x liegt für die Wertepaare **Quotientengleichheit** vor (mit Ausnahme des Wertepaares (0|0)).
Der Quotient $\frac{y}{x}$ = m ist der **Proportionalitätsfaktor**.
Er gibt den Anstieg m der zugehörigen Geraden im Koordinatensystem an.

Zum Festigen und Weiterarbeiten

2. a) Wenn man bei der linearen Funktion mit y = 0,5 x ein Argument x um 1 erhöht, ändert sich der Funktionswert y um +0,5.
Lies aus der Zeichnung ab:
Wie ändert sich der Funktionswert y, wenn man x um 2, um 3, um $\frac{1}{2}$ erhöht?

b) Bilde den Quotienten für jedes Steigungsdreieck. Was stellst du fest?

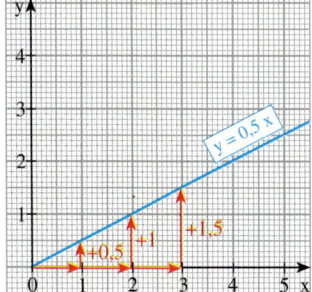

3. *Geeignete Steigungsdreiecke*

Zeichne die Gerade der linearen Funktion mit y = $\frac{4}{3}$ x, ohne eine Wertetabelle anzulegen.
Gehe dazu vom Ursprung O(0|0) aus. Gehe zunächst einen Schritt nach rechts.
Wie viele Schritte musst du nach oben gehen?
Gehe nun vom Ursprung O zwei Schritte und schließlich drei Schritte nach rechts.
Wie viele Schritte musst du jeweils nach oben gehen?

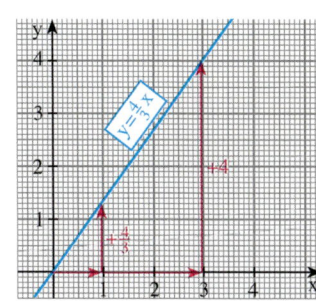

Information

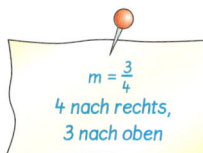

$m = \frac{3}{4}$
4 nach rechts,
3 nach oben

Wenn man die Gerade zu einer linearen Funktion mit $y = m \cdot x$ ohne Wertetabelle zeichnen will, so sucht man sich dafür ein *geeignetes* Steigungsdreieck.

Beispiel: $y = \frac{3}{4}x$

Gehe bei einem positiven Anstieg vom Ursprung O(0|0) aus zunächst 4 Schritte nach rechts und wegen $4 \cdot \frac{3}{4} = 3$ dann 3 Schritte nach *oben*.
Du erhältst den Punkt P(4|3).
Zeichne die Gerade durch P und den Ursprung O(0|0).
Auf diese Weise erhältst du den Graphen der Funktion.

Beispiel: $y = -1,5x$

Bei einem negativen Anstieg kannst du entsprechend verfahren. Gehe vom Ursprung O(0|0) aus zunächst 2 Schritte nach rechts und wegen $2 \cdot (-1,5) = -3$ dann 3 Schritte nach *unten*. Du erhältst den Punkt Q(2|−3).
Zeichne die Gerade durch Q und den Ursprung O(0|0).

$m = -1,5 = -\frac{3}{2}$
2 nach rechts,
3 nach unten

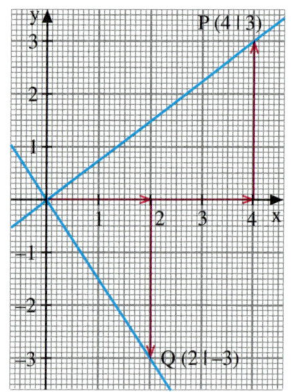

Übungen

4. Zeichne mithilfe der Anleitung in der Information den Graphen der linearen Funktion.

a) $y = \frac{1}{5}x$ c) $y = -\frac{1}{3}x$ e) $y = 0,7x$ g) $y = \frac{3}{2}x$ i) $f(x) = -\frac{1}{7}x$

b) $y = \frac{5}{6}x$ d) $y = -\frac{3}{4}x$ f) $y = 0,2x$ h) $y = -1,4x$ j) $f(x) = -0,3x$

5. Zeichne die Gerade zu der linearen Funktion. Gehe dabei vom Ursprung

a) um 3 nach rechts, um 5 nach oben;   c) um 2 nach rechts, um 4,6 nach oben;

b) um 5 nach rechts, um 6 nach unten;   d) um 4 nach rechts, um 7,2 nach unten.

Notiere den Anstieg m und die Funktionsgleichung. Steigt oder fällt die Gerade?

6. Notiere zu jeder Geraden den Anstieg. Lege dazu ein günstiges Steigungsdreieck fest. Gib dann die Gleichung der linearen Funktion an.

a) 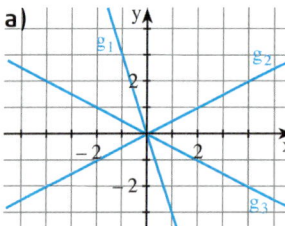   b) 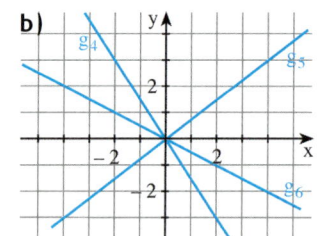   c)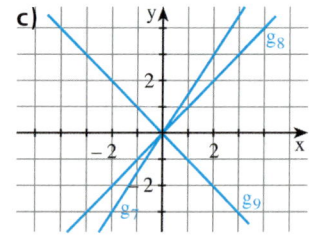

7. Rechts siehst du Fabians Hausaufgaben. Kontrolliere sie.

8. Ein Baumarkt bietet Gartenschläuche als „Meterware" an. Herr Grün bezahlt für 12 m Schlauch 10,80 €.

a) Berechne jeweils den Preis für einen Schlauch der Länge 3 m; 5 m; 9 m; 10 m.

b) Stelle für die Funktion *Länge (in m) → Preis (in €)* eine Funktionsgleichung auf.
Was gibt der Proportionalitätsfaktor an?

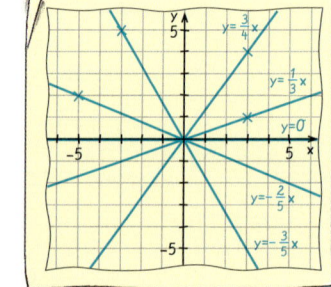

c) Erstelle je ein Tabellenblatt für die Zuordnungen:
(1) *Schlauchlänge → Preis*   (2) *Preis → Schlauchlänge*

Funktionen – Lineare Funktionen

KAPITEL 2   69

LINEARE FUNKTIONEN MIT DER GLEICHUNG y = m · x + n
Graph einer linearen Funktion

Einstieg

Eine Schraubenfeder hat (unbelastet) eine Länge von 6 cm. Die Länge ändert sich, wenn man die Feder mit Wägestücken belastet, und zwar um 0,5 cm je kg Belastung.

→ Notiere die Funktionsgleichung für folgende Zuordnungen:
  (1) *Belastung (in kg)* → *Verlängerung der Feder (in cm)*
  (2) *Belastung (in kg)* → *Federlänge (in cm)*

→ Lege eine Wertetabelle an und zeichne die Graphen. Vergleiche.

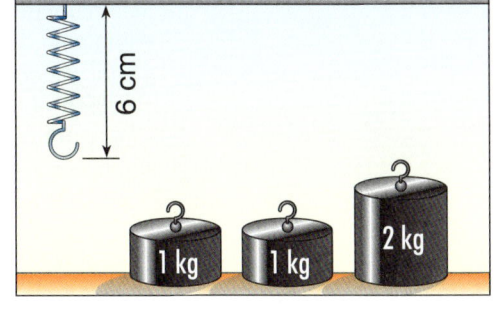

Aufgabe

1. a) Ein Lastwagen soll mit Kies beladen werden. 1 m³ Kies wiegt 2 Tonnen.
  (1) Notiere die Funktionsgleichung für die Funktion
    Kiesvolumen (in m³) → *Kiesmasse (in t)*.
    Zeichne den Graphen.
  (2) Ein Lastwagenanhänger wiegt leer 3 Tonnen und wird mit Kies beladen.
    Zeichne in dasselbe Koordinatensystem den Graphen für die Funktion
    Kiesvolumen (in m³) → *Gesamtmasse des Anhängers (in t)*.
    Notiere die Funktionsgleichung.
    Wie kommt man vom ersten Graphen zum zweiten?

b) Wähle als Definitionsbereich ℝ und als Gleichung:
  (1) y = 2x   (2) y = 2x + 3   (3) y = 2x − 4
  Zeichne alle drei Graphen in dasselbe Koordinatensystem.
  Wie kommt man vom ersten Graphen zu den beiden anderen?
  Wie kann man das an der Gleichung erkennen?

Lösung

a) (1) 1 m³ Kies wiegt 2 Tonnen. x m³ Kies wiegen 2x Tonnen.
  Funktionsgleichung: y = 2x

  (2) Die Gesamtmasse setzt sich zusammen aus der Masse der Kiesladung 2x Tonnen und der Leermasse des Anhängers 3 Tonnen. Also:

  $$x \xrightarrow{\cdot 2} 2x \xrightarrow{+3} 2x + 3$$

  Funktionsgleichung: y = 2x + 3
  Die Gesamtmasse ist immer um 3 t größer als die Kiesmasse. Du kommst also vom ersten Graphen (Kiesmasse), zum zweiten Graphen (Gesamtmasse), indem du überall um 3 Einheiten nach oben gehst. Das bedeutet: Wenn du den ersten Graphen *um 3 Einheiten nach oben verschiebst*, erhältst du den zweiten.

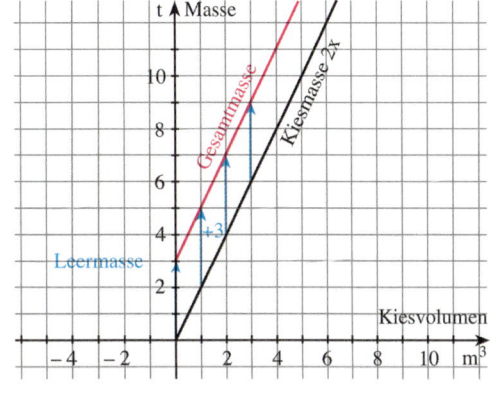

b) Jetzt dürfen auch negative Zahlen für x eingesetzt werden, da hier die gesamte Menge ℝ der reellen Zahlen Definitionsbereich ist. Die Graphen sind daher nach beiden Seiten unbegrenzt.
Wenn man den Graphen zu y = 2x
– um 3 Einheiten nach oben verschiebt, erhält man den Graphen zu y = 2x + 3;
– um 4 Einheiten nach unten verschiebt, erhält man den Graphen zu y = 2x − 4.

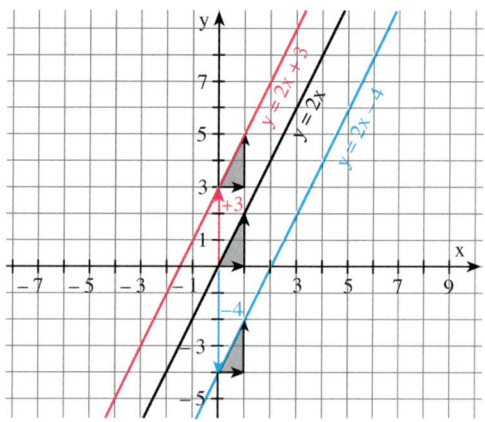

Zum Festigen und Weiterarbeiten

2. Gib für jede Funktion in Aufgabe 1b) an:
(1) Ist die Funktion eine proportionale Zuordnung? Begründe deine Antwort.
(2) Welchen Anstieg hat die Gerade?
Vergleiche mit den Anstiegen der zwei anderen Geraden.
(3) In welchem Punkt schneidet die Gerade die y-Achse?

3. Zeichne in dasselbe Koordinatensystem die Graphen der drei gegebenen Funktionen. Welche der drei Funktionen ist eine proportionale Zuordnung?
Wie kommt man vom Graphen dieser besonderen Funktion zu den Graphen der beiden anderen?

a) (1) y = 0,5x + 4 (2) y = 0,5x (3) y = 0,5x − 2
b) (1) y = −1,5x + 5 (2) y = −1,5x − 4 (3) y = −1,5x

Information

Proportionale Funktionen sind besondere lineare Funktionen.

Eine Funktion mit der Funktionsgleichung y = m · x + n heißt ebenfalls **lineare Funktion**.
Der Definitionsbereich ist ℝ; der Wertebereich ist für m ≠ 0 ebenfalls ℝ.
Für n = 0 erhält man die lineare Funktion mit der Gleichung y = m · x.
Diese Funktion ist also eine *besondere* lineare Funktion.
Der Graph einer linearen Funktion ist eine Gerade. Sie erhält man, indem man den Graphen zu y = m · x um n Einheiten in Richtung der y-Achse verschiebt, und zwar

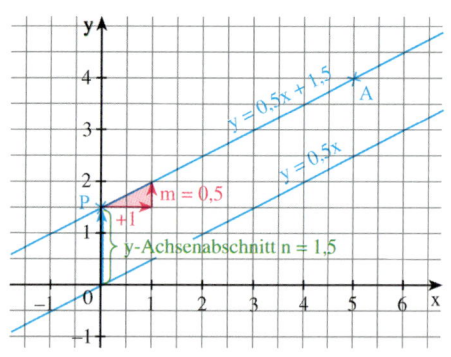

• nach oben, falls n > 0, • nach unten, falls n < 0.

Die Gerade schneidet die y-Achse im Punkt P(0|n).
Deshalb nennt man n den **y-Achsenabschnitt** (im Beispiel: n = 1,5). Der Graph schneidet die y-Achse im Punkt P(0|1,5).
Um die Gerade zu zeichnen, braucht man neben dem y-Achsenabschnitt nur noch einen weiteren Punkt (im Beispiel A(5|4)).
Der Faktor m gibt die Änderung pro Einheit an.

Funktionen – Lineare Funktionen

Übungen

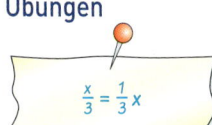

4. a) $y = 2x$ b) $y = x$ c) $y = -1{,}8x$ d) $y = -\frac{2}{3}x$ e) $y = \frac{x}{5}$

Zeichne den Graphen der linearen Funktion.
Verschiebe den Graphen (1) um 1,5 Einheiten nach oben; (2) um 3 Einheiten nach unten.
Gib zu dem neuen Graphen die Funktionsgleichung an.

5. a) $y = 2{,}5x + 1$ b) $y = -3x + 7$ c) $y = -x - 2{,}4$ d) $y = -\frac{x}{2} - \frac{3}{4}$

Zeichne die Gerade zu der linearen Funktion. Zeichne zunächst den Graphen der proportionalen Zuordnung, die denselben Anstieg hat.
In welchem Punkt schneidet die Gerade die (1) y-Achse; (2) x-Achse?

6. Gib jeweils die Funktionsgleichung für die Gerade an. Begründe.

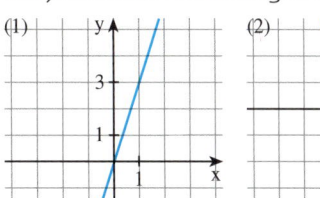 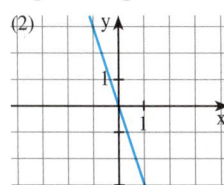 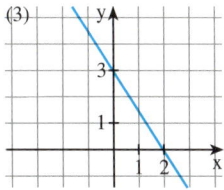 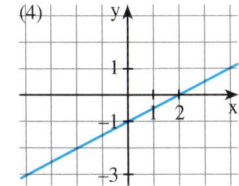

7. (1) Gib die Funktionsgleichungen der fünf Geraden an. Vergleiche diese.
(2) Was haben die Funktionsgleichungen gemeinsam, worin unterscheiden sie sich?

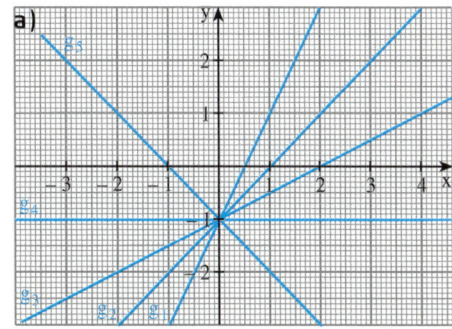 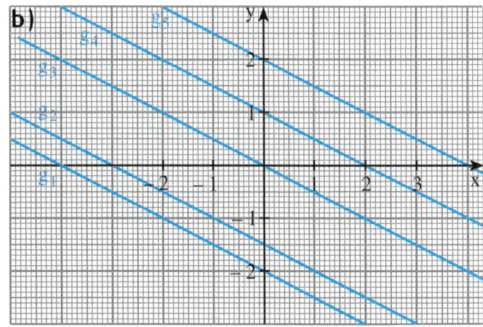

8. Die lineare Funktion hat die Gleichung:

a) $y = 1{,}5x - 6$ b) $y = 0{,}4x + 3{,}6$ c) $y = 7 - \frac{x}{3}$ d) $y = \frac{2}{3}x - 2$

Für welche Argumente nimmt die Funktion den Funktionswert 0, den Funktionswert 6, den Funktionswert −3 an? Stelle jeweils eine entsprechende Gleichung auf und löse sie.

9.

In einer Saline wird aus Meerwasser Salz gewonnen. Für 280 kg Salz werden 8 m³ Salzwasser benötigt.

a) Wie viel Salz gewinnt man, wenn man (1) 4 m³, (2) 20 m³, (3) 5 m³ Meerwasser verdunsten lässt?

b) Zeichne den Graphen der Funktion *Volumen → Masse*. Stelle für die Maßzahlen eine Funktionsgleichung auf. Was gibt der Proportionalitätsfaktor an?

c) Wie viel m³ Meerwasser benötigt man, um (1) 140 kg, (2) 700 kg, (3) 644 kg Salz zu gewinnen?

Nullstelle linearer Funktionen

Einstieg

Nicos Aquarium ist mit 40 *l* Wasser gefüllt. Mithilfe einer kleinen Pumpe kann er 1,6 *l* Wasser pro Minute abpumpen.

→ Stelle eine Funktionsgleichung auf und zeichne den Graphen.

→ Wie kannst du am Graphen ablesen, wann das Aquarium leer ist?

→ Berechne mithilfe einer linearen Gleichung, wie lange das Auspumpen dauert.

Aufgabe

1. Der Schaufelbagger eines Kieswerks verbraucht pro Betriebsstunde 24 *l* Dieselkraftstoff. Sein Tankinhalt beträgt 180 *l* Diesel.

   a) Stelle eine Funktionsgleichung für die Zuordnung *Betriebszeit (in h) → Restvolumen im Tank (in l)* auf. Zeichne den Graphen der Funktion.

   b) Lies aus dem Graphen ab, nach wie vielen Betriebstunden sich noch 60 *l* Kraftstoff im Tank befinden. Nach wie vielen Stunden ist der Tank leer?

   c) Stelle eine Gleichung auf, mit der du berechnen kannst, wann der Tank leer ist. Löse diese Gleichung.

   ### Lösung

   a) In x Betriebsstunden verbraucht der Bagger x · 24 *l* Kraftstoff. Nach x Stunden sind im Tank noch 180 *l* – x · 24 *l* Kraftstoff. Für das Restvolumen y im Tank erhalten wir die Funktionsgleichung y = 180 – x · 24.
   Dies ist die Gleichung einer linearen Funktion. Umgeformt erhalten wir:
   y = – 24 · x + 180.

   b) Aus dem Graphen der Funktion liest du ab: Nach 5 Betriebsstunden befinden sich noch 60 *l* Kraftstoff im Tank. Nach 7,5 Betriebsstunden ist der Tank leer. Der Graph der Funktion schneidet an dieser Stelle die x-Achse. Diese Stelle nennen wir *Nullstelle* der Funktion.

   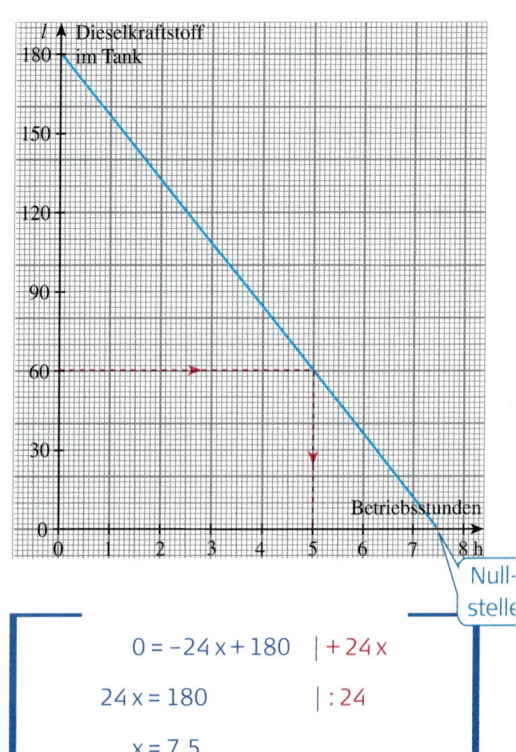

   c) Wenn der Tank leer ist, so befinden sich 0 *l* Kraftstoff im Tank. In der Funktionsgleichung musst du 0 für y einsetzen.

   $0 = -24x + 180 \quad | +24x$

   $24x = 180 \quad | :24$

   $x = 7,5$

   Ergebnis: Nach $7\frac{1}{2}$ Betriebsstunden ist der Tank vollständig geleert.

Funktionen – Lineare Funktionen

KAPITEL 2

Information

Das Argument (den x-Wert), für das eine Funktion den Funktionswert 0 annimmt, nennen wir **Nullstelle** der Funktion.
An der Nullstelle hat der Graph einer linearen Funktion einen gemeinsamen Punkt mit der x-Achse.
Die Nullstelle einer linearen Funktion mit der Gleichung $y = mx + n$ ist die Lösung der Gleichung $0 = mx + n$.

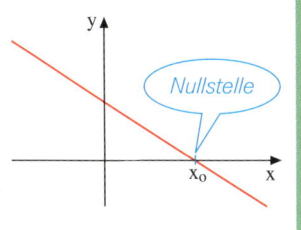

Beispiel: $y = -\frac{2}{3}x + 2$
Nullstelle: $x_0 = 3$, denn $-\frac{2}{3} \cdot 3 + 2 = 0$; gemeinsamer Punkt mit der x-Achse: P (3 | 0)

Zum Festigen und Weiterarbeiten

2. Zeichne den Graphen. Bestimme den Schnittpunkt mit der x-Achse. Gib die Nullstelle an.
  a) $y = 2x - 4$
  b) $y = 3x - 4,5$
  c) $y = 1,5x + 6$
  d) $f(x) = 0,5x + 1,5$

3. Eine lineare Funktion hat die Gleichung:
  a) $y = x + 3$
  b) $y = 2x - 3$
  c) $y = 2,5x + 10$
  d) $y = -0,4x + 0,2$

  Berechne die Nullstelle. Für welches Argument x nimmt die Funktion den Wert 5 an?
  Stelle eine entsprechende Gleichung auf und löse sie.

Übungen

4. Berechne die Nullstelle.
  a) $y = 5x$
  b) $y = 4x - 2$
  c) $y = 3x - 27$
  d) $y = -x + 4,5$
  e) $y = -2x - 7$
  f) $y = -\frac{1}{2}x - 6$
  g) $f(x) = 0,4x + 3$
  h) $f(x) = -\frac{1}{3} + \frac{1}{2}x$

5. Eine Kerze ist anfangs 21 cm lang. Sie brennt gleichmäßig ab und wird stündlich um 1,2 cm kürzer.
  a) Wie lang ist die Kerze noch nach 5 Stunden, 7,5 Stunden, 12,5 Stunden?
  b) Zeichne den Graphen der Funktion *Brenndauer t (in Stunden)* → *Länge l (in cm)*.
  c) Notiere die Funktionsgleichung. Benutze die Variablen t und l.
  d) Nach wie viel Stunden ist die Kerze nur noch 3,8 cm lang?
  e) Nach wie viel Stunden ist die Kerze abgebrannt?

6. Beim Tauchen in großer Tiefe ist man einem hohen Wasserdruck ausgesetzt. Das Auftauchen an die Wasseroberfläche darf nur langsam geschehen, damit ein Druckausgleich im Körper des Tauchers stattfinden kann.
Ein Taucher befindet sich in 22 m Tiefe. Pro Minute kann er um 5 m auftauchen.
  a) Zeichne den Graphen der Funktion *Auftauchdauer (in min)* → *Tauchtiefe (in m)*.
  b) Notiere die Funktionsgleichung.
  c) In welcher Tiefe befindet sich der Taucher nach $2\frac{1}{2}$ Minuten Auftauchdauer?
  d) Nach welcher Zeit befindet er sich in 3 m Tiefe?
  e) Wie lange dauert das Auftauchen?

7. Ein Heißluftballon befindet sich in 300 m Höhe. Er setzt zur Landung an und sinkt in jeder Sekunde gleichmäßig um 1,2 m.
  a) Gib die Gleichung der Funktion *Zeit (in s)* → *Höhe (in m)* an.
  b) Berechne, wann der Ballon landet. Kontrolliere zeichnerisch.

Zeichnen der Geraden mithilfe von Anstieg m und y-Achsenabschnitt n

Einstieg

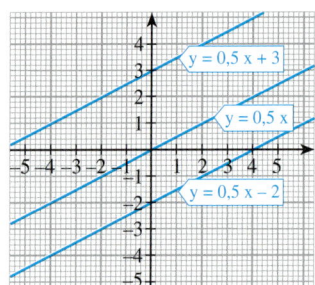

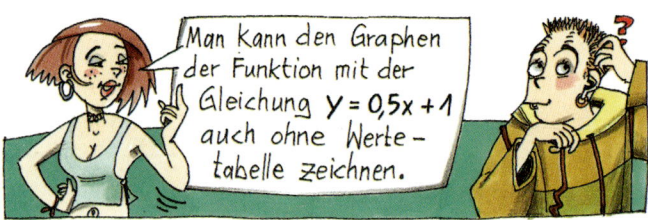

Sarah und Kevin haben die Graphen mehrerer linearer Funktionen gezeichnet.

Aufgabe

1. Gegeben ist die lineare Funktion durch die Gleichung $y = \frac{3}{4}x - 1$.
   Zeichne die Gerade mithilfe von y-Achsenabschnitt n und Anstieg m.

   Lösung

   Durch den y-Achsenabschnitt n = −1 ist ein Punkt schon gegeben: P(0 | −1).
   Zeichne von diesem Punkt P aus ein geeignetes Steigungsdreieck mit dem Anstieg $m = \frac{3}{4}$.
   Du gelangst zu dem Punkt Q(4 | 2).

   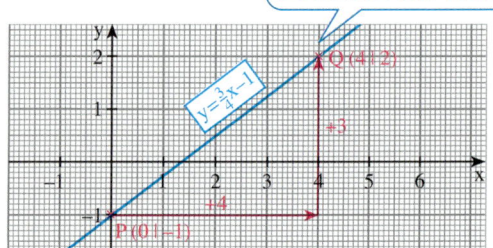

   4 Schritte nach rechts
   3 Schritte nach oben

Zum Festigen und Weiterarbeiten

2. Die Gerade zu einer linearen Funktion geht durch den Punkt P und hat den Anstieg m. Zeichne die Gerade; notiere die zugehörige Funktionsgleichung.

   a) P(0|1); m = 2
   b) P(0|3); m = −2
   c) P(0|−4); m = 3
   d) P(0|1,5); m = 0,5
   e) P(0|2); m = 1,5
   f) P(0|−1); m = $\frac{4}{3}$
   g) P(0|3,2); m = $-\frac{3}{5}$
   h) P(0|−0,5); m = 0,8
   i) P(0|2,4); m = −0,6

3. Zeichne die Gerade zu der linearen Funktion mit der Gleichung $y = m \cdot x + n$.
   a) m = 2; n = −1,5
   b) m = $-\frac{1}{2}$; n = 1,5
   c) m = −1; n = −5

4. Zeichne den Graphen der linearen Funktion. Gib auch die Kurzform der Funktionsgleichung an.

   Verkürze $y = -2 \cdot x + 0$ zu $y = -2x$
   Verkürze $y = 0 \cdot x + 7$ zu $y = 7$

   a) m = 0; n = −2
   b) m = 1; n = 0
   c) m = 0; n = 0

Information

Ein Sonderfall liegt vor, wenn der Anstieg m = 0 ist. Jedem x wird dann derselbe Wert zugeordnet. Der Wertebereich ist {n}.
Man spricht von einer **konstanten Funktion**.
Beispiel: $y = 0 \cdot x + 1,5$ kurz: y = 1,5
Wertebereich: {1,5}

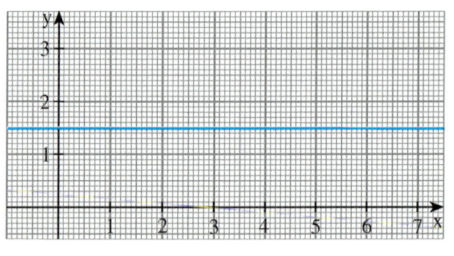

Funktionen – Lineare Funktionen

5. Stelle die Funktionsgleichung auf. Lies dazu aus dem Graphen den Anstieg m und den y-Achsenabschnitt n ab.

6. Zeichne durch die Punkte P_1 und P_2 eine Gerade. Bestimme aus der Zeichnung den Anstieg m und den y-Achsenabschnitt n. Notiere die Funktionsgleichung der zugehörigen linearen Funktion.

a) $P_1(0|3)$, $P_2(1|5)$
b) $P_1(0|7)$, $P_2(1|3)$
c) $P_1(0|-4)$, $P_2(-1|-2)$
d) $P_1(0|-2)$, $P_2(4|4)$

7. Ein Unternehmen der Energieversorgung bietet verschiedene Tarife für Gaslieferungen an.

Gas — Energie aus der Region — basis**bar**

Tarif 1: Servicepauschale 4 € pro Monat, Arbeitspreis 0,07 € pro kWh
Tarif 2: Servicepauschale 10 € pro Monat, Arbeitspreis 0,04 € pro kWh

a) Gib jeweils eine Funktionsgleichung an.
b) Berechne die monatlichen Kosten.

Verbrauch (in kWh)	50	100	150	250	400	600
Tarif 1						
Tarif 2						

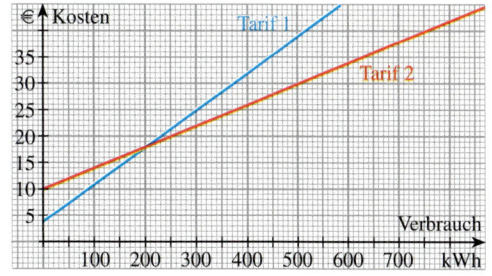

c) Was gibt der Schnittpunkt der beiden Graphen an?
d) Frau Klime möchte einen Vertrag mit einem Versorgungsunternehmen abschließen. Wie würdest du sie beraten?

Übungen

8. Zeichne die Gerade zu der linearen Funktion mithilfe von y-Achsenabschnitt und Anstieg.

a) $y = 2x + 1$
b) $y = 2x - 1$
c) $y = -2x + 1$
d) $y = -2x - 1$
e) $y = 0,5x + 3$
f) $y = 0,8x - 3$
g) $y = 4 - 0,5x$
h) $y = 0,2x + 3,5$
i) $y = 3,2x - 2$
j) $y = 2,2x - 3,6$
k) $y = x - 3,8$
l) $y = 5 - x$
m) $y = \frac{3}{4}x + \frac{1}{4}$
n) $y = -\frac{x}{3} - 2$
o) $y = -\frac{5}{6}x + \frac{1}{2}$
p) $y = \frac{7}{4}x - \frac{3}{2}$

9. Bestimme jeweils die Funktionsgleichung. Wähle dazu ein günstiges Steigungsdreieck.

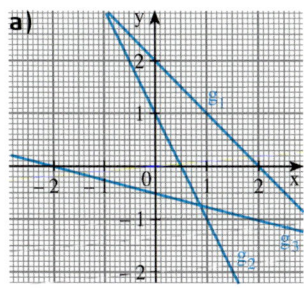 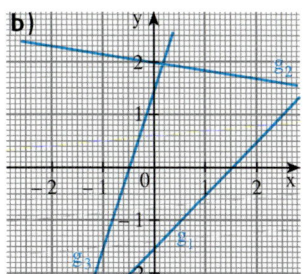 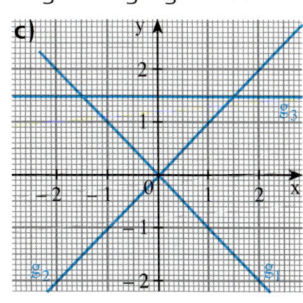

10. Die Gerade zu einer linearen Funktion schneidet die y-Achse im Punkt P und hat den Anstieg m. Zeichne die Gerade und notiere die Funktionsgleichung.
   a) P(0|4); m = $\frac{1}{2}$ **b)** P(0|1); m = −2,4   **c)** P(0|2); m = 0   **d)** P(0|−1); m = 1,2

11. Rechts siehst du Sophies Hausaufgaben. Kontrolliere sie.

12. Zeichne durch P_1 und P_2 eine Gerade. Notiere die Funktionsgleichung der zugehörigen linearen Funktion.
   a) P_1(0|4), P_2(1|2)
   b) P_1(0|7), P_2(1|2)
   c) P_1(0|2,5), P_2(−1|5,5)
   d) P_1(0|1), P_2(5|3,5)
   e) P_1(2|−2), P_2(3|−5)
   f) P_1(4|3), P_2(−2|0)

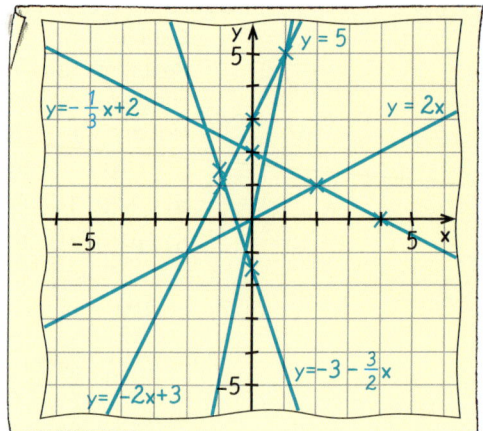

13. Zeichne die Gerade. Wie ändert sich der Funktionswert y, wenn man das Argument x um 1 vergrößert?
Welchen Anstieg hat die Gerade?
   a) y = 0 · x + 4   **b)** y = 0 · x − 1   **c)** y = 3   **d)** y = −3   **e)** y = 0

14. Ein quaderförmiges Becken ist mit Wasser gefüllt, die Wasserhöhe beträgt 2,5 m. Das Becken wird leergepumpt. Dabei sinkt der Wasserspiegel in jeder Stunde um 0,4 m.
   a) Zeichne den Graphen der Funktion *Zeit x (in Stunden) → Wasserhöhe y (in m)* mithilfe einer Wertetabelle. Notiere auch die Funktionsgleichung.
   b) Nach wie viel Stunden ist das Becken leergepumpt?
   c) Stündlich werden 6 m³ Wasser abgepumpt. Wie groß ist die Grundfläche des Beckens?

15. Zeichnet ein Koordinatensystem (x-Achse und y-Achse jeweils von −10 bis +10 Einheiten; 1 Einheit: 1 cm).
   a) Legt abwechselnd eine Stricknadel oder Ähnliches so auf das Koordinatensystem, dass der Graph die y-Achse schneidet.
   Dein Partner soll jeweils die Funktionsgleichung notieren.
   b) Du gibst die Funktionsgleichung vor und dein Partner muss die Stricknadel entsprechend auf das Koordinatensystem legen.

16. Welche Funktionsgleichungen gehören zu den Graphen? Begründe.
   a) y = −$\frac{2}{3}$x + 3   **e)** y = $\frac{1}{3}$x − 2
   b) y = −$\frac{4}{3}$x + 3   **f)** y = −$\frac{3}{2}$x + 3
   c) y = $\frac{1}{4}$x − 2   **g)** y = $\frac{2}{3}$x − 2
   d) y = −$\frac{3}{4}$x + 3   **h)** y = $\frac{3}{4}$x − 2

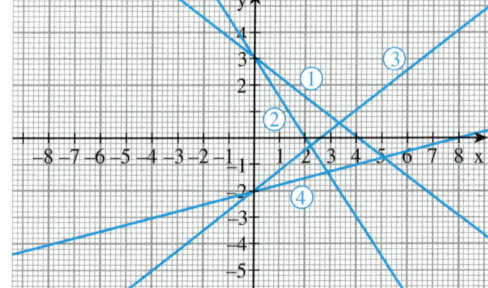

Funktionen – Lineare Funktionen

Gleichung einer Geraden durch zwei vorgegebene Punkte

Einstieg

Herr Sabowski und Frau Neumann unterhalten sich über die Kosten für ihren Wasserverbrauch. Herr Sabowski hat im vergangenen Monat 14 m³ Wasser verbraucht und musste dafür 63,30 € zahlen. Frau Neumann hat im gleichen Zeitraum 11 m³ verbraucht und dafür 50,70 € gezahlt.

→ Bestimme aus den Angaben die Grundgebühr pro Monat und die Kosten für 1 m³ Wasser.
→ Bestimme die lineare Funktion, die die monatlichen Kosten beschreibt.
→ Welche Bedeutung haben y-Achsenabschnitt n und der Anstieg m?

Aufgabe

1. Robert hat sein Aquarium gereinigt und es dafür teilweise geleert. Mithilfe einer kleinen Pumpe füllt er es wieder auf. Nach 4 Minuten steht das Wasser 13 cm hoch. 7 Minuten nach dem Einschalten der Pumpe beträgt der Wasserstand bereits 19 cm.

a) Beschreibe den Füllvorgang mithilfe einer Funktion. Gib die Funktionsgleichung an.

b) Lies aus der Funktionsgleichung den Wasserstand beim Einschalten der Pumpe ab.

c) Die maximale Füllhöhe beträgt 38 cm. Nach wie viel Minuten ist das Aquarium vollständig gefüllt?

Lösung

a) Wir veranschaulichen den Füllvorgang grafisch. Dabei gehen wir davon aus, dass das Aquarium gleichmäßig gefüllt wird.
Der Graph der Funktion *Zeit x (in min) → Wasserhöhe y (in cm)* ist eine Gerade durch die Punkte $P_1(4|13)$ und $P_2(7|19)$.

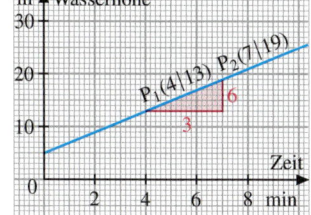

Die zugehörige lineare Funktion hat die Form $y = m \cdot x + n$.
Wir zeichnen ein Steigungsdreieck mit den Punkten P_1 und P_2. Damit ermitteln wir den Anstieg m:

$$m = \frac{19 - 13}{7 - 4} = \frac{6}{3} = 2$$

Wir setzen die Koordinaten eines Punktes, z.B. $P_2(7|19)$, und den Anstieg m in die Funktionsgleichung ein und berechnen den y-Achsenabschnitt n:
$19 = 2 \cdot 7 + n$, also $n = 5$
Ergebnis: Die gesuchte Funktionsgleichung lautet: $y = 2x + 5$.

b) Die Füllhöhe beim Einschalten der Pumpe ergibt sich aus dem y-Achsenabschnitt n.
Ergebnis: Beim Einschalten der Pumpe stand das Wasser im Aquarium 5 cm hoch.

c) Das Aquarium ist vollständig gefüllt, wenn die Wasserhöhe y = 38 cm beträgt:
$38 = 2 \cdot x + 5$, also $x = 16,5$
Ergebnis: Nach $16\frac{1}{2}$ Minuten ist das Aquarium vollständig gefüllt.

Information

Bestimmen der Gleichung einer linearen Funktion, deren Graph durch zwei gegebene Punkte verläuft

(1) Berechne den Anstieg m mithilfe des Quotienten

$m = \dfrac{y_2 - y_1}{x_2 - x_1}$.

(2) Setze den Wert für den Anstieg m und die Koordinaten eines Punktes in die Funktionsgleichung ein und berechne dann den y-Achsenabschnitt n.

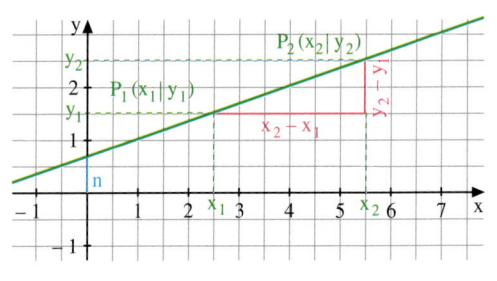

Übungen

2. Die monatlichen Kosten für einen Internetzugang setzen sich zusammen aus einer Grundgebühr und den Gebühren für jede Nutzungsminute. Jonas muss für 234 Minuten 6,91 € zahlen. Im Monat zuvor musste er 8,08 € für 312 Onlineminuten zahlen.
Die monatlichen Kosten lassen sich mithilfe einer linearen Funktion beschreiben. Bestimme die Gleichung dieser Funktion. Welche Bedeutung haben Anstieg m und y-Achsenabschnitt n?

3. Die Gerade g verläuft durch die Punkte P_1 und P_2. Ermittle die Gleichung der Geraden.
   a) $P_1(1|2)$, $P_2(2|4)$ **b)** $P_1(2|4)$, $P_2(7|4)$ **c)** $P_1(-2|3)$, $P_2(8|8)$ **d)** $P_1(3|2)$, $P_2(-6|3)$

4. Der Graph einer linearen Funktion schneidet die Koordinatenachsen in den Punkten P und Q. Bestimme die Funktionsgleichung.
   a) $P(0|3)$, $Q(6|0)$ **b)** $P(0|4)$, $Q(3|0)$ **c)** $P(0|-2)$, $Q(5|0)$ **d)** $P(0|-1)$, $Q(-3|0)$

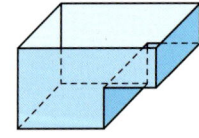

5. Links siehst du die Skizze eines Schwimmbeckens. In das Becken wird gleichmäßig Wasser eingelassen und der Wasserstand regelmäßig notiert. Der Graph veranschaulicht das Ansteigen des Wassers.
Der Graph setzt sich aus zwei geradlinigen Stücken zusammen.

  a) Bestimme anhand des Graphen die Funktionsgleichungen der beiden linearen Funktionen, die das Ansteigen des Wassers beschreiben.

  b) Notiere zu jeder Funktion die Zeitspannen, in denen sie den Füllvorgang beschreiben.

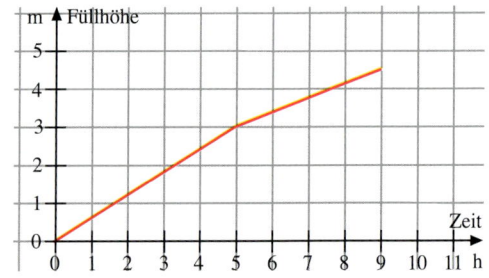

6. Eine Brennstoff-Firma bietet Heizöl zu nebenstehenden Preisen an.

  a) Zeichne den Graphen der Funktion Menge (in l) → Preis (in €) in ein Koordinatensystem.

  b) Erstelle für die Funktion Menge (in l) → Preis (in €) die Funktionsgleichungen.

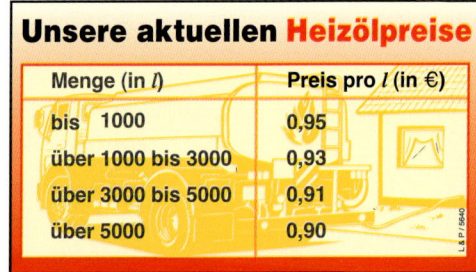

Unsere aktuellen Heizölpreise

Menge (in l)	Preis pro l (in €)
bis 1000	0,95
über 1000 bis 3000	0,93
über 3000 bis 5000	0,91
über 5000	0,90

Funktionen – Lineare Funktionen

KAPITEL 2

IM BLICKPUNKT: GRAPHEN LINEARER FUNKTIONEN – VERANSCHAULICHUNG MIT TABELLENKALKULATION

Den Graphen einer linearen Funktion kannst du dir mithilfe eines Tabellenkalkulationsprogramms zeichnen lassen. Falls du die Möglichkeit hast, kannst du mithilfe eines Beamers auch eine kleine Präsentation vorbereiten.
Gib in dein Tabellenblatt den Anstieg m und den y-Achsenabschnitt n ein. Erstelle zunächst eine Wertetabelle und lass anschließend mithilfe des Diagrammassistenten den Funktionsgraphen zeichnen.
Die Abbildung kann dir als Vorlage dienen.

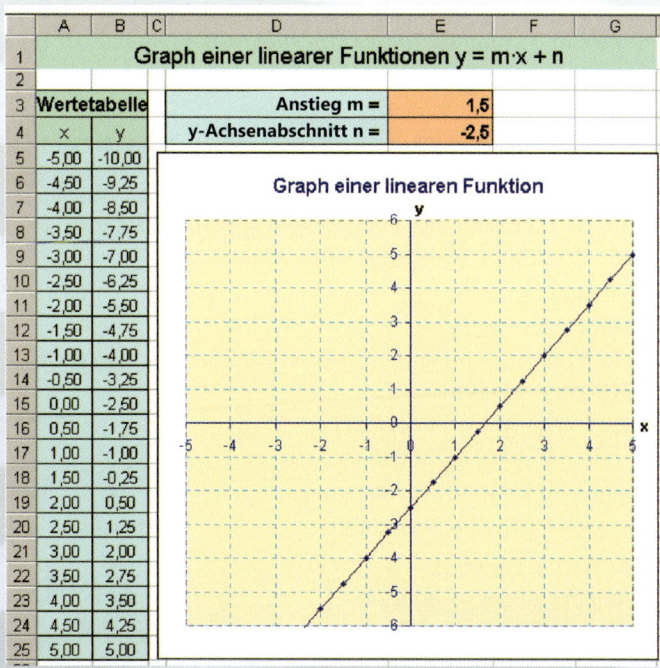

Hinweise:

Gib in der Zelle A5 die Zahl – 5 ein und in Zelle A6 die Formel

= A5 + 0,5.

Verwende in der Zelle B5 folgende Formel:

= E3 * A5 + E4

Die mit einem $-Zeichen markierten Bezüge werden beim Kopieren der Formel nicht verändert. Um die Wertetabelle zu vervollständigen, kannst du die beiden Formeln nach unten kopieren.

Wähle als Diagrammtyp *Punkte mit interpolierten Linien*. Das Diagramm kannst du anschließend wie in der Abbildung formatieren.

Immer wenn du die Werte für m und n veränderst, wird der Graph automatisch neu gezeichnet.

1. a) Wähle für den Anstieg m = 2,5. Verändere die Werte für den y-Achsenabschnitt n. Beschreibe die Auswirkungen auf den Verlauf des Graphen.

b) Wähle den y-Achsenabschnitt n = – 3,5. Verändere die Werte für den Anstieg m. Wie wirken sich die Veränderungen auf den Graphen aus?

2. Der Graph einer linearen Funktion soll die x-Achse an der Stelle x = 4 schneiden. Bestimme mehrere geeignete Werte für den Anstieg m und den y-Achsenabschnitt n. Untersuche den Zusammenhang zwischen n und m. Wähle andere Stellen auf der x-Achse und überprüfe dein Ergebnis.

3. Der Graph einer linearen Funktion soll durch den Punkt P(1|5) verlaufen. Bestimme mehrere geeignete Werte für den Anstieg m und den y-Achsenabschnitt n. Untersuche den Zusammenhang zwischen n und m. Untersuche diesen Zusammenhang auch für andere Punkte.

VERMISCHTE UND KOMPLEXE ÜBUNGEN

1. Zeichne den Graphen der linearen Funktion. Löse die Gleichung zunächst nach y auf.

a) $4x + y = -2$ c) $\frac{x-2}{2} = 0{,}6y$ e) $2{,}4y - 4{,}2x = 0$ g) $0{,}8x - 5y = \frac{4}{5}x + 10$

b) $1 = 3(x+y)$ d) $\frac{x}{5} = 1 + \frac{y}{3}$ f) $\frac{4}{5}x + \frac{2}{3}y + 1 = 0$ h) $3{,}6x + y = 1{,}5 - \frac{y}{2}$

2. Gegeben ist eine lineare Funktion. Bestimme die Schnittpunkte der zugehörigen Geraden mit den Koordinatenachsen.

a) $y = -3x + 4{,}5$ b) $y = -3x - 4{,}5$ c) $y = 0{,}3x + 0{,}8$ d) $y = 0{,}3x - 0{,}8$

3. Die lineare Funktion hat die Gleichung (1) $y = m \cdot x + 3$; (2) $y = \frac{3}{2}x + n$.
Welche Zahl muss man für m bzw. für n einsetzen, damit die Gerade durch den Punkt

a) $P(4|7)$, b) $P(-1|0)$, c) $P(\frac{1}{6}|2)$, d) $P(2|3)$ verläuft?

4. Eine Gerade schneidet die Koordinatenachsen in den Punkten:

a) $P_1(4|0)$, $P_2(0|2)$ b) $P_1(0|-3)$, $P_2(-5|0)$ c) $P_1(-4|0)$, $P_2(0|4)$

Bestimme die Gleichung der zugehörigen linearen Funktion.
Welche der folgenden Punkte gehören zum Graphen?

$A(2|6)$; $B(2|1)$; $C(5|-6)$; $D(-\frac{4}{3}|\frac{8}{3})$; $E(-5|-3)$; $F(-4|0)$

5. Gib die Funktionsgleichung der linearen Funktion an, deren Gerade durch die zwei angegebenen Punkte verläuft.

a) $P(0|2)$; $Q(4|6)$ b) $P(1|2)$; $Q(2|4)$ c) $P(-2|-3)$; $Q(3|1)$

6. Anne findet im Internet die Preisangebote von zwei Online Photo Anbietern.

a) Stelle für die Funktion
Anzahl der Bilder → Preis (in €)
jeweils die Gleichung auf.

b) Zeichne die Graphen in ein gemeinsames Koordinatensystem.
Für welche Anzahl von Bildern ist Foto-Fix günstiger als Schnell-Foto?

c) Was gibt der Anstieg der Graphen jeweils an?

Foto-Fix 11 Cent pro Bild 1,80 € Bearbeitungsgebühr und Versandkosten

Schnell-Foto 9 Cent pro Bild 2,15 € Bearbeitungsgebühr und Versandkosten

7. AUTOVERMIETUNG Transporter

Tarif 1: Grundpreis: 51 €; zusätzlich 0,42 € für jeden gefahrenen Kilometer

Tarif 2: Grundpreis: 78 €; zusätzlich 0,28 € für die Mehrkilometer; 50 km frei

a) Notiere jeweils für die Funktion *Länge der Fahrstrecke (in km) → Mietkosten (in €)* die entsprechende Funktionsgleichung.

b) Zeichne beide Graphen in dasselbe Koordinatensystem. Du kannst auch ein Tabellenkalkulationsprogramm verwenden.

c) Für welche Länge der Fahrstrecke sind die Mietkosten bei Tarif 1 günstiger als bei Tarif 2?

8. Auf einer Teststrecke fährt eine Lokomotive mit der konstanten Geschwindigkeit von 160 $\frac{km}{h}$. Für eine Strecke von 120 km benötigt sie 45 Minuten.
   a) Wie lange benötigt eine Lokomotive mit der konstanten Geschwindigkeit von
      (1) 180 $\frac{km}{h}$; (2) 200 $\frac{km}{h}$; (3) 100 $\frac{km}{h}$ für dieselbe Strecke?
   b) Mit welcher konstanten Geschwindigkeit müsste eine Lokomotive auf der Teststrecke fahren, um in (1) 60 Minuten; (2) 80 Minuten; (3) 90 Minuten eine Entfernung von 120 km zurück zu legen?
   c) Zeichne den Graphen der entsprechenden Funktion.

9. Bestimme die Gleichung der Funktion.
   a) Der Graph der Funktion hat die Steigung 1,5 und schneidet die y-Achse im Punkt P(0|2).
   b) Die Funktion hat die Nullstelle 4,5 und der Graph die Steigung –0,5.
   c) Die Funktion hat die Nullstelle –2,4 und der Graph schneidet die y-Achse im Punkt P(0|3,2).
   d) Der Graph ist parallel zum Graphen der Funktion mit der Gleichung y = –2,5x + 3 und verläuft durch den Punkt Q(4|–1).

10. In manchen Dienstwagen ist ein Fahrtenschreiber eingebaut. Dieses Gerät zeichnet den Graphen der Funktion *Zeitpunkt → gefahrene Geschwindigkeit* auf ein rundes Stück Papier.
    Zeichne den Graphen in ein gewöhnliches Koordinatensystem und entnimm ihm Informationen über die Autofahrt.

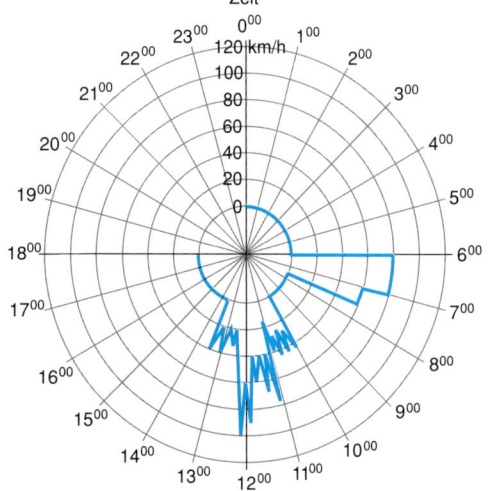

11. Jonas behauptet: „Der Graph jeder linearen Funktion ist eine Gerade. Also gibt es zu jeder Geraden im Koordinatensystem eine lineare Funktion, die diese Gerade als Graph hat."
    Hat Jonas Recht? Begründe.

12. Die verschiedenen Gefäße werden von einem gleichmäßig laufenden Wasserhahn gefüllt. Dabei wird jeweils der Graph der Funktion *Zeitpunkt → Wasserstand* betrachtet.
    Entscheide, welcher Graph zu welchem Gefäß gehört. Erläutere deine Entscheidung.

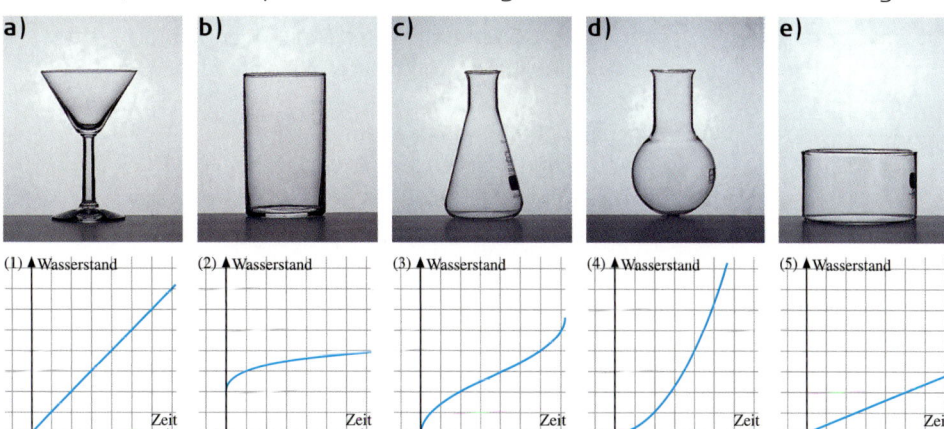

13.  Eisen dehnt sich bei Erwärmung aus. Daher müssen bei Stahlbrücken Dehnungsfugen eingebaut werden.
Die Zuordnung
Temperatur t → Breite der Dehnungsfuge b
ist im Bereich unserer Temperaturschwankungen eine lineare Funktion.
An einer Stahlbrücke wurde die Dehnungsfuge bei unterschiedlichen Temperaturen gemessen:

Temperatur t (in °C)	Fugenbreite b (in mm)
0	48
25	28

a) Wie lautet die Gleichung der Funktion? Zeichne den Graphen.

b) Gib jeweils die Breite b der Dehnungsfuge an für die Temperatur: 30 °C; 10 °C; –10 °C; –15 °C.

c) Bei welcher Temperatur ist die Dehnungsfuge 54 mm breit?

d) Für welche Temperatur ist die Breite b der Dehnungsfuge gleich 0?
Welche Höchsttemperatur hat man bei der Konstruktion der Brücke angenommen?

e) Erstelle mit einem Kalkulationsprogramm ein Tabellenblatt. Nach Eingabe der Temperatur t (in °C) wird die Breite b der Dehnungsfuge (in mm) angezeigt.

f) Gestalte ein Tabellenblatt. Nach Eingabe der Breite b der Dehnungsfuge (in mm) soll die Temperatur t (in °C) angezeigt werden.

14. Ein Wasserversorgungsunternehmen berechnet für den Verbrauch von 1 m³ Wasser 4,20 € (Verbrauchskosten). Zusätzlich verlangt das Unternehmen monatlich eine Grundgebühr von 3 €. Die monatlichen Gesamtkosten setzen sich aus den Verbrauchskosten und der Grundgebühr zusammen.

a) Erstelle mit einem Tabellenkalkulationsprogramm eine Wertetabelle für die monatlichen Gesamtkosten bei einem Wasserverbrauch von 0 m³; 1 m³; 2 m³; ...; 10 m³.

b) Zeichne den Graphen der Funktion *Wasserverbrauch x (in m³) → monatliche Gesamtkosten y (in €)*. Gib die Funktionsgleichung an.

c) Ein anderes Unternehmen verlangt eine monatliche Grundgebühr von 4,20 €. Die Verbrauchskosten betragen jedoch nur 4,05 € für 1 m³ Wasser. Gib die Gleichung der Funktion *Wasserverbrauch x (in m³) → monatliche Gesamtkosten y (in €)* für das zweite Angebot an. Zeichne den Graphen dieser Funktion. Vergleiche beide Angebote.

Teamarbeit

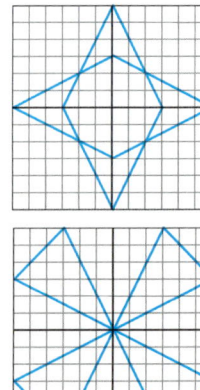

15. *Funktions-Graphen-Muster*
Mithilfe von Graphen linearer Funktionen könnt ihr interessante Muster im Koordinatensystem erstellen.
Beispiel: Zeichnet in ein Quadrat mit der Seitenlänge 12 cm ein Koordinatensystem
(x-Achse und y-Achse jeweils von –6 bis +6).
Zeichnet die Graphen zu folgenden Funktionen ein:

y = 2x + 3   y = 2x – 6   y = ½x + 3   y = ½x – 3
y = –2x + 3   y = –2x – 6   y = –½x + 3   y = –½x – 3

Versucht, andere Muster, Zahlen oder Buchstaben durch Funktionsgraphen zu erstellen.
Einige Beispiele findet ihr abgebildet.

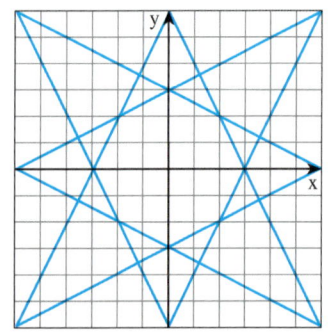

BIST DU FIT?

1. Lege eine Wertetabelle an. Zeichne dann den Graphen: **a)** $y = x^2 + 1$ **b)** $y = 9 - x^2$

2. Zeichne den Graphen der Funktion, ohne eine Wertetabelle anzulegen.
   a) $y = 1{,}5x$ **b)** $y = \frac{3}{4}x - 2$ **c)** $y = -\frac{2}{3}x + 1$ **d)** $y = 1{,}2x - 4{,}5$

3. Welche der Punkte $P_1(1|-1)$; $P_2(9|-3)$; $P_3(-1|-5)$; $P_4(2{,}5|4)$ gehören zum Graphen der Funktion mit der angegebenen Gleichung?
   a) $y = x - 2$ **b)** $y = 2x - 1$ **c)** $y = \frac{1}{3}x - 6$ **d)** $y = \frac{3}{x} - 2$

4. a) Berechne den Funktionswert zu dem Argument 10; – 10; 0; 1; – 0,5; 0,25; – 0,4.
   (1) $y = 6x$ (2) $y = -x + \frac{1}{2}$ (3) $y = \frac{3}{4}x - 0{,}1$ (4) $y = 1 - \frac{x}{5}$
   b) Für welches Argument nimmt die Funktion den Wert 1; – 1; 0; 2; – 2; 2,5; – 0,75 an?
   (1) $y = 2x - 5$ (2) $y = -2x + 5$ (3) $y = 0{,}8x + 0{,}2$

5. Gib zu jeder Geraden aus der Zeichnung die Funktionsgleichung an.

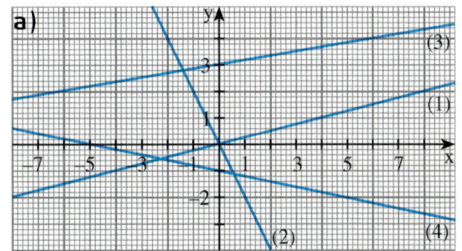
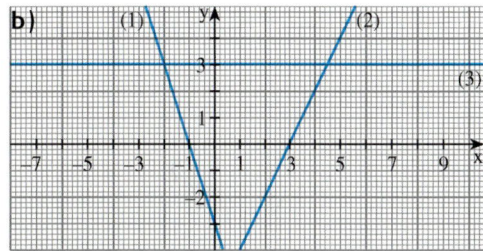

6. 3 kg Äpfel kosten 4,20 €.
   a) Stelle für die Funktion *Masse (in kg) → Preis (in €)* eine Funktionsgleichung auf und zeichne den Graphen. Was gibt der Anstieg des Graphen an?
   b) Lies am Graphen ab, wie viel 4 kg; 3,5 kg; 1,5 kg; 4,5 kg; 2 kg Äpfel kosten.

7. Der Tank eines Autos fasst 50 Liter Benzin. Der Verbrauch beträgt durchschnittlich 7,5 *l* pro 100 km Fahrstrecke.
   a) Der Tank ist zu Beginn der Fahrt vollständig gefüllt. Notiere die Gleichung für die Funktion *Fahrstrecke (in km) → Tankinhalt (in l)*. Zeichne den Graphen.
   b) Welche Bedeutung hat der Anstieg des Graphen?
   c) Wie viel *l* Benzin befinden sich nach 200 km; 350 km; 550 km noch im Tank?
   d) Nach wie viel km befinden sich noch 20 *l*; 10 *l*; 0 *l* Benzin im Tank?

8. Bestimme die Gleichung der Funktion mit den angegebenen Eigenschaften.
   a) Der Graph einer linearen Funktion schneidet die Koordinatenachsen in den Punkten
   (1) $P(0|2)$, $Q(5|0)$; (2) $P(-2|0)$, $Q(0|1)$.
   b) Der Graph der Funktion verläuft durch die Punkte
   (1) $A(1|1)$, $B(5|3)$; (2) $A(-2|1)$, $B(2|-1)$.
   c) Die Funktion hat die Nullstelle 2 und der Graph die Steigung – 1,5.
   d) Der Graph ist parallel zum Graphen der Funktion mit der Gleichung $y = 2{,}5x - 4$ und verläuft durch den Punkt $Q(3|-2)$.

Funktionen – Lineare Funktionen

PROJEKT: FUNKTIONEN – MESSEN UND DARSTELLEN

Vorschlag 1: Schraubenfeder

Wisst ihr, was eine Schraubenfeder ist? Was passiert, wenn ihr an diese Schraubenfeder ein Massestück hängt? Was passiert, wenn ihr die Masse verdoppelt?

Legt eine Messtabelle an und übertragt das Ergebnis in ein Diagramm. Könnt ihr den Zusammenhang mathematisch beschreiben? Wiederholt den Versuch mit anderen dehnbaren Materialien.

Funktion und Zuordnung sind zwar mathematische Fachbegriffe, aber Zuordnungen gibt es auch im täglichen Leben. Ihr wurdet zum Beispiel einer bestimmten Klasse zugeordnet. Die Telefongesellschaft hat jedem Telefonanschluss eine oder mehrere Telefonnummern zugeordnet. Wenn ihr den Tisch deckt, ordnet ihr jedem Gast einen Teller und ein Glas zu. Es ist jedem Auto genau ein Kennzeichen durch die Zulassungsbehörde zugeordnet. Man kann aber viele Zuordnungen auch mathematisch fassen und durch Funktionen beschreiben. So lässt sich leicht der Preis für einige Kugeln Eis bestimmen, wenn man den Preis für eine Kugel weiß. Oder es ist möglich, durch eine Zuordnungsvorschrift die Preisaufteilung bei einem Lottogewinn für die Tippgemeinschaft zu regeln.

Auch in den Naturwissenschaften und in der Technik werden Funktionen gebraucht, z. B. um Naturgesetze zu

Vorschlag 2: Lottogewinn und Spielplatzwippe

Könnt ihr euch vorstellen, was die Aufteilung des Gewinns bei einem Sechser im Lotto und das Spiel mit der Wippe auf dem Spielplatz gemeinsam haben? Vielleicht hilft euch die umgekehrte Proportionalität. Findet noch weitere Zuordnungen aus eurer Umgebung, die umgekehrt proportional sind, und stellt sie grafisch dar.

Vorschlag 3: Schaut euch um in eurer Umwelt!

Findet interessante Zuordnungen in eurer Umwelt. Was wird alles wem zugeordnet? Kann man alle Zuordnungen und Funktionen mathematisch beschreiben? Vielleicht findet ihr neue Zusammenhänge und ihr könnt diese mit einer Formel beschreiben. Ein einfaches Beispiel wären die Parkplatzpreise in einem Parkhaus. Oder Ihr bestimmt den Zusammenhang zwischen Fallzeit und Fallhöhe eines Gegenstandes.

Parkgebühren:
Mindestgebühr:
0,50 EUR für 30 Minuten

Gebührenpflichtige Parkzeit an Werktagen:
Mo – Fr 9.00 bis 19.00 Uhr
Sa 9.00 bis 16.00 Uhr

Höchstdauer: **2** Stunden

Funktionen – Lineare Funktionen

KAPITEL 2

beschreiben. Ihr seht, Funktionen und Zuordnungen können in eurem Leben eine große Rolle spielen. Es wäre schön, wenn ihr eure Funktions- und Messideen in einer kleinen Ausstellung im Schulgebäude den Mitschülern zeigt. Wenn ihr dazu ein kleines Quiz entwerft, habt ihr viele Zuschauer in eurer Ausstellung. Ihr könnt natürlich auch die Ergebnisse im Rahmen einer kleinen Vortragsrunde vor der Klasse präsentieren. Auch ein kleiner Artikel in der Lokalzeitung über besonders interessante Zuordnungen wie Vergleiche von Telefon- und Stromtarifen oder Parkplatzkosten ist denkbar. Hier hilft vielleicht eure Deutschlehrerin oder euer Deutschlehrer.
Wir haben hier für euch ein paar Ideen und Fragen rund um das Funktionenprojekt vorbereitet, die ihr aufgreifen könnt.
Im Internet findet ihr das Projekt unter: **www.mathematik-heute.de**

Vorschlag 4:
Flächenmessung mit der Waage

Wisst ihr, wie man die Fläche von Grundstücken, Landkreisen, ja sogar von Bundesländern bestimmen kann? Wenn ihr eine genaue Karte von den Ländereien auftreiben könnt, sind dazu gar keine komplizierten mathematischen Formeln mehr nötig. Ihr braucht nur noch Papier, Schere und eine genaue Waage. Bestimmt z. B. die Masse von 10 cm^2 der Fläche und wiegt anschließend die gesamte Fläche. Habt ihr jetzt eine Idee, wie es weiter gehen könnte? Überprüft eure Ergebnisse durch offizielle Daten.

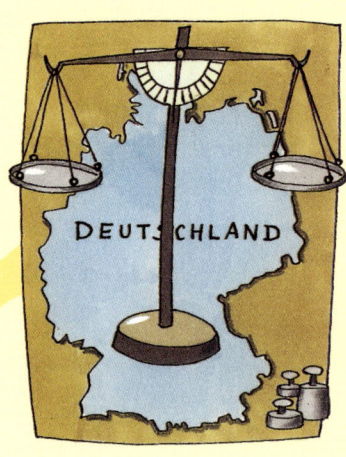

Vorschlag 5:
Wisst ihr, wie viel Sternlein stehen?

Wie viele Sterne könnte man am Himmel sehen? Was wiegt eigentlich ein Reiskorn oder eine Fliege oder ein Sandkorn? Wie kann man ganz leichte Sachen mit einer großen Waage wiegen? Welches Zuordnungsprinzip steckt hinter all diesen Ideen? Könnt ihr noch andere ganz leichte Sachen wiegen?

Vorschlag 6:
Tarife

Auch Preise gehorchen Zuordnungen. Untersucht doch einmal Telefonkosten bei Mobilfunkanbietern oder Stromtarife verschiedener Gesellschaften. Lassen sich die Preise grafisch darstellen? Welche Zuordnungsvorschriften gelten hier?

3 Lineare Gleichungssysteme

Wer Spaß am Klettern hat, kann in einem Hochseilgarten mithilfe von Seil- und Hängebrücken, Netzen, Balken oder Kletterwänden verschiedene Hindernisse überwinden.

Der Betreiber eines Hochseilgartens wirbt mit einer Anzeige für sein Angebot:

Kletterspaß für Jung und Alt!

2 Erwachsene und 2 Kinder zahlen 60,– €

1 Erwachsener und 3 Kinder zahlen nur 58,– €

(Einschließlich Schutzausrüstung und Einweisung)

Für einen anderen Hochseilgarten wird mit folgender Anzeige geworben.

Kletterspaß für die ganze Familie!

Eintrittspreis für 2 Erwachsene mit 1 Kind nur 45,– €

→ Versuche durch Schätzen und Probieren den Eintrittspreis für einen Erwachsenen und für ein Kind zu bestimmen.
→ Welchen Eintrittspreis müssen zwei Erwachsene mit einem Kind zahlen?
→ Vergleiche beide Angebote.
→ Warum kannst du aus dem zweiten Angebot den Eintrittspreis für Erwachsene und Kinder nicht bestimmen?

In diesem Kapitel lernst du …
… Aufgaben, in denen mehr als eine Größe gesucht wird, mithilfe von linearen Gleichungen systematisch zu lösen.

LINEARE GLEICHUNGEN MIT ZWEI VARIABLEN
Zahlenpaare als Lösungen

Einstieg

Jan will mit 10 m Maschendrahtzaun einen rechteckigen Auslauf für seine Kaninchen abgrenzen. Der Auslauf soll an das Haus grenzen. Eine Zaunseite soll in Verlängerung der Hauswand verlaufen.

→ Zeichnet mehrere Möglichkeiten. Was fällt auf?

→ Stellt eine Gleichung für die Breite auf. Was könnt ihr mithilfe dieser Gleichung erkennen? Berichtet darüber.

Aufgabe

1. Ein Stück Draht mit einer Länge von 20 cm soll zu einem gleichschenkligen Dreieck gebogen werden. Dies kann auf verschiedene Weisen geschehen, da die *Länge y eines Schenkels (in cm)* und die *Länge x der Basis (in cm)* verändert werden können.

a) Welche Maße könnte das Dreieck besitzen?

b) Stelle mit der Maßzahl x für die Länge der Basis und der Maßzahl y für die Länge eines Schenkels eine Gleichung auf.
Welche der Zahlenpaare (2|9), (3|6), (7|6,5), (5,5|8) sind Lösungen dieser Gleichung?

c) Stelle den Zusammenhang zwischen x und y durch einen Graphen in einem Koordinatensystem dar. Lies am Graphen weitere Lösungen ab.
Überlege, ob sich mit den gefundenen Maßzahlen immer ein gleichschenkliges Dreieck formen lässt.

Lösung

a) Durch Probieren findet man verschiedene Möglichkeiten. Wir notieren sie in einer Tabelle.

Länge x der Basis	4 cm	5 cm	8 cm	1 cm
Länge y eines Schenkels	8 cm	7,5 cm	6 cm	9,5 cm

b) Den Umfang u des Dreiecks erhältst du durch Addieren der drei Seitenlängen des Dreiecks.

Es gilt:
$u = x + 2y$

Der Umfang u soll 20 cm betragen.
Gleichung (ohne Einheiten):
$x + 2y = 20$

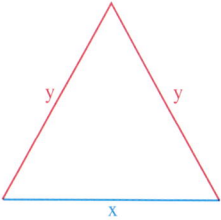

Wir prüfen nun, welche der gegebenen Zahlenpaare Lösungen der Gleichung x + 2y = 20 sind.

x	y	x + 2y = 20	wahr / falsch	
2	9	2 + 2·9 = 20	wahr	also ist (2|9) eine Lösung
3	6	3 + 2·6 = 20	falsch	also ist (3|6) keine Lösung
7	6,5	7 + 2·6,5 = 20	wahr	also ist (7|6,5) eine Lösung
5,5	8	5,5 + 2·8 = 20	falsch	also ist (5,5|8) keine Lösung

c) Wir lösen die Gleichung x + 2y = 20 nach y auf:

$$x + 2y = 20 \quad | -x$$
$$2y = 20 - x \quad | :2$$
$$y = 10 - \frac{x}{2}$$
$$y = -\frac{1}{2}x + 10$$

Dies ist die Gleichung einer linearen Funktion. Ihr Graph ist eine *Gerade* mit dem *Anstieg* m = $-\frac{1}{2}$ und dem *y-Achsenabschnitt* n = 10.

Aus dem Graphen kannst du zum Beispiel die Lösungen (3|8,5), (7|6,5) und (12|4) ablesen.

Für das gleichschenklige Dreieck bedeutet dies:

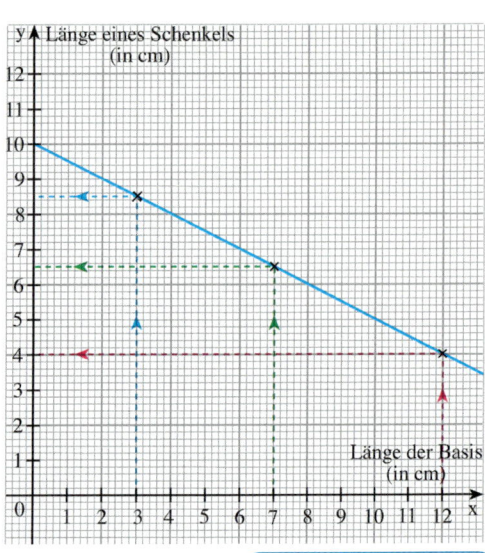

Länge x der Basis	3 cm	7 cm	12 cm
Länge y eines Schenkels	8,5 cm	6,5 cm	4 cm

Diese beiden Lösungen ergeben kein Dreieck:

Zum Festigen und Weiterarbeiten

2. Löse die Gleichung nach y auf. Bestimme dann mithilfe einer Tabelle mindestens acht Lösungen. Beschreibe dein Vorgehen.

a) y − 3x = −6   b) 2x + 4y = 8   c) 2x − 3y − 6 = 0   d) 3x − $\frac{1}{2}$y = 1

3. Welche der Zahlenpaare (4|4), (−1|1), (1|−6), (2|0), (−1|9), (0|$\frac{1}{4}$) sind Lösungen der Gleichung?

a) x + y = 8   b) 5y − 3x = 8   c) 8y + 7x = 2   d) −2r + $\frac{1}{3}$s = −4

4. Die Zahlenpaare (−2|☐), (8|☐), (☐|−1), (☐|2), (☐|10) sollen Lösungen der Gleichung sein. Bestimme die fehlende Zahl. Beschreibe dein Vorgehen.

a) 2x + y = 6   b) 3x − 4y = 12   c) 3y − 2x = −6   d) $\frac{1}{3}$r + s = $\frac{5}{6}$

5. Löse die Gleichung nach y auf. Zeichne den Graphen. Bestimme damit zeichnerisch mindestens vier Zahlenpaare als Lösungen der Gleichung. Prüfe durch Rechnung.

a) 4x + 2y = 10   c) 3x − 5y = 20   e) 5x = 6 − 3y   g) $\frac{x}{3} + \frac{y}{4} = 1$

b) $\frac{x}{2}$ + y = −3,5   d) 3x + 2y = −4   f) 0 = 2x + 6 − 4y   h) $\frac{x}{2} - \frac{y}{3} = 2$

Lineare Gleichungssysteme

KAPITEL 3

6. Anne hat für ein Klassenfest Weizen- und Vollkornbrötchen eingekauft und insgesamt 24 € bezahlt.
Wie viele Brötchen könnte sie von jeder Sorte gekauft haben?
Notiere dazu eine Gleichung mit zwei Variablen und gib mehrere Lösungen an.

Information

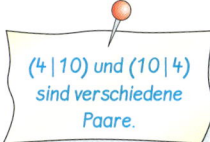

(4|10) und (10|4) sind verschiedene Paare.

(1) Lineare Gleichungen mit zwei Variablen – Zahlenpaare als Lösungen

Gleichungen wie $3x + 2y = 32$, $y = -2x + 60$, $3x = 2y + 12$, $-2r + 3s = 6$ heißen **lineare Gleichungen mit zwei Variablen**.
Die Lösungen einer linearen Gleichung mit zwei Variablen sind nicht einzelne Zahlen, sondern *Zahlenpaare* (x|y) bzw. (r|s).

Beispiel:
Das Zahlenpaar (4|10) ist eine Lösung der Gleichung $3x + 2y = 32$.
Probe durch Einsetzen: $3 \cdot 4 + 2 \cdot 10 = 32$ (wahr)
Das Zahlenpaar (10|4) ist *keine* Lösung der Gleichung $3x + 2y = 32$.
Probe durch Einsetzen: $3 \cdot 10 + 2 \cdot 4 = 32$ (falsch)

(2) Graph einer Gleichung mit zwei Variablen

Die Lösungen einer Gleichung mit zwei Variablen können im Koordinatensystem durch Punkte dargestellt werden. Zu jeder Lösung gehört ein Punkt. Zur Lösung (2|1) gehört der Punkt P mit dem Koordinatenpaar (2|1).
Alle Punkte, die zur Lösungsmenge einer Gleichung mit zwei Variablen gehören, bilden zusammen den *Graphen der Gleichung*.
Der Graph einer linearen Gleichung mit zwei Variablen ist eine Gerade.
Eine lineare Gleichung mit zwei Variablen hat unendlich viele Lösungen.

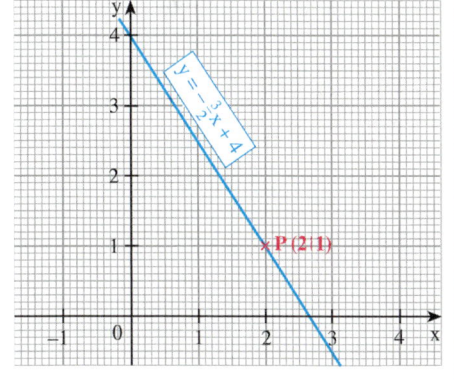

Übungen

7. Löse die Gleichung nach y auf.
Bestimme dann mithilfe einer Tabelle mindestens fünf Lösungen.
Gib ebenso drei Zahlenpaare an, die nicht zur Lösungsmenge gehören.

a) $y - x = 4$ c) $3x + y = 5$ e) $3x + 3y = 9$ g) $x + \frac{y}{2} = 1$

b) $y - 2x = 6$ d) $y + \frac{x}{2} = 2$ f) $5x + 2y = 4$ h) $\frac{x}{5} + y = 4$

8. Welche der Zahlenpaare (2|1), (1|4), (4|2), (2|3), (-2|-1), (-8|10) sind Lösungen der Gleichung?

a) $2x + 3y = 14$ b) $5x - 3y = -7$ c) $\frac{a}{2} - b = 0$

9. Die Zahlenpaare sollen Lösungen der linearen Gleichung sein. Fülle die Lücken aus:
$(0|\square)$, $(\square|0)$, $(1|\square)$, $(\square|1)$, $(3|\square)$, $(\square|-5)$, $\left(-\frac{1}{2}|\square\right)$, $(\square|0{,}1)$

a) $x + y = 0$ b) $x - y = 1$ c) $3x + 2y = 6$ d) $\frac{3}{4}x - \frac{y}{2} = \frac{3}{8}$ e) $\frac{a}{7} - \frac{b}{3} + \frac{1}{4} = 0$

10. Welche der Punkte $P_1(1|1)$, $P_2(0{,}5|1)$, $P_3(1|-1)$, $P_4(-1|1)$, $P_5(-3|0)$, $P_6(0{,}2|3{,}2)$ und $P_7(3|6)$ gehören zum Graphen der linearen Gleichung?

a) $y - x = 3$ b) $2y + 9x = 11$ c) $\frac{x}{2} + 0{,}3y = \frac{1}{5}$ d) $\frac{2x - y}{7} = 0$

11. Löse die Gleichung nach y auf. Zeichne den Graphen der zugehörigen linearen Funktion. Lies mindestens vier Lösungen ab. Kontrolliere rechnerisch.

a) $3x + 2y = 3$ c) $2y - x = 2$ e) $x + 3y = -6$ g) $6x - 4y = 8$
b) $y - \frac{3}{4}x = -4$ d) $3x + 6y = 12$ f) $\frac{1}{4}x - y = 2$ h) $5y - 2x = -10$

12. Nenne drei Zahlenpaare, die Lösung der Gleichung $-2x + 5y = 3$ sind.
Nenne auch drei Zahlenpaare, die keine Lösung sind.

13. Ergänze die Koordinaten der Punkte $P_1(0|\square)$, $P_2(\square|0)$, $P_3(1|\square)$, $P_4(\square|6)$, $P_5(-0{,}2|\square)$ und $P_6(\square|-0{,}6)$ so, dass diese zum Graphen der angegebenen linearen Gleichung gehören.

a) $x + y = 1$ b) $2x - 5y = 0$ c) $\frac{x}{2} + \frac{y}{3} = 2$ d) $-1{,}2x + 0{,}4y = 4{,}8$

14. Lies am Graph drei Lösungen der zugehörigen Gleichung ab. Kontrolliere rechnerisch.

a) 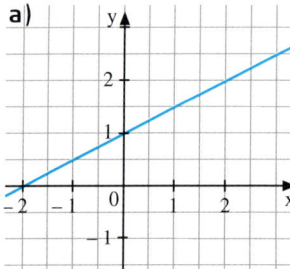   b) 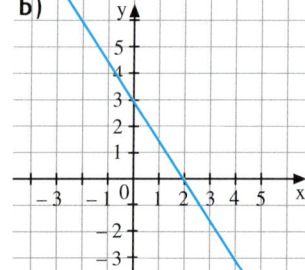   c)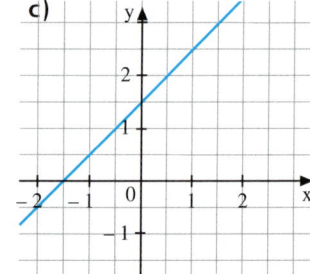

15. Ein Kreuz in der nebenstehenden (symmetrischen) Form soll gezeichnet werden. Dabei soll die gesamte Randlinie genau 40 cm lang sein. Sonst sind Länge und Breite der einzelnen Teile noch nicht festgelegt.

a) Gib die geforderte Bedingung für die Randlinie in Form einer Gleichung mit den beiden Variablen x und y an.

b) Welche der Zahlenpaare $(2|4)$, $(6|2)$, $(8|3)$, $(4{,}5|1)$, $(3|3{,}5)$, $\left(\frac{1}{2}|\frac{19}{4}\right)$ sind Lösungen dieser Gleichung mit zwei Variablen?

c) Löse die Gleichung nach y auf. Zeichne den Graphen der zugehörigen Funktion.

d) Welcher Zahlenwert darf von x (1) nicht überschritten, (2) nicht unterschritten werden; welcher y-Wert gehört dazu?
Welcher Zahlenwert darf von y (1) nicht überschritten, (2) nicht unterschritten werden; welcher x-Wert gehört dazu?

16. Denke dir eine lineare Gleichung und nenne deinem Partner nur drei Lösungspaare der Gleichung. Er soll die Gleichung herausfinden.
Stimmt sie genau mit deiner Gleichung überein?

Lineare Gleichungssysteme

KAPITEL 3

17. a) Nenne die fünf kleinsten Geldbeträge, die man ohne Wechselgeld mit 20-Euro-Scheinen und 50-Euro-Scheinen zahlen kann.

b) 430 € sollen mit 20-Euro-Scheinen und 50-Euro-Scheinen ausgezahlt werden. Erstelle eine Gleichung mit zwei Variablen, um alle Möglichkeiten zu finden.

c) Gibt es Lösungen der Gleichung aus Teilaufgabe b), die zu keinem Auszahlungsbetrag gehören?

18. Aus einem 60 cm langen Draht soll ein Rechteck gebogen werden.
Stelle für die Maßzahlen von Länge und Breite eine Gleichung mit zwei Variablen auf.
Notiere acht Lösungen. Gib dazu jeweils Länge und Breite eines Rechtecks an.
Gib auch mindestens eine Lösung der Gleichung an, die kein Rechteck ergibt.

19. Aus einem 80 cm langen Draht soll ein gleichschenkliges Dreieck gebogen werden.

a) Stelle eine Gleichung für die Maßzahlen der Länge der Basis und der Schenkel auf.

b) Bestimme mit einem Tabellenkalkulationsprogramm verschiedene Lösungen. Welche Formeln wurden in den Zellen B6 und B7 verwendet?

	A	B
1	Gleichschenkliges Dreieck	
2		
3	Drahtlänge	80
4		
5	Basis a	Schenkel b
6	10	35
7	8	36

c) Wähle auch andere Drahtlängen für das Dreieck.

d) Erstelle ein Tabellenblatt für ein Rechteck, das aus Draht gebogen werden soll.

20. Lena hat Äpfel und Birnen gekauft. Sie hat dafür insgesamt 7,50 € bezahlt.
Wie viel kg Äpfel und wie viel kg Birnen könnte sie gekauft haben?
Gib mehrere Möglichkeiten an.

Birnen 1kg 1,50€
Äpfel 1kg 1,25€

21. Notiere eine Gleichung mit zwei Variablen. Gib vier Zahlenpaare an, die Lösung der Gleichung sind.

a) Die Differenz zweier Zahlen ist 8,5.

b) Die Summe zweier Zahlen ist −18.

c) Addiert man zum Doppelten einer Zahl eine zweite Zahl, so erhält man 9.

d) Subtrahiert man von einer Zahl die Hälfte einer zweiten Zahl, so erhält man 4.

22. Patrick hat die Lösungen einer linearen Gleichung grafisch ermittelt.
Kontrolliere seine Ergebnisse.

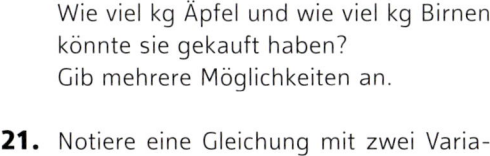

Gleichung: x + 3y = 15

Lösungen: (−6 | −3); (−2 | 5,7); (0 | 5); (3 | 4); (4,3 | 2); (5 | 3,5)

23. a) Das Zahlenpaar (2 | 6) ist Lösung einer Gleichung mit zwei Variablen.
Wie könnte die Gleichung lauten?
Gib mindestens zwei Möglichkeiten an.

b) Das Zahlenpaar (3 | 5) ist Lösung einer linearen Gleichung a x + b y = c.
Bestimme a und b für (1) c = 2; (2) c = 0; (3) c = 1,4.
Gib mehrere Möglichkeiten an.

Sonderfälle bei linearen Gleichungen mit zwei Variablen

Einstieg

Die Geraden a und b sind die Graphen zweier linearer Gleichungen mit zwei Variablen.

→ Notiert mehrere Zahlenpaare, die jeweils Lösung der dargestellten linearen Gleichungen sind.
   Was haben alle Zahlenpaare zu der Geraden a gemeinsam, was alle Zahlenpaare zu der Geraden b?

→ Versucht, zu den Geraden a und b jeweils eine lineare Gleichung mit zwei Variablen zu finden.

→ Berichtet über eure Ergebnisse.

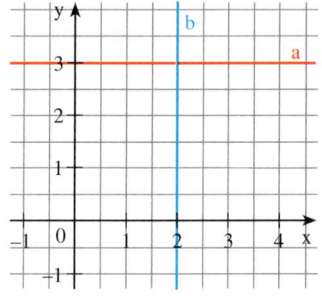

Aufgabe

1. Zeichne mithilfe einer Wertetabelle den Graphen der linearen Gleichung.

a) $0 \cdot x + 2y = 6$ b) $3x + 0 \cdot y = 12$

Nach welcher Variable kannst du die Gleichung auflösen?
Beschreibe den Graphen der linearen Gleichung.

Lösung

a) Die Gleichung lautet: $0 \cdot x + 2y = 6$
   Auflösung nach y: $2y = 6$, also **y = 3**

   Ein Punkt gehört immer dann zum Graphen, wenn seine y-Koordinate 3 ist. Die x-Koordinate kann beliebig sein.
   Der Graph ist eine Gerade.
   Sie ist parallel zur x-Achse.
   Sie schneidet die y-Achse an der Stelle 3.

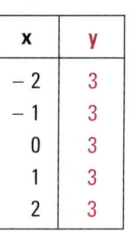

x	y
−2	3
−1	3
0	3
1	3
2	3

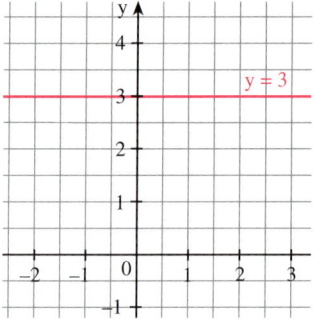

b) Die Gleichung lautet: $3x + 0 \cdot y = 12$
   Auflösung wegen $0 \cdot y = 0$ nur nach x möglich:
   $3x = 12$, also **x = 4**

   Ein Punkt gehört immer dann zum Graphen, wenn seine x-Koordinate 4 ist. Die y-Koordinate kann beliebig sein.
   Der Graph ist eine Gerade.
   Sie ist parallel zur y-Achse.
   Sie schneidet die x-Achse an der Stelle 4.

x	y
4	−2
4	−1
4	0
4	1
4	2

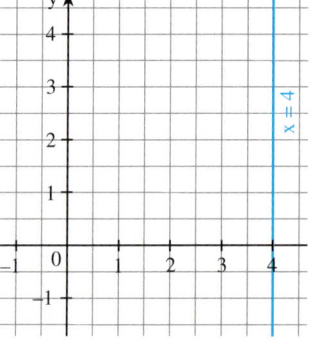

Information

(1) Vereinfachte Schreibweise einer linearen Gleichung, falls einer der Faktoren 0 ist.

Statt $0 \cdot x + 2y = 8$ schreibt man vereinfacht $2y = 8$.
Statt $3x + 0 \cdot y = 6$ schreibt man vereinfacht $3x = 6$.

Diese vereinfachte Schreibweise kann man nur verwenden, wenn klar ist, dass es sich um Gleichungen mit *zwei* Variablen handelt (jeweils mit Zahlenpaaren als Lösungen). $2y = 8$ und $3x = 6$ sind nämlich sonst Gleichungen mit *einer* Variablen (jeweils mit *einer* Zahl als Lösung).

Lineare Gleichungssysteme

KAPITEL 3

(2) Graph einer Gleichung mit zwei Variablen in der Form y = b bzw. x = a

Der Graph der Gleichung y = 2 ist eine Parallele zur x-Achse. Er schneidet die y-Achse bei 2.

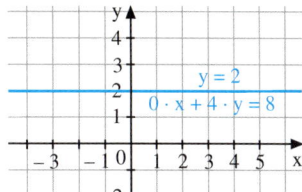

Der Graph der Gleichung x = −2 ist eine Parallele zur y-Achse. Er schneidet die x-Achse an der Stelle −2.

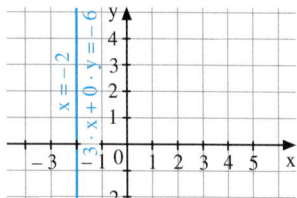

Zum Festigen und Weiterarbeiten

2. Zeichne den Graphen der linearen Gleichung. Notiere die Gleichung in vereinfachter Form.
   a) $0x + 3y = 6$ b) $5x + 0y = -10$ c) $0x - 4y = 2$ d) $-\frac{x}{2} + 0y = 1$

3. Jede der beiden Koordinatenachsen kannst du als Graph einer linearen Gleichung mit zwei Variablen auffassen.
Notiere (1) für die x-Achse, (2) für die y-Achse   eine passende lineare Gleichung mit zwei Variablen. Gib auch die vereinfachte Form an.

4. a) Zeichne eine Parallele zur x-Achse durch den Punkt P(2|3). Gib eine lineare Gleichung dafür an. Begründe.
   b) Zeichne eine Parallele zur y-Achse durch den Punkt P(2|3). Gib eine lineare Gleichung dafür an. Begründe.

Übungen

5. Zeichne den Graphen der linearen Gleichung. Notiere die Gleichung auch vereinfacht.
   a) $0x + 3y = 21$ b) $-2x + 0y = 10$ c) $4x + 0y = 8$ d) $0x - 5y = 2$

6. Notiere die gegebene Gleichung in ausführlicher Form, sodass beide Variablen x und y vorkommen. Zeichne auch die Gerade.
Gib jeweils drei Lösungen der linearen Gleichung mit zwei Variablen an.
   a) $y = 6$ b) $y = -1{,}5$ c) $x = 2$ d) $x = -5{,}5$ e) $y = 0$

7.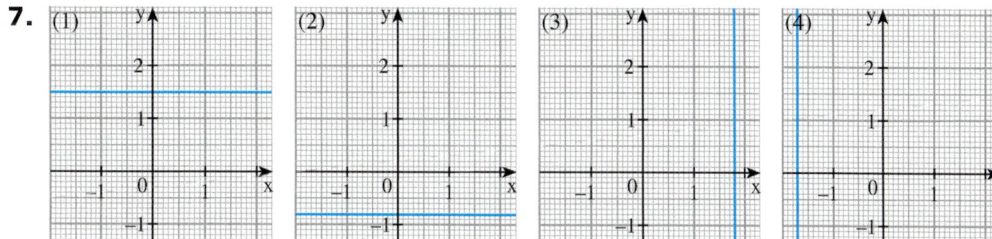

Gib zu jeder Geraden eine passende lineare Gleichung mit zwei Variablen an; notiere diese auch in der vereinfachten Form.

8. Stelle die Gleichung der Geraden auf, die durch den Punkt P(4|−7) [P(−1,9|5,3)] geht und (1) parallel zur x-Achse verläuft; (2) parallel zur y-Achse verläuft.

9. Notiere die Gleichungen einer Geraden, die von einer Koordinatenachse 4,2 Einheiten Abstand hat und   a) parallel zur x-Achse ist;   b) parallel zur y-Achse ist.

LINEARE GLEICHUNGSSYSTEME – GRAFISCHES LÖSEN

Einstieg

→ Wie viele Einzelzimmer und wie viele Doppelzimmer hat der Lindenhof?

→ Berichtet über euer Ergebnis und euren Lösungsweg.

Aufgabe

1. Ein Kleintransporter soll für einen Umzug einen Tag gemietet werden.
Die Miete setzt sich aus einer Grundgebühr pro Tag und den Kosten pro gefahrene Kilometer zusammen. Sie ist je nach Anbieter unterschiedlich.

	Autoverleih Riedt	Autovermietung Selbach
Grundgebühr pro Tag	15 €	27 €
Kosten pro gefahrene km	0,50 €	0,35 €

Vergleiche beide Angebote. Bei wie viel gefahrenen Kilometern sind beide Angebote gleich teuer? Wie hoch ist in diesem Fall der Mietpreis?

Lösung

Wir stellen zunächst die Gleichungen (Formeln) für den Mietpreis auf.

Anzahl der gefahrenen km: x   Mietpreis in €: y

Autoverleih Riedt   Autovermietung Selbach

Gleichung: $15 + 0{,}50 \cdot x = y$ *Gleichung:* $27 + 0{,}35 \cdot x = y$

Um die Angebote zu vergleichen, haben wir nun zwei Möglichkeiten:

(1) *Aufstellen der Wertetabellen*   (2) *Zeichnen der Graphen*

gefahrene km	Mietpreis Riedt	Mietpreis Selbach
10 km	20,00 €	30,50 €
20 km	25,00 €	34,00 €
30 km	30,00 €	37,50 €
40 km	35,00 €	41,00 €
50 km	40,00 €	44,50 €
60 km	45,00 €	48,00 €
70 km	50,00 €	51,50 €
80 km	55,00 €	55,00 €
90 km	60,00 €	58,50 €
100 km	65,00 €	62,00 €

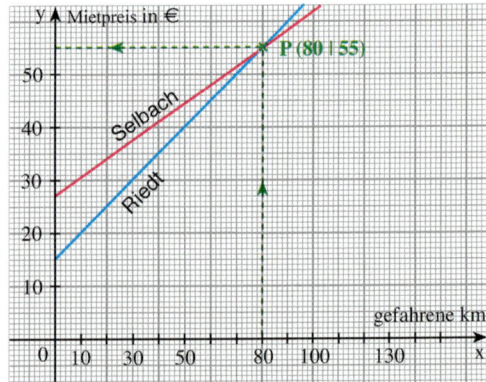

Lineare Gleichungssysteme

Mithilfe der Wertetabelle haben wir durch *systematisches Probieren* ermittelt:
Beide Firmen verlangen für 80 gefahrene km 55 € einschließlich Grundgebühr.
Das entnehmen wir auch den Graphen: P(80|55) ist der Schnittpunkt der Geraden.
Ferner entnehmen wir sowohl den Wertetabellen als auch der grafischen Darstellung:
Für Entfernungen, die unter 80 km liegen, ist Autoverleih Riedt günstiger, für Entfernungen über 80 km Autovermietung Selbach.

Information

Bei einem Gleichungssystem sind beide Gleichungen durch ‚und' verbunden.

(1) Lineares Gleichungssystem – Lösung eines linearen Gleichungssystems

Zwei lineare Gleichungen bilden *zusammen* ein **lineares Gleichungssystem.**
Jedes Zahlenpaar, das *beide* Gleichungen erfüllt, ist Lösung dieses Gleichungssystems.
Beispiel: $x + y = 5$ und $2x - y = 13$. Wir schreiben übersichtlich: $\left|\begin{array}{l} x + y = 5 \\ 2x - y = 13 \end{array}\right|$
Dieses Gleichungssystem hat $(6|-1)$ als Lösung.
Probe durch Einsetzen:
1. Gleichung: $6 + (-1) = 5$ (wahr)   2. Gleichung: $2 \cdot 6 - (-1) = 13$ (wahr)

(2) Grafisches Lösen eines linearen Gleichungssystems

1. *Schritt:* Forme (wenn erforderlich) die Gleichungen nach y um.
2. *Schritt:* Zeichne die Graphen der beiden Gleichungen in ein gemeinsames Koordinatensystem.
3. *Schritt:* Bestimme (falls vorhanden) den Schnittpunkt beider Graphen.

Das Koordinatenpaar $(3|1)$ des Schnittpunktes ist die Lösung des Gleichungssystems.

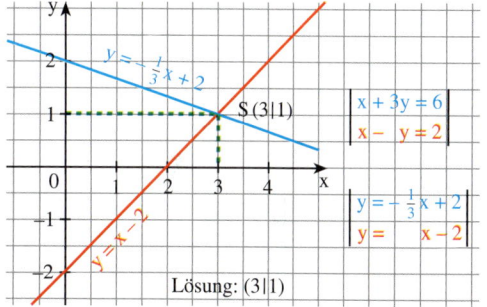

Hinweis: Sowohl beim Zeichnen der Geraden als auch beim Ablesen der Koordinaten des Schnittpunktes aus der Zeichnung können Ungenauigkeiten auftreten. Du weißt also nicht, ob du beim grafischen Verfahren eine genaue Lösung oder eine Näherungslösung erhalten hast. Mithilfe der Probe kannst du feststellen, ob die abgelesene Lösung wirklich genau ist.

Zum Festigen und Weiterarbeiten

Gaszähler

2. Ein Energieversorger bietet seinen Kunden zwei Tarife für Gas an. Der Gaspreis setzt sich aus dem *Grundpreis* und dem *Arbeitspreis* für das verbrauchte Gas zusammen. Vergleiche beide Tarife.

Tarif	basis	spezial
Monatlicher Grundpreis	5,50 €	11,00 €
Preis (je m³)	0,70 €	0,60 €

Bei welchem Gasverbrauch sind beide Tarife gleich teuer? Löse die Aufgabe sowohl mit Wertetabellen als auch mit Graphen. Vergleiche beide Lösungswege und bewerte diese.

3. Auf einem Parkplatz stehen insgesamt 33 Autos und Motorräder. Zusammen haben sie 124 Räder. Wie viele Autos, wie viele Motorräder stehen auf dem Parkplatz?

4. $\left|\begin{array}{l} x + y = 10 \\ 2x - y = 2 \end{array}\right|$

a) Gegeben ist ein lineares Gleichungssystem.
   (1) Gib acht Lösungen der 1. Gleichung des linearen Gleichungssystems an.
   (2) Gib acht Lösungen der 2. Gleichung des linearen Gleichungssystems an.

b) Versuche, ein Zahlenpaar zu finden, das beide Gleichungen aus Teilaufgabe a) erfüllt.

5. Welches der Zahlenpaare (1|2), (3|5), (0|1), (2|2), (4|0), (−1|1) ist sowohl Lösung der Gleichung 2x + y = 6 als auch der Gleichung 3x − y = 4?

6. $\left| \begin{array}{l} y = -3x + 6 \\ y = x + 2 \end{array} \right|$

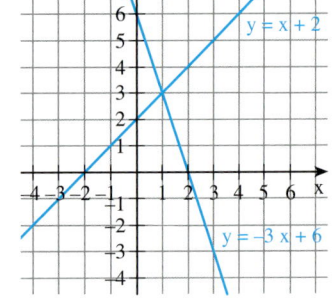

Rechts findest du die Graphen der beiden Gleichungen.
Lies die Koordinaten des Schnittpunktes S ab.
Kontrolliere rechnerisch, indem du die Probe durch Einsetzen durchführst.
Begründe: Das Zahlenpaar des Schnittpunktes ist Lösung des Gleichungssystems.

7. Ermittle wie in Aufgabe 6 grafisch die Lösungsmenge. Prüfe rechnerisch.

(1) $\left| \begin{array}{l} y = 2x - 5 \\ y = 4x - 11 \end{array} \right|$
(2) $\left| \begin{array}{l} 2x - y = 8 \\ x + y = 1 \end{array} \right|$
(3) $\left| \begin{array}{l} -x + 2y = 1 \\ 2x - y = 4 \end{array} \right|$

8. Bestimme die Lösungen folgender Gleichungssysteme grafisch. Was fällt dir auf?

(1) $\left| \begin{array}{l} 2x - 4y = -2 \\ 3x + y = 11 \end{array} \right|$
(2) $\left| \begin{array}{l} -x + 2y = 4 \\ 2x - 4y = 6 \end{array} \right|$
(3) $\left| \begin{array}{l} 2x + y = -4 \\ -6x - 3y = 12 \end{array} \right|$

Information

Verschiedene Lösungsfälle linearer Gleichungssysteme mit zwei Variablen

Bei den beiden Geraden eines linearen Gleichungssystems mit zwei Variablen liegt genau einer der folgenden drei Fälle vor:

1. Fall: Beide Geraden haben verschiedene Anstiege. Sie schneiden sich dann in einem Punkt.
Das Gleichungssystem hat also *genau eine* Lösung.
Die Lösungsmenge besteht aus einem einzigen Zahlenpaar.

2. Fall: Beide Geraden haben den gleichen Anstieg, aber verschiedene y-Achsenabschnitte. Beide Geraden sind dann parallel zueinander und schneiden sich nicht.
Das Gleichungssystem hat also *keine* Lösung.
Die Lösungsmenge ist leer.

3. Fall: Beide Geraden stimmen in dem Anstieg und im y-Achsenabschnitt überein. Sie fallen dann zusammen.
Das Gleichungssystem hat *unendlich viele* Lösungen.
Die Lösungsmenge besteht aus allen Zahlenpaaren, die diese Geradengleichung erfüllen.

Beispiel:

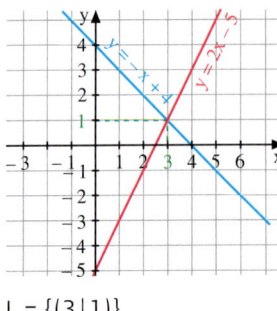

L = {(3|1)}

Beispiel:

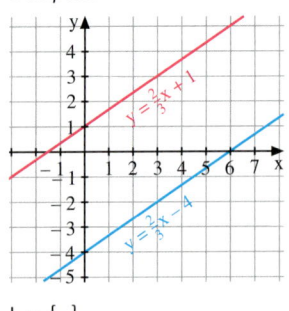

L = { }

Beispiel:

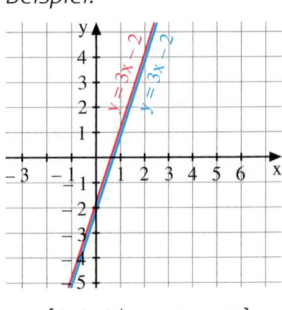

L = {(x|y) | y = 3x − 2}

> Gelesen:
> Menge aller Zahlenpaare (x|y), für die gilt y = 3x − 2

Lineare Gleichungssysteme

KAPITEL 3

Übungen

9. Welches der Zahlenpaare (−2|1), (0|2), (3|2), (1|−3), (4|0) ist gemeinsame Lösung der Gleichungen y + x = 5 und y − x = −1?

10. Ermittle zeichnerisch die Lösungsmenge des Gleichungssystems. Mache eine Probe.

a) $\left| \begin{array}{l} x + y = 5 \\ -2x + y = -1 \end{array} \right|$
b) $\left| \begin{array}{l} 2x + y = 7 \\ 6x - 2y = 6 \end{array} \right|$
c) $\left| \begin{array}{l} 6r = 2s - 8 \\ 8s - 12 = 4r \end{array} \right|$

11. Bestimme zeichnerisch die Lösungsmenge der Gleichungssysteme. Gib an, welcher der drei Fälle vorliegt.

(1) $\left| \begin{array}{l} 2x + y = 6 \\ 3x + 2y = 8 \end{array} \right|$
(2) $\left| \begin{array}{l} 4x + 2y = 5 \\ -2x - y = -\frac{5}{2} \end{array} \right|$
(3) $\left| \begin{array}{l} 2r + 3s = 6 \\ 2r - 3s = 6 \end{array} \right|$
(4) $\left| \begin{array}{l} 3x - 6y = 9 \\ 4x - 8y = 12 \end{array} \right|$

12. Gib jeweils das Gleichungssystem und seine Lösungsmenge an.

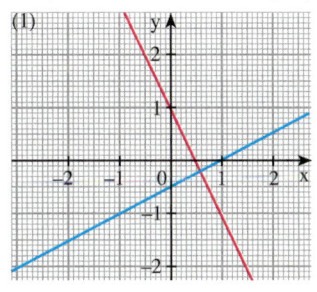
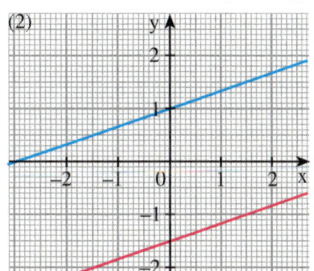
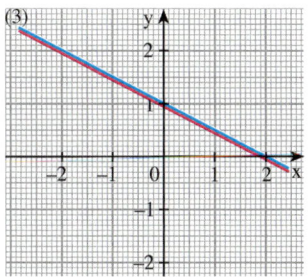

13. Kontrolliere Stefans Hausaufgaben.

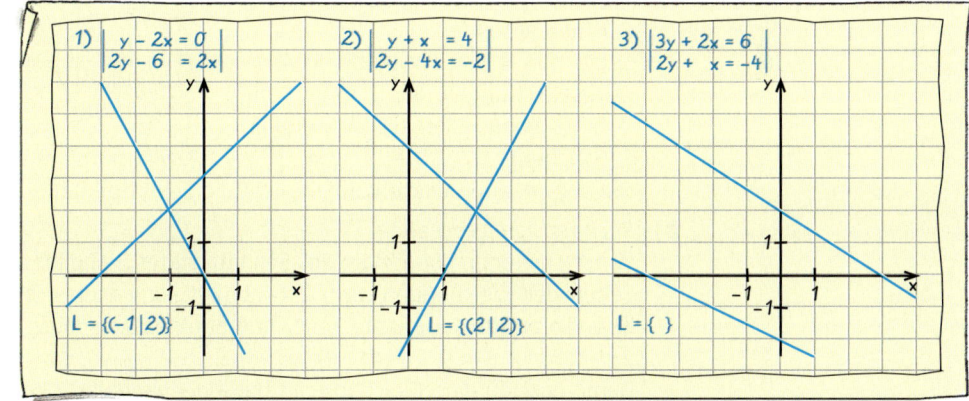

14. a) Erstelle mit einem Kalkulationsprogramm eine Wertetabelle für die beiden Gleichungen des linearen Gleichungssystems. $\left| \begin{array}{l} y = 3x - 4 \\ y = -2x + 6 \end{array} \right|$

b) Zeichne die beiden Graphen in ein gemeinsames Diagramm. Lies den Schnittpunkt der Graphen ab. Kontrolliere anhand der Wertetabelle.

15. Im Jugendherbergsverzeichnis ist angegeben, dass in der Jugendherberge in Eulenburg 145 Jugendliche in 35 Zimmern übernachten können. Es gibt nur Dreibett- und Fünfbettzimmer.
Wie viele Dreibettzimmer und wie viele Fünfbettzimmer hat diese Jugendherberge?

16. Julia möchte für den Winter 6 kg Vogelfutter besorgen. Die Mitarbeiterin der Zoohandlung sagt: „Wenn wir 5 kg Erdnusskerne und 1 kg Sonnenblumenkerne mischen, musst du 16 € zahlen. Wenn wir von beiden 3 kg nehmen, macht das 12 €".
Was kostet jeweils 1 kg Erdnusskerne und 1 kg Sonnenblumenkerne?

LINEARE GLEICHUNGSSYSTEME – RECHNERISCHES LÖSEN

Die zeichnerische Bestimmung der Lösung eines linearen Gleichungssystems ist oft ungenau und bei großen Zahlen platzaufwendig oder gar nicht möglich. Daher befassen wir uns jetzt mit drei Verfahren zur rechnerischen Ermittlung der Lösung.

Gleichsetzungsverfahren

Aufgabe

1. $y = 2x - 1$
   $y = -x + 4$

   a) Versuche, das Gleichungssystem grafisch zu lösen. Prüfe, ob deine Werte wirklich die Koordinaten des Schnittpunktes sind.
   b) Löse das Gleichungssystem rechnerisch.

Lösung

a) *Zeichnerisches Vorgehen*
Rechts findest du die zugehörigen Geraden im Koordinatensystem. Es ist hier schwierig, die Koordinaten des Schnittpunktes genau abzulesen. Vielleicht hast du 1,7 für x und 2,3 für y gefunden.
Setze nun 1,7 für x in beide Ausgangsgleichungen ein. Prüfe, ob sich in beiden Fällen 2,3 für y ergibt.
1. Gleichung: $2 \cdot 1{,}7 - 1 = 2{,}4$;   *2. Gleichung:* $-1{,}7 + 4 = 2{,}3$.
Die abgelesenen Werte können nicht die Schnittpunktkoordinaten sein.

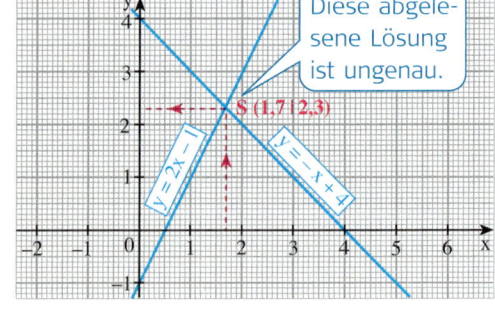

Diese abgelesene Lösung ist ungenau.

b) *Rechnerisches Vorgehen*
Wenn x die erste Koordinate des Schnittpunktes S angibt, dann bezeichnen die rechten Seiten der Gleichungen, also $2x - 1$ und $-x + 4$ dieselbe Zahl, nämlich den y-Wert bzw. die zweite Koordinate des Schnittpunktes S. Es muss also gelten:
$2x - 1 = -x + 4$
Damit hast du eine Gleichung mit nur *einer* Variablen x erhalten und kannst somit zunächst die x-Koordinate des Schnittpunktes berechnen.
Löse das Gleichungssystem in folgenden Schritten:

$\begin{vmatrix} y = 2x - 1 \\ y = -x + 4 \end{vmatrix}$ *1. Schritt:* Setze die beiden rechten Seiten gleich; löse nach x auf:
$2x - 1 = -x + 4$
$3x = 5$
$\begin{vmatrix} y = 2x - 1 \\ x = \frac{5}{3} \end{vmatrix}$ $x = \frac{5}{3}$

2. Schritt: Setze den Wert für x in eine der beiden Ausgangsgleichungen ein und bestimme den Wert von y:
$y = 2 \cdot \frac{5}{3} - 1$
$\begin{vmatrix} y = \frac{7}{3} \\ x = \frac{5}{3} \end{vmatrix}$ $y = \frac{7}{3}$

3. Schritt: Probe: *1. Gleichung:* $\frac{7}{3} = 2 \cdot \frac{5}{3} - 1$ (wahr)
   2. Gleichung: $\frac{7}{3} = -\frac{5}{3} + 4$ (wahr)

4. Schritt: Notiere die Lösungsmenge: $L = \{(\frac{5}{3} | \frac{7}{3})\}$

Lineare Gleichungssysteme

Zum Festigen und Weiterarbeiten

2. Löse das Gleichungssystem; stelle, falls nötig, die Gleichungen zunächst um.

a) $\begin{vmatrix} y = -3x + 16 \\ y = 2x - 4 \end{vmatrix}$
b) $\begin{vmatrix} x = 4y - 8 \\ x = -y + 12 \end{vmatrix}$
c) $\begin{vmatrix} 6x + 3y = 15 \\ y = 2x - 7 \end{vmatrix}$
d) $\begin{vmatrix} 6y - x = 2 \\ x - 2y = -1 \end{vmatrix}$

3. Die beiden Variablen in einem Gleichungssystem müssen nicht immer x und y heißen. Beim Aufschreiben des Lösungspaares wählt man wie bei (x|y) die Reihenfolge der Buchstaben im Alphabet. Löse das Gleichungssystem.

a) $\begin{vmatrix} p = 3q + 5 \\ p = 2q - 4 \end{vmatrix}$
b) $\begin{vmatrix} r - s = 1 \\ r + s = -1 \end{vmatrix}$
c) $\begin{vmatrix} u + 2v = 12 \\ 8 - u = v \end{vmatrix}$
d) $\begin{vmatrix} b - \frac{1}{4}a = 2 \\ b - \frac{1}{3}a = 1 \end{vmatrix}$

4. *Vielfache von y (oder von x) gleichsetzen – vorteilhaft rechnen*

a) Was zeigen die folgenden Rechnungen? Führe die beiden Wege zu Ende. Vergleiche die beiden Lösungswege. Welcher Weg ist günstiger? Begründe.

1. Weg:

$\begin{vmatrix} 3y = -2x + 22 \\ 3y = 17 - x \end{vmatrix}$ ← Beide Gleichungen nach y auflösen

$\begin{vmatrix} y = -\frac{2}{3}x + \frac{22}{3} \\ y = \frac{17}{3} - \frac{1}{3}x \end{vmatrix}$ Gleichsetzen

$-\frac{2}{3}x + \frac{22}{3} = \frac{17}{3} - \frac{1}{3}x$ ← Nach x auflösen

2. Weg:

$\begin{vmatrix} 3y = -2x + 22 \\ 3y = 17 - x \end{vmatrix}$ Gleichsetzen

$-2x + 22 = 17 - x$

Nach x auflösen

Man kann auch die Terme für 3y gleichsetzen.

b) Beim Gleichsetzungsverfahren ist es manchmal vorteilhafter, Vielfache von y (oder von x) gleichzusetzen. Löse durch Gleichsetzen passender Vielfacher von y (oder von x). Führe die Probe durch.

(1) $\begin{vmatrix} 5y = 10x + 15 \\ 5y = 15x + 5 \end{vmatrix}$
(2) $\begin{vmatrix} 4y = x - 4 \\ 20 - x = 4y \end{vmatrix}$
(3) $\begin{vmatrix} 2x - y = 1 \\ 2x = 3y - 21 \end{vmatrix}$

Information

Strategie beim Lösen eines linearen Gleichungssystems nach dem Gleichsetzungsverfahren

(1) Löse beide Gleichungen nach y oder x auf.
(2) Setze die rechten Seiten der erhaltenen Gleichungen einander gleich. Dadurch erhältst du *eine* Gleichung mit nur *einer* Variablen, z. B. x.
(3) Berechne aus dieser Gleichung den Wert für x. Das ist die erste Koordinate des Schnittpunktes beider Geraden.
(4) Setze den x-Wert in eine der Gleichungen des Gleichungssystems ein und berechne daraus den y-Wert. Das ist die zweite Koordinate des Schnittpunkts.
(5) Du kannst zur Kontrolle eine Probe durchführen. Gib dann die Lösungsmenge an.

Übungen

Probe nicht vergessen!

5. Löse das Gleichungssystem rechnerisch.

a) $\begin{vmatrix} y = 2x + 2 \\ y = 3x - 2 \end{vmatrix}$
b) $\begin{vmatrix} y - 2x = 5 \\ y = x + 10 \end{vmatrix}$
c) $\begin{vmatrix} x = y - 8 \\ x = 3y - 48 \end{vmatrix}$
d) $\begin{vmatrix} y = x - 24 \\ 144 + y = 4x \end{vmatrix}$

6. Löse die beiden Gleichungen des Gleichungssystems zunächst nach y (oder x) auf.

a) $\begin{vmatrix} y + 3x = 18 \\ 2x + y = 11 \end{vmatrix}$
b) $\begin{vmatrix} x + y = 16 \\ x = 2y + 10 \end{vmatrix}$
c) $\begin{vmatrix} 4x + y = 46 \\ y - x = 4 \end{vmatrix}$
d) $\begin{vmatrix} x - 8y = 9 \\ 3y + x = 31 \end{vmatrix}$

7. Löse das Gleichungssystem. Verfahre zweckmäßig.
Führe zuletzt die Probe durch.

a) $\begin{vmatrix} 2y = x + 2 \\ 2y = 5x - 22 \end{vmatrix}$ b) $\begin{vmatrix} 4p = 3q - 4 \\ 4p = 5q - 20 \end{vmatrix}$ c) $\begin{vmatrix} 5y = 60 + 10x \\ 5y = 4x + 48 \end{vmatrix}$ d) $\begin{vmatrix} 79 - u = 6v \\ 6v = 51 + 3u \end{vmatrix}$

8. Kontrolliere Maries Hausaufgaben.

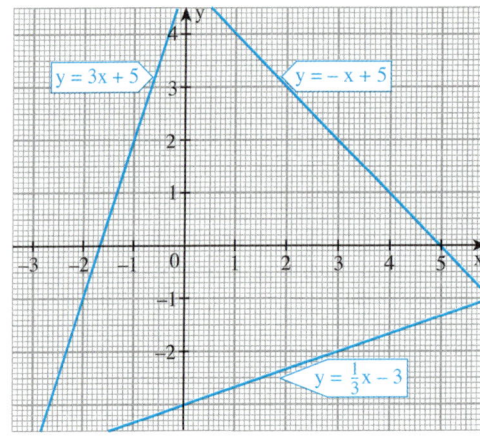

a) $\begin{vmatrix} 2x + 3 = 4y \\ 2x = 5y - 1 \end{vmatrix}$
$4y + 3 = 5y - 1$
$-y = -4$
$y = 4$
$2x = 5 \cdot 4 - 1$
$2x = 19$
$x = 8,5$
$L = \{(8,5 | 4)\}$

b) $\begin{vmatrix} x = 0,2y - 2,1 \\ x = 0,5y - 3,45 \end{vmatrix}$
$0,2y - 2,1 = 0,5y - 3,45$
$-0,3y = -1,35$
$y = 4,5$
$x = 0,2 \cdot 4,5 - 2,1$
$x = -1,2$
$L = \{(-1,2 | 4,5)\}$

c) $\begin{vmatrix} 26x - 75y = 29 \\ 50y = 154 - 26x \end{vmatrix}$
$29 + 75y = 154 - 50y$
$125y = 125$
$y = 1$
$26x - 75 \cdot 1 = 29$
$26x = 104$
$x = 4$
$L = \{(4 | -1)\}$

9. Die drei Geraden (Bild links) schneiden sich in drei Punkten A, B, C außerhalb des Zeichenblattes.
Berechne die Koordinaten dieser drei Punkte.

10. Berechne die Koordinaten des Geradenschnittpunktes.

a) $y = 2x - 10$
$y = x + 5$

b) $y = 2x + 5$
$y + 5 = 3x$

c) $y - 4x = 10$
$y = 7x - 5$

d) $3x - y + 1 = 0$
$y - 5x = -5$

e) $2x - y = 8$
$x = y - 2$

f) $y - 11 = x$
$y + 2x = 28$

Einsetzungsverfahren

Aufgabe

1. Betrachte das Gleichungssystem rechts. Du weißt, wie man ein solches Gleichungssystem mit dem Gleichsetzungsverfahren lösen kann.
Löse dieses Gleichungssystem einfacher, ohne das Gleichsetzungsverfahren zu benutzen.

Beachte: Wie beim Gleichsetzungsverfahren ist es auch hier das Ziel der ersten Umformungen, eine Gleichung mit nur einer Variablen zu erhalten.

Lineare Gleichungssysteme

Lösung

Die zweite Gleichung besagt:
Der Wert für y ist doppelt so groß wie der Wert für x.
Du kannst daher in der ersten Gleichung anstelle von y den Term 2x *einsetzen*.
So erhältst du eine Gleichung mit nur einer Variablen, nämlich x.
Auf dieser Idee beruht das **Einsetzungsverfahren**.

1. Gleichung: $4x + y = 18$
2. Gleichung: $y = 2x$

Gleichung mit der einen Variablen x: $4x + 2x = 18$

Löse das Gleichungssystem in folgenden Schritten:

$\begin{vmatrix} 4x + y = 18 \\ y = 2x \end{vmatrix}$

1. Schritt: Setze 2x anstelle von y in die erste Gleichung ein und löse nach x auf:
$4x + 2x = 18$
$6x = 18$
$x = 3$

$\begin{vmatrix} x = 3 \\ y = 2x \end{vmatrix}$

2. Schritt: Setze den Wert für x in eine der beiden Ausgangsgleichungen ein und bestimme den Wert von y:
$y = 2 \cdot 3$
$y = 6$

$\begin{vmatrix} x = 3 \\ y = 6 \end{vmatrix}$

3. Schritt: Führe die Probe durch:
1. Gleichung: $4 \cdot 3 + 6 = 18$ (wahr)
2. Gleichung: $6 = 2 \cdot 3$ (wahr)

4. Schritt: $L = \{(3|6)\}$

Zum Festigen und Weiterarbeiten

2. Löse das Gleichungssystem mit dem Einsetzungsverfahren.

a) $\begin{vmatrix} 2x + y = 9 \\ y = 4x + 12 \end{vmatrix}$
b) $\begin{vmatrix} 4x + y = 24 \\ y = 6 - 10x \end{vmatrix}$
c) $\begin{vmatrix} 2y - 6 = x \\ -7y - x = 9 \end{vmatrix}$
d) $\begin{vmatrix} x + 3y = 25 \\ 2x + y = 20 \end{vmatrix}$ *(1. Gleichung nach x auflösen)*

3. *Vielfache von y (oder von x) einsetzen – vorteilhaft rechnen*

Beim Einsetzungsverfahren ist es manchmal vorteilhafter, Vielfache von y (oder von x) einzusetzen. Löse wie im Beispiel durch Einsetzen passender Vielfache von y (oder von x).

a) $\begin{vmatrix} 7x - 3y = 1 \\ 3y = 2x - 8 \end{vmatrix}$

b) $\begin{vmatrix} 8x - 4y = 6 \\ 2x + 4y = 14 \end{vmatrix}$

c) $\begin{vmatrix} 3y + 2x = 5{,}5 \\ 2x = 4 - 2y \end{vmatrix}$

$\begin{vmatrix} 2y + 3 = 4x \\ 2y = 3x - 1 \end{vmatrix}$ *Setze 3x – 1 für **2y** in die 1. Gleichung ein.*

$3x - 1 + 3 = 4x$
$x = 2$ *Nach x auflösen*

$2y = 3 \cdot 2 - 1$
$y = 2{,}5$ *Berechne den Wert für y*

4. Empfiehlt sich die Verwendung des Gleichsetzungsverfahrens oder die des Einsetzungsverfahrens? Begründe deine Wahl. Gib die Lösungsmenge an.
Erkläre: Das Gleichsetzungsverfahren ist ein Sonderfall des Einsetzungsverfahrens.

a) $\begin{vmatrix} x = 4y - 5 \\ x = 2y + 3 \end{vmatrix}$
b) $\begin{vmatrix} x + 2y = 7 \\ x = y - 5 \end{vmatrix}$
c) $\begin{vmatrix} x + 6y = -16 \\ -4 - y = 2x \end{vmatrix}$
d) $\begin{vmatrix} 2x = y - 5 \\ \frac{1}{2}x = \frac{1}{2}y + 2 \end{vmatrix}$

5. a) Löse das Gleichungssystem rechts mit dem Einsetzungsverfahren. Löse dazu die 1. Gleichung nach 3x auf. Schreibe in der 2. Gleichung 2 · 3x statt 6x und setze den Term für 3x dann in die 2. Gleichung ein. Findest du weitere Möglichkeiten?

b) Bestimme die Lösungsmenge.

(1) $\begin{vmatrix} 6y + 30x = 102 \\ 2x + 3y = 12 \end{vmatrix}$ (2) $\begin{vmatrix} 3x - 10y = 14 \\ 5y + x = 13 \end{vmatrix}$

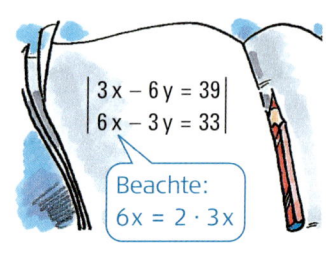

$\begin{vmatrix} 3x - 6y = 39 \\ 6x - 3y = 33 \end{vmatrix}$

Beachte: $6x = 2 \cdot 3x$

Information

Strategie beim Lösen eines linearen Gleichungssystems nach dem Einsetzungsverfahren

(1) Löse eine der beiden Gleichungen nach y (oder z. B. x, 2x, 5y) auf.
(2) Setze den erhaltenen Term, z. B. den Term für y, in die andere Gleichung ein. Du erhältst *eine* Gleichung, die nur *eine* Variable, z. B. x, enthält.
(3) Berechne mit dieser Gleichung den Wert für x.
(4) Setze den berechneten Wert für x in die andere Gleichung ein und berechne den Wert für y.
(5) Du kannst zur Kontrolle eine Probe durchführen. Gib dann die Lösungsmenge an.

Übungen

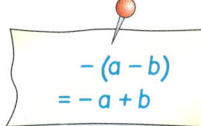

$-(a - b)$
$= -a + b$

6. Bestimme die Lösung mit dem Einsetzungsverfahren. Kontrolliere dein Ergebnis.

a) $\begin{vmatrix} 5x + y = 13 \\ y = 5 - x \end{vmatrix}$ b) $\begin{vmatrix} 2x + y = 14 \\ y = 3x - 1 \end{vmatrix}$ c) $\begin{vmatrix} 5b - a = 38 \\ a = b + 2 \end{vmatrix}$ d) $\begin{vmatrix} 2x + 4y = 22 \\ y = x - 5y \end{vmatrix}$

7. a) $\begin{vmatrix} 9x - y = 41 \\ y = 3x - 11 \end{vmatrix}$ c) $\begin{vmatrix} 11y - x = 4 \\ x = 3y - 16 \end{vmatrix}$ e) $\begin{vmatrix} 3x - 5(y - 5) = -4 \\ 3(x - 2) + 4y = 1 \end{vmatrix}$

b) $\begin{vmatrix} 5y - x = 20 \\ x = -5y \end{vmatrix}$ d) $\begin{vmatrix} p = 2(q - 1) \\ 6p + 2q = 11 \end{vmatrix}$ f) $\begin{vmatrix} 2(x + 1) - 3(y + 2) = 9 \\ 2(x - 4) - 4(y - 1) = 12 \end{vmatrix}$

8. Löse eine der beiden Gleichungen nach y oder x auf. Wende dann das Einsetzungsverfahren an.

a) $\begin{vmatrix} 4x - 4 = y \\ x + y = 6 \end{vmatrix}$ b) $\begin{vmatrix} 4x + 5y = -1 \\ y - x = -11 \end{vmatrix}$ c) $\begin{vmatrix} 8x + 4y = 64 \\ 6x + y = 40 \end{vmatrix}$ d) $\begin{vmatrix} 9x - 2y = 19 \\ 3x + y = 2 \end{vmatrix}$

9. Bestimme die Lösungsmenge. Setze dazu sinnvoll ein. Überprüfe die Lösung.

a) $\begin{vmatrix} 10x - 7y = 44 \\ 7y = 3x - 23 \end{vmatrix}$ b) $\begin{vmatrix} 45u - 17v = 73 \\ 45u - 25v = 65 \end{vmatrix}$ c) $\begin{vmatrix} 6x + 11y = 34 \\ 6x = 5y + 2 \end{vmatrix}$

10. Kontrolliere Pauls Hausaufgaben.

a) $\begin{vmatrix} x + 4y = -3 \\ x - 5y = 24 \end{vmatrix}$

$(24 + 5y) + 4y = -3$
$9y = -27$
$y = -3$

$x + 4 \cdot (-3) = -3$
$x = 9$

$L = \{(9 | -3)\}$

b) $\begin{vmatrix} 10x - 7y = 44 \\ 7y = 3x - 19 \end{vmatrix}$

$10x - 3x - 19 = 44$
$7x = 63$
$x = 9$

$7y = 3 \cdot 9 - 19$
$7y = 8$
$y = \frac{8}{7}$

$L = \{(9 | \frac{8}{7})\}$

c) $\begin{vmatrix} 2y + 3 = 4x \\ 2y = 5x - 1 \end{vmatrix}$

$(5x - 1) + 3 = 4x$
$2 = -x$
$x = -2$

$2y = 5 \cdot 2 - 1$
$2y = 9$
$y = 4{,}5$

$L = \{(2 | 4{,}5)\}$

Sonderfälle beim rechnerischen Lösen

Aufgabe

1. Ermittle die Lösung des Gleichungssystems:

a) $\begin{vmatrix} y = 1 - 3x \\ 9x + 3y = 5 \end{vmatrix}$

b) $\begin{vmatrix} x = 2y + 4 \\ 3x - 6y = 12 \end{vmatrix}$

Lösung

Wir lösen beide Gleichungssysteme.

a) $\begin{vmatrix} y = 1 - 3x \\ 9x + 3y = 5 \end{vmatrix}$ (1)

Setze $1 - 3x$ für y ein:
$9x + 3(1 - 3x) = 5$
$9x + 3 - 9x = 5$
$3 = 5$

$\begin{vmatrix} y = 1 - 3x \\ 3 = 5 \end{vmatrix}$ (2)

Die zweite Gleichung des Systems (2) ist eine falsche Aussage. Man kann also *kein* Zahlenpaar (x|y) einsetzen, sodass die erste *und* die zweite Gleichung des Systems zu wahren Aussagen werden.

$L = \{ \ \}$

b) $\begin{vmatrix} x = 2y + 4 \\ 3x - 6y = 12 \end{vmatrix}$ (1)

Setze $2y + 4$ für x ein:
$3(2y + 4) - 6y = 12$
$6y + 12 - 6y = 12$
$12 = 12$

$\begin{vmatrix} x = 2y + 4 \\ 12 = 12 \end{vmatrix}$ (2)

Die zweite Gleichung des Systems (2) ist eine wahre Aussage. Bei der Einsetzung von *jedem* Zahlenpaar (x|y), das die erste Gleichung erfüllt, sind die erste *und* die zweite Gleichung des Systems wahre Aussagen.

$L = \{(x|y) \mid x = 2y + 4\}$

Übungen

2. a) Rechne weiter. Vergleiche mit der grafischen Lösung rechts.

$\begin{vmatrix} 2x - 4y = 4 \\ 2x = 4y - 8 \end{vmatrix}$

$(4y - 8) - 4y = 4$

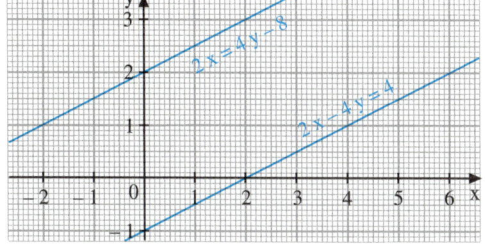

b) Löse das Gleichungssystem mit dem Einsetzungsverfahren.

(1) $\begin{vmatrix} 3x - 2y = 7 \\ 3x = 2y - 2 \end{vmatrix}$ (2) $\begin{vmatrix} 2x + 3y = 6 \\ y = -\frac{2}{3}x + 2 \end{vmatrix}$ (3) $\begin{vmatrix} y = 3x + 6 \\ 6x - 12 = 2y \end{vmatrix}$ (4) $\begin{vmatrix} 4x = 8 + y \\ 3 + \frac{1}{2}y = 2x \end{vmatrix}$

3. Bestimme die Lösungsmenge der Gleichungssysteme. Zeichne zur Probe auch die zugehörigen Geraden.

(1) $\begin{vmatrix} 2y - 3x = 4 \\ -6y + 9x = 15 \end{vmatrix}$ (2) $\begin{vmatrix} 2x - 4y = 6 \\ -3x + 6y = -9 \end{vmatrix}$

4. Bestimme die Lösungsmenge. Gib nach möglichst wenigen Umformungsschritten an, ob das System eine, keine oder unendlich viele Lösungen hat.

a) $\begin{vmatrix} 2x - 3y = 15 \\ 3x - 2y = 15 \end{vmatrix}$ b) $\begin{vmatrix} 2x + 3y = 5 \\ 6x + 9y = 17 \end{vmatrix}$ c) $\begin{vmatrix} u + 2v = 3 \\ 5u + 10v = 15 \end{vmatrix}$ d) $\begin{vmatrix} 7x + 10y = 25 \\ 2x + 5y = 5 \end{vmatrix}$

Additionsverfahren

Aufgabe

1. Auf der Klassenfahrt hat Hanna Fotos mit ihrer Digitalkamera gemacht. Für 41 Farbabzüge hat sie einschließlich einer Bearbeitungspauschale 7,50 € bezahlt. Ihr Freund Jonas hat bei demselben Anbieter für 36 Farbabzüge 6,95 € bezahlt. Wie viel Euro kostet ein Farbabzug, wie hoch ist die Bearbeitungspauschale?

Lösung

Man kann wie folgt überlegen:

Die Überlegungen kann man mit Gleichungen aufschreiben:

1 Pauschale und 41 Bilder kosten 7,50 €:
1 Pauschale und 36 Bilder kosten 6,95 €:

Preisdifferenz: 5 Bilder kosten 0,55 €:

Ein Bild kostet 0,55 € : 5 = 0,11 €:

Die Pauschale kostet 6,95 € − 36 · 0,11 € = 2,99 €:

Bearbeitungspauschale (in €): x
Preis für einen Abzug (in €): y

$$\left| \begin{array}{l} x + 41y = 7{,}50 \\ x + 36y = 6{,}95 \end{array} \right|$$

$$\left| \begin{array}{l} 5y = 0{,}55 \\ x + 36y = 6{,}95 \end{array} \right|$$

$$\left| \begin{array}{l} y = 0{,}11 \\ x + 36 \cdot 0{,}11 = 6{,}95 \end{array} \right|$$

$$\left| \begin{array}{l} y = 0{,}11 \\ x = 6{,}95 - 36 \cdot 0{,}11 \end{array} \right|$$

$$\left| \begin{array}{l} y = 0{,}11 \\ x = 2{,}99 \end{array} \right|$$

Ergebnis: Die Bearbeitungspauschale beträgt 2,99 €, ein Farbabzug kostet 0,11 €.

Information

Hinführung zum Additionsverfahren

(1) Subtrahieren auf beiden Seiten – Subtraktionsverfahren

$$\left| \begin{array}{l} 7x + 2y = 40 \\ 4x + 2y = 4 \end{array} \right|$$

1. Schritt: Subtrahiere auf beiden Seiten

$$\begin{array}{rcl} 7x + 2y - (4x + 2y) &=& 40 - 4 \\ 7x + 2y - 4x - 2y &=& 40 - 4 \\ 3x &=& 36 \\ x &=& 12 \end{array}$$

$$\left| \begin{array}{l} 3x = 36 \\ 4x + 2y = 4 \end{array} \right|$$

$$\left| \begin{array}{l} x = 12 \\ 4x + 2y = 4 \end{array} \right|$$

2. Schritt: Setze den erhaltenen Wert für x in eine der Ausgangsgleichungen ein und bestimme den Wert für y.

$$\begin{array}{rcl} 4 \cdot 12 + 2y &=& 4 \\ y &=& -22 \end{array}$$

$$\left| \begin{array}{l} x = 12 \\ y = -22 \end{array} \right|$$

L = {(12 | −22)}   ← Probe nicht vergessen

Lineare Gleichungssysteme

(2) Addieren auf beiden Seiten – Additionsverfahren

$\begin{vmatrix} 7x + 2y = 40 \\ 4x + 2y = 4 \end{vmatrix} \cdot (-1)$

Durch Addieren der *Gegenzahl* von 2y lässt sich die Variable y ebenfalls beseitigen.

1. Schritt: Multipliziere eine der Gleichungen mit (–1)

$\begin{vmatrix} 7x + 2y = 40 \\ -4x - 2y = -4 \end{vmatrix} \oplus$

2. Schritt: Addiere auf beiden Seiten

$7x + 2y + (-4x - 2y) = 40 + (-4)$
$7x + 2y - 4x - 2y = 40 - 4$
$3x = 36$
$x = 12$

$\begin{vmatrix} 3x = 36 \\ -4x - 2y = -4 \end{vmatrix}$

$\begin{vmatrix} x = 12 \\ -4x - 2y = -4 \end{vmatrix}$

3. Schritt: Setze den erhaltenen Wert für x in eine der Ausgangsgleichungen ein und bestimme den Wert für y.

$-4 \cdot 12 - 2y = -4$
$y = -22$

$\begin{vmatrix} x = 12 \\ y = -22 \end{vmatrix}$

$L = \{(12 \mid -22)\}$ ← Probe nicht vergessen

Zum Festigen und Weiterarbeiten

2. Löse das Gleichungssystem durch Addieren. Führe auch die Probe durch.

a) $\begin{vmatrix} -7x + 4y = 1 \\ 2x - 4y = 14 \end{vmatrix}$ b) $\begin{vmatrix} 2x + 5y = 11 \\ -2x - 7y = 21 \end{vmatrix}$ c) $\begin{vmatrix} 6a - 8b = 3 \\ 12a + 8b = 42 \end{vmatrix}$ d) $\begin{vmatrix} 8x - 6y = 14 \\ -4x + 6y = -4 \end{vmatrix}$

3. Multipliziere zuerst eine Gleichung mit (–1). Addiere dann.

a) $\begin{vmatrix} 4x + y = 8 \\ -3x + y = -6 \end{vmatrix}$ b) $\begin{vmatrix} 7x + 2y = 34 \\ x + 2y = 22 \end{vmatrix}$ c) $\begin{vmatrix} 3y + 3x = -36 \\ -y + 3x = -20 \end{vmatrix}$ d) $\begin{vmatrix} 5u + 10v = 60 \\ 5u + 2v = 20 \end{vmatrix}$

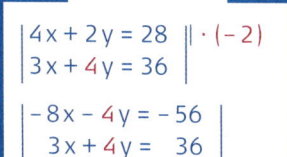

4. In vielen Fällen muss man ein lineares Gleichungssystem zunächst umformen, um das Additionsverfahren anzuwenden.

$\begin{vmatrix} 4x + 2y = 28 \\ 3x + 4y = 36 \end{vmatrix} \| \cdot (-2)$

$\begin{vmatrix} -8x - 4y = -56 \\ 3x + 4y = 36 \end{vmatrix}$

a) Erkläre das Beispiel rechts. Löse das Gleichungssystem.

b) Verfahre entsprechend:
(1) $\begin{vmatrix} 2x - 3y = 11 \\ 5x + 6y = 68 \end{vmatrix}$ (2) $\begin{vmatrix} 3x - 2y = 26 \\ x + 3y = 27 \end{vmatrix}$

5. a) Bei folgenden Gleichungssystemen muss man zunächst *beide* Gleichungen umformen, bevor man addiert. Rechne zu Ende.
(1) $\begin{vmatrix} 3x + 5y = 11 \\ 4x - 2y = -4 \end{vmatrix} \begin{vmatrix} \cdot 2 \\ \cdot 5 \end{vmatrix}$ (2) $\begin{vmatrix} 7x + 2y = 48 \\ 6x + 3y = 63 \end{vmatrix} \begin{vmatrix} \cdot 3 \\ \cdot (-2) \end{vmatrix}$

b) Löse das Gleichungssystem. Forme zunächst geeignet um.
(1) $\begin{vmatrix} 5x + 2y = 9 \\ 2x - 3y = -4 \end{vmatrix}$ (2) $\begin{vmatrix} 9x + 5y = 28 \\ 4x + 7y = 22 \end{vmatrix}$

Lineare Gleichungssysteme

Information

Strategie beim Lösen eines linearen Gleichungssystems nach dem Additionsverfahren

(1) Forme das Gleichungssystem durch beiderseitiges Multiplizieren mit einer von 0 verschiedenen Zahl so um, dass sich die Zahlfaktoren einer Variablen, z. B. x, in beiden Gleichungen auf derselben Seite nur im Vorzeichen unterscheiden.
(2) Addiere die linken Seiten und addiere die rechten Seiten beider Gleichungen. Du erhältst *eine* Gleichung mit nur *einer* Variablen, z. B. y.
(3) Berechne mit dieser Gleichung den Wert für y.
(4) Setze den berechneten Wert für y in eine der Ausgangsgleichungen ein und berechne den Wert für x.
(5) Du kannst zur Kontrolle eine Probe durchführen. Gib dann die Lösungsmenge an.

Übungen

6. Bestimme die Lösungsmenge. Führe die Probe durch.

a) $\begin{vmatrix} 2x + 5y = 23 \\ 2x - 3y = -1 \end{vmatrix}$ c) $\begin{vmatrix} -5x + 6y = 16 \\ -5x + y = -14 \end{vmatrix}$ e) $\begin{vmatrix} 4x - 5y = 37 \\ 4x + y = 7 \end{vmatrix}$

b) $\begin{vmatrix} 4x + 3y = 11 \\ 3x + 3y = 9 \end{vmatrix}$ d) $\begin{vmatrix} -5x + 8y = -21 \\ -9x + 8y = -25 \end{vmatrix}$ f) $\begin{vmatrix} 2,5x + 1,5y = 34 \\ 3,5x + 1,5y = 44 \end{vmatrix}$

7. a) $\begin{vmatrix} 2r + 3s = 20 \\ 5r - s = 33 \end{vmatrix}$ b) $\begin{vmatrix} 4x + 2y = 46 \\ 5x + 4y = 74 \end{vmatrix}$ c) $\begin{vmatrix} x - \frac{1}{4}y = 1 \\ -4x + 5y = 76 \end{vmatrix}$

8. a) $\begin{vmatrix} 4x + 3y = 36 \\ 5x - 2y = 22 \end{vmatrix}$ b) $\begin{vmatrix} 7x + 4y = 29 \\ 8x - 3y = 18 \end{vmatrix}$ c) $\begin{vmatrix} 10s + 7t = 26 \\ 4s + 3t = 26 \end{vmatrix}$

9. Kontrolliere Leas Hausaufgaben.

a) $\begin{vmatrix} 8e + 3f = 18 \\ 4e + 2f = 4 \end{vmatrix} \cdot (-2)$
$f = 10$
$4e + 2 \cdot 10 = 4$
$4e = -16$
$e = -4$
$L = \{(-4 | 10)\}$

b) $\begin{vmatrix} 8r - 11s = 26 \\ 8r - 5s = 38 \end{vmatrix} \cdot (-1)$
$6s = 12$
$s = 2$
$8r - 11 \cdot 2 = 26$
$8r = 48$
$r = 6$
$L = \{(6 | 2)\}$

c) $\begin{vmatrix} 10x + 7y + 4 = 0 \\ 6x + 5y + 2 = 0 \end{vmatrix} \cdot (-3) \\ \cdot 5$
$\begin{vmatrix} -30x - 21y - 12 = 0 \\ 30x + 25y + 10 = 0 \end{vmatrix}$
$4y - 2 = 0$
$y = 0,5$
$6x + 5 \cdot 0,5 + 2 = 0$
$6x = -4,5$
$x = -0,75$
$L = \{(0,5 | 0,75)\}$

10. Das Gleichungssystem $\begin{vmatrix} y + 2x = a + b \\ y - x = a - b \end{vmatrix}$ hat die Lösung $(3 | -2)$.
Bestimme a und b. Führe die Probe durch.

11. Die Lösung eines linearen Gleichungssystems ist $(-2 | -5)$.
Wie könnte das Gleichungssystem ausgesehen haben?
Versuche, mehrere Möglichkeiten zu finden.

Lineare Gleichungssysteme

Vermischte Übungen zu den Lösungsverfahren

1.

Denkt an die Probe!

Welches Verfahren?
- grafisch
- durch Gleichsetzen
- durch Einsetzen
- durch Addieren

$\begin{vmatrix} 3x + 4y = 36 \\ -2x + 3y = 10 \end{vmatrix}$ $\begin{vmatrix} 3y = x + 3 \\ 3y = -2x + 12 \end{vmatrix}$

$\begin{vmatrix} y = \frac{3}{4}x + 1 \\ y = \frac{3}{4}x - 2 \end{vmatrix}$ $\begin{vmatrix} 12y - 8x = 24 \\ y = \frac{5}{6}x + \frac{3}{2} \end{vmatrix}$

Gebt zunächst zu jedem Gleichungssystem ein günstiges Verfahren an.
Löst das Gleichungssystem und erläutert, warum das gewählte Verfahren besonders günstig ist.

2. a) Löse grafisch: (1) $\begin{vmatrix} y = \frac{3}{4}x - 1 \\ y - 3 = -\frac{1}{4}x \end{vmatrix}$ (2) $\begin{vmatrix} -x + 2y = 4 \\ 2x - 4y = 4 \end{vmatrix}$ (3) $\begin{vmatrix} 2x + y = -4 \\ -6x - 3y = 12 \end{vmatrix}$

   b) Ändere in den Gleichungssystemen die Faktoren bei x und y so ab, dass die Lösungsmenge bei (2) nur aus einem Zahlenpaar besteht, bei (3) leer wird.

   c) Ändere die Zahlen auf der rechten Seite bei den Gleichungen von (2) und (3) so ab, dass das System (2) unendlich viele Lösungen und das System (3) keine Lösungen hat.

3. Ermittle die Lösungsmenge nach einem möglichst günstigen Verfahren.

   a) $\begin{vmatrix} y = -x + 8 \\ y = x - 2 \end{vmatrix}$ b) $\begin{vmatrix} x + 7y = -17 \\ 4y + x = 13 \end{vmatrix}$ c) $\begin{vmatrix} x = 3y - 4 \\ 3x - 5y = -4 \end{vmatrix}$ d) $\begin{vmatrix} 5x - 10y = 20 \\ -3x + 6y = -10 \end{vmatrix}$

4. Löse günstig.

   a) $\begin{vmatrix} 9x - y = 41 \\ y = 4x - 11 \end{vmatrix}$ b) $\begin{vmatrix} 3x + 2y = 2 \\ 2y = 3x + 2 \end{vmatrix}$ c) $\begin{vmatrix} 2x - y = 2 \\ y - x = 14 \end{vmatrix}$ d) $\begin{vmatrix} 4x + 2y = 26 \\ 3x - y = 7 \end{vmatrix}$

5. Gib die Lösungsmenge an.

   a) $\begin{vmatrix} x + 6y = 47 \\ x + 5y = 40 \end{vmatrix}$ c) $\begin{vmatrix} 11y - x = 3 \\ x = 15y - 75 \end{vmatrix}$ e) $\begin{vmatrix} 5u + 9v - 42 = 0 \\ 10u + 3v - 39 = 0 \end{vmatrix}$

   b) $\begin{vmatrix} y - 10x = 2 \\ 10x + y = 22 \end{vmatrix}$ d) $\begin{vmatrix} x + 6y = -16 \\ -4 - 2y = 2x \end{vmatrix}$ f) $\begin{vmatrix} 13f + 12i = 28{,}7 \\ 12f + 13i = 28{,}8 \end{vmatrix}$

6. Gib je ein Gleichungssystem an, das sich besonders geschickt mit dem Gleichsetzungsverfahren, dem Einsetzungsverfahren oder dem Additionsverfahren lösen lässt. Dein Partner löst die Gleichungssysteme.
Hat er das Verfahren gewählt, an das du gedacht hast?

7. Ermittle die Lösung mit einem möglichst günstigen Verfahren.

   a) $\begin{vmatrix} 3x + 5y = 38 \\ y = 6x + 1 \end{vmatrix}$ c) $\begin{vmatrix} y = 2x - 0{,}75 \\ y = 7x - 3{,}25 \end{vmatrix}$ e) $\begin{vmatrix} x = 0{,}2y - 2{,}2 \\ x = 0{,}5y - 3{,}7 \end{vmatrix}$

   b) $\begin{vmatrix} 2x + 5y = 14 \\ y = 7x - 12 \end{vmatrix}$ d) $\begin{vmatrix} 5x - 10y = 20 \\ -3x + 6y = -10 \end{vmatrix}$ f) $\begin{vmatrix} 2{,}3x = 3{,}3 - 0{,}5y \\ 1{,}5y = 0{,}7 + 2{,}3x \end{vmatrix}$

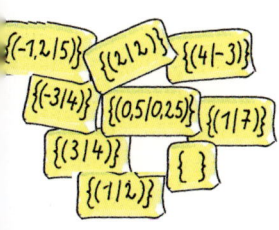

8. a) $\begin{vmatrix} y = -4x + 23 \\ y = 3x - 12 \end{vmatrix}$ b) $\begin{vmatrix} 3x - 5y = -14 \\ x + y = 6 \end{vmatrix}$ c) $\begin{vmatrix} 15y = 33 - 9x \\ 2x = 14y - 10 \end{vmatrix}$

9. a) $\begin{vmatrix} x + y = 25 \\ y + 2x = 45 \end{vmatrix}$ c) $\begin{vmatrix} 15x + 7y = 2 \\ 3x - 21y = 90 \end{vmatrix}$ e) $\begin{vmatrix} 7r = 71 + 2s \\ 59 - s = 7r \end{vmatrix}$

b) $\begin{vmatrix} 11 - 15x = 4 \\ x = 3y - 15 \end{vmatrix}$ d) $\begin{vmatrix} 2v + 2u = 11 \\ 2v - 3u = 0 \end{vmatrix}$ f) $\begin{vmatrix} 4a + 2b = 22 \\ 9a - 3b = 12 \end{vmatrix}$

zu 10.
{(7|2)}
{(1|4)} {(2|-7)}
{(8|-4,5)} {(-8|1)}
{(x|y) mit 2x + 3y = 1}
{(-9|2)}

10. a) $\begin{vmatrix} 0,6x + 3y = 10,2 \\ 3x - 10y = 1 \end{vmatrix}$ c) $\begin{vmatrix} 2x + 1,8y = 9,2 \\ 5x - 0,9y = 1,4 \end{vmatrix}$ e) $\begin{vmatrix} 2,5x - 2y = 29 \\ 4,5x + 8y = 0 \end{vmatrix}$

b) $\begin{vmatrix} 2x + 3y = 1 \\ 3x + 4,5y = 1,5 \end{vmatrix}$ d) $\begin{vmatrix} 0,2x + 3y = 1,4 \\ 0,3x + 4y = 1,6 \end{vmatrix}$ f) $\begin{vmatrix} 0,2x + 2y - 2,2 = 0 \\ x + 0,7y + 7,6 = 0 \end{vmatrix}$

11. Kontrolliere die Hausaufgaben.

a) $\begin{vmatrix} x = 3y - 1 \\ 4y - x = 3 \end{vmatrix}$
$4y - 3y - 1 = 3$
$y = 4$
$x = 3 \cdot 4 - 1$
$x = 11$
$L = \{(11|4)\}$

b) $\begin{vmatrix} 3x = 4 - 2y \\ 2y = 2x + 6 \end{vmatrix}$
$3x = 4 - (2x + 6)$
$5x = 10$
$x = 2$
$2y = 2 \cdot 2 + 6$
$y = 5$
$L = \{(2|5)\}$

c) $\begin{vmatrix} x = 2y - 1 \\ 2x = 4y + 2 \end{vmatrix}$
$2 \cdot (2y - 1) = 4y + 2$
$4y - 1 = 4y + 2$
$-1 = 2$
$L = \{\ \}$

12. Wähle ein geeignetes Verfahren und löse das Gleichungssystem.

a) $\begin{vmatrix} 3x + 16 = 4y \\ 4y = 40 - 3x \end{vmatrix}$ c) $\begin{vmatrix} 2x - y = 4 \\ 3x + 2y = -1 \end{vmatrix}$ e) $\begin{vmatrix} 5y + x = 25 \\ x + 2y = 17 \end{vmatrix}$

b) $\begin{vmatrix} y - x = 7 \\ y = 5x + 23 \end{vmatrix}$ d) $\begin{vmatrix} 6,9x = 9,9 - 1,5y \\ 4,5y = -2,1 + 6,9x \end{vmatrix}$ f) $\begin{vmatrix} x = 1,8y + 5,3 \\ x = 0,6y + 12,5 \end{vmatrix}$

zu 13.
{(2|1)}
{(4|1)} {(-4|-9)}
{(-2|-1)} {(6|1)}

13. a) $\begin{vmatrix} 26x - 75y = 29 \\ 25y = 77 - 13x \end{vmatrix}$ c) $\begin{vmatrix} 0,7x + 2,5y = 3,9 \\ 0,35x = 4,8y - 4,1 \end{vmatrix}$

b) $\begin{vmatrix} 3x - 5 = 2y + 1 \\ 2y + 1 = 4x - 1 \end{vmatrix}$ d) $\begin{vmatrix} \frac{2}{3}x - 5y + 1 = 0 \\ \frac{1}{3}x = y + 1 \end{vmatrix}$

14. a) $\begin{vmatrix} 5(x + 1) - 3y = 6 \\ 3x + 4(y + 1) = 22 \end{vmatrix}$ b) $\begin{vmatrix} 2(a - 3) - 6b = -34 \\ -3(a + 3) + 2b = 5 \end{vmatrix}$

15. a) $\begin{vmatrix} 3x + 4y = 16 \\ -6x + 4y = -28 \end{vmatrix}$ c) $\begin{vmatrix} 7r = 1 + 2s \\ 59 - s = 7r \end{vmatrix}$ e) $\begin{vmatrix} 3x - y = 6 \\ x - 3y = 6 \end{vmatrix}$

b) $\begin{vmatrix} y + 3x = 20 \\ y - 2x = 10 \end{vmatrix}$ d) $\begin{vmatrix} 3x + 4y = -8 \\ 2y + x = -2 \end{vmatrix}$ f) $\begin{vmatrix} 10y = x + \frac{2}{3} \\ 15y - 2x = \frac{1}{2} \end{vmatrix}$

16. Erstelle ein Tabellenblatt und zeichne die Graphen der Gleichungen in ein gemeinsames Diagramm. Lies den Schnittpunkt ab.

(1) $\begin{vmatrix} y = 2x - 2 \\ y = -2x + 8 \end{vmatrix}$ (2) $\begin{vmatrix} y = 3x - 4 \\ y = -2x + 11 \end{vmatrix}$ (3) $\begin{vmatrix} y = 1,5x - 3 \\ y = -2,5x + 3 \end{vmatrix}$

Lineare Gleichungssysteme

17. Was meinst du dazu?

18. Forme die Gleichung so um, dass die Brüche verschwinden. Löse dann mit einem günstigen Verfahren.

a) $\begin{vmatrix} 2x + 3y = 9 \\ \frac{1}{3}x - \frac{1}{5}y = 12 \end{vmatrix}$

b) $\begin{vmatrix} \frac{8}{11}x + \frac{3}{4}y = 14 \\ \frac{6}{11}x - \frac{1}{2}y = 2 \end{vmatrix}$

c) $\begin{vmatrix} \frac{3}{2}u - 2v = 9 \\ \frac{2}{5}u + \frac{1}{3}v = 5 \end{vmatrix}$

d) $\begin{vmatrix} \frac{3}{2}x + \frac{6}{7}y = 108 \\ \frac{1}{5}x - \frac{1}{8}y = 1 \end{vmatrix}$

e) $\begin{vmatrix} \frac{2}{3}w + \frac{1}{6}z = \frac{5}{8} \\ 5w + z = 3 \end{vmatrix}$

f) $\begin{vmatrix} \frac{2}{3}p - \frac{5}{7}q = \frac{2}{3} \\ p + q = 10\frac{2}{3} \end{vmatrix}$

> $\begin{vmatrix} \frac{1}{4}x + \frac{2}{3}y = 3 \\ \frac{1}{8}x + \frac{1}{6}y = \frac{1}{2} \end{vmatrix}$
>
> Multipliziere die erste Gleichung mit dem Hauptnenner 12 und die zweite Gleichung mit dem Hauptnenner 24.
>
> $\begin{vmatrix} 3x + 8y = 36 \\ 3x + 4y = 12 \end{vmatrix}$

19. Vereinfache und ermittle die Lösung.

a) $\begin{vmatrix} 4(3x + 4y) - 7(x + 2y) = 16 \\ 3(4x + y) - 2(3x + 2y) = 26 \end{vmatrix}$

b) $\begin{vmatrix} 3(2x + 7y + 1) + 4(4x - 5y - 2) = 16 \\ 6(x + y - 5) - 5(3x + 2y - 8) = 5 \end{vmatrix}$

20. Forme um und löse mit einem möglichst günstigen Verfahren.

a) $\begin{vmatrix} 2(x + 3) + 3(x - 2y) = 6 \\ 6(2y - x) - 4(x + 3) = 12 \end{vmatrix}$

b) $\begin{vmatrix} 3(y - 4x) + 6(x - 4y) = 0 \\ 9(4x - y) + 18(4y - y) = 0 \end{vmatrix}$

c) $\begin{vmatrix} 4(3x - 7y) + 5(x + 3y) = 28 \\ 7(4x + y) + 3(2x - 5y) = 38 \end{vmatrix}$

d) $\begin{vmatrix} 5(x - 1) + 4(y + 1) = 15 \\ 3(x + 3) + (y - 12) = 8 \end{vmatrix}$

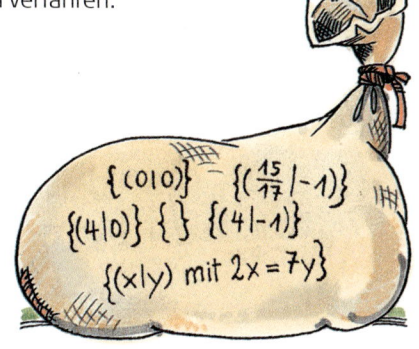

21. Eine Gerade verläuft durch die Punkte A(−2|0) und B(2|2). Bestimme ihre Funktionsgleichung
(1) grafisch;
(2) rechnerisch.

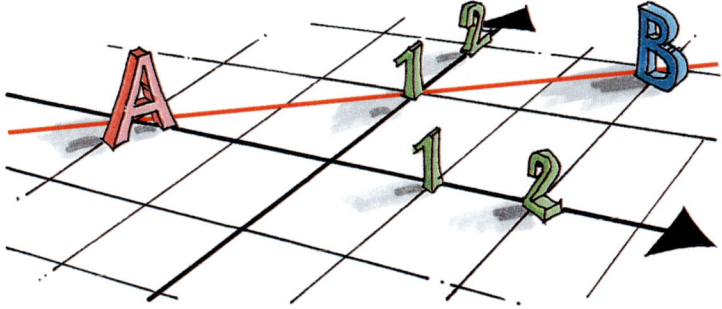

ANWENDEN VON LINEAREN GLEICHUNGSSYSTEMEN
Zahlenrätsel

Einstieg

Eine alte chinesische Aufgabe:
In einem Käfig befinden sich insgesamt 35 Hühner und Kaninchen. Zusammen haben sie 94 Beine.

→ Wie viele Kaninchen, wie viele Hühner sind im Käfig?

Aufgabe

1. Linda hat sich ein Zahlenrätsel ausgedacht.
Löse das Zahlenrätsel mithilfe eines linearen Gleichungssystems.

Ich denke mir zwei Zahlen. Wenn ich das Doppelte der ersten Zahl zur zweiten Zahl addiere, so erhalte ich 17. Wenn ich das Dreifache der ersten Zahl zum Doppelten der zweiten Zahl addiere, so erhalte ich 29.

Lösung

(1) *Festlegen der Variablen*
Lindas erste Zahl: x
Lindas zweite Zahl: y

(2) *Aufstellen eines Gleichungssystems*
1. Bedingung: Wenn ich das Doppelte der ersten Zahl zur zweiten Zahl addiere, so erhalte ich 17.
1. Gleichung: $2x + y = 17$

2. Bedingung: Wenn ich das Dreifache der ersten Zahl zum Doppelten der zweiten Zahl addiere, so erhalte ich 29.
2. Gleichung: $3x + 2y = 29$

Damit erhalten wir das *Gleichungssystem*:

$$\begin{vmatrix} 2x + y = 17 \\ 3x + 2y = 29 \end{vmatrix}$$

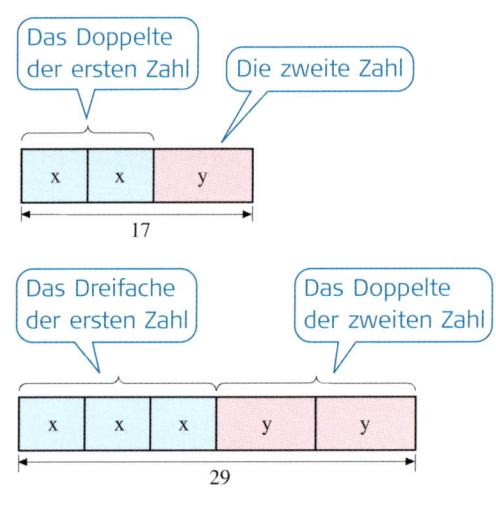

(3) *Lösen des Gleichungssystems:* Das Gleichungssystem hat die Lösung (5|7).

(4) *Probe am Aufgabentext:* Das Doppelte der ersten Zahl (2 · 5) und die zweite Zahl (7) ergeben zusammen 17. Das Dreifache der ersten Zahl (3 · 5) und das Doppelte der zweiten Zahl (2 · 7) ergeben zusammen 29.

(5) *Ergebnis:* Lindas erste Zahl ist 5, Lindas zweite Zahl ist 7.

Lineare Gleichungssysteme

KAPITEL 3

Übungen

2. Löse das Zahlenrätsel. Stelle zunächst ein Gleichungssystem auf.

a) Die Summe zweier Zahlen ist 46. Addiert man zum Doppelten der ersten Zahl das Dreifache der zweiten Zahl, so erhält man 106.

b) Addiert man zum Fünffachen einer Zahl eine zweite Zahl, so erhält man 25. Addiert man zum Dreifachen der ersten Zahl das Doppelte der zweiten Zahl, so erhält man 29.

c) Das Dreifache einer Zahl und das Sechsfache einer zweiten Zahl ergeben zusammen 27. Subtrahiert man vom Vierfachen der ersten Zahl das Doppelte der zweiten Zahl, so erhält man 16.

d) Die Differenz zweier Zahlen ist 20. Multipliziert man die erste Zahl mit 5 und die zweite Zahl mit 4, so erhält man zusammen 217.

3. a) Lena und Lisa sind zusammen 34 Jahre alt. Lisa ist 6 Jahre jünger als Lena. Wie alt ist Lena, wie alt ist Lisa?

b) Maureen ist 24 Jahre älter als Jasmin. Sie ist $2\frac{1}{2}$ mal so alt wie Jasmin. Wie alt ist Maureen, wie alt ist Jasmin?

4. a) Ein Vater und ein Sohn sind zusammen 62 Jahre alt. Vor sechs Jahren war der Vater viermal so alt wie der Sohn. Wie alt ist jeder?

b) Anne ist 4 Jahre jünger als Julia. In 9 Jahren werden beide zusammen 50 Jahre alt sein. Wie alt ist Anne, wie alt ist Julia?

5. Wie alt ist der Vater, wie alt der Sohn?

Aufgaben aus der Geometrie

Einstieg

Tina hat das Kantenmodell eines Quaders angefertigt. Dafür hat sie 300 cm Draht gebraucht. Der Quader ist 15 cm hoch, seine Länge beträgt das Dreifache der Breite.

→ Berechne das Volumen des Quaders.

Aufgabe

1. Schlosser Weller hat den Auftrag, aus einem 180 cm langen Flachstahl einen rechteckigen Rahmen anzufertigen. Benachbarte Seiten des Rahmens sollen sich in der Länge um 20 cm unterscheiden.
Welche Seitenlängen für den Rahmen muss der Schlosser wählen?

Lösung

(1) *Skizze und Festlegen der Variablen*
 Länge der kürzeren Seite (in cm): x
 Länge der anderen Seite (in cm): y

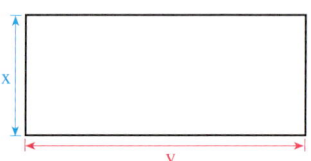

(2) *Aufstellen eines Gleichungssystems*
 1. Bedingung: Der Flachstahl ist 180 cm lang.
 1. Gleichung: $2x + 2y = 180$
 2. Bedingung: Die Länge benachbarter Seiten unterscheiden sich um 20 cm.
 2. Gleichung: $y - x = 20$

 Gleichungssystem: $\begin{vmatrix} 2x + 2y = 180 \\ y - x = 20 \end{vmatrix}$

(3) *Lösen des Gleichungssystems:* Das Gleichungssystem hat die Lösung (35 | 55).

(4) *Probe am Sachverhalt:*
 Die Gesamtlänge des Flachstahls beträgt 2 · 55 cm + 2 · 35 cm = 180 cm.
 Die Längen benachbarter Seiten unterscheiden sich um 55 cm – 35 cm = 20 cm.

(5) *Ergebnis:* Der Rahmen hat die Seitenlängen 35 cm und 55 cm.

Übungen

2. Ein Rechteck hat den Umfang 75 cm. Eine Seite ist 13 cm länger als die benachbarte Seite. Berechne die Seitenlängen. Gib auch den Flächeninhalt des Rechtecks an.

3. Bei einem Rechteck beträgt der Umfang 60 cm. Eine Seite ist
 a) doppelt so lang, b) dreimal so lang, c) viermal so lang
 wie die benachbarte Seite. Berechne die Seitenlängen des Rechtecks.

Eine Skizze kann helfen!

4.

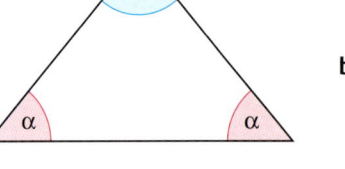

Ein gleichschenkliges Dreieck hat den Umfang 40 cm.
 a) Jeder Schenkel ist 5 cm länger als die Basis.
 b) Jeder Schenkel ist 6 cm kürzer als die Basis.
 c) Jeder Schenkel ist doppelt so lang wie die Basis.
Berechne die Länge der Basis und die eines Schenkels.

5.

Beachte die Winkelsumme im Dreieck

a) In einem gleichschenkligen Dreieck (Bild links) ist jeder Basiswinkel α um 24° größer als der Winkel γ. Wie groß ist jeder Winkel in dem Dreieck?

b) Wie groß ist jeder Winkel in dem gleichschenkligen Dreieck, wenn der Winkel γ halb so groß ist wie α?

6. Florian baut einen Drachen. In der Anleitung steht:

Es ist günstig, die längere Diagonale $1\frac{1}{2}$ mal so groß wie die kürzere zu wählen.

Florian verbraucht 180 cm Holzleiste für die beiden Diagonalen. Wie lang hat er die beiden Leisten gemacht?

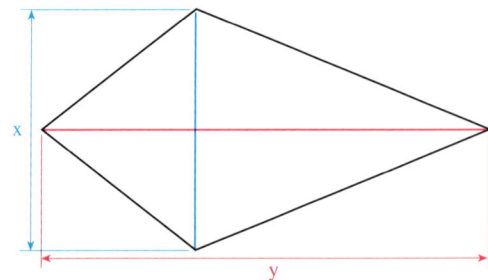

Lineare Gleichungssysteme

KAPITEL 3

7. 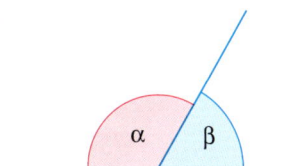 In der Zeichnung bilden die Winkel α und β zusammen einen gestreckten Winkel.
Wie groß ist α, wie groß ist β?

a) α ist um 15° größer als β.

b) α ist dreimal so groß wie β.

8. Carmen hat das Kantenmodell einer quadratischen Pyramide gebaut. Die Kantenlänge x ist 10 cm kürzer als die Kantenlänge y. Carmen hat für ihr Modell 200 cm Bambusstab verbraucht.
Wie lang sind die Stücke, in die sie den Stab zerschneiden musste?

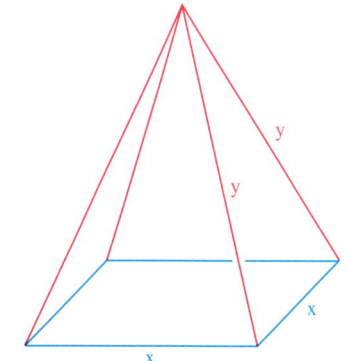

9. Ein Rechteck hat den Umfang 40 cm. Verdoppelt man die beiden längeren Seiten, so entsteht ein neues Rechteck mit dem Umfang 64 cm.
Berechne die Seitenlängen des alten Rechtecks. Du kannst eine Skizze anlegen.

10. Bei einem Rechteck mit dem Umfang 80 cm werden wie im Bild rechts die beiden längeren Seiten halbiert. Es entstehen zwei kleine Rechtecke mit jeweils einem Umfang von 56 cm.
Wie lang und wie breit war das ursprüngliche Rechteck?

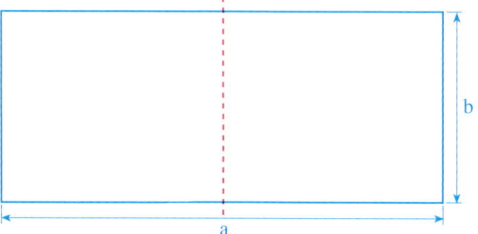

11. Die Summe aller Kantenlängen eines Quaders mit der Breite 9 cm beträgt 180 cm. Der Quader wird parallel zu einer Seitenfläche halbiert.
Die Summe aller Kantenlängen des grünen Teilquaders beträgt nun 140 cm.
Berechne die Kantenlängen des ursprünglichen Quaders.

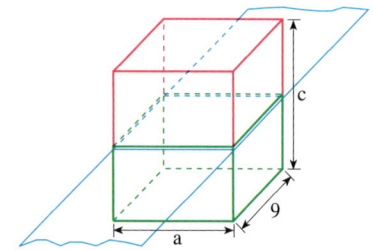

Aufgaben aus dem Alltag

Einstieg

Ein Erlebnisbad hat unterschiedliche Preise für Kinder und Erwachsene.
2 Erwachsene und 3 Kinder müssen insgesamt 31 € Eintritt zahlen.
Für einen Erwachsenen und 2 Kinder kostet der Eintritt insgesamt 18 €.

→ Wie teuer sind die Einzelpreise für Erwachsene bzw. Kinder?

Aufgabe

1. Sebastians Oma besitzt zwei Sparbücher. Auf beiden Sparbüchern sind zusammen 1 900 €.
Beim ersten Sparbuch beträgt der Zinssatz 2%.
Auf dem zweiten Sparbuch (Sparkassenbrief) hat sie ihr Geld für 4 Jahre fest angelegt und erhält 3%.
Nach Ablauf eines Jahres erhält sie insgesamt 49 € Zinsen.
Wie viel Euro waren am Jahresanfang auf jedem Sparbuch?

Lösung

(1) *Festlegen der Variablen*
    1. Sparbuch: Guthaben (in €): x   Zinsen: 2% von x sind $\frac{2}{100} \cdot x = 0{,}02\,x$
    2. Sparbuch: Guthaben (in €): y   Zinsen: 3% von y sind $\frac{3}{100} \cdot y = 0{,}03\,y$

(2) *Aufstellen des Gleichungssystems*
    1. Bedingung: Das Gesamtguthaben auf beiden Sparbüchern beträgt 1 900 €.
                      1. Gleichung: x + y = 1 900
    2. Bedingung: Die Zinsen auf beiden Sparbüchern betragen zusammen 49 €.
                      2. Gleichung: 0,02 x + 0,03 y = 49

    Gleichungssystem: | x + y = 1 900
                                      | 0,02 x + 0,03 y = 49

(3) *Lösen des Gleichungssystems:* Das Gleichungssystem hat die Lösung (800 | 1 100).

(4) *Probe am Sachverhalt:* Das Gesamtguthaben ist 800 € + 1 100 € = 1 900 €.
    Die Gesamtzinsen sind (2% von 800 €) + (3% von 1 100 €),
    das sind 16 € + 33 € = 49 €.

(5) *Ergebnis:* Auf dem ersten Sparbuch sind 800 €, auf dem zweiten Sparbuch sind 1 100 €.

Übungen

2. Maria und Lisa sind begeisterte Blumenfreundinnen. Sie wollen ihre Blumenkästen neu bepflanzen. Maria kauft 6 Dahlien und 4 Sonnenblumen und zahlt dafür 31 €.
Lisa zahlt für 3 Dahlien und 5 Sonnenblumen in derselben Gärtnerei 28,40 €.
Wie teuer ist eine Dahlie?
Wie teuer ist eine Sonnenblume?

3. In einer Kasse liegen 20-€-Scheine und 50-€-Scheine im Wert von insgesamt 600 €. Es sind doppelt so viele 50-€-Scheine wie 20-€-Scheine.
Wie viele Scheine von jeder Sorte sind es?

Lineare Gleichungssysteme

4. Bei einem Fußballspiel wurden insgesamt 12 426 Karten verkauft. Neben dem normalen Eintrittspreis von 21 € gibt es noch einen ermäßigten Preis von 15 €. Es wurden insgesamt 241 260 € eingenommen.
Wie viele Karten wurden zum normalen Eintrittspreis und wie viele zum ermäßigten Preis verkauft?

5.  Internetnutzer, die sich nicht für einen Pauschalpreis (Flatrate) entschieden haben, zahlen eine monatliche Grundgebühr und die genutzten Onlineminuten.
Herr Neuhaus erhält für 1 405 Onlineminuten eine Rechnung über 11,63 €. Seine Nachbarin hat denselben Tarif gewählt. Sie hat 960 Minuten gesurft und muss 8,96 € zahlen.
Wie hoch sind Grundgebühr und Minutentarif des Anbieters?

6. Frau Sontheimer finanziert den Kauf einer Eigentumswohnung mit einem Bauspardarlehen und einem Bankdarlehen. Beide zusammen betragen 240 000 €. Das Bauspardarlehen ist mit 6%, das Bankdarlehen mit 8% zu verzinsen. Die Zinsen in einem Jahr betragen zusammen 16 000 €.
Wie hoch ist das Bauspardarlehen? Wie hoch ist das Bankdarlehen?

7. Spediteur Seibold hat zur Finanzierung seiner Fahrzeuge zwei Darlehen im Abstand von 2 Jahren aufgenommen. Sie betragen zusammen 150 000 €.
Das erste Darlehen ist mit 8%, das zweite mit 9% zu verzinsen. Die Zinsen belaufen sich in einem Jahr auf 12 500 €. Wie hoch ist jedes Darlehen?

8. Paul ist mit der Jugendgruppe Skilaufen. Er überlegt: Gebe ich jeden Tag 12 € aus, dann habe ich 5 € zu wenig dabei. Wenn ich jeden Tag 11 € ausgebe, habe ich am Ende 2 € übrig.
Wie lange dauert der Skiurlaub von Paul?
Wie viel Euro hat Paul dabei?

9. Anne hat zwei Sparkonten. Auf dem ersten Konto hat sie 2 700 €, auf dem zweiten Konto hat sie 1 500 € Guthaben. Der Zinssatz auf dem zweiten Konto ist 2% höher als auf dem ersten Konto. Nach einem Jahr bekommt Anne auf beiden Konten zusammen 156 € Zinsen.
Berechne aus diesen Angaben, wie hoch der Zinssatz auf dem ersten und wie hoch er auf dem zweiten Konto ist.

10. Herr Hartwig möchte sich für seinen Garten Stachelbeersträucher kaufen. Ein roter Strauch kostet 4,10 Euro mehr als ein grüner Strauch.
Für 1 roten und 2 grüne Stachelbeersträucher muss er insgesamt 27,95 Euro bezahlen.
Wie viel kostet ein roter, wie viel ein grüner Strauch?

VERMISCHTE UND KOMPLEXE ÜBUNGEN

1. Ein Bauunternehmer stellt auf einer Baustelle drei Schutt-Container auf, den ersten 3 Tage, den zweiten 4 Tage und den dritten 6 Tage lang. Dafür zahlt er (Transportkosten sowie Tageskosten) insgesamt 270 €. Auf einer anderen Baustelle steht ein Container 6 Tage lang und verursacht Kosten von 115 €.
Wie hoch sind die Transportkosten, wie hoch die Tageskosten für jeweils einen Container?

2. Eine Autoverleihfirma berechnet die Kosten für einen Leihwagen aus einer Grundgebühr pro Tag und den Kosten für die gefahrenen Kilometer.
Herr Albert hat bei derselben Firma für drei Tage mit 650 km insgesamt 338 € gezahlt, Frau Baumann für nur zwei Tage, aber 850 km, insgesamt 392 €.
Wie hoch sind die Tagesgebühren und die Kosten für 1 km?

3. Frau Ude hat für einen Hauskauf ein Darlehen aufgenommen. Am Ende des ersten Jahres zahlt sie 5 000 € zurück sowie 3 600 € Zinsen. Am Ende des zweiten Jahres zahlt sie nur noch 3 555 € Zinsen.
Berechne den anfangs geliehenen Geldbetrag (Darlehenssumme) und den Zinssatz.

4. Für verschiedene Zweitaktmotoren muss Öl mit Benzin in unterschiedlichen Verhältnissen gemischt werden. 0,1 l Öl und 4 l Benzin kosten zusammen 8,00 €.
Für 0,1 l Öl und 5 l Benzin muss man 9,70 € bezahlen.
Wie teuer ist 1 l Öl, wie teuer 1 l Benzin?

5. Viertausend Jahre alt ist folgende Aufgabe aus Babylon:
„Ein Viertel der Breite und Länge zusammen sind 7 Handbreiten. Länge und Breite zusammen sind 10 Handbreiten."
Berechne Länge und Breite.

6. Griechisches Epigramm:

Schwer bepackt ein Eselchen ging und des Eseleins Mutter;
Und die Eselin seufzte sehr; da sagte das Söhnlein:
Mutter, was klagst du wie ein jammerndes Magdlein?
Gib ein Pfund mir ab, so trag ich doppelte Bürde;
Nimmst du es aber von mir, gleich viel dann haben wir beide.
Rechne mir aus, wenn du kannst, mein Bester, wie viel sie getragen.

7. Aus Adam Rieses Rechenbüchlein von 1524:
𝔈iner spricht zu dem anderen: 𝔊ib mir 1 𝔓fennig, so habe ich so viel wie du.
𝔇arauf spricht der andere zum ersten: 𝔊ib mir 1 𝔓fennig, so habe ich zweimal so viel als dir bleibt. 𝔍ch möchte wissen, wie viel jeder gehabt hat.

Lineare Gleichungssysteme

BIST DU FIT?

1. Welche der Zahlenpaare (1|6), (5|–2), (–4|0) sind Lösungen der Gleichung 2x + y = 8?

2. Zeichne den Graphen der linearen Gleichung.
(1) Gib sechs Lösungen an.
(2) Gib die Koordinaten der gemeinsamen Punkte des Graphen mit den Koordinatenachsen an.
   a) y – 2x = 1   b) y + 2x = 1   c) 3x – 2y = 6   d) 5y + x = 0

3. Stelle die Gleichung der Geraden auf, die durch den Punkt P(3|–2) verläuft und außerdem
   a) parallel zur x-Achse ist;   b) parallel zur y-Achse ist.

4. Bestimme zeichnerisch die Lösungsmenge des Gleichungssystems.
   a) $\begin{vmatrix} 2x + y = 7 \\ y = 3x - 3 \end{vmatrix}$ b) $\begin{vmatrix} 2x + y = 6 \\ 3x + 2y = 8 \end{vmatrix}$ c) $\begin{vmatrix} 4x + 2y = 5 \\ -2x - y = -2{,}5 \end{vmatrix}$

5. Löse rechnerisch mit einem möglichst günstigen Verfahren. Mache die Probe.
   a) $\begin{vmatrix} 9x + 4y = 37 \\ y = 6x + 1 \end{vmatrix}$ d) $\begin{vmatrix} 3r + 2s = 2 \\ 6r - 8s = -2 \end{vmatrix}$ g) $\begin{vmatrix} 3x + 4{,}5y = 1{,}5 \\ -2x - 3y = -1 \end{vmatrix}$
   b) $\begin{vmatrix} x = 2y - 4 \\ 4x + 7y = -1 \end{vmatrix}$ e) $\begin{vmatrix} 6x + 4y = 9 \\ 6x - 5y = -18 \end{vmatrix}$ h) $\begin{vmatrix} y = 3x - 2 \\ 2y - 6x = -4 \end{vmatrix}$
   c) $\begin{vmatrix} 3x + 2y = 4 \\ 4x - 5y = -10 \end{vmatrix}$ f) $\begin{vmatrix} 2p = 2q - 4 \\ 3p - 3q = -5 \end{vmatrix}$ i) $\begin{vmatrix} \frac{1}{2}m + 2n = -\frac{3}{2} \\ \frac{1}{3}m - \frac{5}{3}n = 8 \end{vmatrix}$

6. Wenn man zum Doppelten der ersten Zahl die zweite addiert, dann erhält man 22. Wenn man vom Vierfachen der ersten Zahl die zweite Zahl subtrahiert, so erhält man 14. Wie heißen die beiden Zahlen?

7. Nina ist 5 Jahre älter als Eva. Zusammen sind sie 39 Jahre alt.
Wie alt ist Nina, wie alt ist Eva?

8. Aus einem 2 m langen Flachstahl soll ein rechteckiger Rahmen hergestellt werden. Benachbarte Seiten des Rahmens sollen sich in der Länge um 30 cm unterscheiden.
Wie lang und wie breit wird der Rahmen?

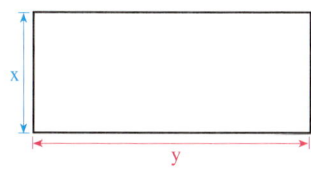

9. Martin kauft 6 Flaschen Limonade und 5 Flaschen Orangensaft für zusammen 10,50 €. Thomas zahlt für 3 Flaschen Limonade und 4 Flaschen Orangensaft in demselben Geschäft 7,50 €.
Wie teuer ist 1 Flasche Limonade, wie teuer 1 Flasche Orangensaft?

10. Johanna überlegt, ihren Freunden ein Mousepad mit einem Digitalfoto von ihrer Geburtstagsfeier zu schenken. Im Internet hat sie einen Anbieter gefunden. Für 6 Mousepads verlangt er einschließlich einer Bearbeitungsgebühr für Verpackung und Versand 31,93 €, für 8 Mousepads einschließlich Bearbeitungsgebühr 41,91 €.
Wie viel kostet ein Mousepad, wie hoch ist die Bearbeitungsgebühr?

KAPITEL 3 — Lineare Gleichungssysteme

IM BLICKPUNKT: LÖSEN EINES LINEAREN GLEICHUNGSSYSTEMS MIT TABELLENKALKULATION

Die rechnerische Arbeit beim Lösen linearer Gleichungssysteme kann man auch von einem Tabellenkalkulationsprogramm ausführen lassen.
Wir stellen hierzu ein *interaktives Tabellenblatt* her, mit dem wir dann eine ganze Gruppe von Aufgaben lösen können. Dabei verwenden wir das bereits bekannte Additionsverfahren.

	A	B	C	D	E	F	G	H
1		Lösung eines linearen Gleichungssystems						
2								
3	I	6	x +	-3	y =	3	| *	2
4	II	2	x +	2	y =	10	| *	3
5								
6	I´	12	x +	-6	y =	6		
7	II´	6	x +	6	y =	30		
8								
9		Additionsverfahren I´ + II´:						
10		18	x		=	36	| :	18
11					x =	2		
12								
13		Einsetzen in die Gleichung I						
14		12	+	-3	y =	3	| -	12
15				-3	y =	-9	| :	-3
16					y =	3		

Beachte folgende Hinweise:

Durch Multiplikation wird das Gleichungssystem so umgeformt, dass sich die Faktoren vor der Variablen y nur im Vorzeichen unterscheiden.

Multipliziere dazu

- die erste Gleichung mit der Zahl aus der Zelle D4: Schreibe in Zelle H3 die Formel:
  = D4

- die zweite Gleichung mit der Zahl aus der Zelle D3 und mit (−1):
  Schreibe in Zelle H4 die Formel:
  = (−1) * D3

Die umgeformten Gleichungen werden in den Zeilen 6 und 7 berechnet. In der Zelle B6 gibst du zum Beispiel die Formel
= B3 * H3
ein.

Durch Addition erhältst du in Zeile 10 eine Gleichung mit nur einer Variablen x. In der Zelle B10 gibst du dazu die Formel
= B6+B7 ein.

Den Wert für x berechnest du in Zeile F11 mithilfe der Formel:
= F10/B10

Den berechneten Wert für x setzt du in die Gleichung I ein: Benutze in der Zelle B14 die Formel **= F11 * B3**

Schließlich berechnest du in den Zeilen 15 und 16 den Wert für y.

Die Abbildung zeigt die verwendeten Formeln noch einmal in der Übersicht.

	A	B	C	D	E	F	G	H
1		Lösung eines linearen Gleichungssystems						
2								
3	I	6	x +	-3	y =	3	| *	=D4
4	II	2	x +	2	y =	10	| *	=(-1)*D3
5								
6	I´	=B3*H3	x +	=D3*H3	y =	=F3*H3		
7	II´	=B4*H4	x +	=D4*H4	y =	=F4*H4		
8								
9		Additionsverfahren I´ + II´:						
10		=B6+B7	x	=D6+D7	=	=F6+F7	| :	=B10
11					x =	=F10/B10		
12								
13		Einsetzen in die Gleichung I						
14		=F11*B3	+	=D3	y =	=F3	| -	=B14
15				=D14	y =	=F14-B14	| :	=D15
16					y =	=F15/D15		

Lineare Gleichungssysteme

1. Erstelle mit deinem Kalkulationsprogramm ein interaktives Tabellenblatt für lineare Gleichungssysteme.
   Kontrolliere deine Tabelle und gib die Zahlen des abgebildeten Gleichungssystems ein.

2. Löse mit deinem interaktiven Tabellenblatt folgende Gleichungssysteme:

   a) $\begin{vmatrix} -3x + 4y = 27{,}5 \\ 4x - 5y = -35{,}5 \end{vmatrix}$
   b) $\begin{vmatrix} 0{,}2x + 1{,}2y = 4{,}68 \\ -2{,}4x + 1{,}8y = 2{,}16 \end{vmatrix}$
   c) $\begin{vmatrix} 2{,}7x - 4{,}2y = -20{,}778 \\ -3{,}6x + 1{,}2y = 9{,}84 \end{vmatrix}$

3. Lisa und ihr Freund Markus haben den gleichen Tarif eines Internetanbieters gewählt.
   Lisa hat im letzten Monat für 864 Minuten Surfen 15,29 € bezahlt.
   Markus musste im gleichen Zeitraum für 1 388 Minuten 21,84 € zahlen.
   Berechne mithilfe deines interaktiven Tabellenblatts den monatlichen Grundpreis und den Minutenpreis.

4. Gib die Daten des Gleichungssystems in dein interaktives Tabellenblatt ein.

   a) $\begin{vmatrix} 3y = 6 \\ 2x + 6y = 8 \end{vmatrix}$
   b) $\begin{vmatrix} 3x = 6 \\ 6x + 2y = 8 \end{vmatrix}$
   c) $\begin{vmatrix} 2x - y = 2 \\ y - x = 14 \end{vmatrix}$

   Das Gleichungssystem in Teilaufgabe a) hat die Lösung (–2|2).
   Untersuche, warum Teilaufgabe b) mit der Tabelle nicht zu lösen ist.
   Vergleiche beide Aufgabenteile und erstelle ein interaktives Tabellenblatt, das Gleichungssysteme wie in Teilaufgabe b) lösen kann.

	Einsetzen in die Gleichung I						
13							
14	6	+	0	y	=	6	| - 6
15			0	y	=	0	| : 0
16					y	=	#DIV/0!
17							

5. Es gibt zwei Sonderfälle bei der Lösung linearer Gleichungssysteme. Gib für jeden Sonderfall ein Beispiel in dein Tabellenblatt ein.
   Untersuche, warum das interaktive Tabellenblatt diese Gleichungssysteme nicht lösen kann.

△ 6. Julia und Florian haben in einer Formelsammlung eine Lösungsformel für lineare Gleichungssysteme gefunden:

   > Ein lineares Gleichungssystem der Form $\begin{vmatrix} ax + by = e \\ cx + dy = f \end{vmatrix}$
   >
   > hat die Lösung $x = \dfrac{e \cdot d - b \cdot f}{a \cdot d - b \cdot c}$ und $y = \dfrac{a \cdot f - c \cdot e}{a \cdot d - b \cdot c}$

   a) Erstelle unter Benutzung dieser Formeln ein interaktives Tabellenblatt zur Lösung linearer Gleichungssysteme.
   b) Gib die Beispiele für die zwei Sonderfälle aus Aufgabe 5 in das interaktive Tabellenblatt ein.
   c) Benutze die Hilfe deines Kalkulationsprogramms.
      Suche Informationen über die Verwendung und Schreibweise der **wenn( )-Funktion**.
      Mithilfe dieser Funktion kannst du dein interaktives Tabellenblatt so gestalten, dass auch die Lösungen für die Sonderfälle berechnet werden können.

4 Ähnlichkeit

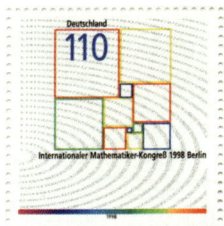

Nicole will im Unterricht ein Referat über Zerlegungen eines Quadrates in Quadrate halten. Als Vorlage dient ihr eine Briefmarke, die 1998 zum Internationalen Mathematikerkongress in Berlin von der Deutschen Post ausgegeben wurde. Nicole zeichnet die Zerlegung des Quadrats mit einem Geometrieprogramm ab.

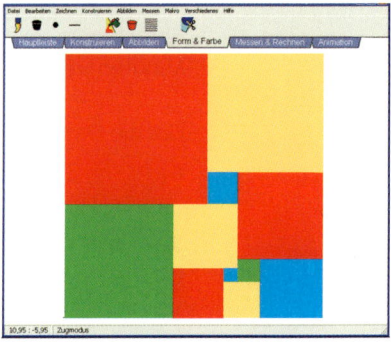

Bei der Projektion der Zeichnung mithilfe eines Beamers erhält Nicole zunächst das linke Bild. Nachdem sie den Beamer anders aufgestellt hat, erhält sie das Bild rechts.

→ Was hat Nicole bei der linken Projektion falsch gemacht?
→ Vergleiche die Zerlegung des Quadrats in der Zeichnung rechts oben mit den Projektionen auf der Wand.

Das projizierte Bild rechts ist eine maßstäbliche Vergrößerung der Zeichnung oben rechts. Man sagt dann auch: Beide Bilder sind *ähnlich* zueinander.

In diesem Kapitel lernst du ...
... wie du zueinander ähnliche Figuren zeichnen und wie du ihre Eigenschaften in Sachsituationen anwenden kannst.

Ähnlichkeit

KAPITEL 4

MASSSTÄBLICHES VERGRÖSSERN UND VERKLEINERN

Einstieg

Digitalkameras nehmen Bilder z. B. im Format 15 mm × 20 mm auf. Das Bild rechts soll in einem Buch auf volle Textbreite (140 mm) unverzerrt abgebildet werden.

→ Wie hoch wird das Bild?
Präsentiere dein Ergebnis.

Aufgabe

1. Digitalkameras liefern digitale Bilder z. B. im Format 24 mm × 36 mm. Es werden maßstäblich vergrößerte Abzüge hergestellt. Die größere Seite ist 18 cm lang.
Wie lang ist dann die andere Seite?

Lösung

Beim maßstäblichen Vergrößern werden beide Seiten des Bildes mit demselben Faktor k vergrößert.
Für die längere Seite des Abzugs gilt: k · 36 mm = 180 mm
Der Vergrößerungsfaktor ist 5, denn   5 · 36 mm = 180 mm = 18 cm.
Für die kürzere Seite des Abzugs gilt dann entsprechend:
5 · 24 mm = 120 mm = 12 cm

Ergebnis: Die kürzere Seite des Abzugs ist 12 cm lang.

Zum Festigen und Weiterarbeiten

2. *Verkleinern einer Figur*
Tanjas Eltern wollen eine neue Wohnung beziehen. Dort erhält Tanja ein Zimmer, das 4,50 m lang und 3,50 m breit ist. Um die Aufstellung ihrer Möbel zu planen, zeichnet sie ein Rechteck für den Grundriss des Zimmers. Für die Länge wählt sie 9 cm.
Gib den Verkleinerungsfaktor an.
Finde selbst weitere geeignete Möglichkeiten, den Grundriss maßstäblich verkleinert zu zeichnen. Gib jeweils auch den Verkleinerungsfaktor an. Präsentiere dein Ergebnis.

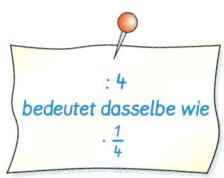

3. Vergrößere die Figur mit dem Faktor 2 durch Verdopplung der Seitenlänge eines Karos.
Vergleiche die Winkel beider Figuren. Was stellst du fest?

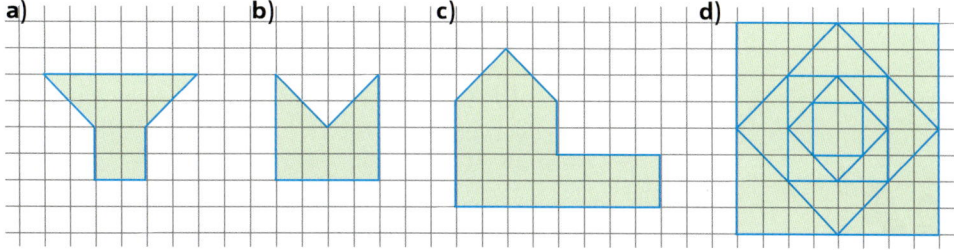

4. Wähle eine Figur aus Aufgabe 3. Verkleinere sie mit dem Faktor $\frac{1}{2}$.

Information

Ein Beamer vergrößert; ebenso kann man mit einem Fotokopiergerät vergrößern, aber auch verkleinern.

Beim **maßstäblichen Vergrößern** einer Figur ist der Faktor k größer als 1, beim **maßstäblichen Verkleinern** liegt der Faktor zwischen 0 und 1.

Das maßstäbliche Vergrößern bzw. Verkleinern bedeutet:
- Die Längen von Strecken werden mit *demselben* positiven Faktor multipliziert.
- Die Größen entsprechender Winkel bleiben erhalten.

Man sagt: Originalfigur und maßstäbliche Vergrößerung bzw. Verkleinerung sind **ähnlich** zueinander. Den Vergrößerungs- bzw. Verkleinerungsfaktor nennt man auch **Ähnlichkeitsfaktor**.

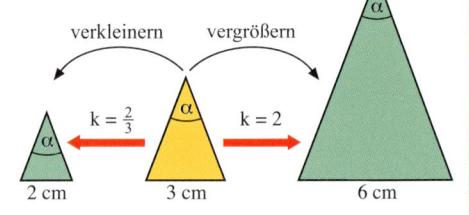

Übungen

5.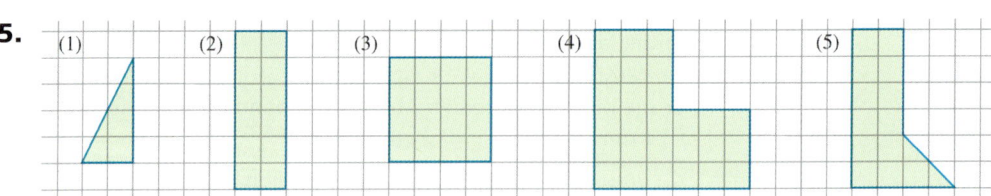

Vergrößere bzw. verkleinere die Figur maßstäblich mit dem angegebenen Faktor:

a) k = 2   b) k = 1,5   c) k = 0,5   d) k = 2,5

6. Konstruiere zunächst die Figur. Vergrößere bzw. verkleinere dann die Figur maßstäblich mit dem Faktor: (1) 2; (2) 0,5; (3) 2,5; (4) $\frac{1}{4}$; (5) 0,8.
Untersuche auch, ob die Symmetrie der Figur erhalten bleibt. Erkläre.

a) Rechteck ABCD mit den Seitenlängen a = 6 cm und b = 4 cm

b) Quadrat ABCD mit der Seitenlänge a = 4 cm

c) Rhombus (Raute) ABCD mit a = 4,4 cm und α = 30°

d) Parallelogramm ABCD mit a = 6 cm, b = 4 cm und β = 125°

e) Gleichseitiges Dreieck ABC mit der Seitenlänge a = 4,8 cm

f) Gleichschenkliges Dreieck ABC mit der Basis $\overline{AB}$ = 5,4 cm und α = 65°

7. Um eine Figur abzuzeichnen, kann man sie mit einem Quadratraster „überziehen".
Vergrößere die Figur mit dem Faktor

a) 1,5;   b) 2.

Beschreibe dein Vorgehen.

8. *Erkundet eure Umwelt:* Sucht Geräte in eurer Umgebung, die ähnliche Bilder erzeugen. Beschreibt die Geräte und ihre Funktionsweise. Präsentiert eure Ergebnisse.

Ähnlichkeit

KAPITEL 4

ÄHNLICHE VIELECKE – EIGENSCHAFTEN
Zueinander ähnliche Vielecke – Längenverhältnisse

Einstieg

Fotoshops bieten für die Abzüge von digitalen Bildern verschiedene Größen an.

→ Ist auf den Abzügen der vollständige Inhalt des digitalen Bildes (Format 24 mm × 36 mm) wiedergegeben? Begründet.

→ Ändert gegebenenfalls die Maße der Abzüge so, dass alles darauf passt.

SPARBILD			
FORMAT	PREIS	FORMAT	PREIS
9 × 13 cm	0,09 €	20 × 30 cm	1,15 €
10 × 15 cm	0,12 €	30 × 45 cm	3,45 €
11 × 17 cm	0,15 €	40 × 60 cm	6,95 €
13 × 18 cm	0,18 €	50 × 75 cm	7,95 €

Bearbeitet die Aufgabenstellungen arbeitsteilig und berichtet darüber.

Aufgabe

1. Das Bild des Künstlers ist eingerahmt worden. Das Bild allein ist ein Rechteck, das 55 cm lang und 40 cm breit ist. Ebenso ist das Bild zusammen mit dem Rahmen ein Rechteck mit den Maßen 65 cm und 50 cm.
Vergleiche beide Rechtecke.
Welche Bedingung muss erfüllt sein, damit das eine Rechteck eine maßstäbliche Vergrößerung des anderen Rechtecks ist?

Lösung

Wenn das Bild zusammen mit dem Rahmen (Rechteck A'B'C'D') eine maßstäbliche Vergrößerung des Bildes (Rechteck ABCD) sein soll, so muss sowohl die Seitenlänge $\overline{AB}$ als auch die Seitenlänge $\overline{BC}$ mit *demselben* Faktor vergrößert werden. Es muss also gelten:

$k \cdot \overline{AB} = \overline{A'B'}$ und $k \cdot \overline{BC} = \overline{B'C'}$, also:

$k = \dfrac{\overline{A'B'}}{\overline{AB}}$ und $k = \dfrac{\overline{B'C'}}{\overline{BC}}$

Für die Maße der beiden Rechtecke gilt:
$\overline{A'B'} = 65$ cm; $\overline{B'C'} = 50$ cm; $\overline{AB} = 55$ cm; $\overline{BC} = 40$ cm
Damit erhält man:

$\dfrac{\overline{A'B'}}{\overline{AB}} = \dfrac{65 \text{ cm}}{55 \text{ cm}} = 1\dfrac{2}{11}$ und $\dfrac{\overline{B'C'}}{\overline{BC}} = \dfrac{50 \text{ cm}}{40 \text{ cm}} = 1\dfrac{1}{4}$

Die beiden Quotienten stimmen wegen $1\dfrac{2}{11} \neq 1\dfrac{1}{4}$ nicht überein.

Ergebnis: Das Rechteck A'B'C'D' ist *nicht* die maßstäbliche Vergrößerung des Rechtecks ABCD. A'B'C'D' ist eine maßstäbliche Vergrößerung von ABCD, falls die Quotienten $\dfrac{\overline{A'B'}}{\overline{AB}}$ und $\dfrac{\overline{B'C'}}{\overline{BC}}$ übereinstimmen.

Information

(1) Verhältnisse zweier Längen

In Aufgabe 1 haben wir zur Bestimmung des Vergrößerungs- bzw. Verkleinerungsfaktors Längen verglichen und dabei den Quotienten der Längen gebildet.

> Beim Vergleich zweier Längen a und b bezeichnet man den Bruch $\frac{a}{b}$ bzw. den Quotienten a : b auch als **Längenverhältnis** oder kurz als **Verhältnis**.
> Den Bruch $\frac{a}{b}$ bzw. den Quotienten a : b liest man dann: *a (verhält sich) zu b.*
>
> *Beispiel:*
> $\overline{AB}$ = 0,9 cm und $\overline{CD}$ = 1,5 cm. Dann gilt:
>
> $\frac{\overline{AB}}{\overline{CD}} = \frac{0,9 \text{ cm}}{1,5 \text{ cm}} = \frac{9}{15} = \frac{3}{5} = 0,6$ bzw. anders geschrieben:
>
> $\overline{AB} : \overline{CD}$ = 0,9 : 1,5 = 9 : 15 = 3 : 5 = 0,6
>
> Das bedeutet auch: Die Strecke $\overline{AB}$ ist 0,6-mal so lang wie die Strecke $\overline{CD}$.
> Eine Gleichung wie a : b = 3 : 5 (*Verhältnisgleichung* oder *Proportion* genannt) liest man auch: *a (verhält sich) zu b wie 3 zu 5.*
>
> *Beachte:* Das Verhältnis zweier Längen ist eine Zahl.

Proportion ⟨lat.⟩
entsprechendes
Verhältnis

(2) Ähnliche Vielecke – Längenverhältnis entsprechender Seiten

Die Einstiegsaufgabe zeigt uns, dass beim Vergrößern mit demselben Faktor k das Längenverhältnis entsprechender Seiten erhalten bleibt. Dies macht noch einmal das folgende Beispiel deutlich:

Das Rechteck A'B'C'D' ist das mit dem Faktor k vergrößerte Bild des Rechtecks ABCD, also:

$k = \frac{\overline{A'B'}}{\overline{AB}} = \frac{\overline{B'C'}}{\overline{BC}}$

d.h., die Längenverhältnisse entsprechender Seiten stimmen überein.
Entsprechendes gilt auch für das maßstäbliche Verkleinern.
Beim maßstäblichen Vergrößern bzw. Verkleinern wird die Größe von Winkeln *nicht* verändert (siehe dazu auch das Beispiel in der Information auf Seite 122).

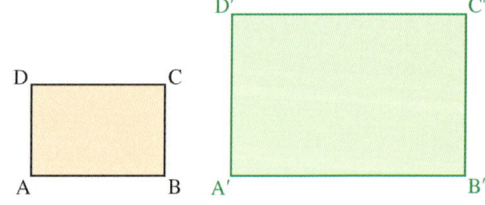

> Originalfigur und maßstäbliche Vergrößerung bzw. Verkleinerung heißen **ähnlich zueinander**.
> Den Vergrößerungs- bzw. Verkleinerungsfaktor nennt man auch einheitlich **Ähnlichkeitsfaktor**.
> Zwei Vielecke F und G sind genau dann ähnlich zueinander, wenn
> (1) die Längenverhältnisse einander entsprechender Seiten der Vielecke übereinstimmen und
> (2) entsprechende Winkel gleich groß sind.
> Das gemeinsame Längenverhältnis ist der Ähnlichkeitsfaktor k.
>
> $\frac{r}{a} = \frac{s}{b} = \frac{t}{c} = \frac{u}{d} = k$
>
> bzw. r : a = s : b = t : c = u : d = k

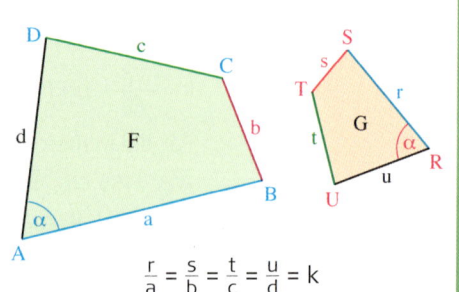

Ähnlichkeit

KAPITEL 4

Zum Festigen und Weiterarbeiten

2. a) Zeichne auf zwei verschiedene Weisen zwei Streckenpaare $\overline{AB}$ und $\overline{CD}$ mit dem Längenverhältnis:

(1) $\dfrac{\overline{AB}}{\overline{CD}} = \dfrac{3}{2}$ (2) $\dfrac{\overline{AB}}{\overline{CD}} = 2$ (3) $\dfrac{\overline{AB}}{\overline{CD}} = 0{,}4$ (4) $\dfrac{\overline{AB}}{\overline{CD}} = 1{,}2$

b) Das Verhältnis $\overline{PQ} : \overline{RS}$ beträgt 3 : 4 [4 : 3]. Bestimme die fehlende Länge.

(1) $\overline{RS} = 120$ cm (2) $\overline{RS} = 72$ mm (3) $\overline{PQ} = 84$ mm (4) $\overline{PQ} = 48$ mm

3. Die Rechtecke ABCD und A′B′C′D′ sollen ähnlich zueinander sein. Es gilt dann nach der Information auf Seite 124:

$\dfrac{\overline{A'B'}}{\overline{AB}} = \dfrac{\overline{B'C'}}{\overline{BC}}$

Zeige durch Umformen:

Das Verhältnis der Seitenlängen $\overline{A'B'}$ und $\overline{B'C'}$ des Rechtecks A′B′C′D′ stimmt mit dem Verhältnis der Seitenlängen $\overline{AB}$ und $\overline{BC}$ des Rechtecks ABCD überein, also:

$\dfrac{\overline{A'B'}}{\overline{B'C'}} = \dfrac{\overline{AB}}{\overline{BC}}$

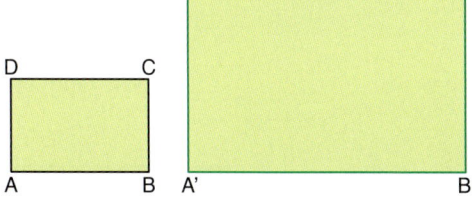

Längenverhältnisse zweier Seiten derselben Figur bei zueinander ähnlichen Vielecken

Zwei Vielecke F und G sind genau dann zueinander ähnlich, wenn

(1) das Längenverhältnis je zweier Seiten des Vielecks F und das Längenverhältnis der entsprechenden Seiten des Vielecks G übereinstimmen sowie

(2) entsprechende Winkel gleich groß sind.

z. B.: $\dfrac{b}{a} = \dfrac{s}{r}$; $\dfrac{a}{c} = \dfrac{r}{t}$; $\dfrac{c}{b} = \dfrac{t}{s}$; $\alpha = \alpha'$

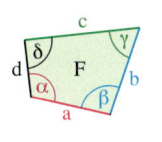
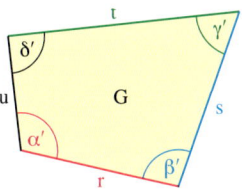

4. *Prüfen auf Ähnlichkeit*

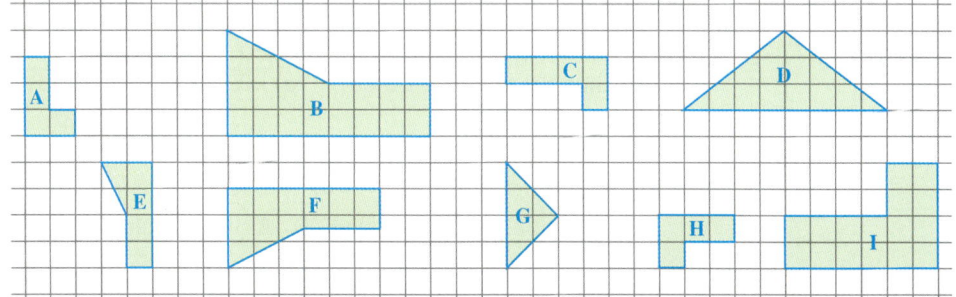

a) Übertrage die Figuren ins Heft. Welche Punkte, welche Winkel und welche Strecken entsprechen einander? Markiere farbig im Heft.
Welche der Figuren sind jeweils ähnlich zueinander? Beschreibe dein Vorgehen.

b) Betrachte jeweils zwei zueinander ähnliche Figuren aus Teilaufgabe a).
Mit welchem Faktor muss man die Länge einer Seite der kleineren [größeren] Figur multiplizieren, um die Länge der entsprechenden Seite der anderen Figur zu erhalten?

5. Auf dem Foto links siehst du eine Mutter mit ihrer Tochter.
Man sagt im Alltag: Beide sehen sich ähnlich.
Vergleiche diesen Begriff „ähnlich" mit dem aus der Mathematik.

6. Begründe: Wenn zwei Vielecke kongruent zueinander sind, dann sind sie auch ähnlich zueinander. Wie lautet in diesem Fall der Ähnlichkeitsfaktor?

7. Der **Maßstab** bei einer Zeichnung oder Landkarte im Atlas gibt das Längenverhältnis einer Strecke in der Zeichnung zu der Strecke in der Wirklichkeit an.
   a) Auf einer Landkarte mit dem Maßstab 1 : 25000 ist der Wanderweg zwischen zwei Burgen 32 cm lang. Wie lang ist der Wanderweg in der Wirklichkeit?
   b) Auf einer Hinweistafel wird ein Rundwanderweg mit 12,5 km angegeben. Wie lang ist er auf der Wanderkarte mit dem Maßstab 1 : 50000?

Information

> Der Ähnlichkeitsfaktor k ist das Verhältnis aus der Länge einer Strecke des verkleinerten bzw. vergrößerten Bildes und der Länge der zugehörigen Originalstrecke.
> Man nennt den Ähnlichkeitsfaktor auch **Ähnlichkeitsmaßstab** (kurz **Maßstab**) und schreibt ihn häufig in der Form 1 : x bzw. x : 1.
> *Beispiele:* $k = \frac{2}{10} = 1 : 5 \qquad k = 3 = 3 : 1$

Übungen

8. Entnimm der Zeichnung das Verhältnis $\frac{\overline{PQ}}{\overline{UV}}$ ohne zu messen. Kürze so weit wie möglich.

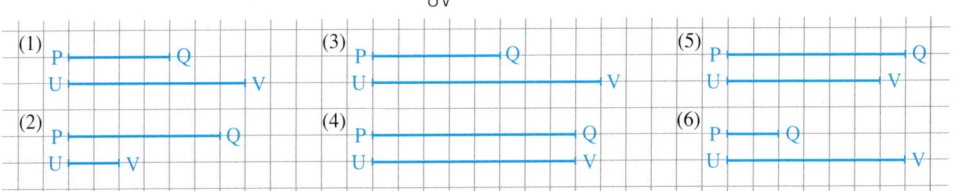

9. Berechne die Längenverhältnisse $\frac{a}{b}$ und $\frac{b}{a}$. Kürze so weit wie möglich.
   a) a = 72 cm   **b)** a = 30 m   **c)** a = 6 cm   **d)** a = 36 mm   **e)** a = 240 dm
   b = 90 cm   b = 75 m   b = 2,9 cm   b = 4 cm   b = 1,5 m

10. Das Längenverhältnis $\overline{UV} : \overline{XY}$ beträgt 2 : 3 [3 : 2].
   Berechne die fehlende Länge: **a)** $\overline{XY}$ = 18 cm   **b)** $\overline{UV}$ = 42 cm

11. Zeichne zwei Strecken $\overline{AB}$ und $\overline{CD}$ mit dem Längenverhältnis:
   a) $\overline{AB} : \overline{CD} = 3 : 4$ **b)** $\overline{AB} : \overline{CD} = 3 : 2$ **c)** $\overline{AB} : \overline{CD} = 2 : 5$
   Schreibe $\overline{AB}$ als Vielfaches von $\overline{CD}$, ebenso $\overline{CD}$ als Vielfaches von $\overline{AB}$.

12. Bestimme das Verhältnis der Streckenlängen $\overline{AB}$ zu $\overline{CD}$.
   a) $\overline{AB} = \frac{5}{2} \cdot \overline{CD}$ **b)** $2 \cdot \overline{CD} = 5 \cdot \overline{AB}$ **c)** $\overline{AB} = \overline{CD}$ **d)** $10 \cdot \overline{AB} = 7 \cdot \overline{CD}$

13. Das Längenverhältnis $\overline{UV} : \overline{XY}$ zweier Strecken beträgt:
   (1) 4 : 5   (2) 1 : 3   (3) 3 : 1   (4) 1 : 0,5   (5) 2,5 : 3
   Berechne die fehlende Länge.
   a) $\overline{UV}$ = 1,2 m   **b)** $\overline{XY}$ = 16 cm   **c)** $\overline{UV}$ = 36 m   **d)** $\overline{XY}$ = 15 cm

Ähnlichkeit

14. **a)** Gib fünf selbstgewählte Streckenpaare an, die im Längenverhältnis 4 : 5 stehen.

b) Was besagt die Verhältnisangabe 1 : 1?

15. Für ein Rechteck ABCD mit den Seitenlängen a und b gilt: $a = 6$ cm und $\frac{b}{a} = \frac{2}{3}$.
Zeichne das Rechteck.

16. Rechts siehst du eine maßstabsgerechte Zeichnung eines 2 m × 3 m großen Teppichs für ein Jugendzimmer. Tim hat den Maßstab mit 1 : 1 000 angegeben.
Was meinst du dazu?

17. Prüfe, ob die beiden Vielecke ähnlich zueinander sind.
Gib gegebenenfalls den Maßstab an.

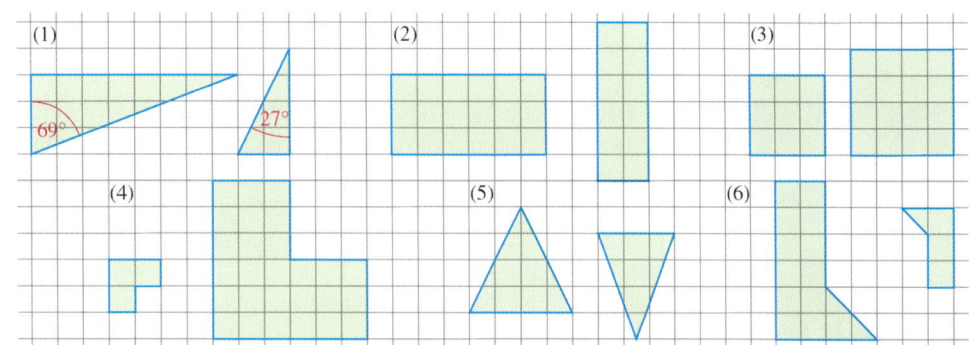

18. Gegeben ist ein Rechteck mit den Seitenlängen 4 cm und 6 cm.
Zeichne ein dazu ähnliches Rechteck, dessen eine Seitenlänge

a) 12 cm, **b)** 2 cm, **c)** 5 cm, **d)** 3,6 cm beträgt.

19. Digitalfotos können folgende Auflösungen haben:

160 × 120 Pixel	1 360 × 1 020 Pixel	2 112 × 1 584 Pixel
320 × 240 Pixel	1 783 × 1 314 Pixel	2 670 × 2 346 Pixel
640 × 480 Pixel	2 048 × 1 536 Pixel	4 082 × 2 718 Pixel

a) Welche dieser Auflösungen können verlustfrei auf Fotopapier mit dem Format 10 cm × 15 cm gedruckt werden?

b) Wie viele verschiedene Längenverhältnisse kannst du feststellen?

c) Welche Formate könnten Fotopapiere entsprechender Größe wie die in Teilaufgabe a) haben, die für die anderen Längenverhältnisse geeignet sind?

d) Berechne die Gesamtzahl der Bildpunkte der einzelnen Digitalfotos.
Überlege: Was bedeutet 160 × 120 Pixel?

e) Untersuche die linke Spalte bezüglich folgender Fragen:
• Mit welchem Faktor verändern sich die Pixelzahlen von Auflösung zu Auflösung?
• Mit welchem Faktor verändern sich die Gesamtzahlen der Bildpunkte von Auflösung zu Auflösung?
Begründe jeweils deine Antworten.

20. Zeichne (1) zwei Parallelogramme, (2) zwei Rhomben (Rauten), die nicht zueinander ähnlich sind. Begründe.

21. ABC und A'B'C' sind zwei zueinander ähnliche Dreiecke. Bestimme die fehlenden Seitenlängen.

a) a = 3 cm
b = 4 cm
c = 6 cm
a' = 9 cm

b) a = 4 cm
b = 6 cm
c = 8 cm
c' = 2 cm

c) a = 5,0 cm
b = 7,0 cm
c = 9,0 cm
a' = 7,5 cm

d) a = 6,0 cm
a' = 4,5 cm
b' = 6,0 cm
c' = 9,0 cm

22. Fenja hat eine Aufgabe zu zwei zueinander ähnlichen Dreiecken ABC und DEF bearbeitet. Kontrolliere.

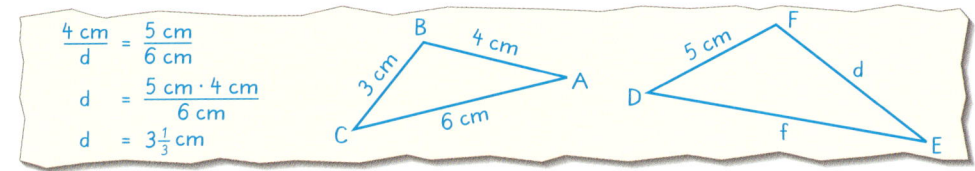

$$\frac{4\ cm}{d} = \frac{5\ cm}{6\ cm}$$

$$d = \frac{5\ cm \cdot 4\ cm}{6\ cm}$$

$$d = 3\frac{1}{3}\ cm$$

23. Der Erfurter Dom ist 80,7 m hoch, der Kölner Dom 157 m, der Eiffelturm in Paris 320 m. Welchen Maßstab musst du jeweils mindestens wählen, damit du diese Gebäude in dein Heft zeichnen kannst?

24. a) Auf einer Wanderkarte mit dem Maßstab 1 : 35000 beträgt die Entfernung zweier Aussichtspunkte 6 cm.
Wie groß ist die wirkliche Entfernung (Luftlinie)?

b) Auf einer Landkarte beträgt die Entfernung zweier Orte 5 cm; in der Wirklichkeit liegen sie 12,5 km voneinander entfernt.
Welchen Maßstab hat die Karte?

25. Der Kartenausschnitt ist im Maßstab 1 : 3 000 000 gezeichnet. Gib die Luftlinienentfernung der beiden Orte an.

a) Eisenach – Gera
b) Eisenach – Suhl
c) Erfurt – Jena
d) Nordhausen – Gotha
e) Meiningen – Mühlhausen

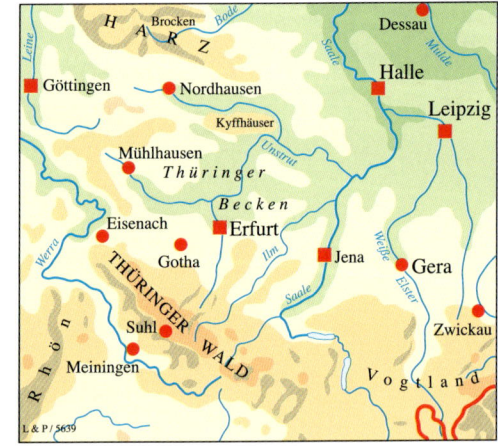

26. a) Ein rechteckiges Grundstück ist 23,90 m breit und 29,60 m lang. Zeichne das Grundstück im Maßstab 1 : 300.

b) Ein Verkehrskreisel hat den Durchmesser d = 53 m. Die Straße ist 12 m breit. Zeichne den Verkehrskreisel im Maßstab 1 : 2000.

27. a) Messt euren Schulhof aus und zeichnet den Grundriss des Schulhofs. Wählt einen geeigneten Maßstab.
Präsentiert euer Ergebnis.

b) *Erkundigt euch:* In welchen Berufen verwendet man maßstäbliche Vergrößerungen oder Verkleinerungen?
Berichtet darüber in einem kleinen Vortrag.

Ähnlichkeit

28.

Spur	Maßstab
H0	1 : 87
N	1 : 160
Z	1 : 220

a) Das Modell eines ICE-Wagens für die Spur H0 hat eine Länge von 285 mm. Wie lang ist der Wagen in der Wirklichkeit?

b) Berechne die Länge des ICE-Wagens für die Spur N [für die Spur Z].

c) Der Raddurchmesser eines ICE-Wagens für die Spur H0 beträgt 11 mm. Wie groß ist der Durchmesser eines Rades in der Wirklichkeit?

d) Das Modell des Endwagens eines ICE 3 hat bei der Spur H0 die Länge 295 mm. Berechne die Länge eines entsprechenden Endwagens bei der Spur N [Spur Z].

Flächeninhalt bei zueinander ähnlichen Vielecken

Einstieg

Im Juli 2003 kostete 1 t Rohkaffee 1 250 US-Dollar, im Juli 2005 doppelt so viel.
Ein Grafiker hat diese Preisentwicklung durch nebenstehende Grafik veranschaulicht.

→ Beurteilt die Darstellung. Was meint ihr dazu?

Aufgabe

1.

a) Von einem digitalen Bild soll ein Poster hergestellt werden. Ein Fotolabor hat nebenstehendes Angebot. Bei dem größeren Poster benötigt man mehr Material.
Ist der Preis für das größere Poster gegenüber dem kleineren Poster durch den erhöhten Materialverbrauch gerechtfertigt?

b) Gegeben ist ein Rechteck ABCD mit den Seitenlängen a und b. Das Rechteck A'B'C'D' entsteht aus ABCD durch maßstäbliches Vergrößern bzw. Verkleinern mit dem Faktor k.
Welche Beziehung besteht zwischen dem Flächeninhalt des Rechtecks ABCD und dem Flächeninhalt des Rechtecks A'B'C'D'?

Lösung

a) Länge und Breite des größeren Posters sind jeweils doppelt so groß wie beim kleineren. Wir vergleichen zunächst den Materialverbrauch für das Fotopapier.
Das 20 cm × 30 cm große Poster ist 600 cm² groß, das 40 cm × 60 cm große Poster 2 400 cm², d. h. der Materialverbrauch beim größeren Poster ist viermal so groß.
Wir vergleichen nun die Preise der beiden Poster:
Der Preis für das größere Poster ist aber etwa sechsmal so hoch, genauer: etwa 5,9-mal so hoch.

Ergebnis: Berücksichtigt man nur den Materialverbrauch, so ist der Preis für das größere Poster eher zu hoch.

b) Das Rechteck ABCD besitzt den Flächeninhalt $A_R = a \cdot b$. Es gilt:
$a' = k \cdot a$ und $b' = k \cdot b$

Für den Flächeninhalt des Bildrechtecks A'B'C'D' gilt dann:
$A_{R'} = a' \cdot b'$
$A_{R'} = k \cdot a \cdot k \cdot b$
$A_{R'} = k^2 \cdot a \cdot b$
$A_{R'} = k^2 \cdot A_R$

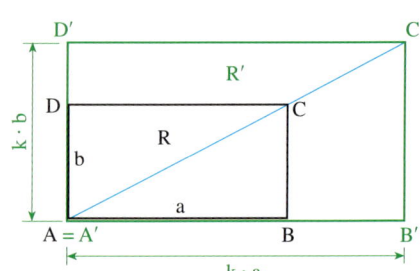

Ergebnis: Der Flächeninhalt des Rechtecks A'B'C'D' ist k^2-mal so groß wie der Flächeninhalt des Rechtecks ABCD.

Zum Festigen und Weiterarbeiten

2. a) Vergleiche in Aufgabe 1a), Seite 129, die Länge des Rahmens (Umfang) für das größere Poster mit der Länge des Rahmens für das kleinere Poster.

b) Begründe: Wird ein Rechteck ABCD mit dem Ähnlichkeitsfaktor k vergrößert oder verkleinert, so ist der Umfang des Rechtecks A'B'C'D' k-mal so groß wie der Umfang des Rechtecks ABCD.

3. Das Dreieck A'B'C' soll zum rechtwinkligen Dreieck ABC ähnlich sein. Der Ähnlichkeitsfaktor soll k sein.

a) Begründe: Der Flächeninhalt des Dreiecks A'B'C' ist k^2-mal so groß wie der des gegebenen rechtwinkligen Dreiecks ABC.

b) Leite einen entsprechenden Satz über den Umfang beider Dreiecke her.

△ **4.** Jedes Vieleck kann man in rechtwinklige Teildreiecke zerlegen. Was kann man daraus über den Flächeninhalt des Bildvielecks eines beliebigen Vielecks bei einer maßstäblichen Vergrößerung bzw. Verkleinerung folgern?

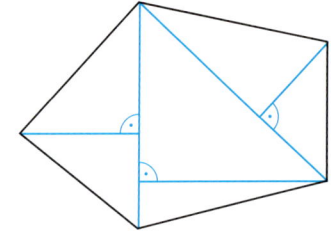

Information

Ist das Vieleck F ähnlich zum Vieleck G und entsteht G aus F durch Vergrößern oder Verkleinern mit dem Ähnlichkeitsfaktor k, so ist der Flächeninhalt A_G des Vielecks G genau k^2-mal so groß wie der Flächeninhalt A_F des Vielecks F: $A_G = k^2 \cdot A_F$

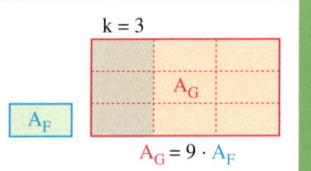

Längenverhältnis k, Flächeninhaltsverhältnis k^2

Ähnlichkeit

Übungen

5. Ein Fotogeschäft bietet nebenstehende Vergrößerungen von einem digitalen Bild zu den angegebenen Preisen an. Vergleiche die Aktionspreise.

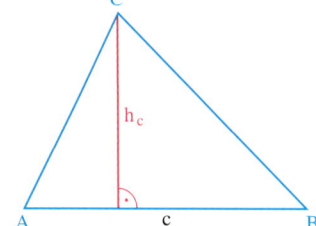

6. Das Rechteck ABCD besitzt die Seitenlängen a = 6,6 cm und b = 3,9 cm. Ein dazu ähnliches Rechteck A'B'C'D' entsteht aus ABCD mit dem Ähnlichkeitsfaktor
  a) k = 4; b) k = $\frac{1}{2}$; c) k = $\frac{2}{3}$; d) k = $\frac{3}{2}$.
  Berechne auf zweierlei Weise
  (1) den Flächeninhalt, (2) den Umfang des Rechtecks A'B'C'D'.

7. In einem Dreieck ABC ist c = 6 cm und die zu $\overline{AB}$ gehörende Höhe h_c = 4 cm. Das dazu ähnliche Dreieck A'B'C' entsteht aus ABC durch den Ähnlichkeitsfaktor k. Berechne auf zweierlei Weise den Flächeninhalt des Dreiecks A'B'C'.
  a) k = 2 b) k = $\frac{1}{2}$ c) k = $\frac{3}{4}$ d) k = $\frac{5}{2}$

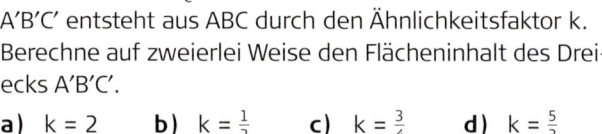

8. Das rechtwinklige Dreieck ABC mit γ = 90° besitzt folgende Seitenlängen: a = 4,5 cm, b = 6 cm.
Von einem ähnlichen Dreieck A'B'C' kennt man a' = 3,6 cm.
Berechne auf zweierlei Weise den Flächeninhalt des Dreiecks A'B'C'.

9. Ein Viereck ABCD hat den Flächeninhalt 60 cm². Berechne den Flächeninhalt eines dazu ähnlichen Vierecks A'B'C'D' mit dem Ähnlichkeitsfaktor k.
  a) k = 3 b) k = $\frac{5}{2}$ c) k = $\frac{9}{4}$ d) k = 0,5

10. Ein Quadrat ABCD besitzt den Flächeninhalt 144 cm². Ein dazu ähnliches Quadrat hat den angegebenen Flächeninhalt. Berechne den Ähnlichkeitsfaktor.
  a) 81 cm² b) 64 cm² c) 36 cm² d) 576 cm² e) 289 cm² f) 49 cm²

11. Die Quadrate ABCD und A'B'C'D' sind ähnlich zueinander; der Ähnlichkeitsfaktor beträgt k = 2. Das Quadrat A'B'C'D' besitzt den Flächeninhalt 484 cm².
Welche Seitenlänge besitzt das Quadrat ABCD?

12. a) Stadtpläne sind in „Planquadrate" eingeteilt (Gitternetz). Ein Stadtplan von Jena ist im Maßstab 1 : 19 000 gezeichnet. Auf dem Plan beträgt die Seitenlänge eines solchen Quadrates 4,1 cm.
Wie groß ist die Seitenlänge des Planquadrates in der Wirklichkeit?
  b) Nimm einen Plan deiner Heimatgemeinde oder deiner Heimatstadt. Wie groß ist ein Planquadrat?

13. a) Die Seitenlängen eines Rechtecks werden um 20% verlängert.
Um wie viel Prozent vergrößert sich sein Flächeninhalt?
  b) Der Flächeninhalt eines Rechtecks soll (1) verdoppelt, (2) halbiert werden.
Welcher Ähnlichkeitsfaktor ist zu wählen?

14. Papierformate sind genormt. Bei den Schulheften kennst du die Formate DIN-A4 (großes Schulheft), DIN-A5 (kleines Schulheft) und DIN-A6 (Vokabelheft).
Für die DIN-A-Formate gelten folgende Bedingungen:
(1) Die Rechtecke sind ähnlich zueinander.
(2) Durch Halbieren der längeren Seite eines Rechtecks erhält man das nächstkleinere DIN-A-Format, z. B. aus DIN-A4 entsteht DIN-A5.
(3) Ein Rechteck des Formats DIN-A0 ist 1 m² groß.

a) In der Tabelle unten fehlen einige Werte. Versuche, sie wieder herzustellen.
Notiere im Heft: DIN-A1: ... mm × 594 mm; DIN-A3: 420 mm × ... mm usw.

DIN-A-Reihe			
Name	**Bezeichnung**	**Format**	**Fläche [m²]**
DIN-A0	Vierfachbogen	1 189 × 841 mm	1,000
DIN-A1	Doppelbogen	▉ × 594 mm	0,500
DIN-A2	Bogen	594 × 420 mm	0,250
DIN-A3	Halbbogen	420 × ▉ mm	0,125
DIN-A4	Viertelbogen/Brief	297 × 210 mm	0,063
DIN-A5	Achtelbogen/Blatt	210 × 148 mm	0,032
DIN-A6	Halbblatt/Postkarte	148 × ▉ mm	0,016
DIN-A7	Viertelblatt	105 × 74 mm	0,008
DIN-A8	Achtelblatt	74 × 52 mm	0,004
DIN-A9		▉ × 52 mm	0,002
DIN-A10		26 × 37 mm	0,001

b) Beschreibe dein Vorgehen.

15. Mit einem Fotokopiergerät kann man von Bildvorlagen verschiedene Vergrößerungen und Verkleinerungen herstellen. Dazu gibt man den gewünschten Vergrößerungs- bzw. Verkleinerungsfaktor k für die Seitenlängen auf dem Tastenfeld in Prozent ein.
Ein Quadrat mit der Seitenlänge a = 8 cm wird mit dem Faktor 141 % [64 %; 71 %; 200 %] kopiert.

a) Berechne die neue Seitenlänge des Quadrates.

b) Um welchen Faktor wird der Flächeninhalt des Quadrates vergrößert bzw. verkleinert?

c) Eine DIN-A4-Vorlage soll im DIN-A5-Format erscheinen.
Welcher Faktor (in %) ist zu wählen?

Ähnlichkeit

KAPITEL 4 — 133

IM BLICKPUNKT:
VOLUMEN BEI ZUEINANDER ÄHNLICHEN KÖRPERN

Nicht nur ebene Figuren, sondern auch Körper kann man maßstäblich vergrößern oder verkleinern. Wir wollen untersuchen, wie sich hierdurch Volumen und Oberflächeninhalt eines Quaders verändern.

1. a) Zeichne das Schrägbild eines Würfels und bestimme das Volumen.
   b) Verdopple nun die Kantenlängen des Würfels. Zeichne das Schrägbild. Wievielmal lässt sich der Ausgangswürfel in den vergrößerten Würfel zeichnen?
   c) Vergleiche das Volumen des Würfels, den du in Teilaufgabe a) dargestellt hast, mit dem Volumen in der Teilaufgabe b).

2. Max: „Wenn ich die Kantenlängen eines Würfels verdreifache, dann verdreifacht sich auch das Volumen des Quaders".
   Lena: „Das stimmt nicht! Das Volumen wird neunmal so groß."
   Nimm Stellung und begründe deine Antwort.

3. a) Wie ändert sich das Volumen eines Quaders beim maßstäblichen Vergrößern und Verkleinern mit dem Ähnlichkeitsfaktor k? Stelle eine Formel auf.
   b) Untersuche nun, wie sich der Oberflächeninhalt des Quaders durch maßstäbliches Vergrößern oder Verkleinern verändert.

Information

(1) Zueinander ähnliche Körper

Wie auch bei ebenen Figuren gilt für Körper allgemein:

> Zwei Körper K und K' sind genau dann ähnlich zueinander, wenn
> (1) einander entsprechende Winkel von K und K' gleich groß sind und
> (2) das Längenverhältnis entsprechender Kanten von K und K' gleich ist.
>
> Das Verhältnis heißt auch hier **Ähnlichkeitsfaktor**.
> Es gilt: Entsprechende Flächen am Körper sind zueinander ähnlich.

(2) Volumen zueinander ähnlicher Körper

> Wenn zwei Körper K und K' ähnlich zueinander mit dem Ähnlichkeitsfaktor k sind, dann gilt:
> Der Körper K' hat das k^3-fache Volumen des Körpers K:
>
> $V_{K'} = k^3 \cdot V_K$
>
> Längenverhältnis k jedoch Volumenverhältnis k^3

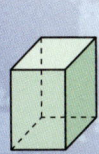
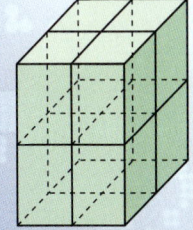

4.

a) Die Baufirma *Haus hoch* hat im Jahre 2011 den Bau von Häusern im Bungalowstil gegenüber dem Vorjahr verdoppelt. In der Zeitung einer Bausparkasse wird der Zuwachs wie im Bild links dargestellt.
Wird die Verdopplung der gebauten Häuser in der Abbildung richtig dargestellt?

b) Eine andere Baufirma erzielt beim Bau von Häusern eine Steigerung von 64%. Erstellt eine Werbeprospektseite, die die Steigerung richtig wiedergibt.

c) Sucht nach grafischen Darstellungen in Zeitungen oder Prospekten, in denen Größenverhältnisse durch ähnliche Körper dargestellt werden.
Überprüft, ob die Größenverhältnisse „richtig" sind.

5. Ein Tetrapack der Firma *Glückskuh* fasst 1 Liter Milch. Das Unternehmen möchte eine Kleinpackung auf den Markt bringen. Die Kleinpackung soll 0,5 Liter Milch fassen und dem Literpack ähnlich sehen.
Wie könnten die Abmessungen von Literpack und Kleinpackung gewählt werden?
Diskutiert in der Gruppe über sinnvolle Maße.

6. Welche der Körper sind zueinander ähnlich? (Für jedes Schrägbild gilt: $q = \frac{1}{2}$.)

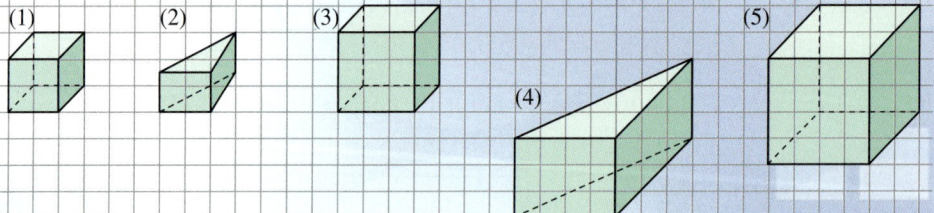

7. Entscheide, ob die Aussage wahr oder falsch ist.
(1) Alle Würfel sind ähnlich zueinander. (2) Alle Quader sind ähnlich zueinander.

8. Aus dem Prisma P (Grundfläche: gleichseitiges Dreieck mit a = 3 cm, h_a = 2,6 cm; Körperhöhe: h = 5 cm) erhält man
(1) durch maßstäbliches Vergrößern mit dem Ähnlichkeitsfaktor $k_1 = 3$;
(2) durch maßstäbliches Verkleinern mit dem Ähnlichkeitsfaktor $k_2 = \frac{1}{2}$
die Prismen P' und P".
Berechne das Volumen der beiden Prismen.

Ähnlichkeit KAPITEL 4 135

HAUPTÄHNLICHKEITSSATZ FÜR DREIECKE – KONSTRUIEREN UND BEGRÜNDEN

Hauptähnlichkeitssatz für Dreiecke

Einstieg

Will man die Ähnlichkeit zweier Dreiecke ABC und A'B'C' nachweisen, so muss man 2 Bedingungen nachprüfen (s. S. 124):

(1) Die Längenverhältnisse einander entsprechender Seiten sind gleich: $\frac{\overline{A'B'}}{\overline{AB}} = \frac{\overline{A'C'}}{\overline{AB}} = \frac{\overline{B'C'}}{\overline{BC}}$

(2) Entsprechende Winkel sind gleich groß:
α = α', β = β' und γ = γ'

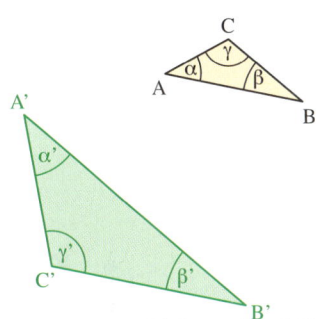

Wir wollen nun untersuchen, ob man mit weniger Bedingungen auskommt.

→ Arbeitet in Gruppen. Jede Gruppe wählt sich zwei Winkel, deren Summe kleiner als 180° ist. Jeder in der Gruppe zeichnet ein Dreieck mit diesen zwei Winkeln. Prüft, ob eure Dreiecke schon ähnlich zueinander sind.

Information

Hauptähnlichkeitssatz für Dreiecke

Zwei Dreiecke sind schon ähnlich zueinander, wenn sie paarweise in zwei entsprechenden Winkeln übereinstimmen.
Sie stimmen dann auch paarweise in den Längenverhältnissen entsprechender Seiten überein.

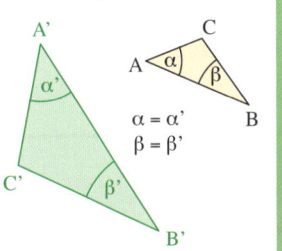

Übungen

1. Gegeben sind zwei Dreiecke ABC und A'B'C'.
   Entscheide aufgrund der angegebenen Winkelgrößen, ob die Dreiecke zueinander ähnlich sind. Falls das zutrifft, stelle Gleichungen für die Längenverhältnisse entsprechender Seiten auf.

   a) α = 8°; β = 35°; α' = 48°; γ' = 97°
   b) α = 37°; β = 110°; α' = 110°; β' = 33°
   c) α = 65°; γ = 39°; β' = 41°; γ' = 74°
   d) α = 19°; β = 107°; β' = 54°; γ' = 107°
   e) α = 91°; γ = 35°; α' = 91°; β' = 46°
   f) β = 103°; γ = 29°; α' = 29°; γ' = 48°

2. Ein 1,80 m großer Mann wirft einen 1,35 m langen Schatten.
   Zu gleicher Zeit wirft ein Baum einen 12,60 m langen Schatten.
   Wie hoch ist der Baum?

△ **3.** Untersuche jeweils, ob die Dreiecke ABC und A'B'C' ähnlich zueinander sind.
(1) Gegeben sind zwei Dreiecke ABC und A'B'C', welche in den Längenverhältnissen je zweier Seiten übereinstimmen (z. B. a = 3 cm, b = 5 cm, c = 6 cm und a' = 6 cm, b' = 10 cm, c' = 12 cm).
(2) Gegeben sind zwei Dreiecke ABC und A'B'C', welche in dem Längenverhältnis von zwei Seiten und der Größe des eingeschlossenen Winkels übereinstimmen (z. B. b = 4 cm, α = 55°, c = 6 cm und b' = 2 cm, α' = 55°, c' = 3 cm).
(3) Gegeben sind zwei Dreiecke ABC und A'B'C', welche in dem Längenverhältnis von zwei Seiten und der Größe des der längeren Seite gegenüberliegenden Winkels übereinstimmen (z. B. a = 5 cm, b = 3 cm, α = 75° und a' = 4 cm, b' = 2,4 cm, α' = 75°).

Konstruieren mithilfe des Hauptähnlichkeitssatzes

Einstieg

→ Konstruiere, ohne zu rechnen, ein Dreieck ABC aus α = 75°, β = 37° und h_c = 4,3 cm. Beschreibe dein Vorgehen.

Aufgabe

1. Konstruiere ein Dreieck ABC aus α = 100°, c = 4,6 cm und c : a = 2 : 3.

Planfigur:

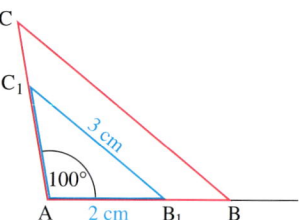

Lösung

Vorüberlegung:
Wir konstruieren zunächst ein Dreieck AB_1C_1 aus α = 100°, c_1 = 2 cm, a_1 = 3 cm (Kongruenzsatz Ssw).
Für dieses Dreieck AB_1C_1 gilt: $c_1 : a_1$ = 2 : 3.
Wir konstruieren dann ein zu AB_1C_1 ähnliches Dreieck ABC mit c = 4,6 cm.

Konstruktionsbeschreibung:
(1) Wir konstruieren ein Dreieck AB_1C_1 aus α = 100°, c = 2 cm, a = 3 cm (Kongruenzsatz Ssw).
(2) Wir verlängern die Strecke $\overline{AB_1}$ über B_1 hinaus bis B, sodass $\overline{AB}$ = 4,6 cm.
(3) Wir zeichnen die Parallele zu B_1C_1 durch B. Sie schneidet den Schenkel $\overline{AC_1}$ von α im Punkt C.

Konstruktion:

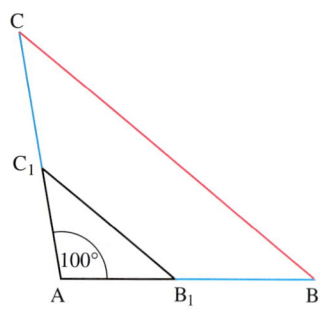

ABC ist das gesuchte Dreieck, denn es gilt:
$\left.\begin{array}{l} \beta = \beta_1 \\ \gamma = \gamma_1 \end{array}\right\}$ Stufenwinkelsatz (an geschnittenen Parallelen)
α = $α_1$ nach Konstruktion.
Nach dem Hauptähnlichkeitssatz ist ABC ~ $A_1B_1C_1$ und somit c : a = 2 : 3.

Übungen

2. Konstruiere, ohne zu rechnen, ein Dreieck ABC. Beschreibe dein Vorgehen.
a) α = 65°; a = 3 cm; b : c = 3 : 2
b) α = 125°; γ = 37°; c = 6,4 cm
c) b : c = 9 : 7; α = 128°; h_b = 3 cm
d) α = 125°; γ = 37°; h_b = 5 cm

3. a) Konstruiere ein rechtwinkliges Dreieck ABC (γ = 90°) mit a : b = 2 : 3; h_c = 2,5 cm.
b) Konstruiere ein gleichschenkliges Dreieck ABC (a = b) aus a : c = 5 : 3; h_c = 3 cm.

Ähnlichkeit

Begründen mithilfe des Hauptähnlichkeitssatzes

Aufgabe

1. Die Diagonalen $\overline{AC}$ und $\overline{BD}$ zerlegen das Trapez ABCD mit AB‖CD in vier Dreiecke.
Begründe: Die Dreiecke ABM und CDM sind ähnlich zueinander.

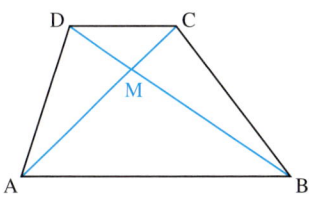

Lösung

Wir wissen (Voraussetzung): ABCD ist ein Trapez mit AB‖CD.
Wir wollen zeigen (Behauptung): △ ABM ~ △ CDM

Zur Begründung ordnen wir die Ecken der Dreiecke ABM und CDM wie rechts angegeben einander zu. Es gilt dann:

△ ABM		△ CDM
A	↔	C
B	↔	D
M	↔	M

(1) ∡AMB = ∡CMD (Scheitelwinkelsatz)
(2) ∡BAM = ∡DCM (Wechselwinkelsatz)

Also stimmen beide Dreiecke paarweise in zwei Winkeln überein. Nach dem Hauptähnlichkeitssatz folgt dann die Ähnlichkeit beider Dreiecke.

Zum Festigen und Weiterarbeiten

2. Die Diagonalen zerlegen ein Parallelogramm ABCD in vier Teildreiecke.
Begründe: Gegenüberliegende Teildreiecke sind kongruent zueinander.

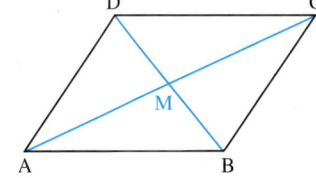

3. Begründe: Wenn zwei rechtwinklige Dreiecke in einem weiteren Winkel übereinstimmen, dann sind sie ähnlich zueinander.

Übungen

4. Begründe die Ähnlichkeit der Dreiecke SAB und SCD (Bild rechts). Mache dann Aussagen über die Längenverhältnisse entsprechender Seiten.

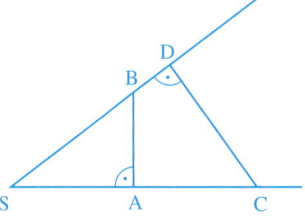

5. Zeichne ein Dreieck ABC und die Mittelpunkte P, Q und R der drei Seiten $\overline{AB}$, $\overline{BC}$ bzw. $\overline{CA}$.
Begründe: Dreieck ABC ist ähnlich zu Dreieck PQR.

6. Begründe:
   a) Alle gleichschenkligen Dreiecke mit gleich großem Winkel an der Spitze sind ähnlich zueinander.
   b) Alle gleichseitigen Dreiecke sind zueinander ähnlich.

7. ABC soll ein rechtwinkliges Dreieck mit γ = 90° sein.
Begründe:
   a) Die Dreiecke ADC und ABC sind ähnlich zueinander.
   b) Die Dreiecke ABC und DBC sind ähnlich zueinander.
   c) Die Dreiecke ADC und DBC sind ähnlich zueinander.

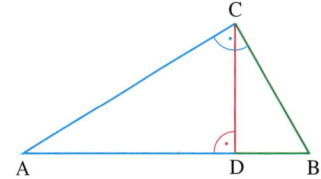

Ähnlichkeit

IM BLICKPUNKT:
ÄHNLICHKEIT – MIT MAUS UND MONITOR

Mit Geometrieprogrammen kannst du auch Figuren vergrößern und verkleinern. Im Unterschied zur Bleistiftzeichnung im Heft kann man Computerfiguren auch *nach* der Konstruktion noch verändern.

1. Vergrößere ein Rechteck (Seitenlängen a = 3 cm und b = 4 cm) mit dem Vergrößerungsfaktor 1,5.
Führe dazu folgende Einzelschritte aus.

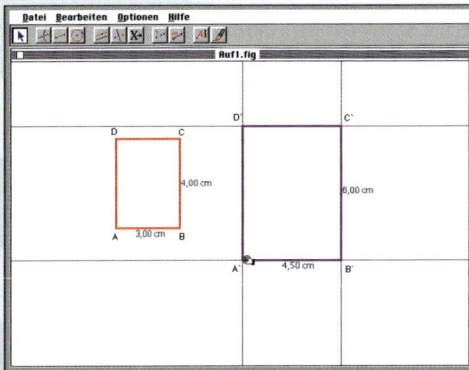

(1) Zeichne das Rechteck mit den angegebenen Seitenlängen.
(2) Zeichne zu jeder Rechteckseite eine Parallele; du erhältst ein neues Rechteck. Benenne dessen Eckpunkte mit A', B', C' und D'.
(3) Verschiebe nun die Punkte A' bis D' so, dass das neu entstandene Rechteck die Seitenlängen a' = 4,5 cm und b' = 6 cm erhält.

Du kannst überprüfen, ob die beiden Rechtecke in Aufgabe 1 ähnlich zueinander sind. Vergleiche dazu die Seitenlängen und Winkelgrößen des roten Rechtecks mit denen des violetten Rechtecks.

2. Zeichne ein Dreieck ABC und vergrößere es mit dem Vergrößerungsfaktor 2.

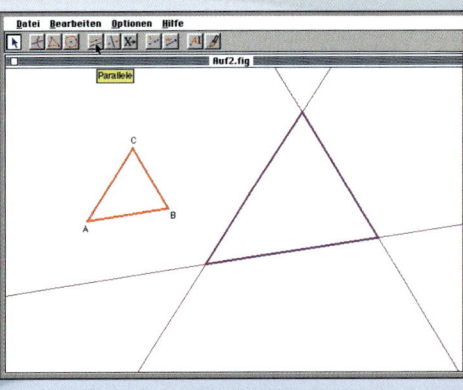

a) Gehe bei der Vergrößerung wie in Aufgabe 1 vor.
Tipp: Zeichne das vergrößerte Dreieck in einer anderen Farbe.

b) Miss die Seitenlängen und die Winkelgrößen des Dreiecks ABC sowie die des Dreiecks A'B'C'. Vergleiche.

c) Wähle einen anderen Vergrößerungs- oder Verkleinerungsfaktor und bearbeite damit nochmals die Teilaufgaben a) und b).

3. Zeichne ein rechtwinkliges Dreieck. Bestimme die Seitenlängen und die Winkelgrößen.

a) Vergrößere die Figur mit dem Vergrößerungsfaktor k = 3.
Wie verändern sich die Winkelgrößen, wie der Umfang und wie der Flächeninhalt? Stelle Vermutungen auf und prüfe sie.

b) Verändere nun die Ausgangsfigur. Überprüfe deine Vermutungen aus Teilaufgabe a).

c) Stimmen deine Vermutungen auch dann noch, wenn du einen anderen Vergrößerungs- oder Verkleinerungsfaktor wählst?
Zeichne.

Ähnlichkeit

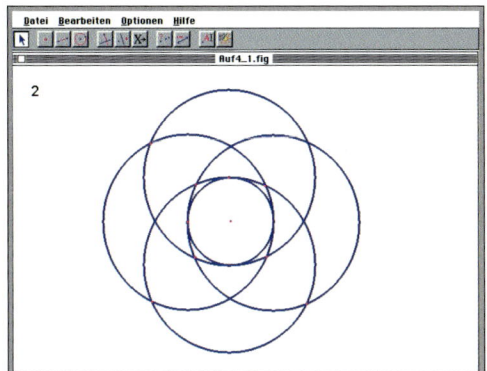 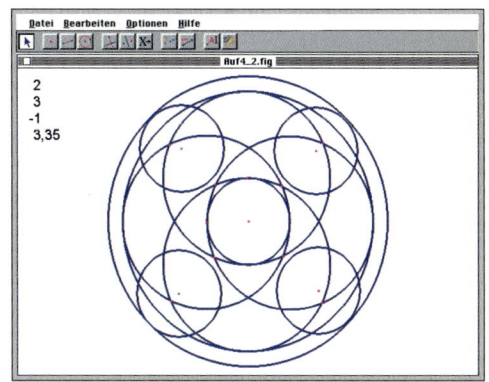

4. Aus einem Kreis kannst du durch maßstäbliches Vergrößern oder Verkleinern ein Kreismuster erzeugen. Die dargestellten Abbildungen zeigen dir Beispiele. Versuche eines der beiden Kreismuster nachzuzeichnen.
Hinweis: Die benutzten Vergrößerungsfaktoren sind bereits in der Zeichnung angegeben.

5. Zeichne ein Dreieck ABC mit den Seitenlängen a = 3 cm, b = 4 cm und c = 5 cm. Vergrößere nun das Dreieck mit einem geeigneten Faktor k, sodass der Umfang des entstandenen Dreiecks A'B'C' 30 cm beträgt.
Wie groß muss k gewählt werden?

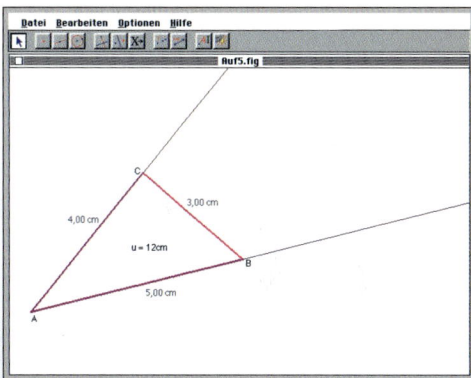

6. a) Teile eine 10 cm lange Strecke in drei gleich große Strecken. Führe dazu die folgenden Schritte aus:
- Zeichne die 10 cm lange Strecke und parallel dazu eine Strecke, die leicht in 3 gleich große Abschnitte unterteilt werden kann.
  Dies zeigt die Abbildung rechts.
- Führe nun eine Vergrößerung dieser Strecke aus.
- Kontrolliere dein Verfahren durch Messung.

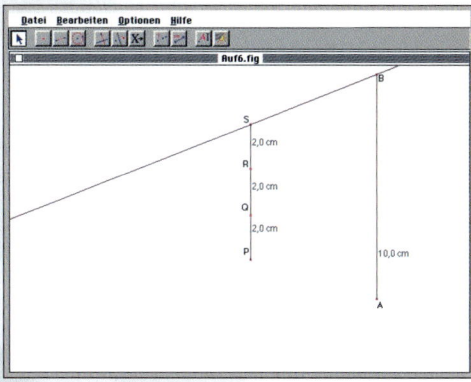

b) Teile ebenso eine 17 cm lange Strecke in 6 gleich große Teile.

7. a) Zeichne eine 4 cm lange Strecke und markiere die Endpunkte mit A und B.
Suche dann einen Punkt T auf $\overline{AB}$, sodass T die Strecke im Verhältnis 2 : 3 teilt.
Hinweis: Bei einer 5 cm langen Strecke wäre T 2 cm von A und 3 cm von B entfernt.

b) Entwickle mithilfe von Aufgabe 6 a) ein Verfahren, um den Aufgabenteil a) ohne Probieren zu lösen.

c) Teile eine 11 cm lange Strecke im Verhältnis 4 : 3.

STRAHLENSÄTZE
Erster Strahlensatz

Einstieg

Tim steht unter einer freistehenden, hohen Tanne, deren Schatten 12,50 m lang ist. Tim weiß, er selbst ist 1,55 m groß. Ferner hat er ausgemessen, dass bei diesem Sonnenstand sein Schatten 2,50 m lang ist.

→ Wie hoch ist die Tanne?

→ Beschreibe, wie du vorgegangen bist.

Aufgabe

1. Zwischen zwei Balken auf einem Dachboden soll ein Ablagebrett im Abstand von 1,50 m von der Spitze Z waagerecht angebracht werden. Es steht aber keine Wasserwaage zur Verfügung.
An welcher Stelle des schrägen Balkens muss das Brett befestigt werden?
Berechne die Länge, die du abmessen musst.
Stelle zunächst eine Gleichung auf.

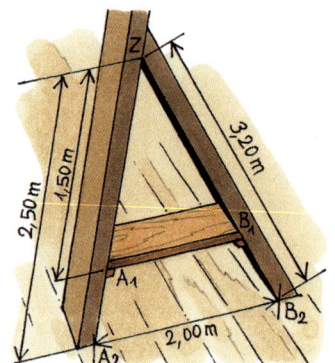

Lösung

Gesucht ist der Auflagepunkt B_1 des Ablagebretts.
In der Figur rechts erkennst du die Dreiecke A_1B_1Z und A_2B_2Z, für die gilt:

(1) Beide Dreiecke haben den Innenwinkel bei Z gemeinsam.
(2) Die Geraden A_1B_1 und A_2B_2 sollen parallel zueinander sein.

Aufgrund des Stufenwinkelsatzes stimmen dann die Innenwinkel bei A_1 und A_2 bzw. bei B_1 und B_2 überein.
Aus dem Hauptähnlichkeitssatz für Dreiecke folgt damit:
Die Dreiecke A_1B_1Z und A_2B_2Z sind ähnlich zueinander.

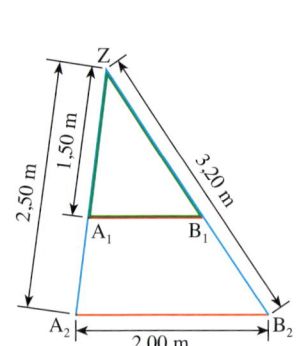

Zur Bestimmung des Auflagepunktes B_1 gibt es nun zwei Möglichkeiten:

1. Möglichkeit: Wir berechnen die Länge $\overline{ZB_1}$.

Aufgrund der Gleichheit der Längenverhältnisse entsprechender Seiten beider Dreiecke folgt:

$$\frac{\overline{ZB_1}}{\overline{ZB_2}} = \frac{\overline{ZA_1}}{\overline{ZA_2}};$$

wir setzen ein: $\frac{\overline{ZB_1}}{3,20 \text{ m}} = \frac{1,50 \text{ m}}{2,50 \text{ m}} = 0,6$ also: $\overline{ZB_1} = 0,6 \cdot 3,20 \text{ m} = 1,92 \text{ m}$.

Ergebnis: Der Auflagepunkt B_1 auf dem schrägen Balken ist 1,92 m von der Spitze Z entfernt.

Ähnlichkeit

KAPITEL 4

2. Möglichkeit: Wir berechnen die Länge $\overline{B_1B_2}$, um B_1 von B_2 aus abzumessen.

Wir hatten gezeigt: $\dfrac{\overline{ZB_1}}{\overline{ZB_2}} = \dfrac{\overline{ZA_1}}{\overline{ZA_2}}$.

Wegen $\overline{ZB_1} = \overline{ZB_2} - \overline{B_1B_2}$ und $\overline{ZA_1} = \overline{ZA_2} - \overline{A_1A_2}$ erhält man:

$\dfrac{\overline{ZB_2} - \overline{B_1B_2}}{\overline{ZB_2}} = \dfrac{\overline{ZA_2} - \overline{A_1A_2}}{\overline{ZA_2}}$ und damit

$1 - \dfrac{\overline{B_1B_2}}{\overline{ZB_2}} = 1 - \dfrac{\overline{A_1A_2}}{\overline{ZA_2}}$.

Das ergibt umgeformt: $-\dfrac{\overline{B_1B_2}}{\overline{ZB_2}} = -\dfrac{\overline{A_1A_2}}{\overline{ZA_2}}$ und somit $\dfrac{\overline{B_1B_2}}{\overline{ZB_2}} = \dfrac{\overline{A_1A_2}}{\overline{ZA_2}}$;

wir setzen ein: $\dfrac{\overline{B_1B_2}}{3{,}20\text{ m}} = \dfrac{1{,}00\text{ m}}{2{,}50\text{ m}} = 0{,}4$; also: $\overline{B_1B_2} = 0{,}4 \cdot 3{,}20\text{ m} = 1{,}28\text{ m}$.

Ergebnis: Der Auflagepunkt B_1 auf dem schrägen Balken ist 1,28 m von B_2 entfernt.

Information

(1) Strahlensatzfigur

In Anwendungen findet man, wie in der Aufgabe 1, immer wieder geometrische Figuren, in denen zwei Strahlen a und b von zwei zueinander parallelen Geraden g und h in vier Punkten geschnitten werden. Eine solche Figur nennt man *Strahlensatzfigur*.
In einer Strahlensatzfigur kann man aus gegebenen Längen andere Längen berechnen.
Dazu haben wir in der Lösung der Aufgabe 1 Gleichungen aufgestellt.

Strahlensatzfigur

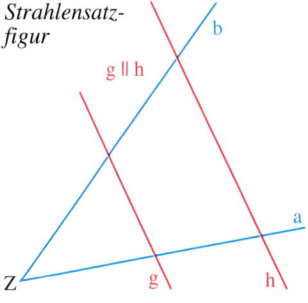

(2) 1. Strahlensatz

Die Lösung der Aufgabe 1 auf Seite 140 führt zu folgendem Satz an der Strahlensatzfigur.

1. Strahlensatz

Gegeben sind zwei Strahlen a und b mit gemeinsamem Anfangspunkt Z, ferner zwei zueinander parallele Geraden g und h, welche die Strahlen a und b in vier Punkten schneiden (*Strahlensatzfigur*).
Dann gilt:

(a) $\dfrac{\overline{ZA_1}}{\overline{ZA_2}} = \dfrac{\overline{ZB_1}}{\overline{ZB_2}}$ (c) $\dfrac{\overline{ZA_2}}{\overline{A_1A_2}} = \dfrac{\overline{ZB_2}}{\overline{B_1B_2}}$

(b) $\dfrac{\overline{ZA_1}}{\overline{A_1A_2}} = \dfrac{\overline{ZB_1}}{\overline{B_1B_2}}$

Das Längenverhältnis zweier Strecken auf dem einen Strahl ist gleich dem Längenverhältnis der entsprechenden Strecken auf dem anderen Strahl.

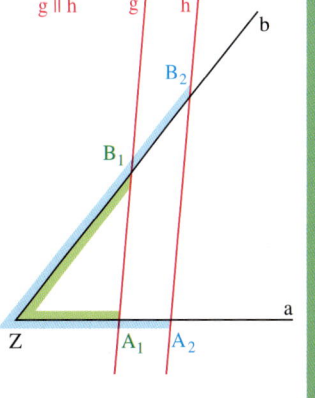

Dieser Satz erlaubt es uns, sofort eine Gleichung für eine gesuchte Länge aufzustellen und diese dann zu berechnen.

Zum Festigen und Weiterarbeiten

2. Löse die Einstiegsaufgabe und die Aufgabe 1 auf Seite 140, indem du direkt den 1. Strahlensatz anwendest. Löse dann die Gleichung nach der gesuchten Länge auf.

Ähnlichkeit

3. Zeichne mit deinem dynamischen Geometrie-System drei Punkte A, B und C. Erzeuge die Geraden AC und AB sowie die Parallele zu AC durch B. Zeichne danach einen Punkt D auf der Parallelen und zeichne die Gerade CD. Nenne ihren Schnittpunkt E.
Bestimme mithilfe des dynamischen Geometrie-Systems oder mit dem Taschenrechner die Längenverhältnisse $\frac{\overline{EA}}{\overline{EB}}$ und $\frac{\overline{EC}}{\overline{ED}}$. Verändere die Lage des Punktes B auf der Geraden. Was stellst du fest? Formuliere eine Vermutung und begründe diese.

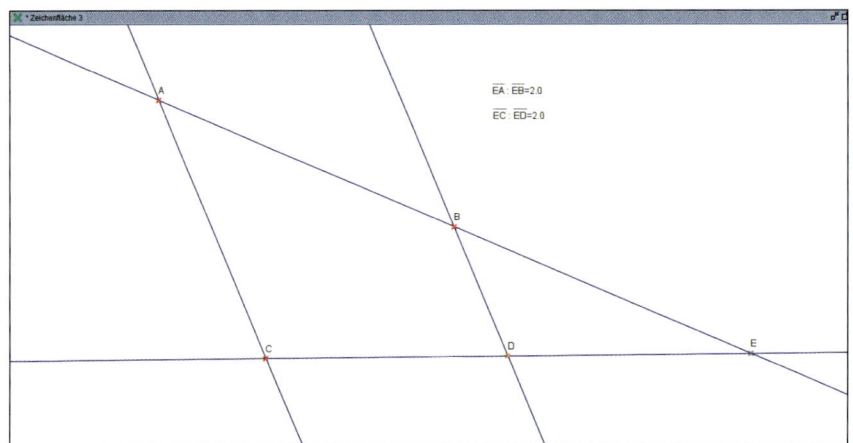

4. (1) AD ∥ BC   (2) UW ∥ XZ

a) Betrachte die Figur (1). Ergänze aufgrund des 1. Strahlensatzes:

$\frac{\overline{SB}}{\overline{SA}} = \frac{\square}{\square}$; $\frac{\overline{SB}}{\overline{AB}} = \frac{\square}{\square}$; $\frac{\overline{AB}}{\overline{SA}} = \frac{\square}{\square}$; $\frac{\overline{SC}}{\overline{CD}} = \frac{\square}{\square}$.

b) Betrachte die Figur (2). Erstelle Gleichungen mit Längenverhältnissen. Benutze den 1. Strahlensatz.

5. Erläutere folgende Gleichungen an einer Strahlensatzfigur.
Begründe sie durch Umformungen der Gleichungen (a) bis (c) des 1. Strahlensatzes:

(1) $\frac{\overline{ZA_2}}{\overline{ZA_1}} = \frac{\overline{ZB_2}}{\overline{ZB_1}}$;   (2) $\frac{\overline{A_1A_2}}{\overline{ZA_1}} = \frac{\overline{B_1B_2}}{\overline{ZB_1}}$;   (3) $\frac{\overline{A_1A_2}}{\overline{ZA_2}} = \frac{\overline{B_1B_2}}{\overline{ZB_2}}$.

6. Lena, Tom und Dirk haben die Länge y der roten Strecke (Maße in cm) unterschiedlich berechnet. Beschreibe die Lösungswege und vergleiche sie.

Lena
$\frac{y}{7{,}50} = \frac{6}{9}$
$y = \frac{2}{3} \cdot 7{,}5$
$y = 5$
Ergebnis: Die rote Strecke ist 5 cm lang.

Tom
$\frac{7{,}50}{y} = \frac{9}{6}$
$7{,}50 \cdot 6 = 9 \cdot y$
$5 = y$
Ergebnis: Die rote Strecke ist 5 cm lang.

Dirk
$\frac{6}{3} = \frac{y}{7{,}5-y}$
$2(7{,}5-y) = y$
$15 - 2y = y$
$15 = 3y$
$5 = y$
Ergebnis: Die rote Strecke ist 5 cm lang.

Ähnlichkeit

KAPITEL 4

7. Rechts siehst du eine fehlerhafte Lösung der Verhältnisgleichung $\frac{3}{x} = \frac{6}{7}$.
Wo steckt der Fehler?
Löse die Gleichung korrekt.

$$\frac{3}{x} = \frac{6}{7} \quad |:3$$

$$x = \frac{6:3}{7} = \frac{2}{7}$$

8. Von den vier Längen sind drei gegeben.
Berechne die fehlende Länge.

a) $x = 5{,}2$
   $u = 3{,}8$
   $v = 7{,}6$

b) $u = 8{,}1$
   $v = 24{,}3$
   $x = 9{,}4$

c) $x = 3{,}4$
   $y = 5{,}1$
   $u = 5{,}8$

a ∥ b

9. Berechne die Länge d der roten Strecke (Maße in m).

(1) 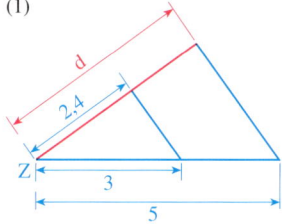 (2) 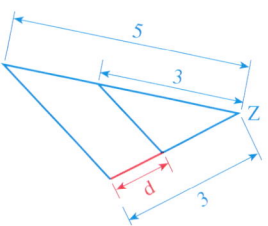 (3)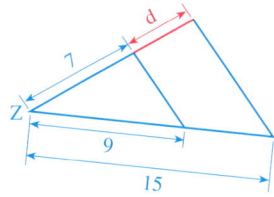

▲ **10.** *Zerlegen einer Strecke in gleich lange Teilstrecken*

(1) 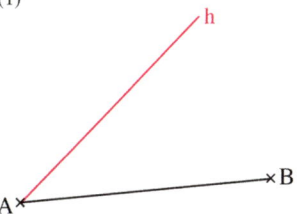 (2) 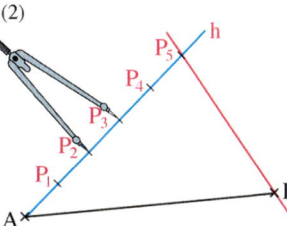 (3)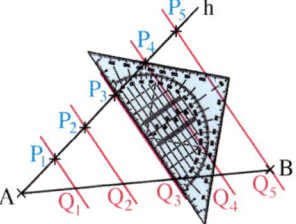

a) In der Bildleiste siehst du, wie eine Strecke $\overline{AB}$ in 5 gleich lange Teile zerlegt wird. Erkläre und begründe.

b) Gegeben ist eine 7 cm lange Strecke $\overline{AB}$. Zerlege (ohne zu messen) die Strecke in sechs gleich lange Teilstrecken.

c) Gegeben ist eine 6 cm lange Strecke $\overline{AB}$. Konstruiere einen Punkt T auf der Strecke $\overline{AB}$, für den das Längenverhältnis $\overline{AT} : \overline{TB}$ den Wert $\frac{3}{7}$ hat.

Übungen

11. Von den vier Längen s_1, s_2, t_1 und t_2 sind drei gegeben.
Berechne die fehlende Länge.

a) $s_1 = 3{,}0$ cm
   $s_2 = 7{,}0$ cm
   $t_1 = 4{,}2$ cm

b) $s_1 = 2{,}5$ cm
   $t_2 = 3{,}5$ cm
   $s_2 = 4{,}0$ cm

c) $s_1 = 4{,}8$ cm
   $t_1 = 5{,}4$ cm
   $t_2 = 7{,}5$ cm

d) $t_1 = 5{,}2$ cm
   $t_2 = 9{,}1$ cm
   $s_2 = 6{,}3$ cm

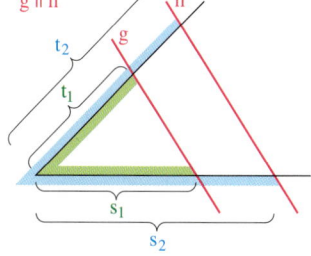

g ∥ h

12. Gib Längenverhältnisse an, die nach dem 1. Strahlensatz zu demselben Rechenergebnis führen.

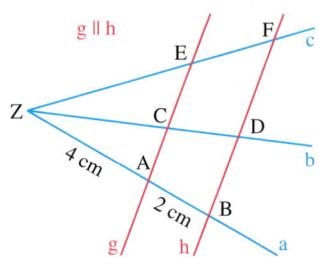

13. Kontrolliere Merles Hausaufgabe.

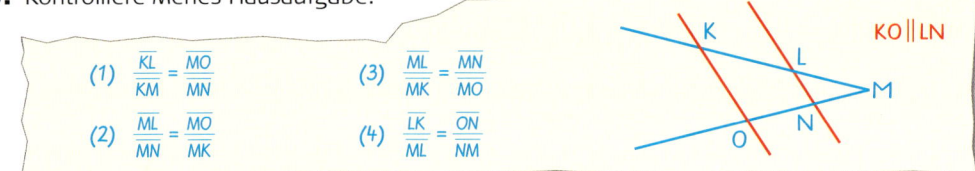

(1) $\dfrac{\overline{KL}}{\overline{KM}} = \dfrac{\overline{MO}}{\overline{MN}}$ (3) $\dfrac{\overline{ML}}{\overline{MK}} = \dfrac{\overline{MN}}{\overline{MO}}$

(2) $\dfrac{\overline{ML}}{\overline{MN}} = \dfrac{\overline{MO}}{\overline{MK}}$ (4) $\dfrac{\overline{LK}}{\overline{ML}} = \dfrac{\overline{ON}}{\overline{NM}}$

14. Ergänze aufgrund des 1. Strahlensatzes.

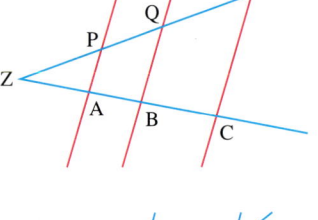

a) $\dfrac{\overline{ZB}}{\overline{ZA}} = \dfrac{\square}{\square}$ d) $\dfrac{\square}{\overline{ZQ}} = \dfrac{\overline{ZC}}{\square}$ g) $\dfrac{\overline{ZP}}{\overline{PQ}} = \dfrac{\square}{\square}$

b) $\dfrac{\overline{ZP}}{\overline{ZR}} = \dfrac{\square}{\square}$ e) $\dfrac{\square}{\square} = \dfrac{\overline{ZC}}{\overline{ZB}}$ h) $\dfrac{\overline{ZQ}}{\square} = \dfrac{\square}{\overline{BC}}$

c) $\dfrac{\overline{ZC}}{\square} = \dfrac{\square}{\overline{ZP}}$ f) $\dfrac{\square}{\square} = \dfrac{\overline{ZQ}}{\overline{ZP}}$ i) $\dfrac{\overline{AB}}{\square} = \dfrac{\square}{\overline{ZQ}}$

15. Für die nebenstehende Figur gilt:
BD ∥ EF und BE ∥ DF.
Sie enthält zwei Strahlensatzfiguren.

a) Versuche die Strahlensatzfiguren zu entdecken. Zeichne die Figur zweimal in dein Heft und trage jeweils eine Strahlensatzfigur farbig ein.

b) Ergänze durch Anwenden des 1. Strahlensatzes:

(1) $\dfrac{\overline{AB}}{\overline{AC}} = \dfrac{\square}{\square}$;   (3) $\dfrac{\overline{AF}}{\square} = \dfrac{\square}{\overline{AB}}$;

(2) $\dfrac{\overline{CD}}{\overline{CF}} = \dfrac{\square}{\square}$;   (4) $\dfrac{\overline{AC}}{\square} = \dfrac{\square}{\overline{CD}}$.

16. Stelle eine Gleichung mithilfe des 1. Strahlensatzes auf und berechne x (Maße in cm).

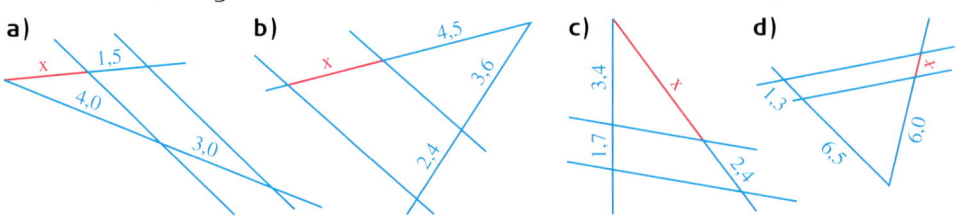

▲ **17.** Zeichne eine Strecke von 10 cm [12,8 cm] Länge, zerlege die Strecke (ohne zu messen)
a) in 3,   b) in 9,   c) in 11   gleich lange Teilstrecken.

Ähnlichkeit

KAPITEL 4

Beginne die Gleichung mit der gesuchten Länge.

▲ **18.** Zeichne eine Strecke $\overline{AB}$ von (1) 7 cm, (2) 13,4 cm Länge. Konstruiere nun einen Punkt C auf $\overline{AB}$, für den das Längenverhältnis $\frac{\overline{AC}}{\overline{AB}}$ den angegebenen Wert hat:

a) $\frac{2}{3}$ b) $\frac{5}{11}$

▲ **19.** Zeichne eine (1) 9,4 cm, (2) 6,3 cm lange Strecke $\overline{AB}$. Konstruiere nun einen Punkt T auf der Strecke $\overline{AB}$, für den das Längenverhältnis $\overline{AT} : \overline{TB}$ den folgenden Wert hat:

a) 2 : 5   b) 5 : 2   c) 3 : 4   d) 4 : 3   e) 3 : 8   f) 8 : 3

▲ **20.** Markiere auf einem Zahlenstrahl mithilfe des Zirkels zunächst die Punkte zu den Zahlen 0; 1; 2; 3; … Konstruiere nun die Punkte zu den gebrochenen Zahlen:

a) $\frac{2}{3}$ b) $\frac{3}{5}$ c) $\frac{4}{7}$ d) $\frac{7}{3}$

Zweiter Strahlensatz

Einstieg

Anne will die Höhe einer Buche bestimmen. Sie stellt wie im Bild einen 1,80 m hohen Stab so auf, dass sich die Schatten der Spitzen vom Stab und Baum decken. Der Baum wirft einen 9,60 m, der Stab einen 2,45 m langen Schatten.

→ Wie hoch ist der Baum?
→ Beschreibe, wie du vorgegangen bist.

Aufgabe

1. Zwischen zwei Balken auf einem Dachboden soll ein Ablagebrett im Abstand von 1,50 m von der Spitze Z waagerecht eingebracht werden (siehe Seite 140).
Berechne die Länge des Ablagebretts; stelle dazu zunächst eine Gleichung auf.

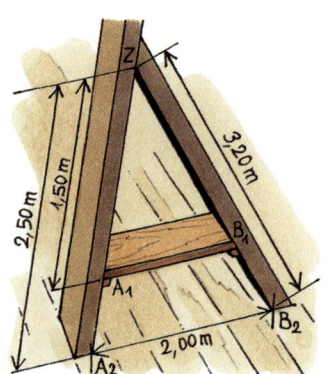

Lösung

In Aufgabe 1 auf Seite 140 haben wir gezeigt:
Die beiden Dreiecke A_1B_1Z und A_2B_2Z sind ähnlich zueinander.
Somit sind die Längenverhältnisse entsprechender Seiten der beiden Dreiecke gleich. Damit erhalten wir

$\frac{\overline{A_1B_1}}{\overline{A_2B_2}} = \frac{\overline{ZA_1}}{\overline{ZA_2}}$,

eingesetzt: $\frac{\overline{A_1B_1}}{2,00\,m} = \frac{1,50\,m}{2,50\,m} = 0,6$,

also: $\overline{A_1B_1} = 0,6 \cdot 2\,m = 1,20$

Ergebnis: Das Brett muss 1,20 m lang sein.

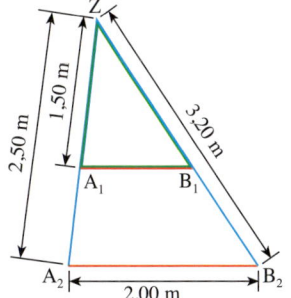

Information

Die Lösung der Aufgabe 1 führt uns auf eine neue Gleichung zwischen Längenverhältnissen an der Strahlensatzfigur.

> **2. Strahlensatz**
>
> Gegeben sind zwei Strahlen a und b mit gemeinsamem Anfangspunkt Z, ferner zwei zueinander parallele Geraden g und h, welche die Strahlen a und b in vier Punkten schneiden (*Strahlensatzfigur*). Dann gilt:
>
> $$\frac{\overline{ZA_1}}{\overline{ZA_2}} = \frac{\overline{A_1B_1}}{\overline{A_2B_2}} \quad \text{und} \quad \frac{\overline{ZB_1}}{\overline{ZB_2}} = \frac{\overline{A_1B_1}}{\overline{A_2B_2}}$$
>
> Das Längenverhältnis der beiden Strecken auf den zueinander parallelen Geraden ist jeweils gleich dem Längenverhältnis der beiden von Z ausgehenden zugehörigen Strecken auf den Strahlen.

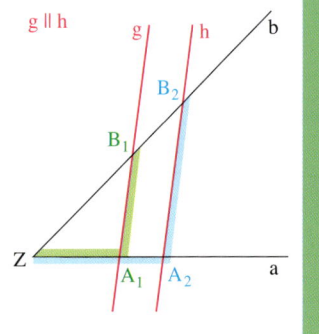

Auch mit dem 2. Strahlensatz kann man Längen in einer Strahlensatzfigur berechnen.

Zum Festigen und Weiterarbeiten

2. Löse die Einstiegsaufgabe und die Aufgabe 1 auf Seite 145, indem du direkt den 2. Strahlensatz anwendest.

3. Zeichne mit deinem dynamischen Geometrie-System drei Punkte A, B und C. Erzeuge die Geraden AC und AB sowie die Parallele zu AC durch B. Zeichne danach einen Punkt D auf der Parallelen und zeichne die Gerade CD. Nenne ihren Schnittpunkt E.
Bestimme mithilfe des dynamischen Geometrie-Systems oder mit dem Taschenrechner die Längenverhältnisse $\frac{\overline{EB}}{\overline{EA}}$ und $\frac{\overline{BD}}{\overline{AC}}$. Verändere die Lage des Punktes B auf der Geraden. Was stellst du fest? Formuliere eine Vermutung und begründe diese.

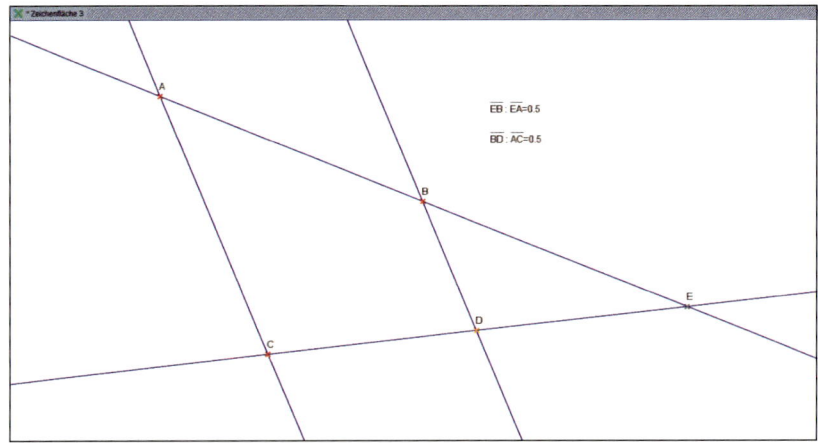

4. Erläutere die Gleichungen (1) und (2) an einer Strahlensatzfigur.
Begründe sie durch Umformen der Gleichungen des 2. Strahlensatzes.

(1) $\frac{\overline{ZA_2}}{\overline{ZA_1}} = \frac{\overline{A_2B_2}}{\overline{A_1B_1}}$ (2) $\frac{\overline{ZB_2}}{\overline{ZB_1}} = \frac{\overline{A_2B_2}}{\overline{A_1B_1}}$

5. Gib Längenverhältnisse an, die nach dem 2. Strahlensatz zu demselben Rechenergebnis führen.

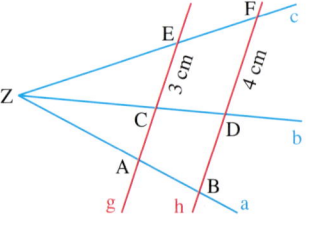

Ähnlichkeit

KAPITEL 4

6.

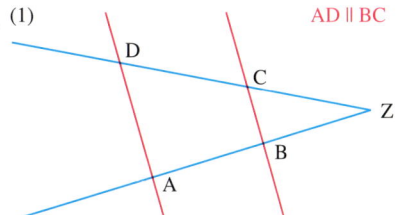

(1) AD ∥ BC
(2) UW ∥ XZ

a) Betrachte die Figur (1); ergänze aufgrund des 2. Strahlensatzes:

$\dfrac{\overline{AD}}{\square} = \dfrac{\square}{\square}$; $\dfrac{\overline{ZB}}{\square} = \dfrac{\square}{\square}$; $\dfrac{\square}{\square} = \dfrac{\overline{ZD}}{\square}$.

b) Betrachte die Figur (2). Erstelle Gleichungen mit Längenverhältnissen.

Beginne die Gleichung mit der gesuchten Länge.

7. a) Erkläre am Beispiel die Berechnung der Länge y der roten Strecke (Maße in cm).

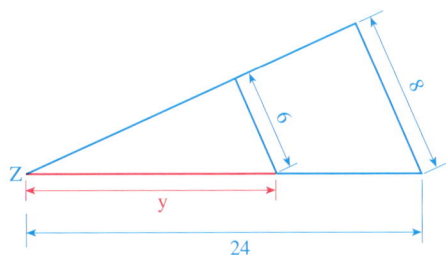

$\dfrac{y}{24} = \dfrac{6}{8}$ | · 24

$y = \dfrac{6 \cdot 24}{8}$

$y = 18$

Ergebnis: Die rote Strecke ist 18 cm lang.

b) Berechne die Länge d der roten Strecke (Maße in m).

(1) 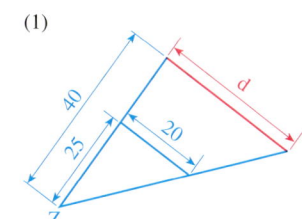 (2) 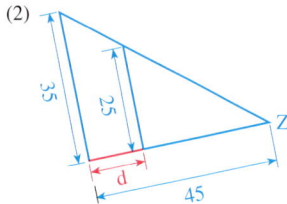 (3)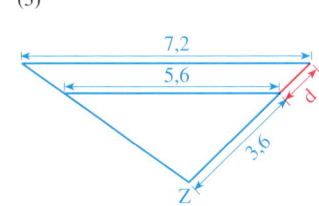

Übungen

8. Von den sechs Längen s_1, s_2, t_1, t_2, p_1 und p_2 sind vier gegeben. Berechne die übrigen Längen.

a) $s_1 = 7{,}2$ cm
$t_1 = 6{,}8$ cm
$t_2 = 10{,}2$ cm
$p_1 = 5{,}4$ cm

b) $s_1 = 4{,}8$ cm
$t_2 = 11{,}0$ cm
$p_1 = 5{,}4$ cm
$p_2 = 9{,}9$ cm

c) $s_2 = 6{,}0$ cm
$t_2 = 7{,}2$ cm
$p_1 = 4{,}9$ cm
$p_2 = 8{,}4$ cm

d) $s_1 = 7{,}7$ cm
$s_2 = 13{,}1$ cm
$t_1 = 4{,}6$ cm
$p_2 = 8{,}2$ cm

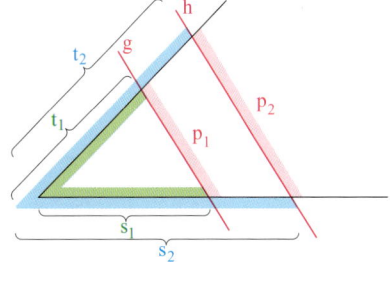

9. Kontrolliere Lennarts Hausaufgabe.

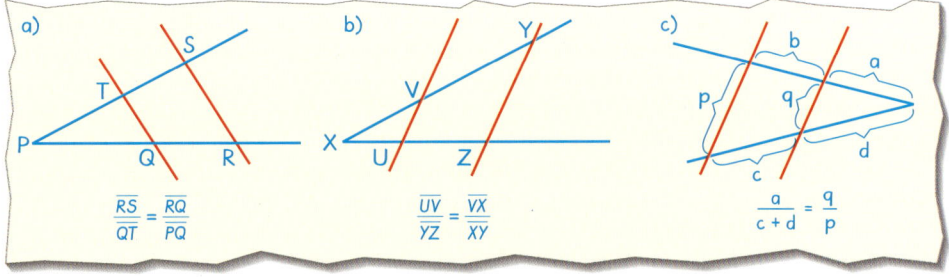

10. Betrachte das Bild zu Aufgabe 14 auf Seite 144. Ergänze aufgrund des 2. Strahlensatzes.

a) $\dfrac{\overline{AP}}{\overline{BQ}} = \dfrac{\square}{\square}$ b) $\dfrac{\overline{BQ}}{\overline{CR}} = \dfrac{\square}{\square}$ c) $\dfrac{\overline{AP}}{\square} = \dfrac{\square}{\overline{ZR}}$ d) $\dfrac{\overline{ZP}}{\square} = \dfrac{\square}{\overline{CR}}$

11. Stelle eine Gleichung auf und berechne x.

a)   b)   c)   d)

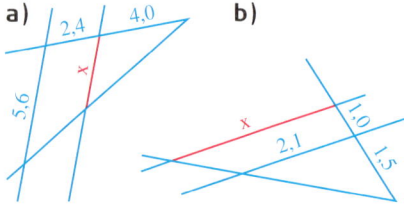
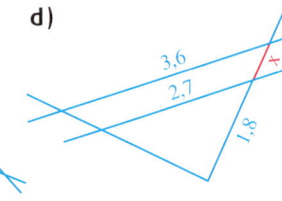

12. Für die Figur rechts gilt BD ∥ EF und BE ∥ DF.
(Siehe auch Aufgabe 15 auf Seite 144.)
Ergänze durch Anwendung des 2. Strahlensatzes:

$\dfrac{\overline{AB}}{\overline{AC}} = \dfrac{\square}{\square}$; $\dfrac{\overline{CD}}{\overline{CF}} = \dfrac{\square}{\square}$;

$\dfrac{\overline{BD}}{\overline{AF}} = \dfrac{\square}{\square}$; $\dfrac{\overline{BE}}{\square} = \dfrac{\overline{AB}}{\square}$.

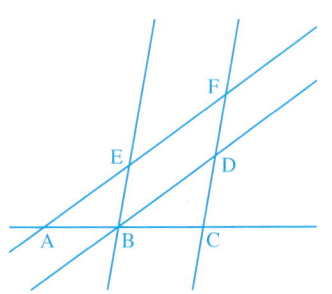

Vermischte Übungen zum 1. und 2. Strahlensatz

1. Berechne das Längenverhältnis (siehe Bild).

a) $\dfrac{\overline{ZC}}{\overline{ZD}}$ c) $\dfrac{\overline{AC}}{\overline{BD}}$ e) $\dfrac{\overline{EF}}{\overline{ZE}}$ g) $\dfrac{\overline{CD}}{\overline{ZD}}$ i) $\dfrac{\overline{BF}}{\overline{AE}}$

b) $\dfrac{\overline{ZE}}{\overline{ZF}}$ d) $\dfrac{\overline{CE}}{\overline{DF}}$ f) $\dfrac{\overline{ZC}}{\overline{CD}}$ h) $\dfrac{\overline{FZ}}{\overline{EZ}}$ j) $\dfrac{\overline{BD}}{\overline{AC}}$

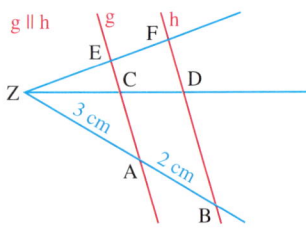

2. a) Bestätige für die Figur mithilfe der Strahlensätze.   AC ∥ DF

(1) $\dfrac{\overline{AB}}{\overline{BC}} = \dfrac{\overline{DE}}{\overline{EF}}$ (2) $\dfrac{\overline{AB}}{\overline{AC}} = \dfrac{\overline{DE}}{\overline{DF}}$

b) Es sollen $\overline{ZA}$ = 3 cm, $\overline{ZD}$ = 4,5 cm, $\overline{ZB}$ = 2,4 cm, $\overline{BC}$ = 2 cm, $\overline{DE}$ = 1,8 cm und $\overline{ZF}$ = 3,9 cm sein.
Berechne die Längen: $\overline{AB}$, $\overline{ZE}$, $\overline{EF}$, $\overline{ZC}$.
Überlege eine günstige Reihenfolge für die Berechnung.

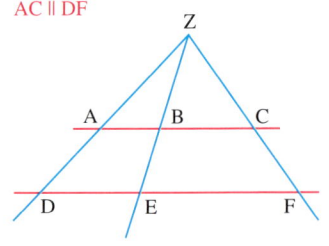

3. a) Bestätige für die Figur mithilfe der Strahlensätze.   AP ∥ BQ ∥ CR

(1) $\dfrac{\overline{ZP}}{\overline{QR}} = \dfrac{\overline{ZA}}{\overline{BC}}$ (2) $\dfrac{\overline{PQ}}{\overline{QR}} = \dfrac{\overline{AB}}{\overline{BC}}$

b) Es sollen $\overline{ZP}$ = 2,7 cm, $\overline{QR}$ = 1,9 cm, $\overline{ZA}$ = 3,5 cm, $\overline{PQ}$ = 2,3 cm, $\overline{AP}$ = 1,8 cm sein.
Berechne die Längen: $\overline{BC}$, $\overline{AB}$, $\overline{BQ}$, $\overline{RC}$.

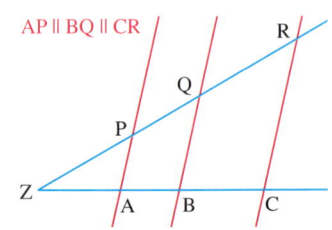

4. Kontrolliere Annas Hausaufgaben.

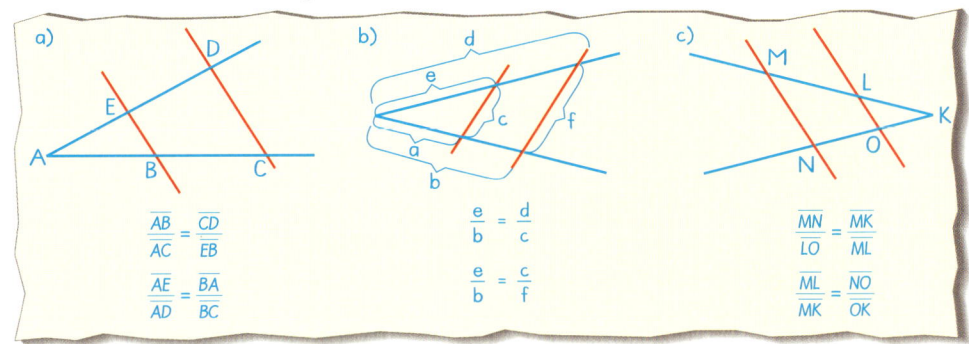

5. In der Figur rechts soll gelten:
(1) AD ∥ HE
(2) HB ∥ GC ∥ FD
(3) m = $\overline{AB}$ = 4,50 cm
   n = $\overline{BC}$ = 2,75 cm
   r = $\overline{BH}$ = 3,50 cm

Berechne die Länge der roten Strecke $\overline{FD}$.
Findest du verschiedene Wege? Beschreibe sie.

Hinweis: Du kannst auch mit mehr als einer Gleichung arbeiten. Überlege dir dazu unterschiedliche Strahlensatzfiguren.

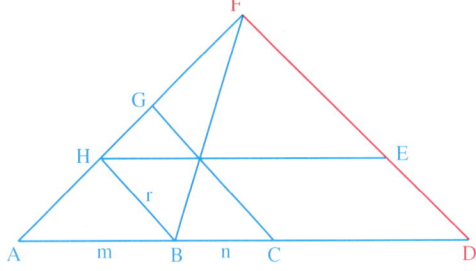

6. Suche in der Figur rechts verschiedene Strahlensatzfiguren. Stelle möglichst viele Gleichungen mithilfe der Strahlensätze auf.

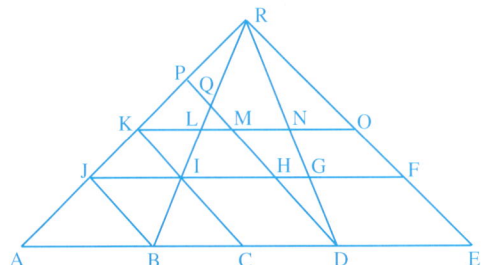

Strahlensätze für sich schneidende Geraden

Aufgabe

1.

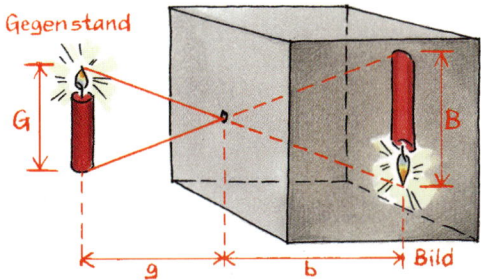

Die Lochkamera ist ein geschlossener Kasten mit einer kleinen Öffnung. Ein Gegenstand, hier eine Kerze, steht vor dem Kasten. Von dem Gegenstand gehen Lichtstrahlen aus und fallen durch die kleine Öffnung in den Kasten. Auf der Rückwand des Kastens wird ein (umgekehrtes) Bild der Kerze erzeugt.

Die Kerze ist 8 cm groß und steht 20 cm vor der Kamera. Die Rückwand ist 30 cm von der gegenüberliegenden Öffnung entfernt.
Wie groß ist das Bild der Kerze?

Ähnlichkeit

Lösung

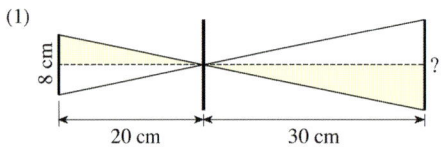

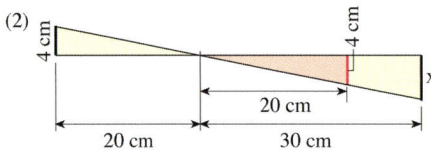

Betrachte die Figuren (1) und (2) links. Die Figur (2) ist nur ein Teil der Figur (1).
In der Figur (2) erkennen wir eine Strahlensatzfigur. Dabei soll x die halbe Höhe des Bildes der Kerze sein.
Nach dem 2. Strahlensatz gilt:

$$\frac{x}{4 \text{ cm}} = \frac{30 \text{ cm}}{20 \text{ cm}}, \text{ also}$$

$$x = \frac{30 \text{ cm}}{20 \text{ cm}} \cdot \frac{8 \text{ cm}}{2} = 6 \text{ cm}$$

Ergebnis: Das Bild der Kerze ist 12 cm hoch.

Information

Strahlensätze für sich schneidende Geraden

Die Geraden a und b schneiden sich im Punkt Z. Sie werden von den parallelen Geraden g und h auf verschiedenen Seiten von Z geschnitten. Dann gilt:

$\dfrac{\overline{ZA_1}}{\overline{ZA_2}} = \dfrac{\overline{ZB_1}}{\overline{ZB_2}}$ (1. Strahlensatz) $\dfrac{\overline{ZA_1}}{\overline{ZA_2}} = \dfrac{\overline{A_1B_1}}{\overline{A_2B_2}}$ (2. Strahlensatz)

1. Strahlensatz   2. Strahlensatz

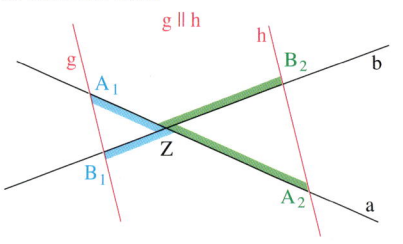 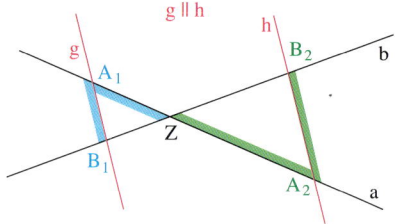

Begründung: In der Figur rechts findest du zwei Dreiecke A_1B_1Z und A_2B_2Z, für die gilt:

(1) Die beiden Innenwinkel bei Z sind Scheitelwinkel und somit gleich groß.
(2) Aufgrund des Wechselwinkelsatzes sind die Innenwinkel bei A_1 und A_2 bzw. B_1 und B_2 gleich groß.

Somit sind beide Dreiecke ähnlich zueinander und es folgt für die Längenverhältnisse entsprechender Seiten:

(1) $\dfrac{\overline{ZA_1}}{\overline{ZA_2}} = \dfrac{\overline{ZB_1}}{\overline{ZB_2}}$ und (2) $\dfrac{\overline{ZA_1}}{\overline{ZA_2}} = \dfrac{\overline{A_1B_1}}{\overline{A_2B_2}}$

Übungen

2. Berechne x (Maße in cm).

a)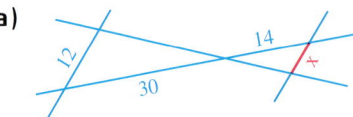

c)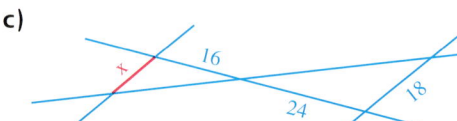

b)

d)

Ähnlichkeit KAPITEL 4 151

BERECHNEN VON LÄNGEN IN EBENEN UND RÄUMLICHEN FIGUREN

Einstieg

Es soll die Entfernung zwischen den beiden Punkten A und D bestimmt werden. Zwischen ihnen liegt jedoch ein See.
Dazu werden bei den Punkten A, B, C, D und E Fluchtstäbe so aufgestellt, dass BC parallel zu DE ist. Es wird gemessen:

$\overline{AC}$ = 63 m; $\overline{CE}$ = 14 m; $\overline{BD}$ = 10 m

→ Bestimme die Entfernung von A und D.

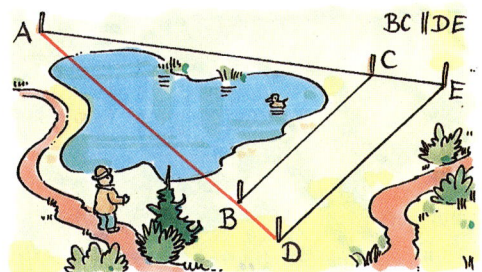

Aufgabe

1. Schon im Altertum hat man die Höhen von Pyramiden durch Messen der Schattenlänge eines Stabes bestimmt.

a) Erläutere die Zeichnung rechts und gib ein Verfahren zur Berechnung der Pyramidenhöhe h an.

b) Berechne die Pyramidenhöhe für folgende Angaben:
Länge der Grundseite: a = 230 m
Entfernung des Stabes
von der Pyramide: d = 125 m
Höhe des Stabes: h* = 3 m
Länge des Schattens
des Stabes: s = 5 m

Lösung

a) Der Stab wird senkrecht so aufgestellt, dass das Ende seines Schattens mit dem Ende des Pyramidenschattens zusammenfällt. Die Längen a, d, h* und s werden gemessen. Nach dem 2. Strahlensatz gilt:

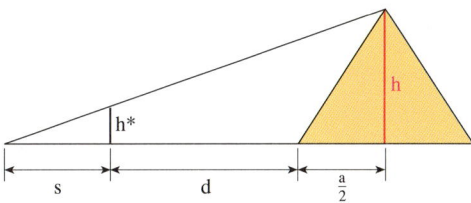

$$\frac{h}{h^*} = \frac{s + d + \frac{a}{2}}{s}$$

Durch Multiplikation auf beiden Seiten mit h* ergibt sich: $h = h^* \cdot \frac{s + d + \frac{a}{2}}{s}$

b) Wir setzen die gegebenen Werte in die Formel für die Höhe ein, die wir in Teilaufgabe a) aufgestellt haben:

$h = 3\,m \cdot \frac{5\,m + 125\,m + 115\,m}{5\,m} = 3\,m \cdot \frac{245\,m}{5\,m} = 3\,m \cdot 49 = 147\,m$

Ergebnis: Die Pyramide ist ungefähr 147 m hoch.

Information

Mithilfe der Strahlensätze kann man in ebenen und räumlichen Figuren die Länge von Strecken berechnen.
Strategie: Man muss eine Strahlensatzfigur auffinden bzw. einzeichnen.

Zum Festigen und Weiterarbeiten

2. Erläutere, wie man bei Sonnenschein mithilfe eines Stabes und eines Maßbandes die Höhe eines freistehenden Turmes bestimmen kann.
Berechne die Turmhöhe für das Beispiel:
s = 2,0 m; b = 3,61 m; d = 28 m.
Beschreibe, wie du vorgegangen bist.

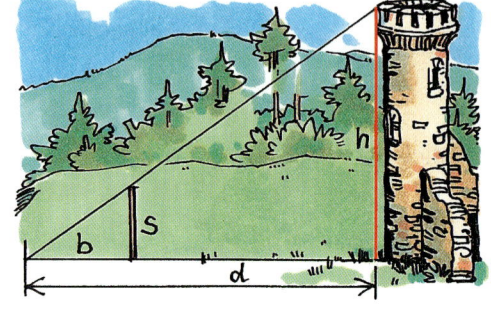

Übungen

3. Ein Waldarbeiter bestimmt mithilfe eines *Försterdreiecks* die Höhe eines Baumes.

a) Warum wurde ein Winkel von 45° gewählt?

b) Die Entfernung zum Baum beträgt 21 m.
Wie hoch ist der Baum ungefähr?

4. Eine Schülergruppe soll während eines Landschulheim-Aufenthaltes die Breite eines Flusses bestimmen. Sie haben weder ein Messband noch einen Theodoliten zur Verfügung. Die Schüler stellen bei den Punkten A, B, C und D Stäbe auf (siehe Zeichnung). Dazu peilen sie einen Baum am Flussufer an; ferner visieren sie einen sehr weit entfernten, markanten Punkt im Gelände an, um BC ∥ AD zu erreichen.
Die Entfernungen a, b und d ermitteln sie durch Abschreiten:
a = d = 20 Schritte; b = 28 Schritte
Bestimme die Breite des Flusses in Metern. Äußere dich zur Genauigkeit.

Theodolit
Winkelmessgerät

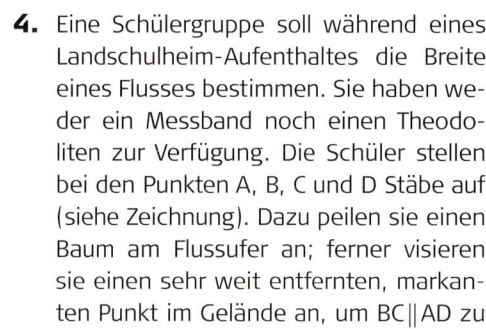

5. Um die Entfernung $\overline{AB}$ zu bestimmen, wurden die Längen $\overline{PE}$ = 96 m, $\overline{EA}$ = 58 m und $\overline{EF}$ = 66 m gemessen.
Berechne die Entfernung von A und B.

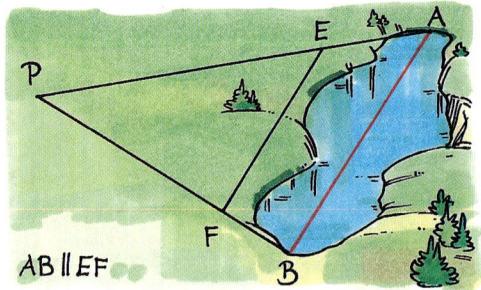

6. Ein senkrecht aufgestellter Stab von 2 m Länge wirft einen 95 cm langen Schatten. Zur gleichen Zeit wirft ein Turm einen Schatten von 10 m Länge.
Wie hoch ist der Turm?

7. In einem 1,20 m hohen Dachstuhl soll eine 80 cm hohe Stütze aufgestellt werden. In welchem Abstand vom Dachstuhlende E ist diese Stütze einzufügen?

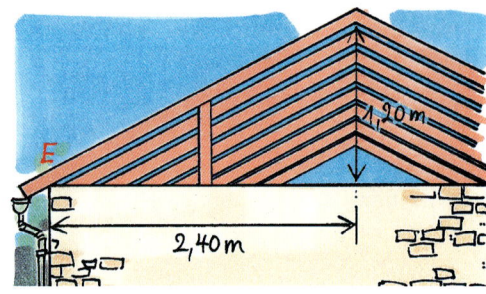

Ähnlichkeit

KAPITEL 4

8. Der Mond ist 60 Erdradien (R = 6 370 km) von der Erde entfernt. Hält man einen Bleistift (Durchmesser 7 mm) im Abstand von etwa 78 cm vor das Auge, so ist der Mond gerade verdeckt.
Welchen Durchmesser hat der Mond etwa?
Lege zunächst eine Zeichnung an.

9. Zur Messung einer kleinen Öffnung (z. B. einer Flasche oder des inneren Durchmessers eines Ringes) und zur Messung z. B. einer dünnen Holzplatte verwendet man einen *Messkeil* bzw. einen *Keilausschnitt*.

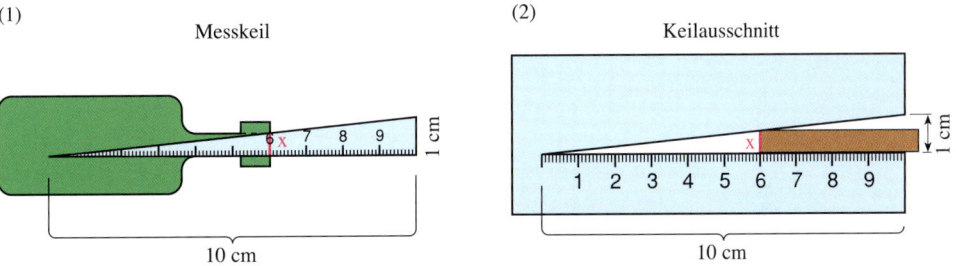

(1) Messkeil (2) Keilausschnitt

a) Berechne jeweils die Länge x. Erläutere auch die Wirkungsweise der Instrumente.
b) Baue die Instrumente nach und führe Messungen mit ihnen durch.

10. Paul und sein Vater möchten die Höhe eines unzugänglichen Wasserschlosses bestimmen. Dazu stellen sie einen 3,50 m langen Stab so auf, dass die Schattenspitzen des Turms und die des Stabes zusammenfallen (siehe Skizze). Sie messen die einzige Strecke, die zugänglich ist und tragen sie in einer Planfigur ein.
Beim Nachdenken über eine mögliche Lösung wandert der Schatten des

Schlosses. Plötzlich fällt er genau auf den Punkt, an dem der Stab im Boden steckt. Pauls Vater muss nun den Stab genau um 12,30 m versetzen, um die ursprüngliche Situation wiederzuerhalten. (Beide Schatten fallen aufeinander.)

a) Zeichne eine Planfigur, die diesen Sachverhalt beschreibt und trage alle bekannten Streckenlängen ein.
b) In welcher Tageshälfte wurden die Messungen vorgenommen?
Wie müssten Paul und sein Vater vorgehen, wenn sie das Problem in der anderen Tageshälfte lösen wollten?
c) Berechne die Höhe des Wasserschlosses.

▲ **11.** Die Abbildung zeigt einen Proportionalzirkel. Er wird zum Verkleinern oder Vergrößern einer Strecke verwendet.
Erläutere seine Wirkungsweise.

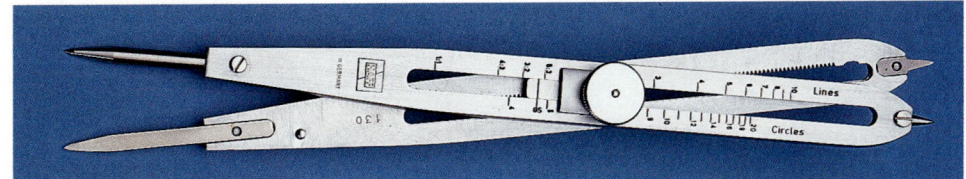

VERMISCHTE UND KOMPLEXE ÜBUNGEN

1. Entnimm der Zeichnung das Längenverhältnis.

a) $\frac{b}{a}$ c) $\frac{c}{a}$ e) $\frac{b+c}{a}$ g) $\frac{b}{a+c}$

b) $\frac{a}{b}$ d) $\frac{b}{c}$ f) $\frac{b-c}{a}$ h) $\frac{b}{a-c}$

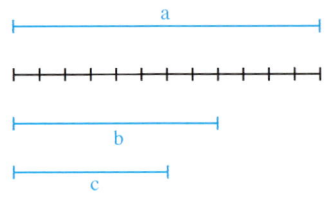

2. Zeichne zwei Strecken $\overline{AB}$ und $\overline{CD}$, für deren Längenverhältnis $\frac{\overline{AB}}{\overline{CD}}$ gilt:

a) 4 : 3   b) 3 : 5

3. Für das Längenverhältnis zweier Strecken gilt: b : a = 4 : 7. Berechne die Länge a für:

a) b = 12 cm   b) b = 36 cm   c) b = 44 mm   d) b = 60 m

4. Je nach Verwendungszweck wählt man bei der Herstellung von Zeichnungen oder Karten einen geeigneten Maßstab (siehe Tabelle).

Maßstab	Verwendung
1 : 10	Möbelzeichnung
1 : 100	Bauplan
1 : 2 500	Flurkarte
1 : 10 000	Stadtplan
1 : 25 000	Wanderkarte
1 : 35 000	Wanderkarte
1 : 100 000	Fahrradkarte
1 : 200 000	Autokarte

a) Auf einer Autokarte beträgt die Entfernung zwischen Gotha und Erfurt 12,5 cm. Wie groß ist diese Entfernung auf einer Fahrradkarte?

b) Der Grundriss eines Hauses ist auf einem Bauplan 17,4 cm lang und 10,5 cm breit. Welche Maße hat das Haus auf einer Flurkarte?

c) Stelle selbst geeignete Aufgaben und löse sie.

5. Untersuche, ob die Figuren F und G ähnlich zueinander sind. Gib gegebenenfalls den Ähnlichkeitsfaktor an.

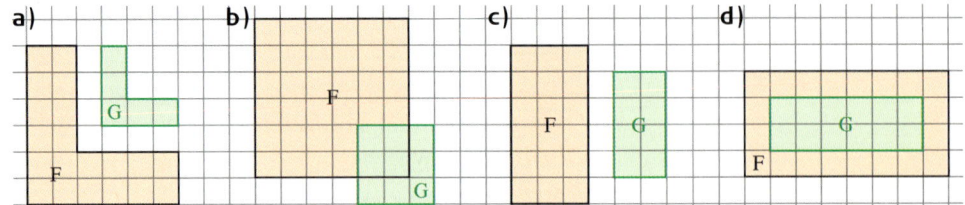

6. Ergänze aufgrund eines Strahlensatzes zu einer wahren Aussage.

a) $\frac{\overline{ZD}}{\overline{ZE}} = \frac{\square}{\square}$ d) $\frac{\overline{ZA}}{\overline{AB}} = \frac{\square}{\square}$ g) $\frac{\overline{FC}}{\square} = \frac{\square}{\overline{ZB}}$

b) $\frac{\overline{ZA}}{\overline{ZB}} = \frac{\square}{\square}$ e) $\frac{\overline{ZC}}{\square} = \frac{\square}{\overline{ZD}}$ h) $\frac{\overline{ZC}}{\square} = \frac{\square}{\overline{DF}}$

c) $\frac{\overline{AD}}{\overline{EB}} = \frac{\square}{\square}$ f) $\frac{\square}{\overline{ZB}} = \frac{\overline{ZF}}{\square}$ i) $\frac{\overline{DA}}{\overline{CF}} = \frac{\square}{\square}$

Ähnlichkeit

KAPITEL 4

7. Gegeben ist ein Dreieck ABC mit a = 4 cm, b = 3 cm und c = 5,5 cm. Ein zu ABC ähnliches Dreieck A'B'C' hat den Umfang u' = 25 cm.
Wie lang sind die Seiten von A'B'C'?
Gib das Verhältnis der Flächeninhalte der Dreiecke ABC und A'B'C' an.

8. Berechne die Längen der rot markierten Strecken (Maße in cm).

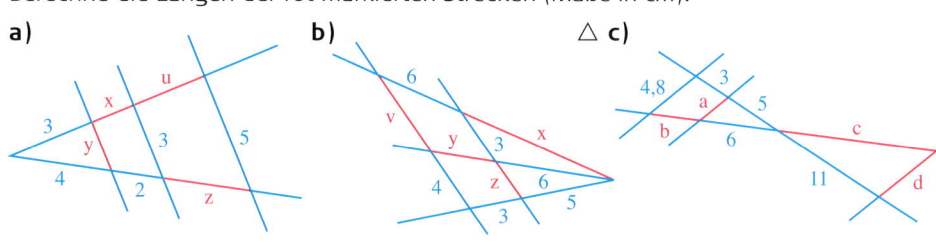

a) b) c)

9. Die Flächeninhalte zweier zueinander ähnlicher Vielecke verhalten sich wie

a) 4 : 1;   b) 16 : 9;   c) 4 : 5.

In welchem Verhältnis stehen die Seiten zueinander?

10. Die Seite $\overline{AB}$ des Dreiecks ABC ist 6 cm lang, die Seite $\overline{A'B'}$ von Dreieck A'B'C' 4 cm. Der Flächeninhalt des Dreiecks A'B'C' beträgt 12 cm².
Wie groß ist der Flächeninhalt des Dreiecks ABC?

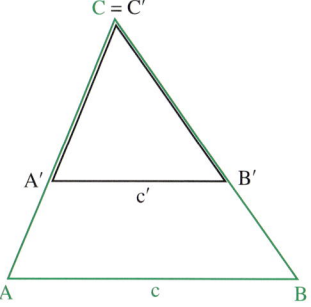

11. Um die Breite $\overline{DE}$ eines Flusses zu bestimmen, werden die Punkte A, B, C, D und E wie im Bild abgesteckt ($\overline{AB} \parallel \overline{DE}$) und folgende Strecken gemessen:

$\overline{BC}$ = 48 m; $\overline{AB}$ = 84 m; $\overline{CD}$ = 43 m.

Wie breit ist der Fluss?

12. Ein im Bau befindliches Hochhaus ist von einem 5,50 m hohen Bretterzaun umgeben. Dieser ist 45,50 m vom Bauwerk entfernt. Julian steht 10,50 m vor dem Zaun und sieht die oberen vier Etagen. Wenn er 1,50 m näher an den Zaun rückt sieht er nur noch die oberen drei Etagen des Hochhauses. Julian's Augenhöhe beträgt 1,70 m.
Wie hoch ist das Hochhaus?

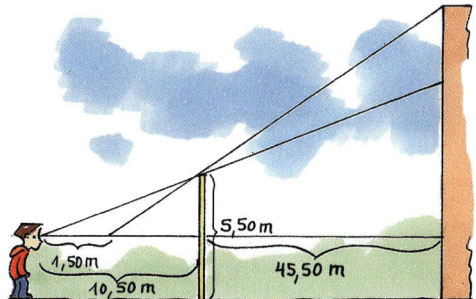

13. Das gleichschenklige Trapez ABCD hat die folgenden Maße: $\overline{AB}$ = 4,5 cm; $\overline{AM}$ = 2,8 cm; $\overline{DM}$ = 1,6 cm.

a) Berechne die Seitenlänge $\overline{DC}$.

b) Zeichne die Höhe des Trapezes durch den Punkt M ein. In welchem Verhältnis teilt M diese Höhe?

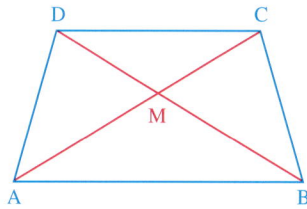

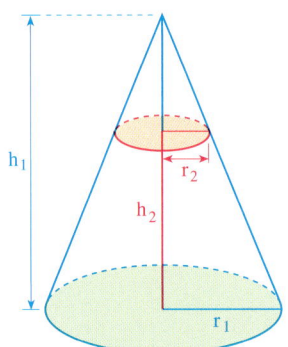

14. Gegeben ist ein Kegel mit dem Radius $r_1 = 5$ cm der Grundfläche und der Höhe $h_1 = 12$ cm.
In welcher Höhe h_2 (von der Grundfläche) muss der Kegel abgeschnitten werden, damit die Schnittfläche den Radius

a) $r_2 = 2$ cm, **b)** $r_2 = 1$ cm, **c)** $r_2 = 4$ cm hat?

15. Von zwei zueinander ähnlichen Dreiecken ABC und A'B'C' sind die Seitenlängen $c = 4$ cm und $c' = 6$ cm bekannt. Der Flächeninhalt von Dreieck A'B'C' beträgt 36 cm². Wie groß ist der Flächeninhalt des Dreiecks ABC?

16.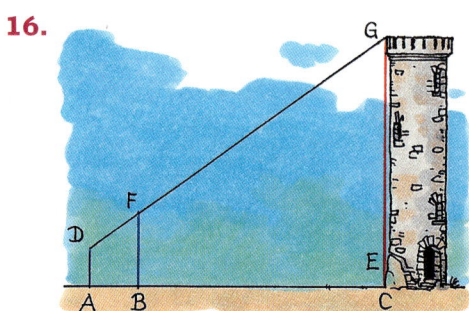

Um die Höhe eines Turmes zu bestimmen, werden ein 1,60 m langer und ein 2,40 m langer Stab so aufgestellt, dass man über sie den oberen Rand des Turmes anpeilen kann.

Man misst dann den Abstand der beiden Stäbe und den Abstand des längeren Stabes vom Turm und erhält:

$\overline{AB} = 1{,}60$ m; $\overline{BC} = 98$ m.

Berechne die Höhe des Turmes.

17. In dem Trapez ABCD ist DC∥FE∥AB, ferner $\overline{AB} = 7$ cm, $\overline{DC} = 4$ cm, $\overline{BE} = 2$ cm und $\overline{EC} = 1$ cm.
Wie lang ist die Strecke $\overline{EF}$?

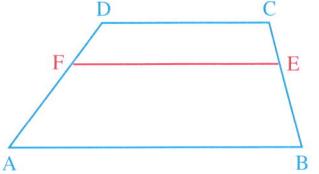

18. Strecke einen Arm aus und visiere den Daumen zunächst mit dem linken Auge, dann mit dem rechten Auge an. Du bemerkst, dass der Daumen einen „Sprung" macht. Diese Tatsache benutzt man, um Entfernungen in der Landschaft zu schätzen (*Daumensprungmethode*).
Verwende in den folgenden Aufgaben als Armlänge $a = 64$ cm und als Pupillenabstand $p = 6$ cm.

a) Ein Wanderer sieht ein Schloss. Er weiß, es ist 65 m breit. Der Daumen springt gerade von einer zur anderen Seite. Wie weit ist er vom Schloss entfernt?

b) Eine Wanderin sieht in der Ferne zwei Burgen, die auf gleicher Höhe liegen. Sie ist von der einen Burg 15 km entfernt. Der Daumen springt gerade von der einen zur anderen Burg.
Wie weit liegen beide Burgen auseinander?

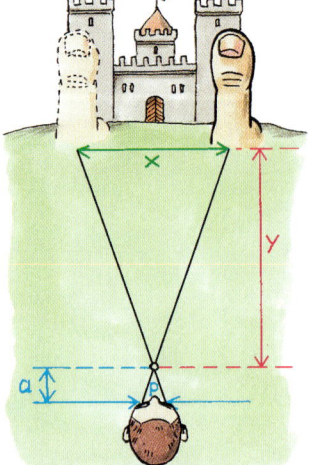

c) Sucht Gebäude o. Ä. in eurer Umgebung und bestimmt mit der Daumensprungmethode die Entfernungen. Berichtet über eure Ergebnisse.

19. Tanjas Daumen ist 2 cm breit. Hält sie den Daumen 45 cm von einem Auge entfernt (das andere Auge geschlossen), so ist gerade ein Fußballtor (7,32 m breit) verdeckt.
Wie weit ist Tanja vom Tor entfernt? Zeichne.

Ähnlichkeit

BIST DU FIT?

1. Gib die Luftlinienentfernung der beiden Orte an (Maßstab 1 : 17 500 000).
   a) Hannover – Erfurt
   b) Brüssel – Bremen
   c) Wien – Berlin
   d) Frankfurt/Main – Straßburg
   e) Bonn – Berlin
   f) Dortmund – Stettin
   g) Köln – Zürich
   h) Stuttgart – Dresden
   i) München – Prag

2. Um die Breite eines Flusses zu bestimmen, werden die Punkte D, C, A und B wie im Bild abgesteckt. Es wird gemessen: $\overline{DC}$ = 25 m; $\overline{AB}$ = 35 m; $\overline{AD}$ = 21 m. Wie breit ist der Fluss?

3. Gegeben ist ein Parallelogramm ABCD mit a = 3,6 cm; d = 2,4 cm; α = 55°. Zeichne ein dazu ähnliches Parallelogramm, dessen längere Seite beträgt:
   a) 7,2 cm   b) 4,2 cm   c) 2,4 cm

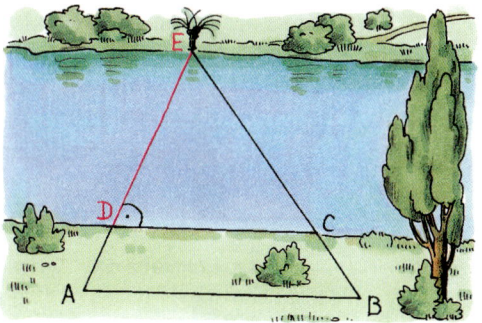

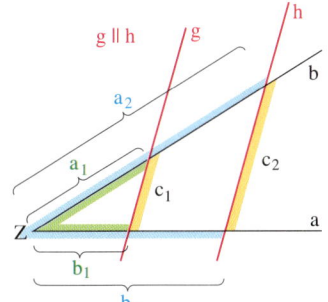

4. Von den sechs Längen a_1, a_2, b_1, b_2, c_1 und c_2 sind vier gegeben. Berechne die beiden fehlenden Längen.

a) a_1 = 13,8 cm
   b_1 = 4,6 cm
   b_2 = 5,1 cm
   c_1 = 2,3 cm

b) a_2 = 18,0 cm
   b_2 = 0,9 cm
   c_1 = 6,3 cm
   c_2 = 4,5 cm

c) a_2 = 3,0 m
   b_1 = 6,4 m
   b_2 = 2,4 m
   c_2 = 0,9 m

d) a_1 = 10,4 km
   b_2 = 2,4 km
   c_1 = 5,6 km
   a_2 = 2,8 km

e) a_1 = 5,4 mm
   a_2 = 3,6 mm
   b_1 = 6,3 mm
   c_2 = 8,4 mm

f) a_1 = 7,2 dm
   a_2 = 1,8 dm
   b_2 = 4,6 dm
   c_1 = 13,6 dm

5. Gegeben ist ein Dreieck ABC mit den angegebenen Größen. Konstruiere ein dazu ähnliches Dreieck A'B'C' mit a' = 6 cm. Gib auch den Ähnlichkeitsfaktor an.
   a) β = 25°;   γ = 70°;   a = 5 cm
   b) a = 7 cm;   b = 5 cm;   c = 4 cm
   c) a = 4 cm;   c = 6 cm;   β = 75°
   d) a = 5 cm;   b = 3 cm;   α = 39°

6. Der Schatten eines 1,30 m hohen senkrecht aufgestellten Stabes ist 1,56 m lang. Ein Baum wirft zur selben Zeit einen 12,75 m langen Schatten. Wie hoch ist der Baum?

7. Ein Quader hat die Kantenlängen a = 8,5 cm, b = 5,3 cm und c = 4,1 cm. Berechne das Volumen des dazu ähnlichen Quaders mit dem Ähnlichkeitsfaktor k = 2,5.

Bleib fit im ...
Umgang mit Pythagoras

Zum Aufwärmen

1. In der Feriensiedlung „Am See" werden neue Ferienhäuser gebaut. Die 7 m breiten Giebel dieser Häuser sind gleichseitige Dreiecke. Aufgrund der besonderen Form wird solch ein Haus auch „Dachhaus" genannt.
Welche Höhe haben die Dachhäuser?

Zum Erinnern

(1) Begriffe am rechtwinkligen Dreieck

Im **rechtwinkligen Dreieck** haben die Seiten besondere Bezeichnungen:
Die **Hypotenuse** ist die Seite, die dem rechten Winkel gegenüberliegt. Sie ist die längste Seite im Dreieck.
Die **Katheten** sind die Seiten, die den rechten Winkel einschließen.

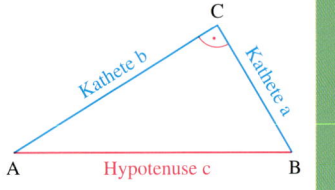

(2) Satz des Pythagoras

In jedem *rechtwinkligen* Dreieck ist der Flächeninhalt des Hypotenusenquadrates gleich der Summe der Flächeninhalte der beiden Kathetenquadrate.

Kurz:
Das Hypotenusenquadrat ist genauso groß wie die beiden Kathetenquadrate zusammen.

Beispiel: **$c^2 = a^2 + b^2$** (für $\gamma = 90°$)

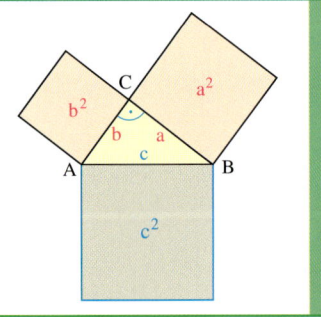

Zum Trainieren

2. Wie viele rechtwinklige Dreiecke erkennst du? Nenne jeweils ihre Eckpunkte und gib die Gleichung nach dem Satz des Pythagoras an.

(1)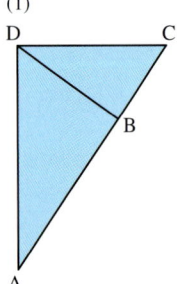

(2)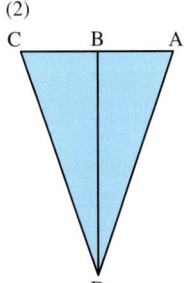

(3)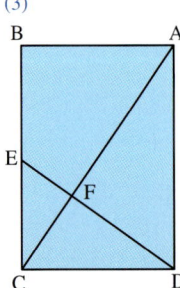

Bleib fit im Umgang mit Pythagoras

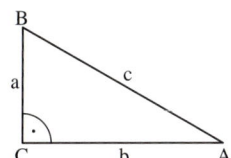

3. In einem rechtwinkligen Dreieck ABC liegt die Seite c dem rechten Winkel gegenüber. Übertrage die Tabelle in dein Heft und ergänze sie.

	a)	b)	c)	d)	e)
Seite a	1,50 m	5 cm		18,0 cm	9,6 m
Seite b	2,00 m		7,5 cm		12,8 m
Seite c		13 cm	12,5 cm	19,5 cm	

4. Stelle eine Gleichung auf. Berechne x.

a) 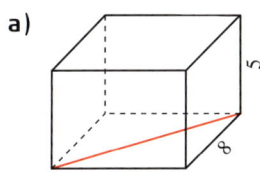 b) 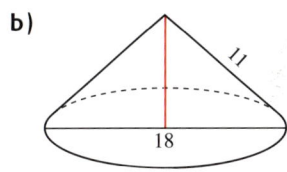 c)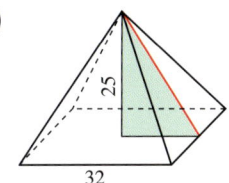

5. Berechne die rot gekennzeichnete Strecke (Maße in cm).

a) 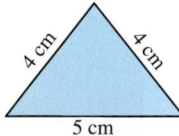 b) 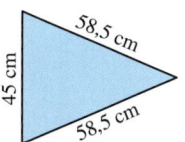 c)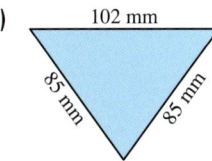

6. Der Dachgiebel eines Hauses hat die Form eines gleichschenkligen Dreiecks.
Er soll neu gestrichen werden. Herr Felsmann möchte die Kosten überschlagen und rechnet mit 30 € pro m² (ohne MwSt). Die Fenster lässt er dabei unberücksichtigt.
Berechne die Kosten für den Neuanstrich des Giebels einschließlich Mehrwertsteuer.

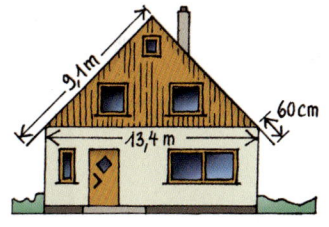

7. Gegeben ist ein gleichseitiges Dreieck.
 a) Berechne die Höhe h des Dreiecks.
 b) Gib den Flächeninhalt an.

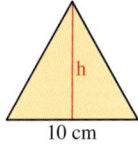

8. Berechne die Höhe im gleichschenkligen Dreieck. Gib auch den Flächeninhalt an.

a) 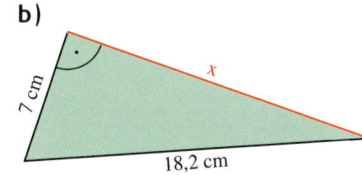
b) 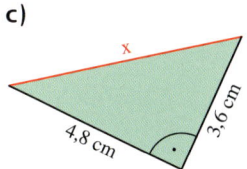
c)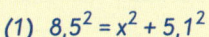

9. Von einem Dreieck sind die Längen der Hypotenuse und einer Kathete gegeben. Überprüfe die Gleichungen.

(1) $8{,}5^2 = x^2 + 5{,}1^2$ (3) $x^2 = 8{,}5^2 - 5{,}1^2$
(2) $x^2 = 8{,}5^2 + 5{,}1^2$

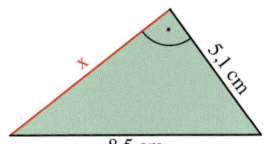

5 Zusammengesetzte Körper

Nikolaikirche in Creuzburg

Modell der Nikolaikirche in Creuzburg

Mittelalterlicher Kanonenturm

→ Welche Körper erkennst du an dem Modell der Nikolaikirche und an dem Kanonenturm?

In diesem Kapitel lernst du ...
... wie man zusammengesetzte Körper darstellt und berechnet.

Zusammengesetzte Körper

DARSTELLEN UND BERECHNEN VON KÖRPERN – WIEDERHOLUNG
Schrägbilder

Zum Wiederholen

1. Im Alltag findest du u.a. verschieden geformte Verpackungen. Beschreibe die abgebildeten Körper und notiere ihre Bezeichnungen.

(1)  (2)  (3)  (4)  (5)

Wiederholung

Beschreiben und Einteilen gerader Körper

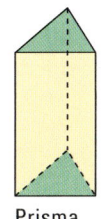 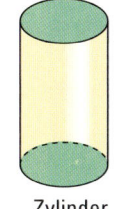 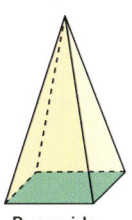 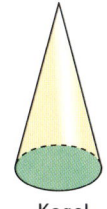 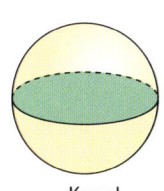

Prisma   Zylinder   Pyramide   Kegel   Kugel

Ein **Prisma** besitzt zwei zueinander parallele und kongruente Vielecke als Grundflächen. Die Seitenflächen sind Rechtecke; sie bilden die Mantelfläche des Prismas.
Ein **Zylinder** besitzt zwei zueinander parallele und kongruente Kreisflächen als Grundflächen. Die Mantelfläche ist gekrümmt.
Beim Prisma und beim Zylinder ist der Abstand der beiden Grundflächen die Höhe.
Eine **Pyramide** besitzt als Grundfläche ein Vieleck, z. B. ein Dreieck, ein Viereck oder ein Achteck. Die Seitenflächen sind Dreiecke, die sich in der Spitze der Pyramide treffen.
Ein **Kegel** besitzt als Grundfläche eine Kreisfläche. Die Mantelfläche ist gekrümmt.
Bei der Pyramide und beim Kegel ist der Abstand der Spitze von der Grundfläche die Höhe.

Würfel und Quader sind besondere Prismen.

Übungen

2. Benenne die abgebildeten Körper. Beschreibe Gemeinsamkeiten und Unterschiede.

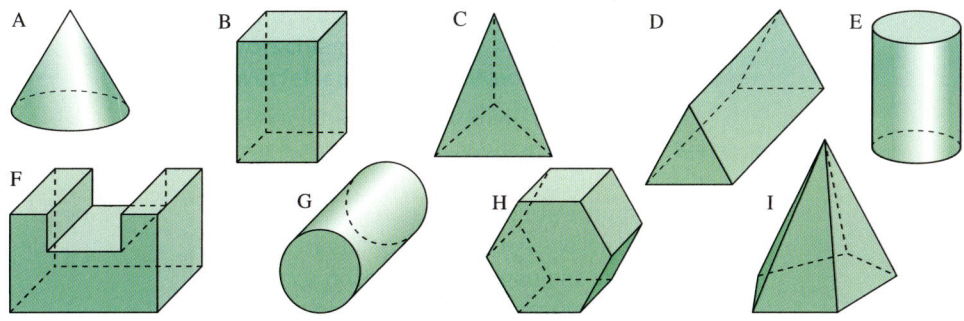

3. Würfel und Quader sind besondere Prismen. Begründe jeweils. Beschreibe dazu Grundflächen und Seitenflächen.

Zum Wiederholen

1. *Schrägbilder von Prismen*

Ein Prisma ist 1,8 cm hoch und hat als Grundfläche ein gleichschenkliges Dreieck (Maße in der Abbildung).
Zeichne ein Schrägbild des Prismas auf einer Grundfläche stehend. Wähle den Verzerrungswinkel 45° und das Verkürzungsverhältnis $\frac{1}{2}$.

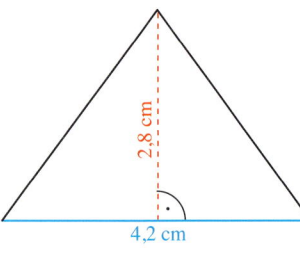

Lösung

1. Schritt: *2. Schritt*

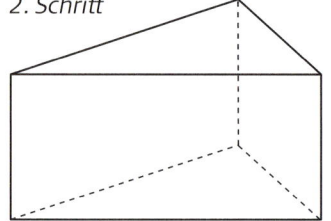

Beginne mit einem Schrägbild der Grundfläche:
Zeichne die Breitenkante (blau) unverkürzt und die Tiefenstrecke (rot) unter einem Winkel von 45° sowie auf die Hälfte verkürzt.

Zeichne die Höhenkanten des Prismas unverkürzt.
Ergänze die fehlenden Kanten (verdeckte Kanten gestrichelt).

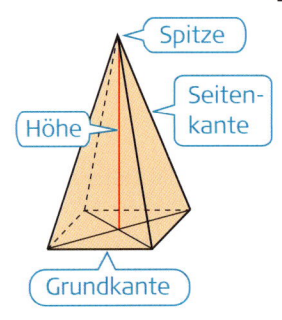

2. *Schrägbilder von Pyramiden*

Eine quadratische Pyramide hat die Grundkantenlänge a = 2,8 cm und die Körperhöhe h = 2,1 cm.
Zeichne ein Schrägbild der Pyramide mit dem Verzerrungswinkel 45° und dem Verkürzungsverhältnis $\frac{1}{2}$.

Lösung

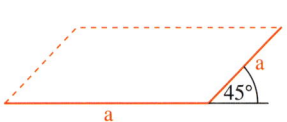 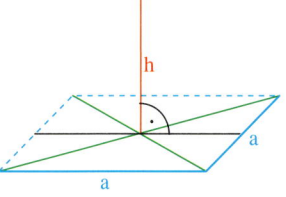 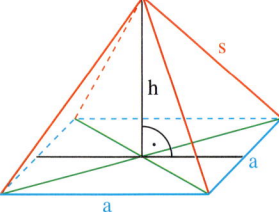

| Zeichne ein Schrägbild der quadratischen Grundfläche (Verzerrungswinkel 45°; Verkürzung auf die Hälfte). | Zeichne vom Mittelpunkt der Grundfläche (Schnittpunkt der Diagonalen) aus die Höhe h ein. | Verbinde die Spitze der Pyramide mit den Eckpunkten der Grundfläche und achte auf verdeckte Kanten. |

3. *Schrägbilder von Prismen, die auf einer Seitenfläche liegen*

Wenn man sich ein Prisma auf einer Seitenfläche liegend vorstellt, kann man besonders leicht ein Schrägbild zeichnen (siehe rechts).
Zeichne ein Schrägbild des Prismas aus Aufgabe 1 auf einer Seitenfläche liegend.

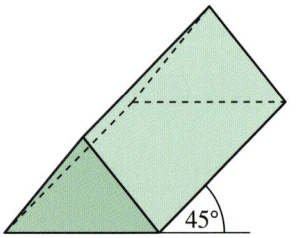

Zusammengesetzte Körper

KAPITEL 5

Übungen

4. Ein Quader hat die Kantenlängen 3,6 cm; 4,8 cm und 5,4 cm. Zeichne zwei verschiedene Schrägbilder.

5. Zeichne ein Schrägbild des Prismas mit folgender Grundfläche (Maße in mm) und der Körperhöhe 40 mm.
  a) auf einer Grundfläche stehend;
  b) auf einer Seitenfläche liegend.

(1) 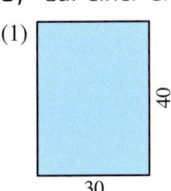　(2) 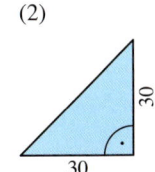　(3) 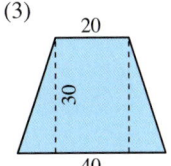　(4)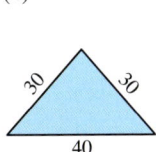

6. Gegeben ist eine Pyramide mit rechteckiger Grundfläche (Grundkantenlängen: a = 6,4 cm; b = 4,8 cm) und der Körperhöhe h = 5,2 cm.
Zeichne ein Schrägbild und beschreibe dein Vorgehen.

7. Zeichne ein Schrägbild des Prismas mit der Körperhöhe 50 mm und der folgenden Grundfläche (Maße in mm).

a) 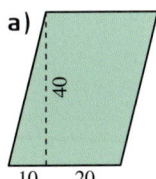　b) 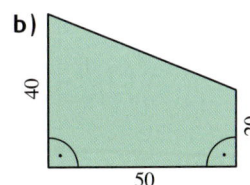　c) 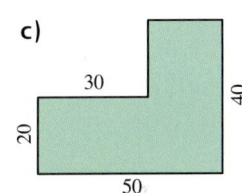　d)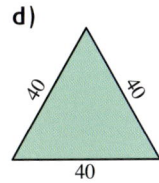

8. Luisa hat Schrägbilder von Pyramiden und Prismen mit einem Verzerrungswinkel 45° und einem Verkürzungsverhältnis $\frac{1}{2}$ gezeichnet. Sie hat den Maßstab 1 : 4 gewählt.

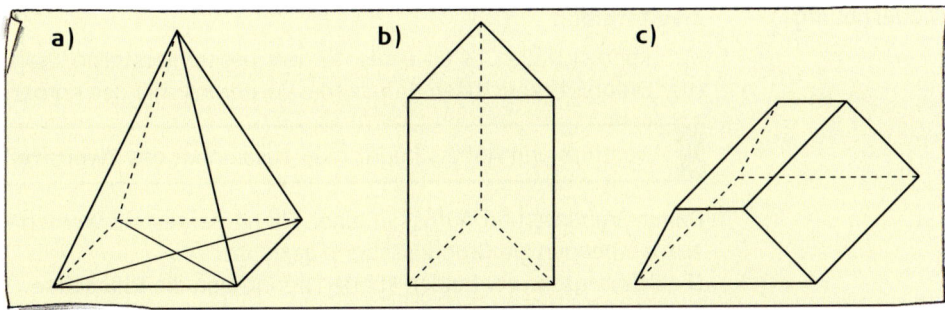

Entscheidet, ob folgende Aussagen über das Original wahr sind. Begründet eure Entscheidung. Berichtigt falsche Aussagen.

a) (1) Der Körper ist eine quadratische Pyramide.　(3) Die Körperhöhe beträgt 14 cm.
   (2) Die Seitenkanten sind 12 cm lang.　(4) Die Diagonalen sind gleich lang.

b) (1) Der Körper ist ein dreiseitiges Prisma.　(3) Der Körper ist 10 cm hoch.
   (2) Die Grundfläche ist ein rechtwinkliges Dreieck.　(4) Die Seitenflächen sind gleich groß.

c) (1) Der Körper ist ein vierseitiges Prisma.　(3) Der Körper ist 8 cm hoch.
   (2) Die Grundfläche ist ein Rechteck.　(4) Eine Körperkante ist 10 cm lang.

9. Sammelt Verpackungen von Körpern, die die Form von Prismen oder Pyramiden haben, und skizziert verschiedene Schrägbilder.

Zweitafelbilder

Zum Wiederholen

1. Zeichne die Zweitafelbilder der abgebildeten Körper und vergleiche sie.

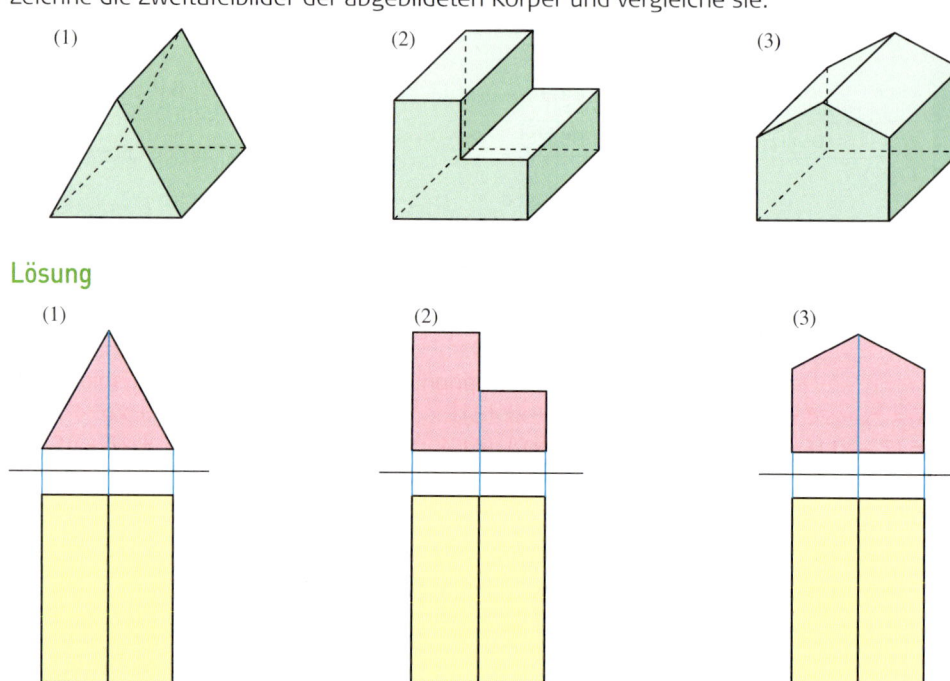

Alle Körper haben gleiche Grundrisse. Sie würden sich nur in der Beschriftung der Bildpunkte unterscheiden. Die Aufrisse sind verschieden.

Wiederholung

Zweitafelbild

Man kann sich die Gestalt eines Körpers besser vorstellen, wenn man außer dem *Grundriss* (der Draufsicht) auch den *Aufriss* (die Vorderansicht) des Körpers zeichnet.

> Grundriss und Aufriss nennt man zusammen das **Zweitafelbild** eines Körpers.

Damit Grundriss und Aufriss in einer Ebene dargestellt werden können, denkt man sich die Aufrissebene in die Grundrissebene geklappt.
Die Schnittachse der beiden Ebenen nennt man die **Rissachse**.
Den Eckpunkten des dargestellten Körpers sind in den Ebenen entsprechende Bildpunkte zugeordnet.

Merke:
sichtbare Kanten: fett
verdeckte Kanten: gestrichelt
Ordnungslinien: dünn

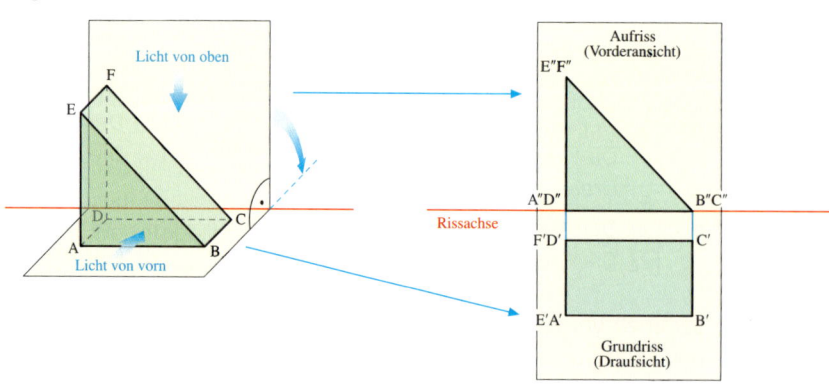

Zusammengesetzte Körper

KAPITEL 5

Übungen

2. Zeichne ein Zweitafelbild des Körpers (Maße in cm).

a) 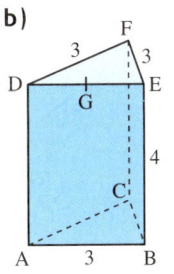 b) 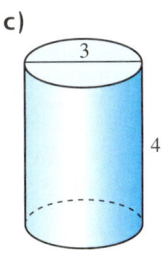 c) (Zylinder, Höhe 4, Durchmesser 3) d)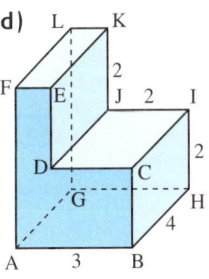

3. Skizziere Schrägbilder von zwei verschiedenen Körpern, die

a) ein Rechteck als Grundriss haben; b) ein Dreieck als Aufriss haben.

Körperberechnungen

Zum Wiederholen

1. Ein Teehändler bietet Teeproben in den unten abgebildeten Verpackungen an (Maße in cm). Für welche Verpackung wird das meiste Material (ohne Verschnitt und Kleberänder) benötigt; wie viel ist das?

(1)  (2) 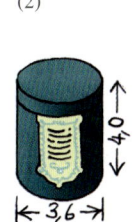 (3) 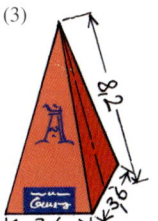 (4)

Lösung

Für das **Volumen** V von **Prisma** (1) und **Zylinder** (2) mit dem Grundflächeninhalt A_G und der Körperhöhe h gilt $V = A_G \cdot h$.

Gleichseitiges Dreieck
$A = \frac{1}{4}\sqrt{3} \cdot a^2$

Die Grundfläche des Prismas ist ein gleichseitiges Dreieck mit der Seitenlänge a = 3,6 cm.

$A_G = \frac{1}{4} \cdot \sqrt{3} \cdot a^2$
$A_G = \frac{1}{4} \cdot \sqrt{3} \cdot (3{,}6 \text{ cm})^2$, also $A_G \approx 5{,}61 \text{ cm}^2$
$V \approx 5{,}61 \text{ cm}^2 \cdot 6{,}0 \text{ cm}$
$V \approx 33{,}66 \text{ cm}^3$

Die Grundfläche des Zylinders ist ein Kreis mit dem Radius r = 1,8 cm.

$A_G = \pi \cdot r^2$
$A_G = \pi \cdot (1{,}8 \text{ cm})^2$, also $A_G \approx 10{,}18 \text{ cm}^2$
$V \approx 10{,}18 \text{ cm}^2 \cdot 4{,}0 \text{ cm}$
$V \approx 40{,}72 \text{ cm}^3$

Für den **Oberflächeninhalt** A_O von Prisma und Zylinder mit dem Grundflächeninhalt A_G und dem Mantelflächeninhalt A_M gilt: $A_O = 2 \cdot A_G + A_M$. Die Mantelfläche ist ein Rechteck. Die Länge des Rechtecks ist gleich dem Umfang u der Grundfläche.

Für die Mantefläche gilt: $A_M = u \cdot h$

$A_M = 3 \cdot a \cdot h$
$A_M = 3 \cdot 3{,}6 \text{ cm} \cdot 6{,}0 \text{ cm}$
$A_M = 64{,}80 \text{ cm}^2$
$A_O \approx 2 \cdot 5{,}61 \text{ cm}^2 + 64{,}80 \text{ cm}^2$
$A_O \approx 76{,}02 \text{ cm}^2$

$A_M = 2\pi \cdot r \cdot h$
$A_M = 2\pi \cdot 1{,}8 \text{ cm} \cdot 4{,}0 \text{ cm}$
$A_M \approx 45{,}24 \text{ cm}^2$
$A_O \approx 2 \cdot 10{,}18 \text{ cm}^2 + 45{,}24 \text{ cm}^2$
$A_O \approx 65{,}60 \text{ cm}^2$

KAPITEL 5 — Zusammengesetzte Körper

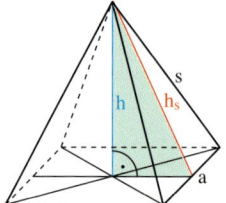

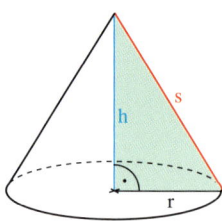

Für das **Volumen** V von **Pyramide** (3) und **Kegel** (4) mit dem Grundflächeninhalt A_G und der Körperhöhe h gilt: $V = \frac{1}{3} \cdot A_G \cdot h$.

Die Grundfläche der Pyramide ist ein Quadrat mit der Seitenlänge a = 3,6 cm.

$A_G = a^2$, also
$A_G = 12{,}96 \text{ cm}^2$

Die Grundfläche des Kegels ist ein Kreis mit dem Radius r = 1,8 cm.

$A_G = \pi \cdot r^2$, also
$A_G \approx 10{,}18 \text{ cm}^2$

Nach dem Satz des Pythagoras gilt:

$h^2 = h_s^2 - \left(\frac{a}{2}\right)^2$

$h^2 = (8{,}2 \text{ cm})^2 - (1{,}8 \text{ cm})^2$, also
h = 8,0 cm

$V = \frac{1}{3} \cdot 12{,}96 \text{ cm}^2 \cdot 8{,}0 \text{ cm}$

$V = 34{,}56 \text{ cm}^3$

$h^2 = s^2 - r^2$

$h^2 = (8{,}2 \text{ cm})^2 - (1{,}8 \text{ cm})^2$, also
h = 8,0 cm

$V \approx \frac{1}{3} \cdot 10{,}18 \text{ cm}^2 \cdot 8{,}0 \text{ cm}$

$V \approx 27{,}15 \text{ cm}^3$

Für den Oberflächeninhalt A_O von Pyramide und Kegel mit dem Grundflächeninhalt A_G und dem Mantelflächeninhalt A_M gilt: $A_O = A_G + A_M$.

Für die Mantelfläche gilt:

$A_M = 4 \cdot \frac{1}{2} \cdot a \cdot h_s$

$A_M = 2 \cdot 3{,}6 \text{ cm} \cdot 8{,}2 \text{ cm}$, also $A_M = 59{,}04 \text{ cm}^2$

$A_O = 12{,}96 \text{ m}^2 + 59{,}04 \text{ cm}^2$

$A_O = 72{,}00 \text{ cm}^2$

$A_M = \pi \cdot r \cdot s$

$A_M = \pi \cdot 1{,}8 \text{ cm} \cdot 8{,}2 \text{ cm}$, also $A_M \approx 46{,}37 \text{ cm}^2$

$A_O = 10{,}18 \text{ cm}^2 + 46{,}37 \text{ cm}^2$

$A_O = 56{,}55 \text{ cm}^2$

Ergebnis: Die zylinderförmige Verpackung hat mit rund 41 cm³ das größte Fassungsvermögen, aber für die prismenförmige wird mit rund 76 cm² das meiste Material benötigt.

Wiederholung

Volumen und Oberflächeninhalt von Körpern

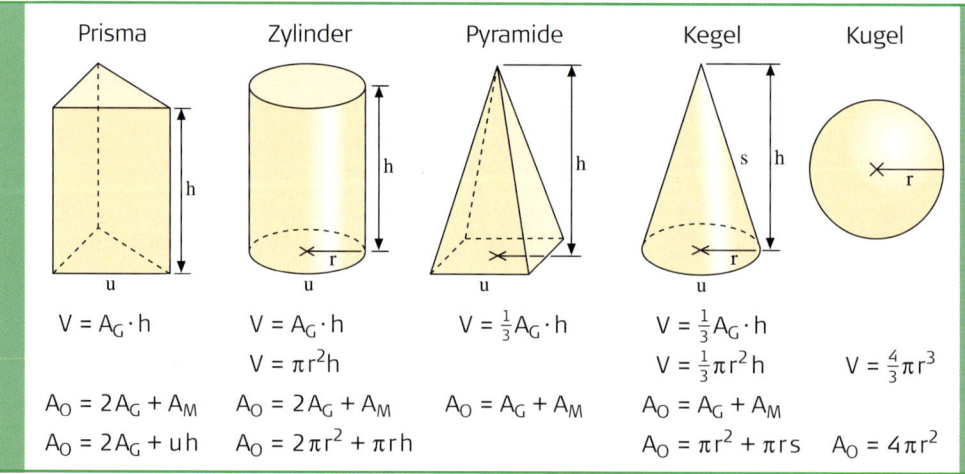

Übungen

2. Berechne das Volumen der Körper. Runde gegebenenfalls.

	a) Prisma	b) Zylinder	c) Kegel	d) Pyramide
Grundflächeninhalt A_G	123,9 cm²	3,8 m²	70 cm²	183 mm²
Körperhöhe h	75 cm	4,2 m	20 cm	93 mm

Zusammengesetzte Körper　　　　　　　　　　　　　　　　　　　　　　　　　　　　　　KAPITEL 5

3. Berechne Volumen und Oberflächeninhalt des dreiseitigen Prismas mit der folgenden Grundfläche und der Höhe. Zeichne auch Zweitafelbild und Schrägbild. Wähle, wenn nötig, einen geeigneten Maßstab und gib ihn an.

    a) h = 1 m   **b)** h = 19 mm   **c)** h = 10,5 cm   **d)** h = 9,8 cm

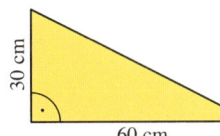 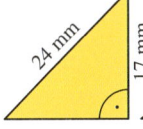 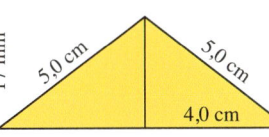 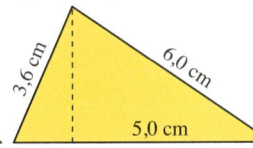

4. Berechne Volumen und Oberflächeninhalt des Kegels. Zeichne ein Zweitafelbild in einem geeigneten Maßstab.

    a) r = 8,4 cm   **b)** d = 68 mm   **c)** r = 3,7 dm   **d)** h = 1,8 m   **e)** u = 8,2 m
        h = 15,6 cm   h = 94 mm   s = 9,8 dm   s = 2,4 m   h = 1,4 m

5. Berechne Volumen und Oberflächeninhalt des Körpers (Maße in mm). Zeichne auch ein Zweitafelbild.

    a) 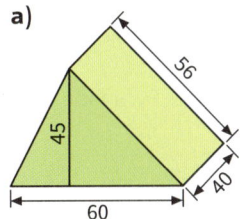   **b)** 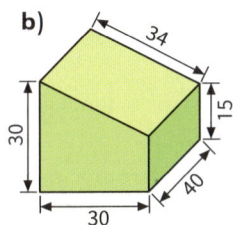   **c)** 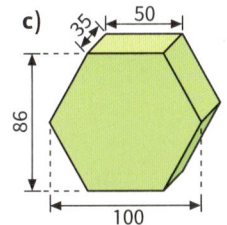   **d)**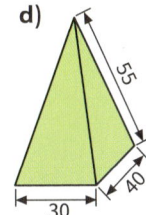

6. Berechne die fehlenden Größen eines Zylinders.

	Radius	Höhe	Grundflächeninhalt	Mantelflächeninhalt	Oberflächeninhalt	Volumen
a)	4,5 cm	14,3 cm				
b)		16 cm		623 cm²		
c)	3,8 cm					594 cm³

7. Bei einer Kugel sind r der Radius, d der Durchmesser, A_O der Oberflächeninhalt und V das Volumen. Berechne die fehlenden Größen.

    a) r = 2,4 cm   **b)** d = 9,8 m   **c)** A_O = 2 m²   **d)** V = 4 m³   **e)** V = 1 l

8. Stellt die Körper in einem geeigneten Maßstab dar und berechnet den Brutto-Rauminhalt.

    (1)   (2)   (3)

Brutto-Rauminhalt: Volumen einschließlich der Außenmauern

Grundseiten: 2,20 m; 2,50 m   Durchmesser: 6,40 m   Gleichschenkliges Dreieck
Höhen: 1,60 m; 2,40 m   Höhe: 15,20 m   mit s = 60 m; b = 50 m
                                                      Höhe: 28 m

BERECHNUNGEN AN ZUSAMMENGESETZTEN KÖRPERN

Einstieg

Der abgebildete Pokal wurde aus Glas hergestellt.

Zur Berechnung der Masse brauchst du das Volumen.

→ Beschreibe den Pokal.
→ Das verwendete Glas hat eine Dichte von $2{,}3 \; \frac{g}{cm^3}$.
  Berechne die Masse des Pokals.

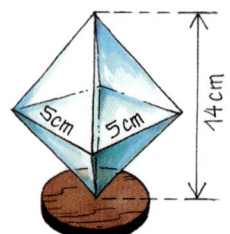

Aufgabe

1. Für den zusammengesetzten Körper ist a = 5 cm und h = 6 cm.

a) Beschreibe den Körper; überlege, aus welchen Teilkörpern er besteht.

b) Berechne sein Volumen.

c) Berechne seinen Oberflächeninhalt.

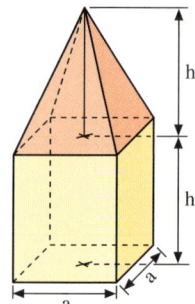

Lösung

a) Der Körper ist aus einem Quader und einer Pyramide zusammengesetzt.

b) *Schrittweises Berechnen des Volumens*
Der Quader hat eine quadratische Grundfläche mit der Grundkante a und der Körperhöhe h. Die Pyramide hat die gleiche Grundfläche und die gleiche Körperhöhe h.

Quader:
$V = a \cdot b \cdot c$
Pyramide:
$V = \frac{1}{3} \cdot A_G \cdot h$

Volumen des Quaders	Volumen der Pyramide	Gesamtvolumen
$V_Q = a \cdot a \cdot h$	$V_P = \frac{1}{3} a \cdot a \cdot h$	$V = V_Q + V_P$
$V_Q = 5 \text{ cm} \cdot 5 \text{ cm} \cdot 6 \text{ cm}$	$V_P = \frac{1}{3} \cdot 5 \text{ cm} \cdot 5 \text{ cm} \cdot 6 \text{ cm}$	$V = 150 \text{ cm}^3 + 50 \text{ cm}^3$
$V_Q = 150 \text{ cm}^3$	$V_P = 50 \text{ cm}^3$	$V = 200 \text{ cm}^3$

c) Die Oberfläche des zusammengesetzten Körpers besteht aus der Grundfläche des Quaders, den vier Seitenflächen des Quaders und den vier Seitenflächen der Pyramide. Zum Berechnen einer Seitenfläche der Pyramide benötigen wir ihre Höhe h_a.

$h_a^2 = (6 \text{ cm})^2 + (2{,}5 \text{ cm})^2$

$h_a^2 = 42{,}25 \text{ cm}^2$

$h_a = \sqrt{42{,}25 \text{ cm}^2}$

$h_a = 6{,}5 \text{ cm}$

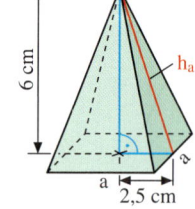

Welche Flächen sind Außenflächen?

Grundflächeninhalt des Quaders	Seitenflächeninhalt des Quaders	Seitenflächeninhalt der Pyramide
$A_G = a \cdot a$	$A_\square = a \cdot h$	$A_\triangle = \frac{a \cdot h_a}{2}$
$A_G = 5 \text{ cm} \cdot 5 \text{ cm}$	$A_\square = 5 \text{ cm} \cdot 6 \text{ cm}$	$A_\triangle = \frac{5 \text{ cm} \cdot 6{,}5 \text{ cm}}{2}$
$A_G = 25 \text{ cm}^2$	$A_\square = 30 \text{ cm}^2$	$A_\triangle = 16{,}25 \text{ cm}^2$

Oberflächeninhalt des zusammengesetzten Körpers

$A_O = A_G + 4 \cdot A_\square + 4 \cdot A_\triangle$

$A_O = 25 \text{ cm}^2 + 4 \cdot 30 \text{ cm}^2 + 4 \cdot 16{,}25 \text{ cm}^2$

$A_O = 210 \text{ cm}^2$

Zusammengesetzte Körper

KAPITEL 5

Aufgabe

2. Aus einem Würfel wurde ein Zylinder ausgefräst. Den dabei entstandenen Körper nennen wir *Restkörper*. Berechne das Volumen des Restkörpers. Beschreibe dein Vorgehen.

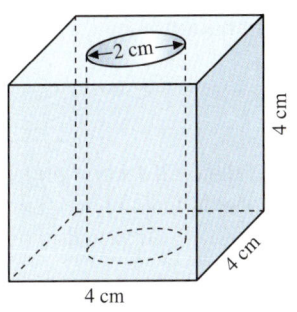

Lösung

Wir bestimmen das Volumen des entstandenen Körpers, indem wir vom Volumen des Würfels das Volumen des herausgefrästen Zylinders subtrahieren.

Volumen des Würfels

$V_W = a^3$
$V_W = (4\ cm)^3$
$V_W = 64\ cm^3$

Volumen des Zylinders

$V_Z = \pi \cdot r^2 \cdot h$
$V_Z = \pi \cdot (1\ cm)^2 \cdot 4\ cm$
$V_Z \approx 12{,}6\ cm^3$

Volumen des Restkörpers

$V = V_W - V_Z$
$V = 64{,}0\ cm^3 - 12{,}6\ cm^3 = 51{,}4\ cm^3$

Ergebnis: Der Restkörper hat ein Volumen von $51{,}4\ cm^3$.

Information

Strategie zur Berechnung zusammengesetzter Körper

Das Volumen zusammengesetzter Körper kann man auf zwei Wegen berechnen:

(1) Zerlege den Körper in geeignete Teilkörper. Berechne die Volumen dieser Teilkörper und addiere sie.
$V = V_{Qu} + V_{Py}$

(2) Ergänze den Körper und subtrahiere vom Gesamtvolumen das Volumen des ergänzten Körpers.
$V = V_{Qu} - V_{Zy}$

Zum Festigen und Weiterarbeiten

3. a) Berechne das Volumen und den Oberflächeninhalt des zusammengesetzten Körpers.
b) Zeichne ein Zweitafelbild des Körpers.

(1) r = 2 cm; h = 5 cm   (2) r = 3 cm   (3) r = 4 cm; h = 6 cm

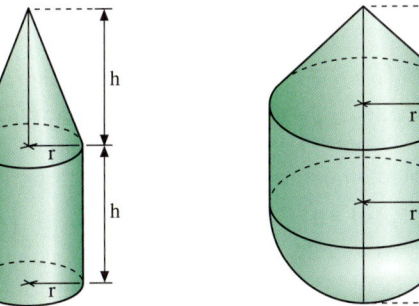

4. a) Berechne das Volumen des Ringes.
b) Erläutere die Formeln zur Berechnung des Volumens eines Hohlzylinders:
(1) $V = \pi \cdot r_a^2 \cdot h - \pi \cdot r_i^2 \cdot h$ (2) $V = \pi \cdot h(r_a^2 - r_i^2)$

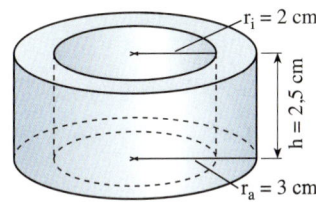

Information

Hohlzylinder

Volumen des Hohlzylinders:

$V = \pi r_a^2 h - \pi r_i^2 h$

$V = \pi h (r_a^2 - r_i^2)$

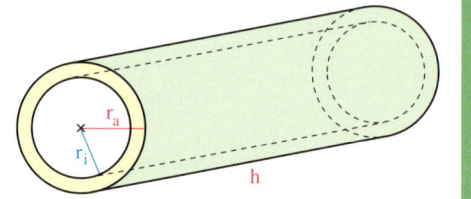

Übungen

5. Beschreibe zunächst, aus welchen Teilkörpern der Körper zusammengesetzt ist. Berechne das Volumen und den Oberflächeninhalt des Körpers (Maße in m).

a) 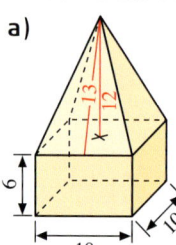　　b) 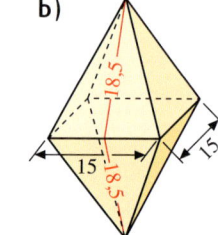　　c) 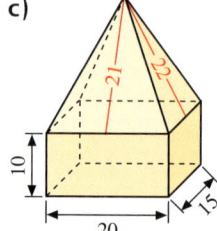　　d)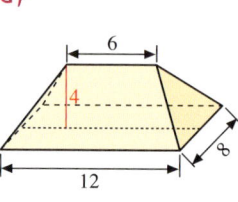

6. Berechne das Volumen und den Oberflächeninhalt des Körpers (Maße in cm). Zeichne auch ein Zweitafelbild des Körpers.

a) 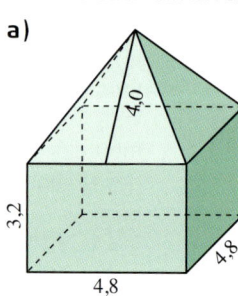　　b) 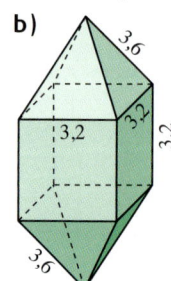　　c) 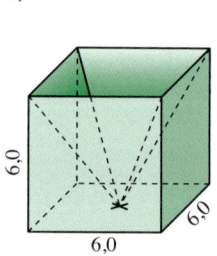　　d)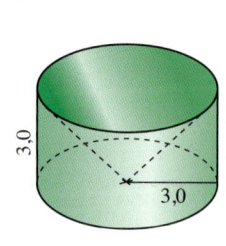

7. Berechne das Volumen des Hohlzylinders.

a) $r_a = 6$ cm;　$r_i = 5{,}5$ cm;　$h = 20$ cm　　c) $d_a = 12$ cm;　$d_i = 10$ cm;　$h = 50$ cm

b) $r_a = 8{,}5$ cm;　$r_i = 7{,}2$ cm;　$h = 18$ cm　　d) $d_a = 2{,}0$ cm;　$d_i = 1{,}5$ cm;　$h = 3{,}00$ m

8. Aus Eisenkörpern $\left(\varrho = 7{,}87 \, \frac{g}{cm^3}\right)$ werden kegelförmige Hohlräume gefräst. Dem Schrägbild kann man die Art der Bohrung und die Maße (in mm) entnehmen. Skizziere ggf. einen Achsenschnitt des Gesamtkörpers wie im Beispiel links.
Berechne das Volumen und die Masse des Restkörpers.

zu **a)**

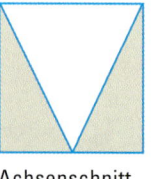

Achsenschnitt

a) 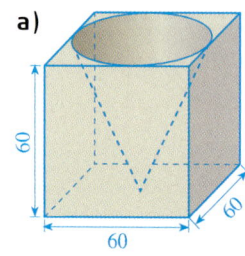　　b) 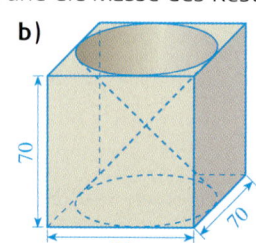　　c) 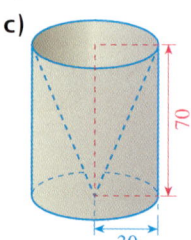　　d)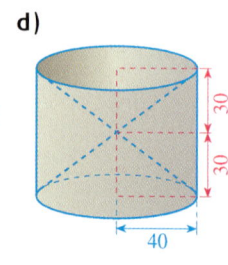

Zusammengesetzte Körper KAPITEL 5 171

9. Ein Hohlzylinder mit $r_a = 4$ cm; $r_i = 2,5$ cm; $h = 60$ cm ist aus Kupfer (Dichte $\varrho = 8,96 \frac{g}{cm^3}$) hergestellt.
Welche Masse hat der Hohlzylinder?

10. Berechne das Volumen und den Oberflächeninhalt des abgebildeten Körpers.

a) 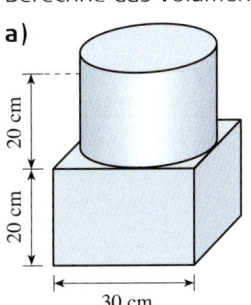 b) 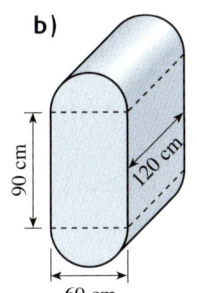 c)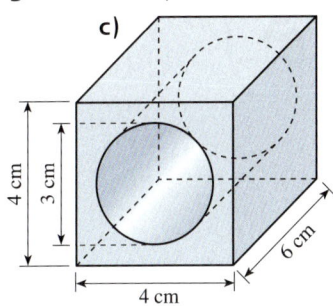

11. Wie viel wiegt das abgebildete Werkstück aus Stahl (Maße in mm)?

a) 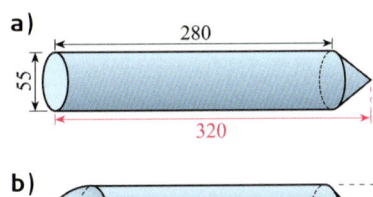 c) 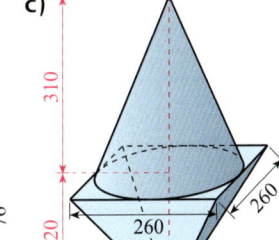 d)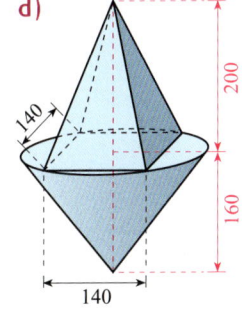

b)

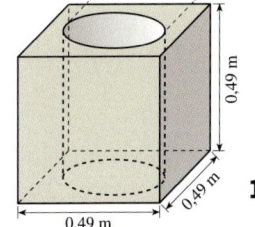

12. a) Eine Firma stellt aus Beton die links abgebildeten Schornsteinelemente her.
Wie viel dm³ Beton benötigt man für ein solches Element?

b) Welche Masse hat ein solches Element, wenn 1 dm³ Beton die Masse 2,4 kg hat?

c) Welche Masse könnte man sparen, wenn man das Bauteil als Betonrohr mit einer Wandstärke von 7 cm herstellt? Gib diesen Anteil auch in Prozent an.

13. a) Im Zweitafelbild ist ein zusammengesetzter Körper dargestellt (Maßstab 1 : 100).
Berechne sein Volumen und seinen Oberflächeninhalt.

b) Zeichne ein Schrägbild des Körpers (1).

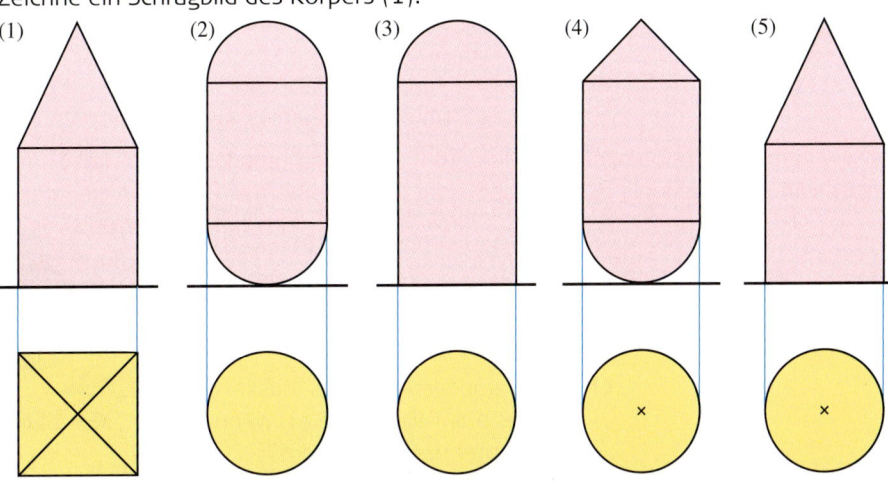

KAPITEL 5 — Zusammengesetzte Körper

VERMISCHTE UND KOMPLEXE ÜBUNGEN

1. Beschreibt die abgebildeten Werkstücke. Notiert, welche Grundkörper ihr erkennt. Skizziert auch die Zweitafelbilder.

(1) (2) (3) (4)

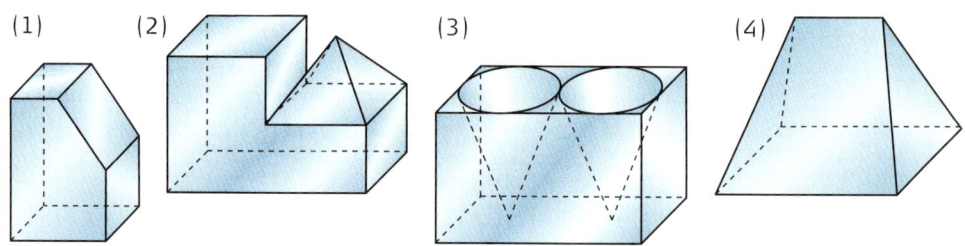

2. Gib zu dem Grundriss mindestens zwei verschiedene Körper an. Skizziere jeweils ein Schrägbild und das Zweitafelbild.

a) 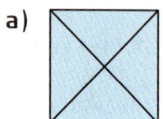 b) 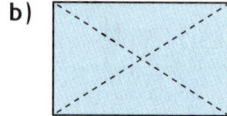 c)  d)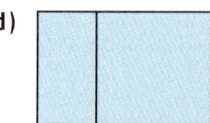

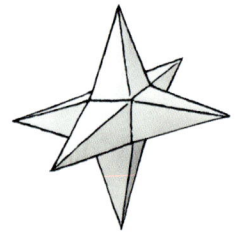

Granit:
$\varrho = 2{,}8\ \frac{g}{cm^3}$

Gusseisen:
$\varrho = 7{,}25\ \frac{g}{cm^3}$

Kupfer:
$\varrho = 8{,}96\ \frac{g}{cm^3}$

Aluminium:
$\varrho = 2{,}7\ \frac{g}{cm^3}$

3. Wie viel wiegt das Dekorationsstück aus Granit (Maße in mm)? Zeichne ein Zweitafelbild.

a) 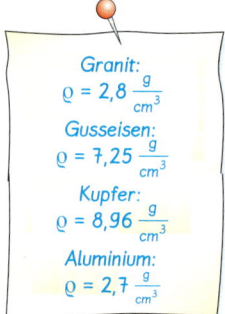 b) 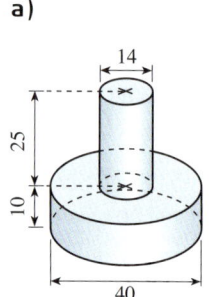 c) 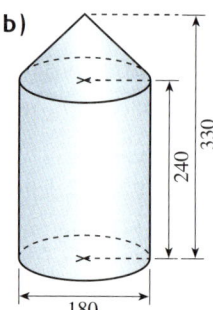 d)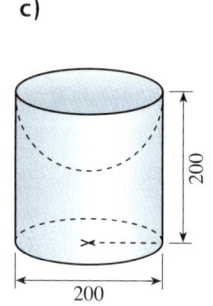

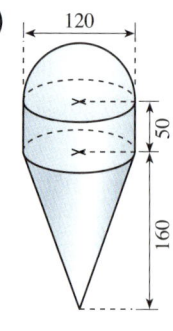

4. Für eine Schaufensterdekoration wird auf jede Seitenfläche eines Würfels eine quadratische Pyramide aufgesetzt. Der so entstandene Stern wird mit Silberfolie beklebt. Die Grundkanten der Pyramide und die Würfelkanten sind 12 cm lang. Die Seitenkanten der Pyramide sind 34 cm lang.
Wie viel cm² Silberfolie wird für den Stern mindestens benötigt?

5. Welche Masse hat eine Hohlkugel aus Gusseisen mit dem Radius des Hohlraumes $r_i = 8$ cm und dem äußeren Radius $r_a = 10$ cm?
Leite zunächst eine Formel für das Volumen der Hohlkugel her.

6. a) Berechne die Masse des im Bild dargestellten Rohres aus Gusseisen.

b) Um wieviel Prozent nimmt die Masse des Rohres ab, wenn es aus Aluminium hergestellt wird?

c) Wie verändert sich die Masse des Rohres aus Teilaufgabe a), wenn es aus Kupfer hergestellt wird?

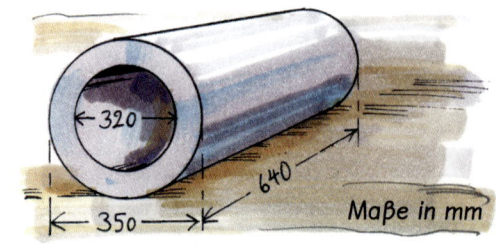

Maße in mm

Zusammengesetzte Körper

KAPITEL 5

7. Berechnet die Größe der Dachfläche und die Größe des Dachraumes. Zeichnet Zweitafelbilder in geeignetem Maßstab.

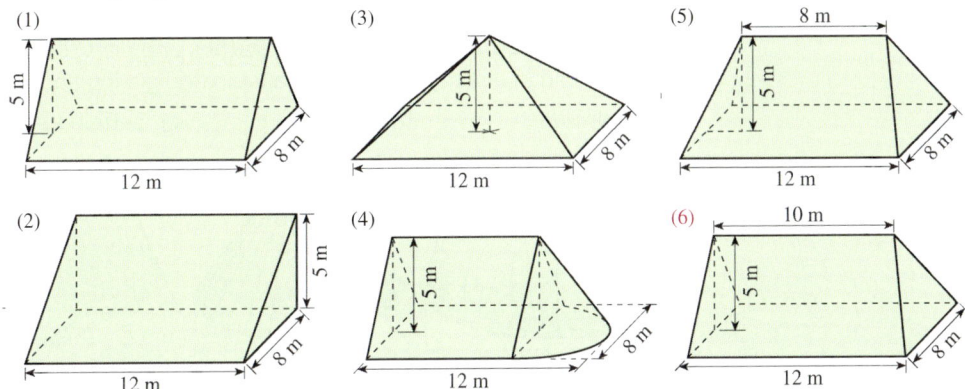

8. Ein *Oktaeder* ist eine „Doppelpyramide", deren 8 Seitenflächen gleichseitige Dreiecke sind.
Die Länge einer Seitenkante eines Oktaeders ist a = 8 cm.

a) Berechne die Größe der Oberfläche.

b) Berechne das Volumen des Oktaeders.

9. Auf einen Zylinder mit dem Radius r und der Höhe 2 r wird ein Kegel mit dem Radius r der Grundfläche und der Höhe 2 r aufgesetzt.
Stelle eine Formel zur Berechnung des Volumens V und des Oberflächeninhalts A_O auf.

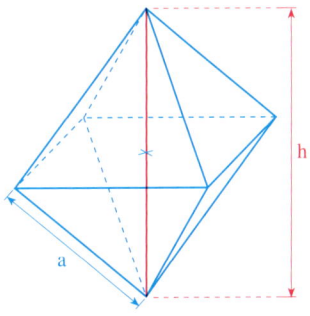

10. Welche Masse hat der abgebildete Stahlbolzen mit sechseckigem Kopf (Maße in mm; $\varrho = 7{,}9 \, \frac{g}{cm^3}$)?

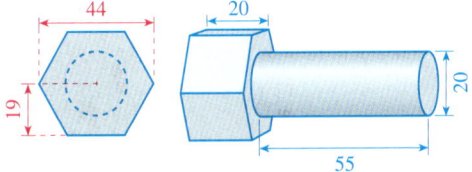

11. Die Maße eines Hohlzylinders sind:
r_a = 3,2 cm; r_i = 2,1 cm;   h = 10,5 cm.
Berechne die Größe der Oberfläche.

12. Der Kerzenständer im Bild rechts ist aus Messing.
1 cm³ Messing wiegt 8,6 g.
Wie viel wiegt der Kerzenständer?

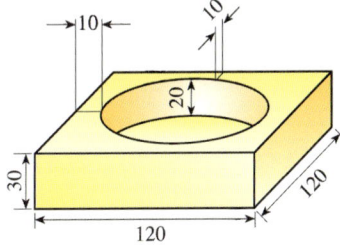

(Maße in mm)

13. a) Um einen Zylinder mit r = 30 cm, h = 80 dm windet sich eine Schraubenlinie einmal [zweimal; dreimal; viermal]. Bestimme die Länge der Schraubenlinie.

b) Eine Wendeltreppe hat einen Durchmesser von 2,50 m und eine Höhe von 9 m. Sie windet sich genau dreimal.
Wie lang ist der Handlauf für das Treppengeländer?

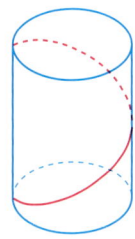

BIST DU FIT?

1. Berechne den Brutto-Rauminhalt des Daches und die Größe der Dachfläche. Zeichne ein Zweitafelbild in einem geeigneten Maßstab und gib ihn an.

   a) Kuppeldach   b) Kegeldach   c) Satteldach   d) Zeltdach

    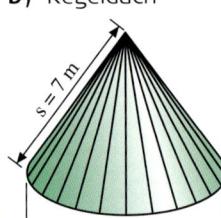 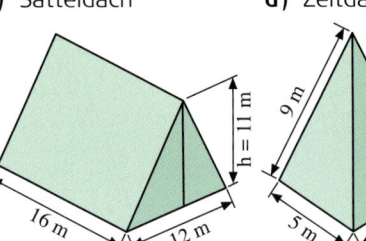

2. Bei einer quadratischen Pyramide soll a die Kantenlänge der Grundfläche, h die Körperhöhe, h_s die Höhe der Seitenfläche, A_O der Oberflächeninhalt und V das Volumen sein. Berechne aus den gegebenen Größen alle anderen und zeichne ein Schrägbild.

   a) a = 63 cm
   h = 84 cm

   b) a = 18 mm
   h_s = 21 mm

   c) a = 16,8 cm
   V = 954 cm³

   d) h = 150 cm
   V = 1 m³

3. Körper (1) besteht aus einem Hohlzylinder und einer Halbkugel. Die Höhe h beträgt 1,082 m.
   Der Körper ist aus Eisen gefertigt $\left(\varrho = 7{,}87\,\frac{g}{cm^3}\right)$. Berechne die Masse.

   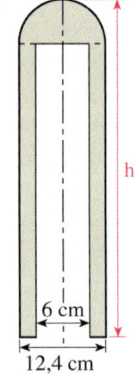 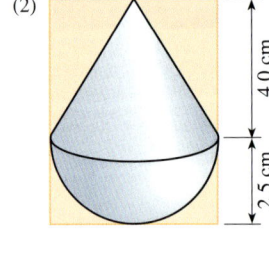

4. Das Werkstück (2) hat die Form einer Halbkugel mit aufgesetztem Kegel. Es wurde aus einem Quader mit den Maßen 5 cm, 6 cm und 6,5 cm herausgearbeitet.

   a) Wie viel cm³ Abfall entstehen dabei? Gib den Abfall auch in Prozent an.

   b) Berechne den Oberflächeninhalt des Werkstücks und vergleiche ihn mit dem Oberflächeninhalt des Quaders.

5. Ein Flüssigkeitsbehälter ist aus einem Zylinder und zwei Halbkugeln zusammengesetzt (Maße in cm).

   a) Der Behälter wird gefüllt. Wie viel Liter Flüssigkeit fasst er?

   b) Der Behälter wird aus Blech hergestellt. Wie viel m² Blech werden ohne Verschnitt benötigt?

   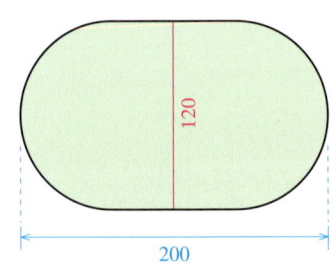

6. Die Abbildung rechts zeigt den Aufriss eines zusammengesetzten Körpers. Aus welchen Teilkörpern könnte er bestehen? Gib mindestens zwei verschiedene Möglichkeiten an und zeichne die Zweitafelbilder.

   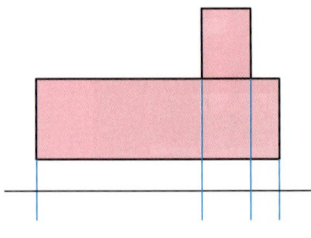

IM BLICKPUNKT: SEHR GROß – SEHR KLEIN

Man nimmt an, dass das sichtbare Weltall eine kugelförmige Gestalt hat. Der Durchmesser des Weltalls wird derzeit bei ca. $6{,}2 \cdot 10^{22}$ km vermutet. Demnach füllt das Universum ein Volumen von ca. $1{,}2 \cdot 10^{77}$ m³ aus. Der Durchmesser der Sonne beträgt ca. 1,5 Mrd. km.

Die Materie des Weltalls setzt sich aus winzig kleinen Bausteinen, den Atomen, zusammen. Ein Wasserstoffatom hat z. B. einen Radius von ca. $3 \cdot 10^{-13}$ m.

Zahlen dieser Größenordnung überschreiten unser Vorstellungsvermögen. Gerade deshalb üben sie aber auch eine besondere Faszination auf uns aus. Die folgenden Aufgaben vermitteln einen Eindruck von den riesigen Ausmaßen unseres Sonnensystems und von der unvorstellbar kleinen Welt der Bausteine unserer Materie.

1. Die Tabelle enthält einige wichtige Angaben zu unserem Sonnensystem.

Planet	Äquator-durchmesser (in km)	Volumen (in m³)	Dichte (in $\frac{kg}{dm^3}$)	Masse (in kg)	Vergleich mit dem Volumen der Erde	Vergleich mit der Masse der Erde
Merkur	4 880		5,44			
Venus	12 100		5,24			
Erde	12 742	$1{,}086 \cdot 10^{21}$	5,52	$5{,}974 \cdot 10^{24}$	1	1
Mars	6 800		3,93			
Jupiter	142 800		1,33			
Saturn	120 600		0,69			
Uranus	51 200	$7{,}274 \cdot 10^{22}$	1,27	$8{,}683 \cdot 10^{25}$	67	15
Neptun	49 600		1,66			

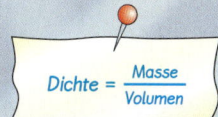

Dichte = $\frac{\text{Masse}}{\text{Volumen}}$

a) Berechnet für die übrigen Planeten unseres Sonnensystems jeweils das Volumen und die Masse. Nehmt bei den Planeten Kugelgestalt an.

b) Vergleicht das Volumen der Planeten jeweils mit dem Volumen der Erde.

$$\frac{V_{\text{Uranus}}}{V_{\text{Erde}}} = \frac{7{,}274 \cdot 10^{22} \text{ m}^3}{1{,}086 \cdot 10^{21} \text{ m}^3} = 67 \qquad \text{Das Volumen des Uranus ist 67-mal so groß wie das der Erde.}$$

c) Vergleicht ebenso die Masse der Planeten jeweils mit der Masse der Erde.

2. Stellt euch vor, das Weltall wird maßstabsgetreu so verkleinert, dass der Erddurchmesser nur 1 mm beträgt.
Wie groß ist dann der Durchmesser des Jupiters, der Sonne, des Weltalls?
Gebt die Längen in geeigneten Einheiten an.

3. Wie viele Wasserstoffatome passen ungefähr in einen kugelförmigen Stecknadelkopf mit dem Durchmesser 2 mm? Stellt eure Überlegungen und Ergebnisse der Klasse vor.

PROJEKT: REGULÄRE POLYGONE UND POLYEDER

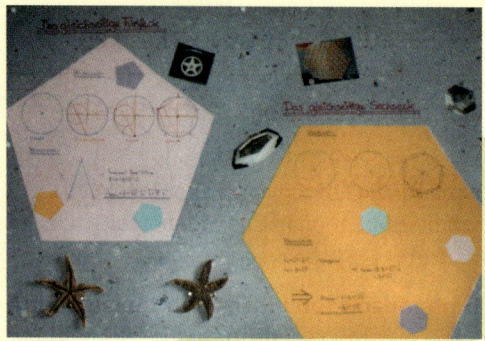

Vorschlag 1:
Reguläre Polygone

Was sind reguläre Polygone? Welche regulären Polygone können mit Zirkel und Lineal konstruiert werden? Mit welchen Polygonen könnte man eine Ebene lückenlos pflastern? Findet ihr reguläre Polygone in der Umwelt?

Bei diesem Projekt dreht sich alles um das Wort *Poly*. *Poly* ist griechisch und bedeutet im deutschen *viel*. Hier geht es also um Vielecke (*Polygone*) und Vielflächenkörper (*Polyeder*). Verschiedene Mathematiker und Philosophen haben sich schon sehr früh mit solchen Figuren und Körpern beschäftigt. Diese Körper und Figuren wurden immer wieder zum Verzieren und zum Schmuck von Gebäuden oder als Symbole verwendet. Auch in der heutigen Zeit kommt man nicht ohne das Wissen über die Polyeder und Polygone aus. Überlegt einmal, wie ein Fußball aussieht. Oder denkt nur an die verschiedenen Verkehrsschilder.

Ihr sollt euch diesmal mit den Ursprüngen dieser Körper und Figuren beschäftigen: Wer hat sich früher schon mit solchen Körpern beschäftigt? Wo findet man sie in der Geschichte? Vielleicht gibt euch hier die Geschichtslehrerin oder der Geschichtslehrer einige Tipps. Kennt ihr Künstler, die diese Körper und Figuren verwenden? Könnt ihr viel-

Vorschlag 2:
Wer waren Platon und Archimedes

Kennt ihr diese beiden Griechen? Wisst ihr, wer von beiden früher gelebt hat? Wer wurde älter? Was haben die beiden Griechen mit Mathematik zu tun? Was haben sie entwickelt und womit haben sie ihr Geld verdient?

Vorschlag 3:
Platonische Körper

Wie viele Platonische Körper gibt es denn? Warum werden diese Polyeder Platonische Körper genannt? Was ist so besonders daran? Könnt ihr sie bauen? Stellt doch eine Bauanleitung her.
Übrigens: Platonische Körper können auch fliegen.

Zusammengesetzte Körper

leicht auch selbst kleine Kunstwerke oder Skulpturen aus diesen Körpern erstellen? Da kann sicherlich die Kunstlehrerin oder der Kunstlehrer helfen. Wie werden denn überhaupt die Körper und Figuren berechnet?
Es wäre schön, wenn ihr eure selbst gebauten Polyeder oder polygonen Plakate in einer kleinen Ausstellung im Schulgebäude den Mitschülern zeigt. Wenn ihr dazu ein kleines Quiz entwerft, habt ihr bestimmt viele Zuschauer in eurer Ausstellung. Ihr könnt natürlich auch die Ergebnisse im Rahmen einer kleinen Vortragsrunde vor der Klasse präsentieren. Auch ein kleiner Artikel in der Lokalpresse über besonders interessante oder besonders große Polygone bzw. Polyeder ist denkbar. Hier hilft vielleicht eure Deutschlehrerin oder euer Deutschlehrer.
Wir haben hier für euch ein paar Ideen und Fragen rund um das Polyprojekt vorbereitet, die ihr aufgreifen könnt.
Im Internet findet ihr das Projekt unter: **www.mathematik-heute.de**

Vorschlag 4:
Archimedische Körper

Was hat Archimedes mit dem Fußball zu tun? Wie sehen denn archimedische Körper aus? Findest du solche Körper in der Umwelt? Stellt selber archimedische Körper her und fertigt eine passende Bauanleitung dazu an.

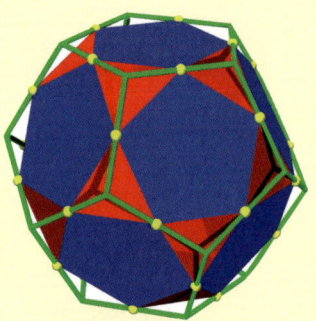

Vorschlag 5:
Platonische Durchdringungen

Man kann auch zwei oder mehr Platonische Körper mit einander verbinden. Hierbei entstehen interessante Skulpturen. Wollt ihr das mal probieren? Viele Künstler und Wissenschaftler haben sich damit auch beschäftigt.

Vorschlag 6:
Würfelschnitte von Max Bill

Kennt ihr Max Bill? Max Bill hat viel Mathematik in seinen Kunstwerken verwendet. Bei seinen Würfelschnitten hat er Würfel einfach durchgeschnitten. Diese Würfelschnitte könnt ihr recht einfach nachbauen. Vielleicht könnt ihr auch noch Berechnungen dazu anstellen. Gibt es noch andere interessante Würfelschnitte?

6 Quadratische Gleichungen

Schöne Bilder wirken noch ansprechender, wenn man sie mit einem passenden Rahmen versieht.
Der Gesamteindruck verbessert sich oft noch mehr, wenn das Bild mit einem Passepartout umgeben ist.

Ein Künstler empfiehlt ein 15 cm × 20 cm großes Aquarell mit einem Passepartout gleich großer Fläche zu umgeben.
Wir gehen davon aus, dass das Passepartout an jeder Seite die gleiche Breite haben soll und bezeichnen diese mit x cm.
Dann muss gelten $(15 + 2 \cdot x) \cdot (20 + 2 \cdot x) = 15 \cdot 20 \cdot 2$

→ Erläutere diese Gleichung.
→ Vereinfache sie so weit wie möglich.
→ Du erhältst eine Gleichung, in der neben Vielfachen der Variable auch das Quadrat der Variable vorkommt.
→ Löse die Gleichung durch Probieren.
  Es reicht, wenn du einen Näherungswert bestimmst.

In diesem Kapitel lernst du ...
... wie man die Lösungsmenge von Gleichungen bestimmt, in denen neben Vielfachen einer Variable auch deren Quadrat vorkommt.

Quadratische Gleichungen

QUADRATISCHE GLEICHUNGEN – GRAFISCHES LÖSEN

Lösen einer quadratischen Gleichung durch systematisches Probieren

Einstieg

In der Halle eines großen Einkaufszentrums befindet sich eine Springbrunnenanlage. Aus einer Düse an der Wasseroberfläche tritt ein Wasserstrahl aus und trifft nach einer gewissen Entfernung wieder auf die Wasseroberfläche. In jeder Entfernung s von der Düse hat der Wasserstrahl eine bestimmte Höhe h; sie kann näherungsweise durch die Formel $h = 5\,s^2 - 15\,s$ beschrieben werden.

→ In welcher Entfernung von der Düse trifft der Wasserstrahl wieder auf die Wasseroberfläche?

Aufgabe

1. Tom stellt ein Zahlenrätsel (siehe Bild). Versuche, das Rätsel durch systematisches Probieren zu lösen.

Ich kenne natürliche Zahlen, deren Quadrat genauso groß ist wie das 9fache einer solchen Zahl vermindert um 14.

Lösung

(1) *Aufstellen einer Gleichung*

Für die gesuchten Zahlen führen wir die Variable x ein.
Das Quadrat einer solchen Zahl: x^2
Das 9fache einer solchen
Zahl, vermindert um 14: $9 \cdot x - 14$
Gleichung: $x^2 = 9x - 14$
Einschränkung: x soll eine natürliche Zahl sein.

(2) *Bestimmen der Lösungsmenge*

Es handelt sich hier um eine *quadratische Gleichung*, die wir mithilfe unserer bisher bekannten rechnerischen Verfahren nicht lösen können.
Wir stellen zunächst eine Tabelle für x^2 und $9x - 14$ auf. Dann suchen wir Einsetzungen für x, für die Werte von x^2 und $9x - 14$ übereinstimmen.

x	0	1	2	3	4	5	6	7	8	9
x^2	0	1	4	9	16	25	36	49	64	81
$9x - 14$	-14	-5	4	13	22	31	40	49	58	67

Die Zahlen 2 und 7 erfüllen die quadratische Gleichung.
Zahlen größer als 9 kommen als Lösung nicht in Frage, da der Wert von x^2 stärker wächst als der Wert von $9x - 14$.

(3) *Ergebnis:*

Tom denkt an die Zahlen 2 und 7.

KAPITEL 6 — Quadratische Gleichungen

Information

Gleichungen, die man auf die Form
$ax^2 + bx + c = 0$ ($a \neq 0$) bringen kann,
heißen **quadratische Gleichungen**.

Man nennt ax^2 das *quadratische Glied*,
bx das *lineare Glied* und c das *absolute
Glied* der Gleichung.

$3x^2 + 21x + 30 = 0$ — lineares Glied, quadratisches Glied, absolutes Glied

absolut ⟨lat.⟩ völlig; ganz und gar uneingeschränkt

Beispiele für quadratische Gleichungen:

$x^2 - 3x + 5 = 0$; $x^2 - 5x = 0$; $x^2 = 9x - 14$;
$3x^2 + 21x + 30 = 0$; $2x^2 - 3 = 0$; $x^2 + 2 = 8$;
$5x^2 = 20$; $x^2 = 9$; $(x - 2)^2 = 5$.

Zum Festigen und Weiterarbeiten

2. Entscheide, ob eine quadratische Gleichung vorliegt oder nicht. Begründe.
(1) $x^2 - 4x + 5 = 0$ (3) $2y - 7 = y^2$ (5) $(x + 3)^2 - 4 = 0$ (7) $3^2 + 5z - z^2 = 7$
(2) $2^2 - 5x + 7 = 0$ (4) $3z + 8 = 5^2$ (6) $(2x + 1) \cdot x = 8$ (8) $(x + 3)(x - 5) = 10$

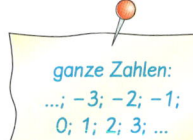
ganze Zahlen: ...; –3; –2; –1; 0; 1; 2; 3; ...

3. Suche mithilfe einer Tabelle ganze Zahlen,
a) deren Quadrat genauso groß ist wie das 10fache der Zahl, vermindert um 9;
b) deren Quadrat genauso groß ist wie das 6fache der Zahl, vermindert um 9;
c) deren Quadrat genauso groß ist wie 3, vermindert um das Doppelte der Zahl;
d) bei denen die Zahl vermehrt um 6 genauso groß ist wie das Quadrat der Zahl;
e) bei denen das (–3)fache der Zahl vermindert um 2 genauso groß ist wie das Quadrat der Zahl.
Stelle zunächst eine Gleichung auf.

4. Bestimme mithilfe einer Tabelle ganze Zahlen, die die Gleichung erfüllen. Forme die Gleichung wie im Beispiel zunächst geeignet um.

$3x^2 + 21x + 30 = 0 \quad |:3$
$x^2 + 7x + 10 = 0$
$x^2 = -7x - 10$

a) $x^2 - 2x - 15 = 0$ c) $0{,}5x^2 + x = 0$
b) $2x^2 + 16x + 32 = 0$ d) $\frac{1}{2}y^2 - \frac{1}{2}y - 3 = 0$

5. *Systematisches Probieren mithilfe einer Tabellenkalkulation*

a) Die quadratische Gleichung $x^2 = 5x - 6$ kannst du auch mithilfe einer Tabellenkalkulation lösen. Lies aus der Tabelle die Lösung der Gleichung ab.
Beachte: Für x^2 schreibt man x^2.

b) Löse die quadratische Gleichung mithilfe eines Tabellenblatts. Erstelle zum Lösen der Gleichung geeignete Wertetabellen.
(1) $x^2 = 5x - 4$ (2) $x^2 = x + 6$ (3) $x^2 = 4{,}5x - 4{,}5$

	A	B	C
1	Quadratische Gleichungen		
2			
3	x	x^2	5*x-6
4	-1	1	-11
5	0	0	-6
6	1	1	-1
7	2	4	4
8	3	9	9
9	4	16	14

Quadratische Gleichungen

KAPITEL 6

Übungen

6. Entscheide, ob eine quadratische Gleichung vorliegt.
- (1) $x^2 = 7x$
- (2) $y^2 = 9$
- (3) $x^2 - x + 5x^3 = 4$
- (4) $z - 3 = 4z^2$
- (5) $9x - 7 = 2x$
- (6) $4 = y^2$
- (7) $z - z^2 = 5$
- (8) $8 - x^2 + 3x = 2$
- (9) $0{,}3^2 = 16y$
- (10) $(3z + 2)^2 = 49$
- (11) $3 - 2x = 5x^2$
- (12) $5x^2 - 4x = 7$

7. Bei welchen ganzen Zahlen ist
- **a)** das Quadrat der Zahl um 15 größer als das Doppelte der Zahl;
- **b)** das Quadrat der Zahl um 24 größer als das Doppelte der Zahl;
- **c)** das Quadrat der Zahl genauso groß wie (−3), vermindert um das 4fache der Zahl;
- **d)** das Doppelte der Zahl um 3 kleiner als das Quadrat der Zahl;
- **e)** die Hälfte des Quadrats der Zahl um 4 kleiner als das Dreifache der Zahl;
- **f)** ein Drittel des Quadrats der Zahl genauso groß wie 6 vermindert um die Zahl;
- **g)** das Quadrat gleich der Differenz aus 16 und dem 1,8fachen der Zahl?

Stelle zunächst eine Gleichung auf; suche dann die Zahlen mithilfe einer Tabelle.

8. Bestimme mithilfe einer Tabelle die Lösungsmenge der Gleichung. Dabei soll x für eine ganze Zahl stehen.
Du kannst auch ein Tabellenkalkulationsprogramm benutzen.
Forme die Gleichung zunächst geeignet um.
- **a)** $x^2 + 6x + 8 = 0$
- **b)** $x^2 + x = 6$
- **c)** $x^2 + 6x + 9 = 0$
- **d)** $-4x^2 + 8x + 12 = 0$
- **e)** $0{,}1x^2 + x + 2{,}5 = 0$
- **f)** $\frac{1}{2}z^2 + 6 = 4z$

9. Ein Rechteck und ein Quadrat haben denselben Flächeninhalt. Bei dem Rechteck ist eine Seite 3 cm länger als die des Quadrates und die andere 2 cm kürzer als die des Quadrates. Zeichne beide.

Grafisches Lösen quadratischer Gleichungen – Lösungsfälle

Einstieg

Das Finden von Lösungen einer quadratischen Gleichung durch Probieren mit Tabellenkalkulation ist nicht so einfach, wenn die quadratische Gleichung keine ganzzahlige Lösung hat. Bestimme mithilfe einer Tabellenkalkulation die Lösung der Gleichung:

$x^2 = 1{,}1x + 0{,}6$

Die Tabelle kannst du auch als Wertetabelle auffassen für
- die Funktion mit $y = x^2$
- die lineare Funktion mit $y = 1{,}1x + 0{,}6$.

→ Markiere die Tabelle und erstelle ein Punktdiagramm. Wähle den Untertyp *Punkte mit interpolierten Linien*.

→ Welche Bedeutung haben die Schnittpunkte der beiden Graphen?

→ Beschreibe, wie man das Tabellenblatt verändern muss, um die Lösung der quadratischen Gleichung mithilfe der Wertetabelle zu überprüfen.

x	x²	1,1x+0,6
-2,00	4,00	-1,60
-1,50	2,25	-1,05
-1,00	1,00	-0,50
-0,50	0,25	0,05
0,00	0,00	0,60
0,50	0,25	1,15
1,00	1,00	1,70
...	...	...

Information

Das Finden von Lösungen einer quadratischen Gleichung durch systematisches Probieren mithilfe einer Tabelle wie in Aufgabe 1 auf Seite 179 ist nicht immer möglich.
Dies zeigt das Beispiel $x^2 - 1{,}9x - 1{,}5 = 0$ bzw. umgeformt $x^2 = 1{,}9x + 1{,}5$.
Diese quadratische Gleichung hat nämlich keine ganzzahlige Lösung.

Wir wollen daher ein weiteres Lösungsverfahren, das zeichnerische Lösen, entwickeln.

Die Tabelle rechts können wir auch als Wertetabelle von zwei Funktionen auffassen, und zwar als Wertetabelle:

- der *Funktion* mit der Gleichung $y = x^2$;
- der *linearen Funktion* mit der Gleichung $y = 1{,}9x + 1{,}5$;
  ihr Graph ist eine *Gerade* mit dem Anstieg 1,9 und dem y-Achsenabschnitt 1,5.

x	x^2	$1{,}9x + 1{,}5$
−1	1	−0,4
0	0	1,5
1	1	3,4
2	4	5,3
3	9	7,2

Aufgabe

1. Bestimme grafisch die Lösungsmenge der quadratischen Gleichung:
$x^2 - 1{,}9x - 1{,}5 = 0$ bzw. umgeformt $x^2 = 1{,}9x + 1{,}5$

Lösung

Wir suchen Zahlen für x, für welche die Werte von x^2 und von $1{,}9x + 1{,}5$ übereinstimmen.

Dazu zeichnen wir die Graphen der Funktionen mit den Gleichungen

$y = x^2$ mithilfe einer Wertetabelle,

$y = 1{,}9x + 1{,}5$ (*Gerade* mit dem Anstieg 1,9 und dem y-Achsenabschnitt 1,5).

An den Stellen gemeinsamer Punkte von Parabel und Gerade stimmen die Werte von x^2 und von $1{,}9x + 1{,}5$ überein.

Aus dem Bild lesen wir ab:
Die beiden gemeinsamen Punkte P_1 und P_2 (Schnittpunkte) liegen an den Stellen −0,6 und 2,5.

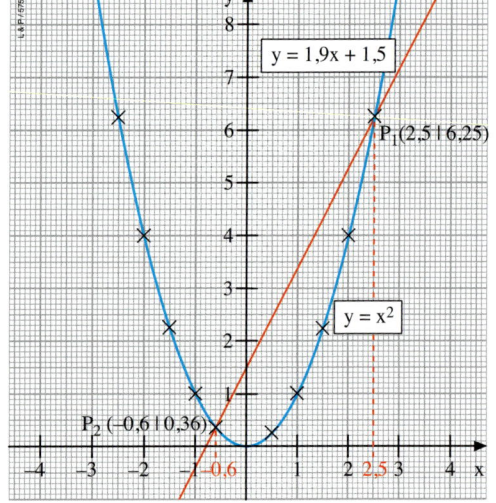

Probe:

$(-0{,}6)^2 = 1{,}9 \cdot (-0{,}6) + 1{,}5$ (w?)	
LS: $(-0{,}6)^2$ = 0,36	RS: $1{,}9 \cdot (-0{,}6) + 1{,}5$ = −1,14 + 1,5 = 0,36

Probe:

$2{,}5^2 = 1{,}9 \cdot 2{,}5 + 1{,}5$ (w?)	
LS: $2{,}5^2$ = 6,25	RS: $1{,}9 \cdot 2{,}5 + 1{,}5$ = 4,75 + 1,5 = 6,25

Ergebnis: Lösungsmenge L = {−0,6; 2,5}

Information

Die besondere Funktion mit der Gleichung $y = x^2$ nennt man **Quadratfunktion**, ihr Graph heißt **Normalparabel**. Sie ist als Schablone erhältlich.

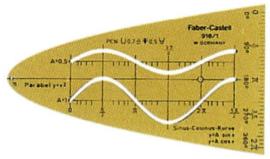

Quadratische Gleichungen

KAPITEL 6

Zum Festigen und Weiterarbeiten

2. Bestimme mithilfe einer Zeichnung die Lösungsmenge. Überprüfe dein Ergebnis.
   a) $x^2 = 1{,}5x + 1$ b) $x^2 = 6x - 5$ c) $x^2 = -2x - 3$ d) $x^2 = 6{,}25$

3. Bestimme mithilfe einer Zeichnung die Lösungsmenge. Beschreibe dein Vorgehen. Forme die Gleichung zunächst geeignet um.
   a) $x^2 - x - 2 = 0$ b) $x^2 - 3x + 2 = 0$ c) $2x^2 - x - 3 = 0$ d) $x - \frac{1}{2}x^2 = 0$

4. Erstelle zum Lösen der quadratischen Gleichung mit einem Kalkulationsprogramm eine geeignete Wertetabelle. Lass dir anschließend von dem Programm ein Punktdiagramm zeichnen; wähle dazu den Untertyp *Punkte mit interpolierten Linien*. Lies die Lösung der quadratischen Gleichung ab und überprüfe mithilfe der Tabelle.
   (1) $x^2 = 2x + 1{,}25$ (2) $x^2 = x + 3{,}75$ (3) $x^2 = 1{,}8x + 1{,}44$

5. *Anzahl der Lösungen einer quadratischen Gleichung*

   a) Lies jeweils anhand des Bildes links die Lösungsmenge ab.

   (1) $x^2 - x - \frac{3}{4} = 0$ (2) $x^2 - x + \frac{1}{4} = 0$ (3) $x^2 - x + \frac{3}{4} = 0$

   $x^2 = x + \frac{3}{4}$ $x^2 = x - \frac{1}{4}$ $x^2 = x - \frac{3}{4}$

   Begründe anhand des Bildes:

   > **Anzahl der Lösungen einer quadratischen Gleichung**
   >
   > Eine quadratische Gleichung hat entweder genau *zwei* Lösungen oder genau *eine* Lösung oder *keine* Lösung.
   >
   > (1) $x^2 - x - \frac{3}{4} = 0$ (2) $x^2 - x + \frac{1}{4} = 0$ (3) $x^2 - x + \frac{3}{4} = 0$
   >
   > $x^2 = x + \frac{3}{4}$ $x^2 = x - \frac{1}{4}$ $x^2 = x - \frac{3}{4}$
   >
   >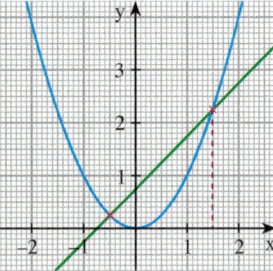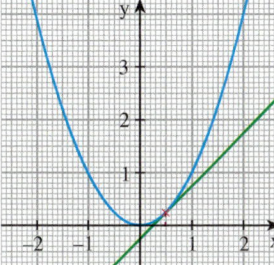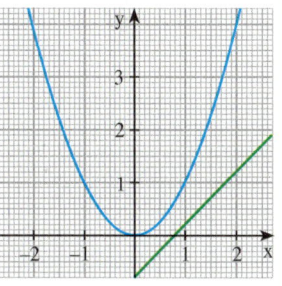

   b) Bestimme die Lösungsmenge der vier Gleichungen mithilfe einer gemeinsamen Zeichnung wie in Teilaufgabe a).
   (1) $x^2 = 3x$ (2) $x^2 = 3x - 2{,}25$ (3) $x^2 = 3x - 4{,}5$ (4) $x^2 = 3x - 1{,}25$

6. *Grafisches Lösen einer quadratischen Gleichung der Form $x^2 = r$*

   Gib anhand des Graphen von $y = x^2$ Lösungen der Gleichung an.
   a) $x^2 = 4{,}4$ b) $x^2 = 2{,}3$ c) $x^2 = 0$ d) $x^2 = -1$

   Wie lautet hier eine Gleichung der Geraden? Um was für eine Gerade handelt es sich?

7. Setze – soweit möglich – für □ eine Zahl so ein, dass die Gleichung
   (1) zwei Lösungen,   (2) genau eine Lösung,   (3) keine Lösung
   besitzt. Zeichne hierzu jeweils die Normalparabel und eine geeignete Gerade.
   a) $x^2 = \square \cdot x$ b) $x^2 = \square \cdot x - 2{,}25$ c) $x^2 = -4x + \square$ d) $x^2 = \square$

Information

Ablaufplan für das grafische Lösen einer quadratischen Gleichung

Beispiel: $x^2 + \frac{1}{2}x - 3 = 0$

(1) Löse die Gleichung nach x^2 auf:
$x^2 = -\frac{1}{2}x + 3$

(2) Zeichne (mit einer Schablone) die Parabel zu $y = x^2$ und die Gerade zu $y = -\frac{1}{2}x + 3$.

(3) Suche die gemeinsamen Punkte (Schnittpunkte; Berührungspunkte) von Parabel und Gerade. Lies die x-Koordinate der gemeinsamen Punkte ab, im Beispiel −2 und 1,5.

(4) Führe die Probe anhand der gegebenen quadratischen Gleichung durch.

(5) Notiere die Lösungsmenge:
$L = \{-2;\ 1{,}5\}$

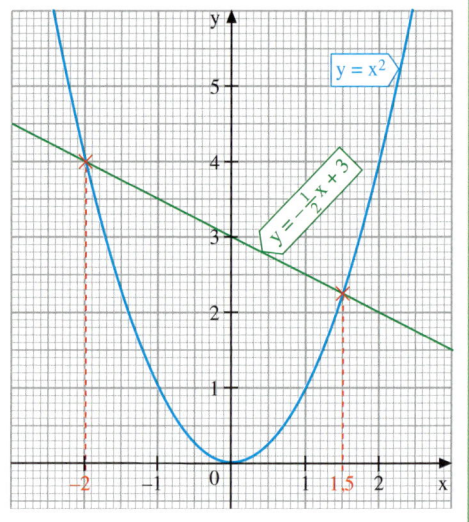

Übungen

8. Bestimme mithilfe von Graphen die Lösungsmenge. Forme gegebenenfalls um. Überprüfe dein Ergebnis.

a) $x^2 = -2x$
b) $x^2 = 2{,}25$
c) $-x^2 = \frac{1}{2}x$
d) $x^2 + 1{,}5x - 1 = 0$
e) $x^2 + 1{,}5x + 3 = 0$
f) $2x + 3 - x^2 = 0$
g) $2x^2 = 1{,}8x - 1$
h) $10x^2 = 9x + 36$
i) $-4x^2 = 2x - 12$
j) $4x^2 + 20x + 25 = 0$
k) $0{,}2x^2 + x + 1{,}4 = 0$
l) $3x + 6 - 3x^2 = 0$

9. Gib eine Gleichung an, deren Lösungsmenge man aus dem Bild ablesen kann. Notiere die quadratische Gleichung in der Form $x^2 + px + q = 0$.

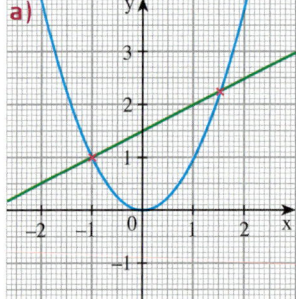 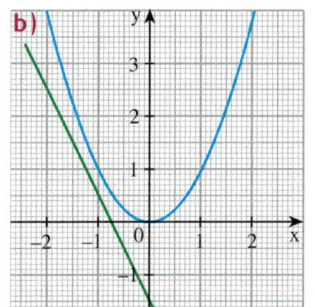 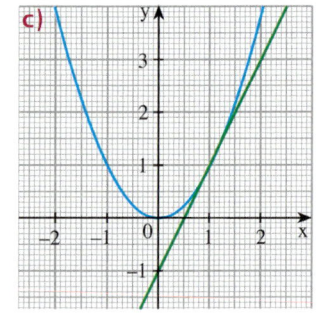

10. Bestimme mithilfe eines Graphen die Anzahl der Lösungen.

a) $x^2 - 2 = 0$
b) $x^2 + 1 = 0$
c) $x^2 = 0$
d) $x^2 + 2x = 0$
e) $2x - x^2 = 0$
f) $x^2 - 2x + 1 = 0$
g) $x^2 - 2x + 3 = 0$
h) $2x + 8 - x^2 = 0$

11. Bestimme anhand des Graphen von $y = x^2$ Lösungen der Gleichung. Forme gegebenenfalls die Gleichung geeignet um.

a) $x^2 = 2$
b) $x^2 = 5$
c) $x^2 = 5{,}3$
d) $x^2 = -5{,}3$
e) $x^2 - 7 = 0$
f) $x^2 + 6 = 0$
g) $2x^2 = 6$
h) $\frac{1}{2}x^2 = \frac{3}{4}$

Quadratische Gleichungen

KAPITEL 6

RECHNERISCHES LÖSEN EINER QUADRATISCHEN GLEICHUNG

Das grafische Lösungsverfahren liefert nicht immer die genaue Lösung und ist für viele Gleichungen nur bedingt geeignet; Lösungen wie 157; 2,345 oder $\sqrt{2}$ kann man nicht ablesen. Wir wollen deshalb schrittweise ein rechnerisches Lösungsverfahren entwickeln.
Wir beginnen mit zwei Sonderfällen quadratischer Gleichungen:

(1) $ax^2 + c = 0$, d. h. nach Umformung eine quadratische Gleichung der Form $x^2 = r$;

(2) $(x + d)^2 = r$, d. h. eine Gleichung, die man auf die Form $z^2 = r$ zurückführen kann.

Auf diese Sonderfälle kann schrittweise *jede* quadratische Gleichung $ax^2 + bx + c = 0$ zurückgeführt werden.

Lösen einer quadratischen Gleichung der Form $x^2 = r$

Einstieg

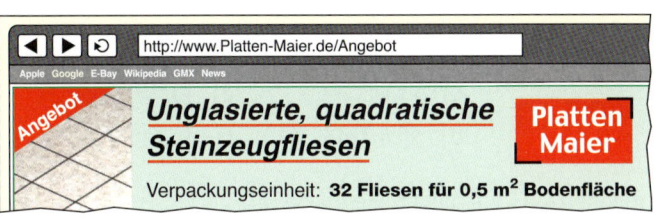

Im Internet werden quadratische Steinfliesen zum Verkauf angeboten.

→ Welche Abmessungen haben die Fliesen?

Aufgabe

1. Wir beginnen mit dem Typ $ax^2 + c = 0$.
Bestimme die Lösungsmenge der Gleichung:

a) $9x^2 - 16 = 0$ b) $2x^2 + 20 = 34$ c) $\frac{2}{3}x^2 + 6 = 0$

Lösung

a) $9x^2 - 16 = 0 \quad |+16$
$9x^2 = 16 \quad |:9$
$x^2 = \frac{16}{9}$
$x = \frac{4}{3}$ oder $x = -\frac{4}{3}$

$L = \{-\frac{4}{3}; \frac{4}{3}\}$

b) $2x^2 + 20 = 34 \quad |-20$
$2x^2 = 14 \quad |:2$
$x^2 = 7$
$x = \sqrt{7}$ oder $x = -\sqrt{7}$

$L = \{-\sqrt{7}; \sqrt{7}\}$

c) $\frac{2}{3}x^2 + 6 = 0 \quad |-6$
$\frac{2}{3}x^2 = -6 \quad |:\frac{2}{3}$
$x^2 = -9$

Das Quadrat einer Zahl kann nicht negativ sein, also:

$L = \{\ \}$

$\left(\frac{4}{3}\right)^2 = \frac{16}{9}$
$\left(-\frac{4}{3}\right)^2 = \frac{16}{9}$

Zum Festigen und Weiterarbeiten

Die Variable muss nicht immer x sein.

2. Gib die Lösungsmenge an. Führe auch die Probe durch.

a) $x^2 = 25$
b) $x^2 = -4$
c) $x^2 = 0$
d) $0{,}16 = y^2$

e) $-4z^2 = 9$
f) $\frac{1}{3}x^2 = 27$
g) $x^2 + 1 = 6$
h) $4(z^2 - 9) = 28$

i) $\frac{3}{4}(z^2 - 4) = 0$
j) $0 = 9x^2 - \frac{1}{4}$
k) $0 = 9\left(x^2 - \frac{1}{4}\right)$
l) $8x^2 = 6x^2$

m) $2y^2 - \frac{15}{2} = \frac{1}{4}$
n) $2y^2 - \frac{15}{2} = \frac{1}{2}y^2$
o) $2y^2 - \frac{15}{2}y^2 = -\frac{2}{11}$
p) $5{,}5z^2 - \frac{9}{4} = 1{,}5z^2$

Information

Lösungsmenge einer quadratischen Gleichung der Form $x^2 = r$

Eine quadratische Gleichung wie $ax^2 + c = 0$ kann man auf die Form $x^2 = r$ bringen.
Für sie gilt:
- Ist $r > 0$, dann hat sie *genau zwei* Lösungen, nämlich $\sqrt{r}$ und $-\sqrt{r}$.
- Ist $r = 0$, dann hat sie *genau eine* Lösung, nämlich 0.
- Ist $r < 0$, dann hat sie *keine* Lösung.

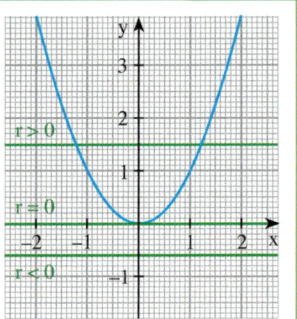

Beachte: Beim Lösen der Gleichung $x^2 = 36$ sucht man alle Zahlen, welche die Gleichung erfüllen. Man erhält: $L = \{-6; 6\}$.
Dagegen bezeichnet $\sqrt{36}$ eine Zahl. Beim Berechnen dieser Wurzel sucht man einen anderen (einfachen) Namen für diese Zahl. Es gilt: $\sqrt{36} = 6$.
Man muss also das Bestimmen der Lösungsmenge der Gleichung $x^2 = r$ und das Berechnen von $\sqrt{r}$ unterscheiden.

Übungen

3. Gib die Lösungsmenge an.

a) $x^2 = \frac{49}{16}$ c) $x^2 = 3$ e) $\frac{1}{2}x^2 = \frac{25}{8}$ g) $\frac{1}{4}x^2 = 25$

b) $x^2 = 0{,}36$ d) $x^2 = 1{,}44$ f) $0{,}3z^2 = 0{,}012$ h) $\frac{1}{4}y^2 = 0$

4. Löse rechnerisch. Mach auch die Probe.

a) $x^2 - 0{,}09 = 0$ c) $4x^2 - 9 = 0$ e) $0{,}24x^2 - 6 = 0$ g) $\frac{4}{5}x^2 - 2 = 0$

b) $x^2 + 0{,}49 = 0$ d) $4y^2 + 1 = 0$ f) $\frac{2}{3}x^2 - \frac{10}{3} = 0$ h) $\sqrt{5}z^2 - \sqrt{80} = 0$

5. Kontrolliere die Rechnungen. Berichtige, wenn nötig.

(1) $x^2 + 9 = 0$
$x^2 = -9$
$x = -3$

(2) $4x^2 = 0$
$x^2 = \frac{1}{4}$
$x = \frac{1}{2}$ oder $x = -\frac{1}{2}$

(3) $3x^2 = 75$
$x^2 = 25$
$x = 5$

6. Bestimme die Lösungsmenge.

a) $11x^2 = 36 + 2x^2$ c) $9x^2 - 4 = 5x^2 - 4$ e) $13y^2 - 8 = 9y^2 + 1$

b) $5x^2 = 343 - 2x^2$ d) $7x^2 + 2 = 1 + 5x^2$ f) $16z^2 - 20 = 5 - 20z^2$

7. Notiere zu der Lösungsmenge eine passende quadratische Gleichung.

a) $\{7; -7\}$ b) $\{0\}$ c) $\left\{\frac{3}{2}; -\frac{3}{3}\right\}$ d) $\{0{,}4; -0{,}4\}$ e) $\{\sqrt{8}; -\sqrt{8}\}$ f) $\{\ \}$

Denke an die Probe.

8. a) $x(x - 20) = 2(72 - 10x)$ e) $(x + 4)^2 + (x - 4)^2 = 34$

b) $9x(x + 1) - 7(x - 11) = 86 + 2x$ f) $(z + 5)(z - 8) = -3(z + 8)$

c) $3x(x + 7) + 5x(x - 2) = 11x + 60{,}5$ g) $(5x + 7)^2 - (7x + 5)^2 = -72$

d) $14x(x - 4) = 5(9 - 22x) + 9x(x + 6)$ h) $\frac{1}{3}(x^2 + 5) - \frac{1}{5}(x^2 - 1) = 4$

9. a) $(x - 3)^2 = 25 - 6x$ b) $(x + 1)^2 = 2x + 37$ c) $(2y + 5)^2 = 146 + 20y$

Quadratische Gleichungen KAPITEL 6

10. a) $(2x + 3)(2x - 3) = 16$
    b) $(y + 2)(y - 2) = 46 - 71y^2$
    c) $(3x - 5)(3x + 5) = -153x^2 + 73$
    d) $(3 - 2x)(3 + 2x) = -3x^2 - 8x - 11$

11. Bestimme die gesuchten Zahlen.
    a) Multipliziert man eine Zahl mit sich selbst und addiert zum Produkt 16, so erhält man die Zahl 41.
    b) Multipliziert man das Quadrat einer Zahl mit 4, so erhält man dasselbe Ergebnis, wie wenn man 75 zum Quadrat der Zahl addiert.
    c) Multipliziert man die Hälfte einer Zahl mit dem vierten Teil derselben, so erhält man die Zahl 50.

12. Die Oberfläche eines Würfels beträgt 3 456 cm². Wie lang ist eine Kante?

13. Drei gleich große quadratische Büroräume sowie der 18,25 m² große Flur sollen mit neuem Teppichboden ausgelegt werden. Dazu werden insgesamt 55 m² benötigt. Wie lang ist die Seitenlänge eines Büroraumes?

14. Ein quadratisches Blumenbeet in einem Park wird auf einer Seite um 7 m verkürzt und auf der benachbarten Seite um 7 m verlängert. Das neue, rechteckige Blumenbeet ist 435 m² groß.
    Welche Seitenlänge hatte das ursprüngliche Blumenbeet? Überprüfe dein Ergebnis.

Lösen einer quadratischen Gleichung der Form $(x + d)^2 = r$

Einstieg

Herr Kuhweide besitzt ein 500 m² großes quadratisches Grundstück. Die Gemeinde, der das umliegende Land gehört, bietet ihm an, die Seiten des Grundstücks um jeweils 10 m zu vergrößern. Sie verlangt für 1 m² 75 €. Hinzu kommt noch die Mehrwertsteuer.

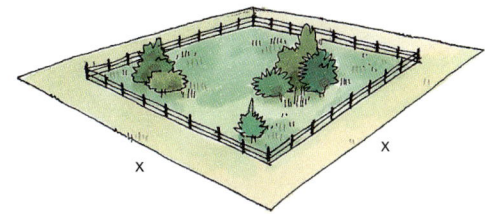

→ Mit welchen Kosten hat Herr Kuhweide zu rechnen.

Aufgabe

1. Bestimme die Lösungsmenge der quadratischen Gleichung:
   a) $(x - 2)^2 = 9$
   △ b) $x^2 + 6x + 9 = 25$

   Lösung

   a) Wir lösen die Gleichung entsprechend zur Aufgabe 1 auf Seite 185. Dabei denken wir uns nur $(x - 2)$ anstelle von x:

   $(x - 2)^2 = 9$
   $x - 2 = \sqrt{9}$ oder $x - 2 = -\sqrt{9}$
   $x - 2 = 3$ oder $x - 2 = -3$
   $\quad x = 5$ oder $\quad x = -1$
   $L = \{-1; 5\}$

   b) Auf den linken Term wenden wir zunächst die 1. binomische Formel an:

   $x^2 + 6x + 9 = 25$
   $(x + 3)^2 = 25$
   $x + 3 = \sqrt{25}$ oder $x + 3 = -\sqrt{25}$
   $x + 3 = 5$ oder $x + 3 = -5$
   $\quad x = 2$ oder $\quad x = -8$
   $L = \{-8; 2\}$

Strategie
Zurückführen auf einen bekannten Fall: reinquadratische Gleichung

Zum Festigen und Weiterarbeiten

2. Bestimme durch Rechnen die Lösungsmenge. Überprüfe dein Ergebnis.
- a) $(x + 5)^2 = 49$
- b) $(x - 4)^2 = 0$
- c) $(x - 1)^2 = 3$
- d) $(y + 7)^2 = -4$

△ **3.** Bestimme die Lösungsmenge. Beschreibe dein Vorgehen. Führe auch die Probe durch.
- a) $x^2 - 12x + 36 = 25$
- b) $x^2 + 9x + \frac{81}{4} = \frac{9}{4}$
- c) $y^2 - 6y + 9 = 11$

Übungen

4. Bestimme die Lösungsmenge. Führe – soweit möglich – die Probe durch.
- a) $(x + 2)^2 = 25$
- b) $(x - 3)^2 = 16$
- c) $(x + 7)^2 = 36$
- d) $(x - 4)^2 = 1$
- e) $(x + 2)^2 = 0$
- f) $(x - 5)^2 = 4$
- g) $(x - 5)^2 = -49$
- h) $(x - 0,6)^2 = 2,25$
- i) $(x + 1,2)^2 = 0,81$
- j) $(z - 2)^2 = \frac{16}{25}$
- k) $(y + 3)^2 = 2$
- l) $(y - 2)^2 = 12$

△ **5.** Bestimme durch Rechnen die Lösungsmenge. Führe auch die Probe durch.
- a) $x^2 - 6x + 9 = 36$
- b) $x^2 + 8x + 16 = 49$
- c) $x^2 - 8x + 16 = 0$
- d) $x^2 - 1,8x + 0,81 = 0,25$
- e) $x^2 - x + 0,25 = 1,44$
- f) $x^2 + 5x + \frac{25}{4} = \frac{81}{4}$
- g) $z^2 + 16z + 64 = 7$
- h) $y^2 - 3y + 2,25 = 5$
- i) $y^2 - 5y + 6,25 = 8$

6. *Zahlenrätsel*

Bestimme die gesuchten Zahlen. Wie viele Lösungen hat das Zahlenrätsel? Kontrolliere.
- a) Wenn man eine Zahl um 5 vergrößert und das Ergebnis quadriert, so erhält man 36.
- b) Wenn man eine Zahl um 2 verkleinert und das Ergebnis quadriert, so erhält man 16.
- c) Wenn man eine Zahl um $\frac{1}{2}$ vergrößert und das Ergebnis quadriert, so erhält man 0.
- d) Wenn man eine Zahl um $\frac{3}{4}$ vergrößert und das Ergebnis quadriert, so erhält man 0.
- e) Wenn man eine Zahl um $\frac{3}{4}$ verkleinert und das Ergebnis quadriert, so erhält man −4.
- f) Wenn man eine Zahl um 1,5 vergrößert und das Ergebnis quadriert, so erhält man 7.

7. Für welche Zahlen für r besitzt die Gleichung $(x - 3)^2 = r$ keine Lösung, genau eine Lösung, genau zwei Lösungen?

△ Lösen einer quadratischen Gleichung der Form $x^2 + px + q = 0$ mithilfe der quadratischen Ergänzung

Einstieg

Das rechts abgebildete Grundstück ist 567 m² groß.
→ Berechne seine Maße.
  Ihr könnt dazu eine quadratische Gleichung aufstellen.
  Es gibt mehrere Möglichkeiten.
→ Welche davon ist am günstigsten?
  Berichtet über eure Ergebnisse.

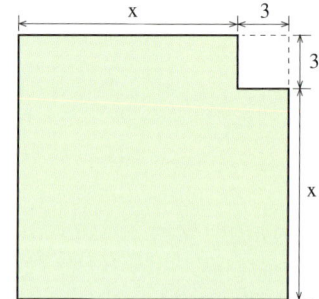

Aufgabe

△ **1.** Bestimme die Lösungsmenge der quadratischen Gleichung:
- a) $x^2 + 6x = -5$
- b) $x^2 - \frac{1}{2}x - \frac{1}{9} = 0$

Quadratische Gleichungen

KAPITEL 6

Lösung

Wir versuchen die linke Seite der Gleichung mithilfe einer binomischen Formel in einen quadratischen Term zu verwandeln. Dazu müssen wir den Term links geeignet ergänzen. Wir addieren auf beiden Seiten das Quadrat des halben Faktors von x (*quadratische Ergänzung*; abgekürzt: qu. E.).
Dann können wir wie in Aufgabe 1 auf Seite 187 weiterrechnen.

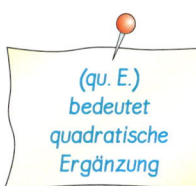
(qu. E.) bedeutet quadratische Ergänzung

Strategie
Zurückführen auf einen bekannten Fall:
$(x + d)^2 = r$

a)
$x^2 + 6x = -5 \quad | + \left(\frac{6}{2}\right)^2$ (qu.E.)
$x^2 + 6x + 9 = -5 + 9$
$x^2 + 6x + 9 = 4$
$(x + 3)^2 = 4$
$x + 3 = 2 \quad \text{oder} \quad x + 3 = -2$
$x = -1 \quad \text{oder} \quad x = -5$
$L = \{-5; -1\}$

b)
$x^2 - \frac{1}{2}x - \frac{1}{9} = 0 \quad | + \frac{1}{9}$
$x^2 - \frac{1}{2}x = \frac{1}{9} \quad | + \left(\frac{\frac{1}{2}}{2}\right)^2$ (qu.E.)
$x^2 - \frac{1}{2}x + \left(\frac{1}{4}\right)^2 = \frac{1}{9} + \left(\frac{1}{4}\right)^2$
$\left(x - \frac{1}{4}\right)^2 = \frac{25}{144}$
$x - \frac{1}{4} = \frac{5}{12} \quad \text{oder} \quad x - \frac{1}{4} = -\frac{5}{12}$
$x = \frac{2}{3} \quad \text{oder} \quad x = -\frac{1}{6}$
$L = \left\{-\frac{1}{6}; \frac{2}{3}\right\}$

Zum Festigen und Weiterarbeiten

△ **2.** Ergänze beide Seiten der Gleichung so, dass du die linke Seite als Quadrat schreiben kannst. Bestimme dann die Lösungsmenge. Mach auch die Probe.

  a) $x^2 - 4x + \square = 32 + \square$ **b)** $x^2 + 10x + \square = 24 + \square$ **c)** $x^2 - 3x + \square = 6{,}75 + \square$

△ **3.** Ergänze beide Seiten der Gleichung so, dass die linke Seite als Quadrat geschrieben werden kann. Bestimme dann die Lösungsmenge. Mach auch die Probe.

  a) $x^2 - 10x = 24$ **e)** $8 - 6z + z^2 = 0$
  b) $x^2 + 2x - 8 = 0$ **f)** $6 + x^2 - 5x = 0$
  c) $x^2 - 7x + 6 = 0$ **g)** $y^2 - 4 - 3y = 0$
  d) $8y + y^2 = 9$ **h)** $x^2 - 4x + 1 = 0$

$x^2 - 3x = 1 \quad | + \left(\frac{3}{2}\right)^2$ (qu.E.)
$x^2 - 3x + \left(\frac{3}{2}\right)^2 = 1 + \left(\frac{3}{2}\right)^2$
$\left(x - \frac{3}{2}\right)^2 = \frac{13}{4}$
$x - \frac{3}{2} = \sqrt{\frac{13}{4}} \quad \text{oder} \quad x - \frac{3}{2} = -\sqrt{\frac{13}{4}}$
$x = \frac{3}{2} + \frac{1}{2}\sqrt{13} \quad \text{oder} \quad x = \frac{3}{2} - \frac{1}{2}\sqrt{13}$
$L = \left\{\frac{3}{2} + \frac{1}{2}\sqrt{13}; \frac{3}{2} - \frac{1}{2}\sqrt{13}\right\}$

△ **4.** Lösen einer quadratischen Gleichung der Form $ax^2 + bx + c = 0$

Bestimme mithilfe der quadratischen Ergänzung die Lösungsmenge.
Beachte: Vor dem quadratischen Ergänzen muss man die Gleichung auf die Form $x^2 + px + q = 0$ (*Normalform*) bringen.

Strategie
Zurückführen auf einen bekannten Fall

  a) Erkläre das Beispiel rechts. Rechne weiter und bestimme die Lösungsmenge. Kontrolliere.

$2x^2 + 6x - 20 = 0$
$x^2 + 3x - 10 = 0$
$x^2 + 3x + \left(\frac{3}{2}\right)^2 = 10 + \left(\frac{3}{2}\right)^2$

  b) Bestimme die Lösungsmenge.
  (1) $3x^2 + 24x + 21 = 0$ (4) $0{,}1y^2 + y + 2{,}4 = 0$
  (2) $2x^2 + 2x - 12 = 0$ (5) $\frac{1}{3}z^2 - 5z + 18 = 0$
  (3) $\frac{1}{4}x^2 + 3x - 7 = 0$ (6) $9y^2 + 7 = 24y$

  c) Löse entsprechend.
  (1) $3x^2 + x + 7 = 4x + 2x^2 + 5$ (3) $3x(x + 2) - 5x(x - 3) = 52$
  (2) $5z^2 + 7z = 4z^2 - 18z - 156$ (4) $(2y - 5)^2 + (3y - 8)^2 = 2$

Übungen

△ **5.** Ergänze beide Seiten der Gleichung so, dass du die linke Seite als Quadrat schreiben kannst. Bestimme dann die Lösungsmenge. Mach die Probe.

a) $x^2 + 4x + \square = 21 + \square$
b) $x^2 - 8x + \square = 33 + \square$
c) $x^2 + 14x + \square = 15 + \square$
d) $x^2 - 12x + \square = 13 + \square$
e) $x^2 + 3x + \square = 33{,}75 + \square$
f) $y^2 - 5y + \square = 42{,}75 + \square$

△ **6.** Bestimme jeweils die Lösungsmenge. Führe die Probe durch.

a) $x^2 - 6 = 0$
    $z^2 - 6z = 0$

b) $y^2 + 6y - 7 = 0$
    $x^2 + 8x - 9 = 0$

c) $z^2 - 4z - 5 = 0$
    $x^2 - 5x + 4 = 0$

d) $x^2 - 4x + 5 = 0$
    $x^2 + 4x - 5 = 0$

e) $x^2 + 6 = 0$
    $x^2 + 6x = 0$

f) $x^2 - 4x + 3 = 0$
    $x^2 - 3x - 4 = 0$

g) $x^2 + 5x + 4 = 0$
    $x^2 + 4x + 5 = 0$

h) $x^2 - 8x - 20 = 0$
    $y^2 + 6y - 16 = 0$

i) $x^2 + 16x + 15 = 0$
    $x^2 + 15x - 16 = 0$

j) $x^2 + 0{,}6x - 0{,}4 = 0$
    $x^2 - 1{,}6x - 0{,}8 = 0$

k) $z^2 + 0{,}8z + 0{,}16 = 0$
    $x^2 + 0{,}6x + 0{,}08 = 0$

l) $x^2 - \frac{2}{5}x - \frac{3}{5} = 0$
    $x^2 - \frac{3}{5}x - \frac{2}{5} = 0$

△ **7.** Kontrolliere Maras Hausaufgaben.

a) $x^2 - 3x = 16 \quad |+9$
$x^2 - 3x + 9 = 25$
$(x-3)^2 = 5$
$x - 3 = 5$ oder $x - 3 = -5$
$x = 8$ oder $x = -2$
$L = \{8; -2\}$

b) $4z^2 - 12z + 8 = 0 \quad |+1$
$4z^2 - 12z + 9 = 1$
$(2z-3)^2 = 1$
$2z - 3 = 1$ oder $2z - 3 = -1$
$2z = 4$ oder $2z = 2$
$z = 2$ oder $z = 1$
$L = \{1; -2\}$

c) $4x^2 - 8x = 0 \quad |+8x$
$4x^2 = 8x \quad |:4x$
$x = 2$
$L = \{2\}$

△ **8.** Bestimme die Lösungsmenge. Mach die Probe.

a) $x^2 + 20x + 36 = 0$
b) $x^2 + 20x + 100 = 0$
c) $x^2 + 20x + 125 = 0$
d) $x^2 + 20x - 125 = 0$
e) $x^2 - 7x + 6 = 0$
f) $x^2 - 11x + 31 = 0$
g) $x^2 - 11x - 5{,}75 = 0$
h) $x^2 + 21x + 20 = 0$
i) $x^2 + 8x = 20$
j) $x^2 + 8x + 16 = 0$
k) $x^2 + 12x + 33 = 0$
l) $x^2 - 3x + 0{,}25 = 0$

▲ **9.**
a) $\frac{1}{2}x^2 - 7x + 12 = 0$
b) $5x^2 - 20x + 15 = 0$
c) $0{,}2z^2 + 3z - 20 = 0$
d) $2x^2 - 28x + 80 = 0$
e) $0{,}1y^2 + 1{,}5y - 3{,}4 = 0$
f) $5x^2 - 8x + 3 = 0$
g) $\frac{1}{2}x^2 + 4x + 10 = 0$
h) $140z + 98 + 50z^2 = 0$
i) $36 + 15y^2 - 51y = 0$

▲ **10.** Für den Benzinverbrauch B (in l pro 100 km) in Abhängigkeit von der im 5. Gang gefahrenen Geschwindigkeit v (in $\frac{km}{h}$) gilt: $B = 0{,}001v^2 - 0{,}1v + 6{,}3$

a) Bei welcher Geschwindigkeit beträgt der Benzinverbrauch 7 l pro 100 km?

b) Wie stark muss man die Geschwindigkeit vermindern, damit der Benzinverbrauch um 1 l pro 100 km gesenkt wird?

Quadratische Gleichungen

Lösen einer quadratischen Gleichung mithilfe der Lösungsformel

Information

(1) Lösungsformel für quadratische Gleichungen

Quadratische Gleichungen kann man auch mithilfe einer Formel lösen.

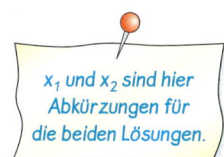
x_1 und x_2 sind hier Abkürzungen für die beiden Lösungen.

> Gegeben ist eine quadratische Gleichung in der Form: $x^2 + px + q = 0$.
> Diese Form nennt man **Normalform** der quadratischen Gleichung.
> Falls diese Gleichung lösbar ist, so gilt für die Lösungen x_1, x_2:
>
> $$x_1 = -\frac{p}{2} + \sqrt{\left(\frac{p}{2}\right)^2 - q} \quad \text{und} \quad x_2 = -\frac{p}{2} - \sqrt{\left(\frac{p}{2}\right)^2 - q}$$

Anmerkung: In Formelsammlungen findet man die Lösungen x_1 und x_2 einer quadratischen Gleichung häufig auch wie folgt angegeben:

$$x_{1,2} = -\frac{p}{2} \pm \sqrt{\left(\frac{p}{2}\right)^2 - q}$$

△ **(2) Begründung der Lösungsformel – Diskriminante**

$$
\begin{aligned}
x^2 + px + q &= 0 & &| -q \\
x^2 + px &= -q & &| + \left(\frac{p}{2}\right)^2 \text{ (qu. E.)} \\
x^2 + px + \left(\frac{p}{2}\right)^2 &= -q + \left(\frac{p}{2}\right)^2 & &| \text{T (1. bin. Formel)} \\
\left(x + \frac{p}{2}\right)^2 &= \left(\frac{p}{2}\right)^2 - q
\end{aligned}
$$

Diskriminante
Term, der trennt

Die Anzahl der Lösungen der quadratischen Gleichung hängt von dem Term $\left(\frac{p}{2}\right)^2 - q$ ab. Dieser Term heißt **Diskriminante** D.

Wir müssen eine *Fallunterscheidung* für die Diskriminante D durchführen:

1. Fall: **D > 0**	2. Fall: **D = 0**	3. Fall: **D < 0**
$x + \frac{p}{2} = \sqrt{\left(\frac{p}{2}\right)^2 - q}$ oder $x + \frac{p}{2} = -\sqrt{\left(\frac{p}{2}\right)^2 - q}$	$\left(x + \frac{p}{2}\right)^2 = 0$	Das Quadrat einer Zahl ist stets nicht-negativ. Also:
$x = -\frac{p}{2} + \sqrt{\left(\frac{p}{2}\right)^2 - q}$ oder $x = -\frac{p}{2} - \sqrt{\left(\frac{p}{2}\right)^2 - q}$	$x + \frac{p}{2} = 0$	
	$x = -\frac{p}{2}$	
$L = \left\{-\frac{p}{2} + \sqrt{\left(\frac{p}{2}\right)^2 - q}; \; -\frac{p}{2} - \sqrt{\left(\frac{p}{2}\right)^2 - q}\right\}$	$L = \left\{-\frac{p}{2}\right\}$	$L = \{\ \}$

Aufgabe

1. a) Bestimme mithilfe der Lösungsformel die Lösungsmenge der quadratischen Gleichung $x^2 - 3x - 10 = 0$.

△ **b)** Wie viele Lösungen hat die Gleichung $3x^2 - 18x + 20{,}25 = 0$?
Beantworte die Frage anhand der Lösungsformel, ohne die Lösungsmenge selbst zu bestimmen.

Lösung

a) $x^2 - 3x - 10 = 0$ (q = –10)

(p = –3) $x_1 = -\frac{-3}{2} + \sqrt{\left(\frac{-3}{2}\right)^2 - (-10)}$; $x_2 = -\frac{-3}{2} - \sqrt{\left(\frac{-3}{2}\right)^2 - (-10)}$

$x_1 = \frac{3}{2} + \sqrt{\frac{9}{4} + \frac{40}{4}}$; $x_2 = \frac{3}{2} - \sqrt{\frac{9}{4} + \frac{40}{4}}$

$x_1 = \frac{3}{2} + \sqrt{\frac{49}{4}}$; $x_2 = \frac{3}{2} - \sqrt{\frac{49}{4}}$

$x_1 = \frac{3}{2} + \frac{7}{2} = 5$; $x_2 = \frac{3}{2} - \frac{7}{2} = -2$

$L = \{-2;\ 5\}$

△ **b)** Die Anzahl der Lösungen hängt von der Diskriminante D ab. Bevor wir die Diskriminante D berechnen können, müssen wir die gegebene Gleichung erst auf die Normalform bringen.

$3x^2 - 18x + 20{,}25 = 0 \quad | :3$

Normalform ⟶ $x^2 - 6x + 6{,}75 = 0$

Es ist $p = -6$ und $q = 6{,}75$, und somit

$D = \left(\frac{p}{2}\right)^2 - q = \left(\frac{-6}{2}\right)^2 - 6{,}75 = 9 - 6{,}75 > 0$.

Also: Die Diskriminante D ist positiv.
Die gegebene Gleichung hat somit zwei Lösungen.

Information

Abhängigkeit der Anzahl der Lösungen einer quadratischen Gleichung von der Diskriminanten

Die Herleitung der Lösungsformel für quadratische Gleichungen zeigt, dass die Anzahl der Lösungen von der Diskriminante abhängt. Wir stellen fest:

> Der Term $\left(\frac{p}{2}\right)^2 - q$ unter dem Wurzelzeichen in der Lösungsformel heißt **Diskriminante D**.
> Für die Lösungsmenge der quadratischen Gleichung gilt dann:
> - Wenn die Diskriminante D *positiv* ist, dann gibt es *genau zwei* Lösungen.
> - Wenn die Diskriminante D *null* ist, dann gibt es *genau eine* Lösung, nämlich $-\frac{p}{2}$.
> - Wenn die Diskriminante D *negativ* ist, dann gibt es *keine* Lösung.

Zum Festigen und Weiterarbeiten

2. Bestimme die Lösungsmenge mithilfe der Lösungsformel. Führe die Probe durch.
 a) $x^2 - 6x + 8 = 0$
 b) $x^2 + 10x + 16 = 0$
 c) $x^2 - 14x - 51 = 0$

3. *Quadratische Gleichungen ohne absolutes Glied*

 a) Beschreibe die beiden Lösungswege; vergleiche und bewerte sie.
 Welches Wissen über Produkte nutzt man bei der Lösung (2) aus?

 (1) $x^2 - 8x = 0$
 $x_1 = -\frac{-8}{2} + \sqrt{\left(\frac{-8}{2}\right)^2 - 0}$ und $x_2 = -\frac{-8}{2} - \sqrt{\left(\frac{-8}{2}\right)^2 - 0}$
 $x_1 = 4 + \sqrt{16}$ und $x_2 = 4 - \sqrt{16}$
 $x_1 = 4 + 4$ und $x_2 = 4 - 4$
 $x_1 = 8$ und $x_2 = 0$
 $L_2 = \{0; 8\}$

 (2) $x^2 - 8x = 0$
 $x \cdot (x - 8) = 0$
 $x = 0$ oder $x - 8 = 0$
 $x = 0$ oder $x = 8$
 $L = \{0; 8\}$

 b) Tim hat die Gleichung $x^2 - 8x = 0$ wie rechts notiert gelöst. Die Lösungsmenge ist aber falsch.
 Wo steckt der Fehler?
 Erkläre.

 $x^2 - 8x = 0$
 $x^2 = 8x \quad |:x$
 $x = 8$
 $L = \{8\}$

 c) Bestimme möglichst einfach die Lösungsmenge. Klammere dazu die Variable aus.
 (1) $x^2 + 3x = 0$
 (2) $x^2 - 0{,}9x = 0$
 (3) $5x^2 - 4x = 0$
 (4) $-2z^2 + 7z = 0$

Quadratische Gleichungen

KAPITEL 6

4. Bestimme die Lösungsmenge mithilfe der Lösungsformel. Bringe die Gleichung zunächst auf die Normalform. Überprüfe dein Ergebnis.

   a) $4x^2 - x - 7{,}5 = 0$
   b) $\frac{1}{3}x^2 - 3x + 7 = 0$
   c) $\frac{1}{2}z^2 + 3z - 3 = 0$

5. Berechne die Diskriminante. Wie viele Lösungen hat die Gleichung?

   a) $x^2 + 9x + 20 = 0$
   c) $4x^2 + 68x + 289 = 0$
   e) $x(x - 24) + 16(2x + 1) = 0$
   b) $x^2 - 15x + 57 = 0$
   d) $0{,}25z^2 - 4 + 1{,}5z = 0$
   f) $\frac{1}{7}y^2 + \frac{1}{6}y - \frac{4}{7} = 0$

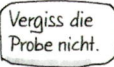

Ein Produkt ist null, wenn …

6. Bestimme die Lösungsmenge. Gib die Gleichung auch in der Form $x^2 + px + q = 0$ an.

   a) $(x - 3)(x - 2) = 0$
   c) $(x + 1{,}5)(x + 3{,}5) = 0$
   e) $\left(x - \frac{2}{3}\right)\left(x - \frac{3}{2}\right) = 0$
   b) $(x + 4)(x - 1) = 0$
   d) $(x - 2{,}4)(x + 6{,}5) = 0$
   f) $(x - 3)^2 = 0$

7. Ermittle zu der Lösungsmenge eine passende quadratische Gleichung.

   a) $\{3; 4\}$
   b) $\{-3; 1\}$
   c) $\{-4; -2\}$
   d) $\{5\}$
   e) $\{-0{,}5; 0{,}5\}$
   f) $\left\{-\frac{4}{5}; \frac{3}{4}\right\}$

Übungen

Vergiss die Probe nicht.

8. Bestimme die Lösungsmenge mithilfe der Lösungsformel.

   a) $x^2 + 8x - 9 = 0$
   d) $x - 14x + 50 = 0$
   g) $x^2 - 13x + 42{,}5 = 0$
   b) $x^2 + 5x + 4 = 0$
   e) $x^2 + 10{,}8x - 63 = 0$
   h) $x^2 - 2{,}2x + 0{,}4 = 0$
   c) $x^2 - 3x + 2 = 0$
   f) $x^2 + 2{,}55x - 4{,}5 = 0$
   i) $x^2 - 7x + 3 = 0$

9. Bringe die Gleichung zunächst auf Normalform und wende dann die Lösungsformel an.

   a) $x^2 = 22x - 21$
   c) $12{,}5 = 7x - x^2$
   e) $x + 0{,}75 = x^2$
   b) $x^2 + 8x = -12$
   d) $x^2 = 1{,}75 - 3x$
   f) $4{,}4 - 0{,}2x = x^2$

10. Kontrolliere Carolines Hausaufgaben.

a) $x^2 - 3x - 4 = 0$
$x_{1/2} = -\frac{3}{2} \pm \sqrt{\left(\frac{3}{2}\right)^2 - (-4)}$
$x_{1/2} = -\frac{3}{2} \pm \sqrt{\frac{9}{4} + \frac{16}{4}}$
$x_{1/2} = -\frac{3}{2} \pm \frac{5}{2}$
$L = \{1; -4\}$

b) $x^2 + 3x = -10$
$x_{1/2} = -\frac{3}{2} \pm \sqrt{\left(\frac{3}{2}\right)^2 - (-10)}$
$x_{1/2} = -\frac{3}{2} \pm \sqrt{\frac{9}{4} + \frac{40}{4}}$
$x_{1/2} = -\frac{3}{2} \pm \frac{7}{2}$
$L = \{-5; 2\}$

c) $z^2 + 7 + 10z = 0$
$z_{1/2} = -\frac{7}{2} \pm \sqrt{\left(\frac{7}{2}\right)^2 - 10}$
$x_{1/2} = -\frac{7}{2} \pm \sqrt{\frac{49}{4} - \frac{40}{4}}$
$x_{1/2} = -\frac{7}{2} \pm \frac{3}{2}$
$L = \{5; 2\}$

11. Bestimme die Diskriminante. Wie viele Lösungen hat die Gleichung? Bestimme diese.

   a) $x^2 - 9x + 10 = 0$
   b) $x^2 - 7x + 15 = 0$
   c) $x^2 - 16x + 64 = 0$

12. Bringe die Gleichung zunächst auf Normalform und wende dann die Lösungsformel an.

   a) $x^2 = 3x - 2$
   c) $10 = 6{,}5x - x^2$
   e) $1{,}25 - 2x = x^2$
   b) $x^2 - 2x = 8$
   d) $x^2 = -5x - 6$
   f) $x - 0{,}56 = -x^2$

13. Bestimme jeweils die Lösungsmenge. Überprüfe dein Ergebnis.

   a) $x^2 - 4x = 0$
   c) $4x^2 - 9 = 0$
   e) $x^2 - 0{,}09 = 0$
   g) $-\frac{1}{8}y^2 + \frac{1}{2} = 0$
   $\quad x^2 - 4 = 0$
   $\quad 4x^2 + 9x = 0$
   $\quad x^2 + 0{,}9x = 0$
   $\quad \frac{1}{8}(y^2 - 1) = \frac{1}{2}$
   b) $3y^2 - 12 = 0$
   d) $4z^2 - 1 = 0$
   f) $9z^2 - 4 = 60$
   h) $2{,}5x^2 = 10x$
   $\quad -5x^2 + \frac{1}{5} = 0$
   $\quad 4z^2 - z = 0$
   $\quad 4z - 9z^2 = 0$
   $\quad 3x = -\frac{3}{5}x^2$

14. Vergleiche und bewerte die unterschiedlichen Lösungswege.

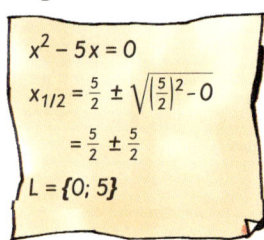

$$x^2 - 5x = 0$$
$$x_{1/2} = \frac{5}{2} \pm \sqrt{\left(\frac{5}{2}\right)^2 - 0}$$
$$= \frac{5}{2} \pm \frac{5}{2}$$
$$L = \{0;\ 5\}$$

$$x^2 - 5x = 0$$
$$x(x-5) = 0$$
$$x = 0 \text{ oder } x - 5 = 0$$
$$x = 0 \text{ oder } x = 5$$
$$L = \{0;\ 5\}$$

$$x^2 - 5x = 0$$
$$x^2 - 5x + 2{,}5^2 = 2{,}5^2$$
$$(x - 2{,}5)^2 = 6{,}25$$
$$x - 2{,}5 = 2{,}5 \text{ oder } x - 2{,}5 = -2{,}5$$
$$x = 5 \quad \text{oder} \quad x = 0$$
$$L = \{0;\ 5\}$$

15. Ermittle die Lösungen. Mach die Probe.

a) $2x^2 - 3x - 104 = 0$
b) $9x^2 + 63x + 135 = 0$
c) $5x^2 + 25x + 20 = 0$
d) $3y^2 - 4{,}4y - 9{,}6 = 0$
e) $2x^2 + 14x + 26 = 0$
f) $3x^2 - 15x + 7 = 0$
g) $2x^2 + 14x + 25{,}5 = 0$
h) $62{,}5 = 35x - 5x^2$
i) $\frac{5}{6}z^2 - 4z + \frac{24}{5} = 0$
j) $\frac{3}{2}x^2 + 15 = 12x$
k) $5y^2 + 14y = -9{,}8$
l) $2z = \frac{5}{2} + \frac{4}{9}z^2$

△ **16.**

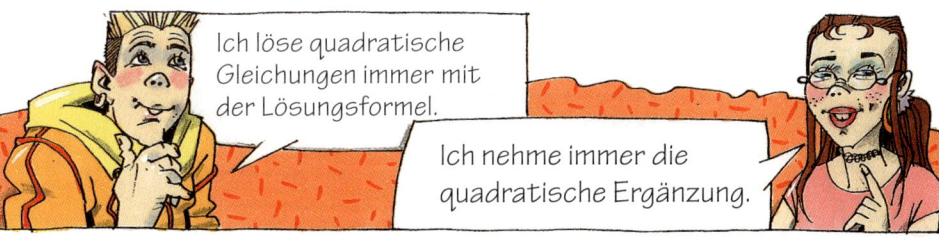

Ich löse quadratische Gleichungen immer mit der Lösungsformel.

Ich nehme immer die quadratische Ergänzung.

Beurteile die beiden Schülermeinungen anhand der folgenden Beispiele:
(1) $x^2 - 4x = 21$ (2) $x^2 - 3 = 13$ (3) $3x^2 = 12x$

△ **17.** Bestimme die Lösungsmenge. Überlege zunächst, wie du vorgehst. Manchmal ist die quadratische Ergänzung bzw. die Lösungsformel umständlich.

a) $12x^2 - 3 = 0$
b) $9x^2 + 16x = 0$
c) $x^2 - 17x + 30 = 0$
d) $2x^2 + 15x + 28 = 0$
e) $x^2 + 6x + 10 = 65$
f) $10x^2 - 24x + 18 = 0$
g) $x^2 - 18x = 40$
h) $-3x^2 + 12 = 0$
i) $8 - 9x + x^2 = 0$
j) $12x = 5x^2$
k) $11x + x^2 = -30{,}5$
l) $3 - 14{,}8x = 5x^2$

18. Beseitigt die Klammern, bestimmt dann die Lösungsmenge. Findet das Lösungswort.

a) $x^2 + (8 - x)^2 = (8 - 2x)^2$
b) $(x - 1)^2 = 5(x^2 - 1)$
c) $(2x - 5)^2 - (x - 6)^2 = 80$
d) $x^2 - (6 + x)^2 = (5 - x)^2$
e) $(x - 6)(x - 5) + (x - 7)(x - 4) = 10$
f) $(2x - 17)(x - 5) - (3x + 1)(x - 7) = 84$
g) $(33 + 10z)^2 + (56 + 10z)^2 = (65 + 14z)^2$
h) $(2z - 3)^2 - (3z - 2)^2 = 7{,}52$

S $\{-\frac{13}{3};\ 7\}$	L $\{0;\ 10\}$	L $\{3;\ 8\}$	B $\{\ \}$
S $\{\ \}$	A $\{-8;\ 1\}$	F $\{0;\ 8\}$	U $\{-1{,}5;\ 1\}$

19. Bestimme die Lösungsmenge. Überlege, wann ein Produkt null ist.

a) $(2x^2 - x - 10)(2x - 5) = 0$
b) $(10x + 4)(25x^2 + 20x + 4) = 0$
c) $(x^2 + 2x - 63)(x^2 + 6x - 91) = 0$
d) $(x^2 - 7x - 30)(x^2 + 2x - 15) = 0$

Quadratische Gleichungen KAPITEL 6

ANWENDEN VON QUADRATISCHEN GLEICHUNGEN

Einstieg

Das rechteckige Grundstück im Bild rechts ist vererbt worden. Die neuen Eigentümer wollen die Rasenfläche belassen und das restliche Grundstück wie angegeben in zwei gleich große Teile zerlegen.

→ Wie groß ist jedes Teilstück?

→ Fertige eine maßstabsgerechte Zeichnung an.

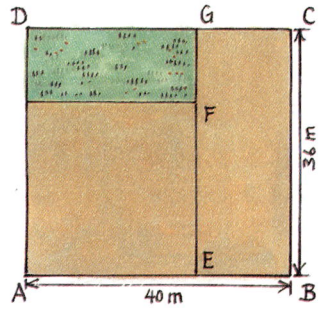

Aufgabe

1. Das Rechteck mit den Seitenlängen 4 m und 3 m soll in ein Quadrat und drei Rechtecke wie im Bild zerlegt werden. Dabei soll der Flächeninhalt der roten Fläche (Rechteck und Quadrat zusammen) 7 m² sein.
Wie lang kann die Quadratseite gewählt werden?

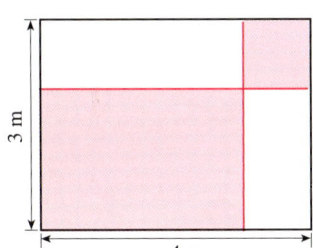

Lösung

(1) Festlegen der gesuchten Größe

Wir rechnen nur mit den Maßzahlen.
Länge der Quadratseite (in m): x

(2) Aufstellen der Gleichung

Größe des roten Quadrats (in m²): x^2
Größe des roten Rechtecks: $(4-x) \cdot (3-x)$
Größe der roten Fläche: $x^2 + (4-x) \cdot (3-x)$ bzw. 7
Gleichung: $x^2 + (4-x) \cdot (3-x) = 7$
Einschränkende Bedingung: $0 < x < 3$, weil eine Länge positiv ist und die Quadratseite kleiner als 3 m sein muss, sonst passt es nicht in das Rechteck.

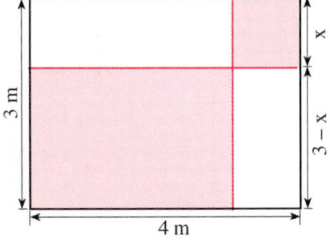

(3) Bestimmen der Lösungsmenge und Kontrolle der einschränkenden Bedingung

$x^2 + (4-x)(3-x) = 7$
$x^2 + 12 - 7x + x^2 = 7$
$2x^2 - 7x + 12 = 7 \quad |-7 \quad |:2$
$x^2 - \frac{7}{2}x + \frac{5}{2} = 0$
$x = \frac{5}{2} = 2{,}5 \quad oder \quad x = 1$
$L = \{1;\ 2{,}5\}$

Weil $0 < 1 < 3$ und $0 < 2{,}5 < 3$, ist für die Zahlen 1 und 2,5 auch die einschränkende Bedingung erfüllt.

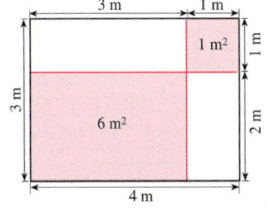
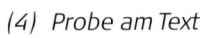

(4) Probe am Text

Ist die Seitenlänge des roten Quadrates 1 m, dann ist es 1 m² groß und das rote Rechteck 2 m · 3 m, also 6 m². Zusammen haben sie den Flächeninhalt 7 m².
Ist die Seitenlänge des roten Quadrates 2,5 m, dann ist es (2,5 m)², also 6,25 m² groß und das rote Rechteck 0,5 m · 1,5 m, also 0,75 m². Zusammen haben sie auch in diesem Fall den Flächeninhalt 7 m².

(5) Ergebnis: Die Quadratseite kann 1 m oder 2,5 m lang gewählt werden.

Übungen

Skizze nicht vergessen!

2. a) Wenn man bei einem Würfel die Kantenlänge verdoppelt und noch um 1 cm vergrößert, so vergrößert sich seine Oberfläche um 576 cm².
Bestimme die ursprüngliche Kantenlänge.

b) Wenn man bei einem Würfel die Kantenlänge um 1 cm vergrößert, so vergrößert sich sein Volumen um 127 cm³.
Bestimme die ursprüngliche Kantenlänge.

3. Gegeben ist ein Rechteck mit den Seitenlängen 6 cm und 5 cm.

a) Verkürze alle Seiten um jeweils dieselbe Länge, sodass der Flächeninhalt $\frac{2}{3}$ des ursprünglichen Inhalts beträgt.
Bestimme die neuen Seitenlängen.

b) Verlängere alle Seiten um jeweils dieselbe Länge, sodass der Flächeninhalt das 3-fache des ursprünglichen Inhalts beträgt.
Bestimme die neuen Seitenlängen.

c) Ändere die Seitenlängen so ab, dass bei gleichem Flächeninhalt der Umfang des Rechtecks (1) um 1 cm, (2) um $\frac{1}{3}$ cm vergrößert wird.
Bestimme die neuen Seitenlängen.

4. Für ein Prisma mit quadratischer Grundfläche mit der Höhe 5 cm gilt:

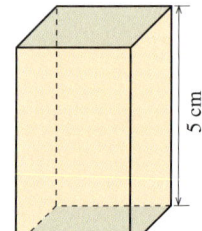

a) Die Grundfläche ist (1) um 14 cm², (2) um 24 cm² größer als eine Seitenfläche.

b) Die gesamte Oberfläche beträgt (1) 48 cm², (2) 288 cm², (3) 112 cm².
Berechne die Seitenlänge der quadratischen Grundfläche.

5. Bestimme die Seitenlängen eines Rechtecks, von dem bekannt ist:

a) Der Umfang beträgt 23 cm, der Flächeninhalt beträgt (1) 30 cm², (2) 19 cm².

b) Der Flächeninhalt beträgt 17,28 cm², die Längen benachbarter Seiten unterscheiden sich um 1,2 cm.

6. Die Diagonale eines Rechtecks ist 25 cm lang. Die eine Rechtecksseite ist 17 cm länger als die andere. Welchen Umfang hat das Rechteck?

7. In einem rechtwinkligen Dreieck ist die Hypotenuse 65 cm lang, der Umfang beträgt 150 cm. Wie lang ist jede der beiden Katheten?

8. Herr Labohm plant, seine quadratische Terrasse um 3 m zu verbreitern und um 2 m zu verlängern. Dadurch wird sich die Fläche um 24 m² vergrößern.

a) Wie groß ist die ursprüngliche Terrassenfläche?

b) Frau Labohm möchte, dass die neue Terrasse zwar um 24 m² vergrößert wird, aber quadratisch bleibt.
Um wie viel m müssen Länge und Breite dann verändert werden?

Quadratische Gleichungen KAPITEL 6

VERMISCHTE UND KOMPLEXE ÜBUNGEN

1. Bestimme die Lösungsmenge. Mach die Probe.
   a) $x^2 + 2x - 35 = 0$
   b) $y^2 + 15y + 44 = 0$
   c) $z^2 - 7z - 60 = 0$
   d) $x^2 + 8{,}3x + 6 = 0$
   e) $y^2 - 0{,}5y + 1{,}5 = 0$
   f) $2z^2 - 1{,}7z - 1 = 0$
   g) $8x^2 + 24x + 13{,}5 = 0$
   h) $4y^2 - 1{,}6y + 7 = 0$
   i) $6z^2 + 23z - 18 = 0$

2. Bestimme die Lösungemenge. Bringe die Gleichung zunächst auf die Normalform $x^2 + px + q = 0$.
   a) $x^2 - 11x + 10 = 0$
   b) $x^2 + 6x - 41 = 50$
   c) $x^2 = 63 - 2x$
   d) $x^2 - 7x = 30$
   e) $2x^2 + 40x = 8x$
   f) $\frac{1}{2}x^2 = -5x - 12$

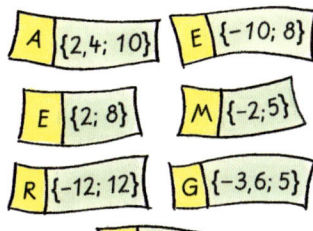

3. Bestimme die Lösungsmenge. Finde das Lösungswort.
   a) $(x + 2)(x - 9) = -5{,}6x$
   b) $(x - 5)(x + 7) = 45$
   c) $(x - 8)(x + 8) = 80$
   d) $(x - 8)(x - 3) = 1{,}4x$
   e) $(2z - 3)(3z - 2) = 5(z^2 - 6)$
   f) $(5y + 2)(8 - 3y) = 4y(11 - 4y)$

4. Wenn man bei einem Quadrat die eine Seitenlänge verdoppelt, die benachbarte um 5 cm verringert, so erhält man ein Rechteck, dessen Fläche um 24 cm² größer ist als die Fläche des Quadrates. Welche Seitenlänge hat das Quadrat?

5.  Der direkte Weg von A nach C ist 65 m lang, der Weg von A über B nach C ist 85 m lang. Wie weit ist der Punkt B von A und von C entfernt?

6. a) Rechteck und Trapez sollen denselben Flächeninhalt besitzen. Wie lang müssen die Seiten des Rechtecks sowie die Grundseiten des Trapezes sein?

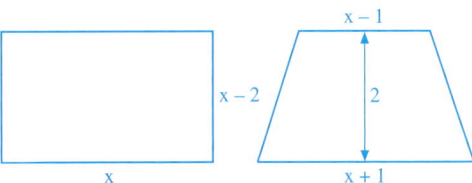

b) Ein Rechteck mit den Seitenlängen $5x$ und $x + 4$ soll denselben Flächeninhalt wie ein Quadrat mit der Seitenlänge $x + 8$ haben. Bestimme die Seitenlänge beider Figuren.

7. Bei zwei Quadraten ist die Summe der Umfänge 132 cm und die Summe der Flächeninhalte 549 cm². Wie lang ist die Seite bei dem einen Quadrat, wie lang bei dem anderen?

8. Die Summe zweier Zahlen beträgt 40; die Summe der Quadrate dieser Zahlen 802. Wie heißen die beiden Zahlen?

9. Hat die Gerade mit der Gleichung (1) $y = -7{,}3x - 12$, (2) $y = 8x - 17$ gemeinsame Punkte mit der Normalparabel? Wenn ja, an welchen Stellen?

Ein Produkt ist null, wenn ...

10. Bestimme die Diskriminante. Wie viele Lösungen hat die Gleichung? Sofern Lösungen vorliegen, bestimme diese.

a) $x^2 - 7x - 60 = 0$
b) $x^2 - 5x - 126 = 0$
c) $y^2 + 28y + 200 = 0$
d) $x^2 + 11x + 32{,}5 = 0$
e) $x^2 - 21x = 0$
f) $y^2 - 1{,}4y - 18 = 0$
g) $z^2 - 3{,}8z + 3{,}61 = 0$
h) $z^2 + 2{,}5z - 51 = 0$
i) $\frac{20}{3}x^2 - 2x + \frac{3}{20} = 0$
j) $0{,}4y^2 + 6y + 25 = 0$
k) $3x^2 - 1{,}6x - 0{,}75 = 0$
l) $10y^2 - 67y - 60 = 0$

11. Gib die Lösungsmenge an. Denke an die Probe.

a) $(x-5)(x-10) = 50$
b) $(2x+18) \cdot x = 0$
c) $(5x-2)(2x-5) = 10$
d) $(4x-6)(x+8) = -48$
e) $(3x+5)^2 = (2x+1)4x + 25$
f) $(2x+1)^2 = (3x+5)x + 1$
g) $9(x-1) = (4x-3)(4x+3)$
h) $7(5x-2) = (2x+7)(3x-2)$
i) $(4x+3)^2 + (2x-5)^2 = 2(17-3x)$
j) $(3x+5)^2 - (2x-7)^2 = 24(2x-1)$

12. Bestimme die Lösungsmenge. Mach die Probe.

a) $(x-2)^2 + (x+3)^2 = (x-1)^2 - 4x$
b) $(x-4)^2 + (x-3)^2 = (8-2x)^2 - \frac{1}{2}x$
c) $(5x-7)(x+3) = (1-2x)(9-x)$
d) $(2x+3)(x-4) = (3x-8)(x-3)$
e) $2(2y-7)^2 + (3y+2)^2 - (4y-3)^2 + 3 = 0$
f) $(3x+8)^2 - 2(2x+7)(2x-7) - 27 = 0$

13. Eine Leiter ist genauso lang wie eine Mauer hoch ist. Lehnt man diese Leiter 20 cm unter dem oberen Mauerrand an, so steht sie unten 1,20 m von der Mauer entfernt.
Wie lang ist die Leiter?

14. Einem Quadrat mit der Seitenlänge 10 cm soll wie im Bild ein gleichseitiges Dreieck APQ einbeschrieben werden.
In welcher Entfernung a von B bzw. D sind die Eckpunkte P bzw. Q zu wählen?
Wie lang ist die Dreiecksseite s?

15. Einem Quadrat ABCD mit der Seitenlänge 10 cm ist ein Rechteck PQRS einbeschrieben. Wo muss der Punkt P auf der Seite $\overline{AB}$ gewählt werden, damit der Flächeninhalt des Rechtecks (1) die Hälfte, (2) ein Viertel von dem des Quadrates beträgt?
Wie lang sind dann die Seiten u und v des Rechtecks?

16. Untersuche: Für welche Werte a besitzt die Gleichung

a) $x^2 + a + 4 = 0$;
b) $x^2 - 2x - a = 0$

(1) genau eine Lösung;   (2) genau zwei Lösungen;   (3) keine Lösung?
Kontrolliere dein Ergebnis grafisch anhand der Normalparabel und einer geeigneten Geraden.

Quadratische Gleichungen

BIST DU FIT?

1. Bestimme die Lösungsmenge. Mach auch die Probe.
  a) $x^2 + 12x + 11 = 0$
  b) $z^2 + 2z - 1 = 0$
  c) $y^2 - \frac{3}{4}y + \frac{1}{8} = 0$

2. a) $3x^2 - 12x + 60 = 0$
   c) $\frac{3}{2}x^2 - 3x - 36 = 0$
   e) $0{,}2a^2 + 0{,}8 = 1{,}6$
   b) $-11z + 10 + z^2 = 0$
   d) $3y^2 - 24 = y$
   f) $\left(\frac{1}{2}y - \frac{2}{3}\right)^2 = \frac{9}{4}$

3. a) $(7 - 2x)(7x - 9) = (3x - 5)(15 - 4x)$
   c) $(4z + 5)^2 - (17 - 2z)^2 - 9(8 - 2z)^2 = 0$
   b) $(10x - 6)(5x + 8) = 4(5 - 10x)(5x - 4)$
   d) $(5 - 6y)(6 - 15y) - 4(2 - 6y)^2 = 0$

4. Die Höhe eines Dreiecks ist um 4 cm kleiner als die Länge der zugehörigen Grundseite. Der Flächeninhalt beträgt 48 cm².
Wie groß ist die Höhe, wie lang die Grundseite?

5. Wie lang sind die Seiten des Rechtecks?
  a) Der Flächeninhalt beträgt 300 cm², eine Seite ist 5 cm länger als die andere Seite.
  b) Der Umfang beträgt 120 cm, der Flächeninhalt 864 cm².

6. Das Quadrat hat die Seitenlänge a = 5 cm. Es ist in vier Teilflächen aufgeteilt. Die beiden grünen Flächen sind zusammen 17,62 cm² groß.
Berechne die Seitenlängen der beiden grünen Quadrate.

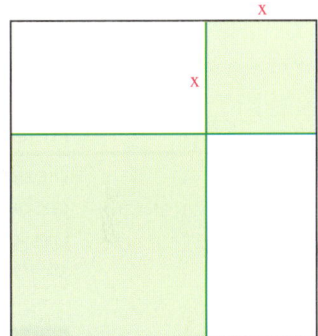

7. Für welche Zahlen gilt:
  a) Das Quadrat der Zahl (1) vermehrt, (2) vermindert um ihr 5faches beträgt 14.
  b) Das Produkt aus der Zahl und der um 6 vergrößerten Zahl beträgt (1) 7, (2) –9, (3) –10.
  c) Das Quadrat der Zahl vermindert um 40 ergibt (1) das 6fache, (2) das 18fache der Zahl.

8. Ein Baumarkt wird erweitert. Der quadratische Parkplatz muss dazu auf einer Seite um 10 m verkürzt werden. Die benachbarte Seite kann um 14 m verlängert werden. Die Größe des Parkplatzes ändert sich durch den Umbau jedoch nicht.
Wie groß ist der Parkplatz?

9. Von einem Quader sind bekannt: Volumen 528 cm³; Höhe 11 cm; Größe der Mantelfläche (aus den vier Seitenflächen) 308 cm².
Wie lang sind die Seiten der Grundfläche?

10. Von einem rechteckigen Grundstück an einer Straßenecke soll für einen Radweg ein 2 m breiter Streifen längs der gesamten Straßenfront abgetreten werden (siehe Bild). Dadurch gehen 130 m² des ursprünglich 990 m² großen Grundstücks verloren.
Bestimme Länge und Breite des rechteckigen Grundstücks.

IM BLICKPUNKT: GOLDENER SCHNITT

Betrachte das Bild vom Rathaus in Leipzig. Der Turm befindet sich nicht in der Mitte des Gebäudes; er teilt es nicht in zwei genau gleich große Teile, also nicht im Verhältnis 1 : 1.

Das Längenverhältnis der kürzeren zur längeren Seite beträgt etwa 2 : 3, allerdings nicht ganz genau. Aber auch das Verhältnis der längeren Seite zur Gesamtstrecke beträgt 2 : 3.
Prüfe beides durch Messen und Rechnen nach.

Diese Art der Teilung empfindet man als besonders ausgewogen und schön. Man nennt sie deshalb *harmonische Teilung* oder den *goldenen Schnitt*:
Die kürzere Strecke verhält sich zur längeren Strecke wie die längere Strecke zur Gesamtstrecke.

1. Der goldene Schnitt ist auch bei vielen Bauwerken und Statuen der Antike zu finden.
   a) Der Bauchnabel teilt oft die Statue im goldenen Schnitt.
   Prüfe das am Bild nach.
   b) Wie ist das bei deinem Körper?

2. a) Zeichne einen Turm mit Dach oder einen Baum. Kannst du in deiner Zeichnung den goldenen Schnitt entdecken?
   b) Suche weitere Beispiele (Gebäude, Möbel, Kunstbücher), wo etwas im goldenen Schnitt geteilt wurde.

Quadratische Gleichungen

KAPITEL 6

3. Wie findet man nun aber den genauen Teilungspunkt z.B. für eine 90 m lange Strecke?
Die Verhältnisgleichung lautet
$x : (90 - x) = (90 - x) : 90$
Löse diese Gleichung. Kontrolliere am Foto des Leipziger Rathauses.

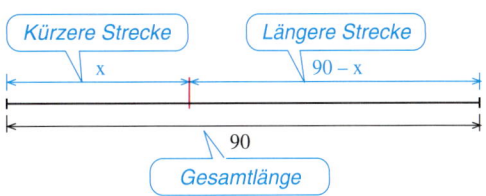

4.

Der Punkt C teilt die Strecke $\overline{AB}$ im **goldenen Schnitt**, wenn gilt:
Die Strecke $\overline{AB}$ der Länge s wird durch den Punkt C so geteilt, dass sich die Gesamtstrecke zur längeren Teilstrecke verhält wie die längere Teilstrecke zur kürzeren Teilstrecke, also:
$s : x = x : y$

Der griechische Bildhauer Phidias (Φίδιας; 490–430 v. Chr.) hat Werke geschaffen, in denen das Verhältnis des goldenen Schnittes oft vorkommt.

 Phi

a) Gegeben (1) s = 10 cm; (2) x = 8 cm; (3) y = 3 cm. Berechne x, y bzw. s.

b) Begründe allgemein:

Wird eine Strecke im goldenen Schnitt geteilt, so gilt: $\dfrac{s}{x} = \dfrac{1 + \sqrt{5}}{2}$

Für $\dfrac{1 + \sqrt{5}}{2}$ schreibt man auch abkürzend den griechischen Buchstaben Φ.

c) Der griechische Staatsmann Perikles übertrug Phidias die oberste Leitung der Bauten auf der Akropolis in Athen. Dabei entstand in den Jahren 447–432 v. Chr. auch der Parthenon-Tempel. Untersucht durch Messen im Bild, ob am Säuleneingang mehrere Strecken im Verhältnis des goldenen Schnitts geteilt sind:

 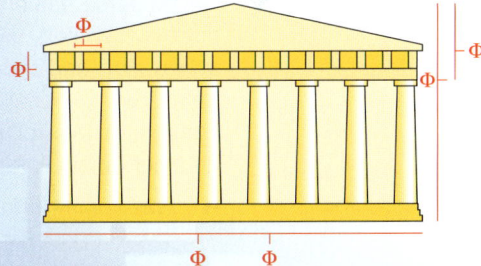

5. Architekten haben Bauwerke entworfen, bei denen Rechtecke auftreten, die auf dem goldenen Schnitt beruhen. Bei einem **goldenen Rechteck** ist das Verhältnis von längerer Seite zur kürzeren Seite wie $\dfrac{1 + \sqrt{5}}{2} : 1$.

a) Zeichne ein Rechteck aus Seitenlängen, die der Breite und der Höhe des Parthenon-Tempels entsprechen. Benutze die Zeichnung in Teilaufgabe 4c). Prüfe ob es sich um ein goldenes Rechteck handelt.

b) Lass deine Freunde bzw. Freundinnen, deine Eltern und gegebenfalls Geschwister schöne Rechtecke zeichnen. Bestimme das Verhältnis aus längerer und kürzerer Seite und bilde das arithmetische Mittel. Vergleiche das Ergebnis mit der Zahl Φ.

6. Untersucht, ob ihr an anderen Gebäuden Strecken finden könnt, die im goldenen Schnitt geteilt sind. Ihr könnt dazu auch im Internet recherchieren.

7 Zweistufige Zufallsexperimente

Maximilian muss auf seinem Weg zur Schule zwei Straßen überqueren und dabei das Ampelsignal beachten.

Manchmal, wenn er es besonders eilig hat, zeigen beide Ampeln Rot. An anderen Tagen lässt er sich Zeit, weil es unterwegs viel zu sehen gibt, und trotzdem zeigen beide Ampeln Grün. Es scheint also vom Zufall abzuhängen, ob Maximilian bei Grün oder bei Rot an einer Ampel ankommt.

→ Was kommt öfter vor: *Beide Ampeln zeigen Rot* oder *Beide Ampeln zeigen Grün*?

→ Vermute, wie oft es vorkommt, dass er zweimal hintereinander Rot hat.

Maximilian muss zweimal nacheinander die Ampel beachten; dabei hängt es vom Zufall ab, ob sie Rot oder Grün für ihn zeigt. Hier liegt ein mehrstufiges Zufallsexperiment vor.

In diesem Kapitel lernst du ...
... wie man Wahrscheinlichkeiten für zweistufige Zufallsexperimente berechnet.

ZUFALL UND WAHRSCHEINLICHKEIT

Zum Wiederholen

1. a) Der abgebildete Zylinder besteht aus Holz. Die Grundflächen sind rot und gelb, der Mantel ist weiß. Mit dem Zylinder kannst du wie mit einem normalen Würfel würfeln.
In einer Versuchsreihe von 250 Würfen wurde 94-mal **Weiß** gewürfelt.
Gib sinnvolle Schätzwerte für die Wahrscheinlichkeiten aller Ergebnisse an.
Begründe die Schätzwerte.

b) Wie groß ist die Wahrscheinlichkeit, mit einem Würfel
(1) eine *Vier*, (2) eine *Primzahl* zu werfen?

c) Das Glücksrad rechts wird gedreht.
Wie groß ist die Wahrscheinlichkeit für das Ereignis
Blau oder **Rot**?

Primzahlen sind größer als 1

*P(**Weiß**) = Wahrscheinlichkeit für **Weiß***

Lösung

a) Der Versuchsreihe entnehmen wir:

relative Häufigkeit für **Weiß** = $\frac{94}{250}$ = 0,376 = 37,6 %

Da sich bei langen Versuchsreihen die relative Häufigkeit eines Ergebnisses seiner Wahrscheinlichkeit annähert und aus Symmetriegründen die Wahrscheinlichkeiten für **Rot** und **Gelb** gleich groß sein müssen, sind für die Wahrscheinlichkeiten die folgenden Schätzwerte gerechtfertigt:
(1) P(**Weiß**) , 0,38 = 38 %
(2) P(**Rot**) = P(**Gelb**) = [100 % − P(**Weiß**)] : 2 ≈ 31 %

b) S = {1; 2; 3; 4; 5; 6} ist die Menge aller möglichen Ergebnisse beim Werfen eines Würfels.

Da alle Ergebnisse gleichwahrscheinlich sind, gilt: P(*Vier*) = $\frac{1}{6}$ ≈ 17 %.

Zu dem Ereignis *Primzahl* gehört die Menge E = {2; 3; 5}.

Wir erhalten: P(*Primzahl*) = $\frac{\text{Anzahl der günstigen Ergebnisse}}{\text{Anzahl der möglichen Ergebnisse}}$ = $\frac{3}{6}$ = 0,5 = 50 %.

c) Der Anteil des Kreissektors am Vollkreis bzw. des entsprechenden Mittelpunktswinkels am Vollwinkel gibt die Wahrscheinlichkeit für die entsprechende Farbe an. Somit gilt:

P(**Blau**) = $\frac{90°}{360°}$ = 0,25 = 25 % und P(**Rot**) = $\frac{135°}{360°}$ = 0,375 = 37,5 %

Mit der Summenregel für Ereignisse erhalten wir:
P(**Blau** oder **Rot**) = P(**Blau**) + P(**Rot**) = 25 % + 37,5 % = 62,5 %

Wiederholung

(1) Zufallsexperimente

Bei einem **Zufallsexperiment** kann man nicht vorhersagen, welches **Ergebnis** eintritt; es hängt vom Zufall ab. Alle **möglichen Ergebnisse** werden zu der **Ergebnismenge S** des Zufallsexperiments zusammengefasst.

Beispiele: Werfen eines Würfels: S = {1; 2; 3; 4; 5; 6}
Werfen einer Münze: S = {Wappen, Zahl}

Statt Wappen oder Zahl sagt man auch Kopf oder Zahl.

(2) Laplace-Experiment

Zufallsexperimente, bei denen alle möglichen Ergebnisse die gleiche Chance haben, heißen **Laplace-Experimente**. Besitzt solch ein Laplace-Experiment n mögliche Ergebnisse, so gilt:

Wahrscheinlichkeit eines Ergebnisses = $\frac{1}{n}$

(3) Wahrscheinlichkeit und relative Häufigkeit

Die **Wahrscheinlichkeit** eines Ergebnisses gibt an, welche **relative Häufigkeit** man bei häufiger Versuchsdurchführung für dieses Ergebnis erwarten kann.

Ist ein Zufallsexperiment kein Laplace-Experiment, so kann man die Wahrscheinlichkeit eines Ergebnisses mit langen Versuchsreihen einigermaßen genau abschätzen. Dabei gilt:

Wahrscheinlichkeit ≈ relative Häufigkeit

(4) Wahrscheinlichkeit bei Glücksrädern

Bei Glücksrädern gibt der Anteil des Kreissektors am Vollkreis die Wahrscheinlichkeit des zugehörigen Ergebnisses an. Für das Glücksrad links gilt:
Wahrscheinlichkeit für Rot = $\frac{1}{4}$ = 25%.

Dies bedeutet: Wird das Glücksrad häufig gedreht, so erwartet man in etwa einem Viertel der Fälle das Ergebnis Rot.

(5) Wahrscheinlichkeit von Ereignissen, Summenregel

Ergebnisse eines Zufallsexperiments kann man zu **Ereignissen** zusammenfassen und durch die **Ereignismenge E** angeben. Die Ereignismenge kann auch mit anderen großen Buchstaben angegeben werden.

Verwechsle nicht Ergebnismenge und Ereignismenge.

Beispiel: Beim Werfen eines Würfels wird das Ereignis *ungerade Augenzahl* durch die Ereignismenge E = {1; 3; 5} angegeben.

Die **Wahrscheinlichkeit eines Ereignisses** erhält man, indem man die Summe der Wahrscheinlichkeiten der zugehörigen Ergebnisse bildet.
Diese Summenregel führt bei Laplace-Experimenten zu der **Laplace-Regel**:

$$P(E) = \frac{\text{Anzahl der für das Ereignis günstigen Ergebnisse}}{\text{Anzahl der möglichen Ergebnisse}}$$

Diese Regel wendet man z.B. auch beim Ziehen einer Kugel aus einem Gefäß an. Für die Wahrscheinlichkeit, aus dem abgebildeten Gefäß eine rote Kugel zu ziehen gilt:

$$P(\text{rote Kugel}) = \frac{\text{Anzahl der roten Kugeln}}{\text{Anzahl aller Kugeln}} = \frac{3}{10} = 30\%$$

Zum Festigen und Weiterarbeiten

2. Mit dem Ereignis E kennt man sofort auch das zugehörige *Gegenereignis*.

Beispiel: Drehen des abgebildeten Glücksrads
(Die Bereiche 3, 4, 5 sind gleich groß.)

Ereignis E: *Augenzahl ist durch 3 teilbar*
Gegenereignis $\bar{E}$:   *Augenzahl ist nicht durch 3 teilbar*

a) Beschreibe beide Ereignisse jeweils durch eine Menge und berechne ihre Wahrscheinlichkeiten.

b) Begründe folgende Regel:

> Ist $\bar{E}$ das **Gegenereignis** von E, so gilt für ihre Wahrscheinlichkeiten:
> $P(E) = 1 - P(\bar{E})$

Manchmal ist es einfacher, die Wahrscheinlichkeit des Gegenereignisses zu bestimmen.

Zweistufige Zufallsexperimente

KAPITEL 7

Übungen

3. Was ist sicher, was ist sehr wahrscheinlich, was ist weniger wahrscheinlich, was ist Können? Begründe.

(1) Thilo würfelt 3-mal hintereinander eine Sechs.
(2) Vera räumt beim Kegeln mit einem Wurf alle Neun ab.
(3) Daniels Vater gewinnt nicht im Lotto.
(4) Wasser gefriert bei 0 °C.
(5) Mechthild schreibt eine gute Deutscharbeit.
(6) Der 1. FC Köln gewinnt gegen Schalke 04.

4. Gib jeweils die Menge an, die beim Werfen eines regelmäßigen Würfels zu den folgenden Ereignissen gehören, und bestimme die zugehörige Wahrscheinlichkeit.
A: Die Augenzahl ist gerade.
B: Die Augenzahl ist durch 3 teilbar.
C: Die Augenzahl ist kleiner als 4.
D: Die Augenzahl ist durch 2 und 3 teilbar.
E: Die Augenzahl ist durch 2 oder 3 teilbar.
F: Die Augenzahl ist nicht durch 3 teilbar.

5. Aus einem Gefäß mit 5 weißen, 4 gelben und 7 roten Kugeln wird – mit verbundenen Augen – eine Kugel gezogen. Wie groß ist die Wahrscheinlichkeit, dass diese Kugel
(1) gelb ist; (2) rot oder weiß ist; (3) nicht rot ist?

6. Berechne für das Glücksrad aus Aufgabe 2 von Seite 204 die Wahrscheinlichkeit folgender Ereignisse mithilfe der Wahrscheinlichkeit des Gegenereignisses. Gib das Gegenereignis vorher durch eine Menge an.
A: Die Zahl ist gerade.
B: Die Zahl ist nicht durch 4 teilbar.
C: Die Zahl ist größer als 2.
D: Die Zahl ist kleiner als 5.
E: Die Zahl ist gerade und keine Primzahl.
F: Die Zahl ist durch 2 oder durch 3 teilbar.

7. Aus einem Skatblatt wird verdeckt eine Karte gezogen.

Wie groß ist die Wahrscheinlichkeit für
A: Bube;
B: rote Farbe;
C: Kreuz;
D: schwarze Dame;
E: kein Herz;
F: As oder König;
G: Sieben, Acht oder Neun;
H: schwarze Farbe, aber nicht As, König, Dame oder Bube?

8. Oliver und Markus drehen abwechselnd den regelmäßigen Glückskreisel rechts. Markus gewinnt eine Spielmarke, wenn der Kreisel bei einer durch 3 oder durch 4 teilbaren Zahl zur Ruhe kommt. Sonst muss Markus eine Spielmarke an Oliver abgeben.

a) Ist das Spiel fair (gerecht)? Begründe.
b) Oliver und Markus führen das Spiel 50-mal durch. Was erwartest du?

9. Die Wahrscheinlichkeit für den Defekt einer Festplatte ist durch die Tabelle angegeben. Berechne die Wahrscheinlichkeit dafür, dass die Festplatte
   A: 2 bis 4 Jahre funktioniert;
   B: bis zu 5 Jahre funktioniert;
   C: 1 bis 3 Jahre funktioniert;
   D: länger als 4 Jahre funktioniert.

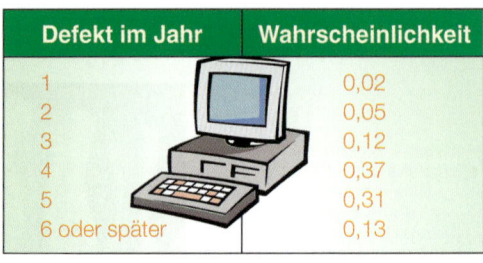

Defekt im Jahr	Wahrscheinlichkeit
1	0,02
2	0,05
3	0,12
4	0,37
5	0,31
6 oder später	0,13

10. Ein Elektromarkt erhält eine Lieferung von 1 200 Energie-Sparlampen. Bei einer Qualitätskontrolle wurden 400 Lampen aus dieser Produktserie nach dem Zufallsprinzip ausgesucht und überprüft. 5 Lampen der Stichprobe waren defekt.

    a) Wie viele defekte Lampen sind schätzungsweise in der Lieferung? Beschreibe deine Überlegungen.

    b) Herr Kubitza kauft eine Lampe in dem Elektromarkt. Wie groß ist die Wahrscheinlichkeit, dass die Lampe defekt ist?

11. Aus einem Behälter mit insgesamt 20 roten, blauen und grünen Kugeln wird verdeckt eine Kugel gezogen und wieder zurückgelegt. Dieses Zufallsexperiment wurde mehrmals wiederholt. In der Tabelle siehst du die Ergebnisse. Schätze ab, wie viele Kugeln von jeder Farbe in dem Behälter sind. Begründe deine Schätzwerte.

rot	blau	grün
54	28	68

12. Mit einem Lego-Sechser (s. Bild rechts) kann man wie mit einem normalen Würfel würfeln. Besorgt euch mehrere Lego-Sechser und beschriftet die Seitenflächen mit den Zahlen 1, 3, 4 und 5.
    Bestimmt mit einer langen Versuchsreihe Näherungswerte für die Wahrscheinlichkeiten.

    Berechnet dazu die relativen Häufigkeiten jeweils nach 100, 200, …, 1 000 Würfen und stellt ihre Entwicklungen in einem Koordinatensystem grafisch dar.
    Ihr könnt dazu auch ein Tabellenkalkulationsprogramm benutzen.
    Überlegt euch, wie ihr eure Arbeit aufteilen könnt.
    Gebt für die relativen Häufigkeiten bzw. Wahrscheinlichkeiten vorher Prognosen ab.
    Welche Zahlen treten mit der gleichen Wahrscheinlichkeit auf? Begründet.
    Präsentiert eure Ergebnisse in verschiedenen Diagrammen und vergleicht sie mit den Ergebnissen der anderen Gruppen.

13. Beim Lotto *6 aus 49* sind 49 Kugeln in der Trommel.
    Wie groß ist die Wahrscheinlichkeit, dass die zuerst gezogene Kugel
    (1) die Zahl 13 trägt;
    (2) eine Primzahl hat.

Zweistufige Zufallsexperimente und Baumdiagramme

Einstieg

In einem Gefäß befinden sich je eine rote, eine blaue, eine gelbe und eine schwarze Kugel. Nacheinander werden zwei Kugeln blindlings herausgezogen, wobei die gezogene Kugel vor dem zweiten Zug wieder in das Gefäß zurückgelegt wird.

→ Welche möglichen Ergebnisse hat dieses *zweistufige Zufallsexperiment*? Versuche die Ergebnisse in einem Diagramm darzustellen.

→ Was kannst du über die Wahrscheinlichkeit der einzelnen Ergebnisse aussagen?

→ Spielregel: *Wer zweimal die gleiche Farbe zieht, gewinnt.*

Aufgabe

1. Bei einem Schulfest kann man an einem Stand mit den beiden Glücksrädern spielen. Gewinner ist, wer für beide Glücksräder richtig vorhersagt, auf welchen Feldern die Zeiger stehen bleiben.

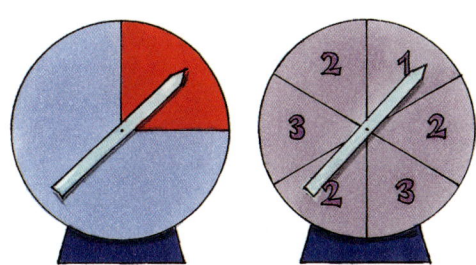

a) Welche Ergebnisse sind bei diesem *zweistufigen Zufallsexperiment* möglich?

b) Versuche die Ergebnisse in einem Baumdiagramm darzustellen und schreibe an die einzelnen Äste die zugehörigen Wahrscheinlichkeiten.

c) Auf welches Ergebnis würdest du setzen? Begründe.

Lösung

a) Bleibt das linke Glücksrad z.B. auf Blau stehen und das rechte Rad auf 1, so kürzen wir dies mit (B|1) ab.
Für das linke Glücksrad gibt es zwei Möglichkeiten, **Rot** oder **Blau**.
Bleibt es auf **Rot** stehen, so sind beim rechten Glücksrad drei Ergebnisse möglich: **1**, **2** oder **3**. Ebenso sind beim rechten Rad drei Ergebnisse möglich, wenn das linke auf **Blau** stehen bleibt. Diese Überlegungen kann man durch ein *Baumdiagramm* veranschaulichen. Insgesamt sind somit folgende sechs Ergebnisse möglich:
S = {(R|1); (R|2); (R|3); (B|1); (B|2); (B|3)}.

b) Die 6 möglichen Ergebnisse des Zufallsexperiments sind durch die 6 Pfade im Baumdiagramm dargestellt.

Da beim linken Glücksrad $\frac{1}{4}$ der Fläche rot und $\frac{3}{4}$ blau gefärbt ist, gehen wir davon aus, dass die Wahrscheinlichkeit für das Stoppen des Zeigers auf **Rot** $\frac{1}{4}$ und auf **Blau** $\frac{3}{4}$ beträgt.

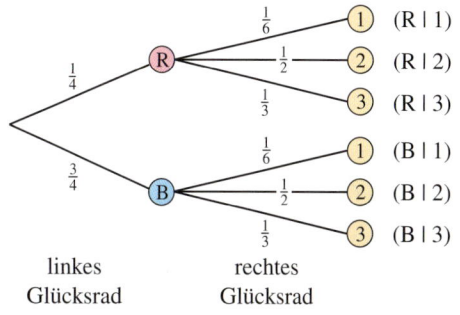

Das rechte Glücksrad hat 6 gleich große Felder, davon trägt ein Feld die Nummer **1**.
Die Wahrscheinlichkeit, dass der Zeiger auf **1** stehen bleibt, ist somit $\frac{1}{6}$.
Drei von 6 Feldern tragen die Nummer **2**; die Wahrscheinlichkeit für **2** ist $\frac{3}{6} = \frac{1}{2}$.
Für **3** beträgt die Wahrscheinlichkeit entsprechend $\frac{2}{6} = \frac{1}{3}$.

Zweistufige Zufallsexperimente

c) In der Einstiegsaufgabe auf Seite 207 sind die möglichen Ergebnisse alle gleichwahrscheinlich, da bei jedem Zug jede Kugel mit der gleichen Chance gezogen werden kann. Dies ist bei den beiden Glücksrädern, wie die Wahrscheinlichkeiten im Baumdiagramm zeigen, nicht der Fall. Dieses zweistufige Zufallsexperiment ist kein Laplace-Versuch. Beim linken Glücksrad wird am häufigsten **Blau** und beim rechten Rad am häufigsten **2** auftreten. Man sollte also auf das Ergebnis (B|2) setzen.

Zum Festigen und Weiterarbeiten

2. Bei der Aufgabe 1 (Seite 207) ist nicht beschrieben, ob zunächst das linke und dann das rechte Glücksrad gedreht wird. Deshalb ist es auch möglich, das Zufallsexperiment durch ein Baumdiagramm zu beschreiben, bei dem zunächst die möglichen Ergebnisse des rechten Glücksrades und dann die des linken Glücksrades erfasst werden. Zeichne ein solches Baumdiagramm.

3. Betrachte noch einmal den Einstieg auf Seite 207. Die gezogene Kugel soll jetzt nicht wieder in das Gefäß zurückgelegt werden, bevor die zweite Kugel gezogen wird.
   a) Welche Ergebnisse sind nun möglich?
      Zeichne ein Baumdiagramm und schreibe an die einzelnen Äste die zugehörigen Wahrscheinlichkeiten.
   b) Wie groß sind die Wahrscheinlichkeiten für die möglichen Ergebnisse dieses zweistufigen Experiments? Begründe.

Information

> **Zweistufiges Zufallsexperiment**
>
> Ein Zufallsexperiment, das in zwei Schritten nacheinander durchgeführt wird, heißt **zweistufiges Zufallsexperiments**. Die Ergebnisse eines zweistufigen Zufallsexperiments können übersichtlich in einem Baumdiagramm dargestellt werden.
>
>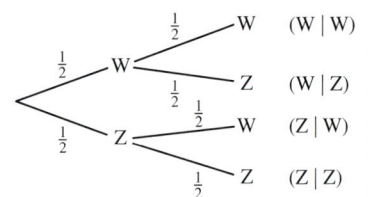
>
> *Beispiele:*
> - Jemand wirft zweimal hintereinander eine Münze.
> - Aus einem Behälter werden nacheinander zwei Kugeln gezogen.

Übungen

4. Das Glücksrad (Bild rechts) wird zweimal gedreht.
   a) Zeichne ein Baumdiagramm.
   b) Wie viele Ergebnisse sind möglich?
      Gib die Wahrscheinlichkeit für jedes Ergebnis an.
   c) Wie groß ist die Wahrscheinlichkeit dafür, dass das Glücksrad beide Male die gleiche Farbe zeigt?

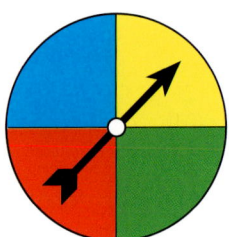

5. Ein Würfel und eine Münze werden nacheinander geworfen.
   a) Stelle die möglichen Ergebnisse in einem Baumdiagramm dar.
   b) Wie groß ist die Wahrscheinlichkeit, dass eine Sechs und Wappen geworfen werden? Begründe.

6. Ein roter und ein schwarzer Würfel werden gleichzeitig geworfen. Stelle die Menge aller möglichen Ergebnisse mithilfe eines Baumdiagramms dar.

Zweistufige Zufallsexperimente

KAPITEL 7

PFADREGELN ZUR BERECHNUNG VON WAHRSCHEINLICHKEITEN

Einstieg

Eine Fabrik stellt Keramikbecher her. In Qualitätskontrollen werden die Becher nacheinander auf Form und Farbe geprüft und in Güteklassen eingeteilt. Die Kontrolle von 600 Bechern hatte folgende Ergebnisse:

Kontrolle der Form	
Bewertung	Anzahl der Becher
gut	519
mittelmäßig	69
schlecht	12

Kontrolle der Farbe	
Bewertung	Anzahl der Becher
gleichmäßig	563
ungleichmäßig	37

→ Welchen Näherungswert würdest du für die Wahrscheinlichkeit angeben, dass bei einer Kontrolle die Form eines zufällig ausgesuchten Bechers mittelmäßig ist?

→ Zeichne für das zweistufige Zufallsexperiment *Kontrolle der Form und Farbe eines Bechers* ein Baumdiagramm mit den zugehörigen Wahrscheinlichkeiten.

→ Eine große Warenhauskette kauft 15000 unsortierte Becher. Mit wie vielen Bechern, die weder bei der Form noch bei der Farbe irgendwelche Mängel aufweisen, kann sie rechnen?

Aufgabe

1. Das abgebildete Glücksrad wird zweimal gedreht.

    a) Zeichne ein Baumdiagramm und schreibe an die einzelnen Zweige die zugehörigen Wahrscheinlichkeiten.

    b) Angenommen, das zweistufige Zufallsexperiment wird 360-mal ausgeführt. Wie oft kann man dabei das Ergebnis (**Rot**|**Grün**) erwarten?

    c) Welche Wahrscheinlichkeit hat daher das Ergebnis (**Rot**|**Grün**)? Wie kann man diese Wahrscheinlichkeit direkt berechnen?

    d) Wie groß ist die Wahrscheinlichkeit, dass das Glücksrad zweimal auf der gleichen Farbe stehen bleibt?

Lösung

a)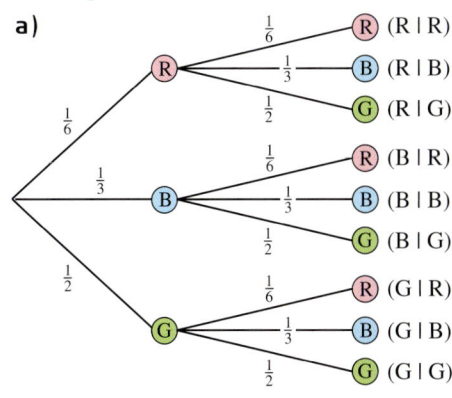

b) Bei ungefähr $\frac{1}{6}$ aller Drehungen des Glücksrades bleibt der Zeiger auf *Rot* stehen, d.h. bei ungefähr 60 der 360 Versuchsdurchführungen. Bei ungefähr der Hälfte aller Drehungen des Glücksrades hält der Zeiger auf dem *grünen* Feld an; also auch bei der Hälfte der 60 Versuchsdurchführungen, bei denen er zuvor auf *Rot* stehen blieb.

Das Ergebnis (**Rot**|**Grün**) wird also bei ungefähr 30 der 360 Doppeldrehungen vorkommen.

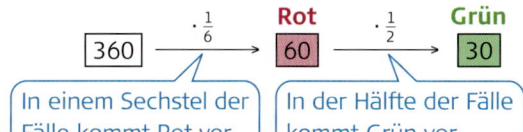

c) Bei ungefähr 30 von 360 Doppeldrehungen kommt (**Rot**|**Grün**) vor. Die Wahrscheinlichkeit für dieses Ergebnis ist also $\frac{30}{360} = \frac{1}{12}$.

Die Wahrscheinlichkeit für das Ergebnis (**Rot**|**Grün**) kann auch als Produkt der Wahrscheinlichkeiten $\frac{1}{6}$ und $\frac{1}{2}$ längs des zugehörigen Pfades berechnet werden, denn bei einem Sechstel der Versuchsdurchführungen erscheint **Rot** und bei der Hälfte davon **Grün**. Die Hälfte von einem Sechstel ist ein Zwölftel: $\frac{1}{6} \cdot \frac{1}{2} = \frac{1}{12}$.

d) Von den 9 Ergebnissen (Pfaden) interessieren uns nur die drei Pfade, die zu dem Ereignis „zweimal die gleiche Farbe" gehören. Die Wahrscheinlichkeiten für die einzelnen Ergebnisse berechnen wir wie in Teilaufgabe c) jeweils als Produkte der Wahrscheinlichkeiten des zugehörigen Pfades.

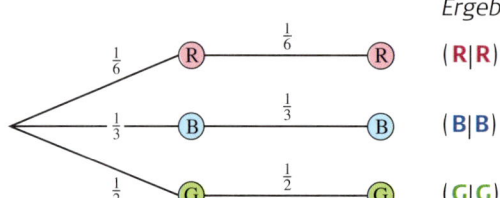

Ergebnis	Wahrscheinlichkeit
(**R**|**R**)	$\frac{1}{6} \cdot \frac{1}{6} = \frac{1}{36}$
(**B**|**B**)	$\frac{1}{3} \cdot \frac{1}{3} = \frac{1}{9} = \frac{4}{36}$
(**G**|**G**)	$\frac{1}{2} \cdot \frac{1}{2} = \frac{1}{4} = \frac{9}{36}$

Die Wahrscheinlichkeit, dass das Glücksrad zweimal auf der gleichen Farbe stehen bleibt, beträgt nach der Summenregel:

$\frac{1}{36} + \frac{4}{36} + \frac{9}{36} = \frac{14}{36} = \frac{7}{18} \approx 39\%$.

Information

Pfadregeln zur Berechnung von Wahrscheinlichkeiten bei zweistufigen Zufallsexperimenten

Beispiel:
Aus einem Behälter mit 4 blauen und 2 roten Kugeln werden nacheinander zwei Kugeln gezogen, ohne sie zurückzulegen.

(1) *Produktregel*
Man erhält die Wahrscheinlichkeit für ein Ergebnis, indem man die Wahrscheinlichkeiten entlang dem zugehörigen Pfad multipliziert.

P (**rot**|**blau**) = $\frac{2}{6} \cdot \frac{4}{5} = \frac{4}{15}$

(2) *Summenregel*
Besteht ein Ereignis aus mehreren Ergebnissen, so berechnet man für jedes zugehörige Ergebnis die Wahrscheinlichkeit nach der Produktregel und addiert diese Wahrscheinlichkeiten.

P (zwei gleichfarbige Kugeln) = $\frac{2}{5} + \frac{1}{15} = \frac{7}{15}$

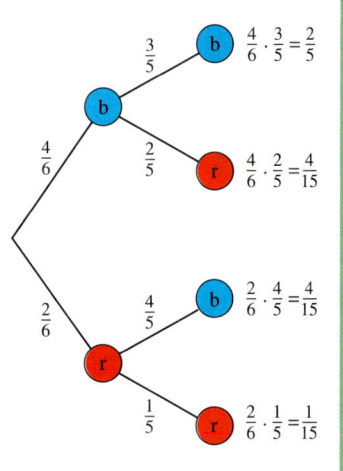

Zum Festigen und Weiterarbeiten

2. Berechne beim Wurf mit zwei Würfeln die Wahrscheinlichkeit für:
(1) einen Pasch   (4) mindestens eine 4
(2) Augensumme 5   (5) keine 3
(3) Augendifferenz kleiner als 4   (6) höchstens eine 1
Gib vorher die Ergebnismenge S und jeweils die Menge E der für das Ereignis günstigen Wurfkombinationen an.

Bei einem Pasch zeigen beide Würfel die gleiche Augenzahl

Zweistufige Zufallsexperimente

Manchmal ist es einfacher, die Wahrscheinlichkeit des Gegenereignisses zu bestimmen.

3. Zwei Würfel werden gleichzeitig geworfen (zweistufiges Experiment). Es ist hier nur wichtig, ob eine Sechs gewürfelt wird oder nicht.

a) Erkläre das Baumdiagramm. Welche Wahrscheinlichkeiten sind an die Pfade zu schreiben?

b) Berechne die Wahrscheinlichkeiten für folgende Ereignisse:
 (1) Es wird keine Sechs gewürfelt.
 (2) Es wird genau eine Sechs gewürfelt.
 (3) Es werden genau zwei Sechsen gewürfelt.
 (4) Es wird mindestens eine Sechs gewürfelt.
 (5) Es wird höchstens eine Sechs gewürfelt.

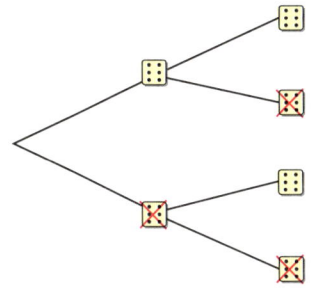

4. Das Kreisdiagramm rechts zeigt die Verteilung der Blutgruppen in Mitteleuropa. Zwei Personen kommen zur Blutspende.
Wie groß ist die Wahrscheinlichkeit, dass
(1) die erste Person Blutgruppe A, die zweite Blutgruppe B hat,
(2) die erste Person Blutgruppe 0, die zweite eine andere hat,
(3) die beiden Personen verschiedene Blutgruppen haben?

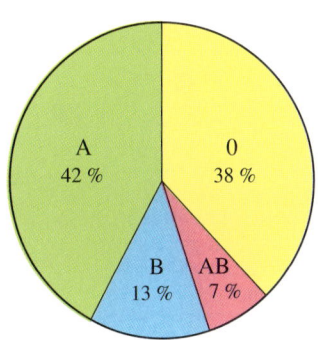

5. Gib ein Zufallsexperiment an, das durch das folgende Baumdiagramm beschrieben wird. Ergänze die fehlenden Wahrscheinlichkeiten.

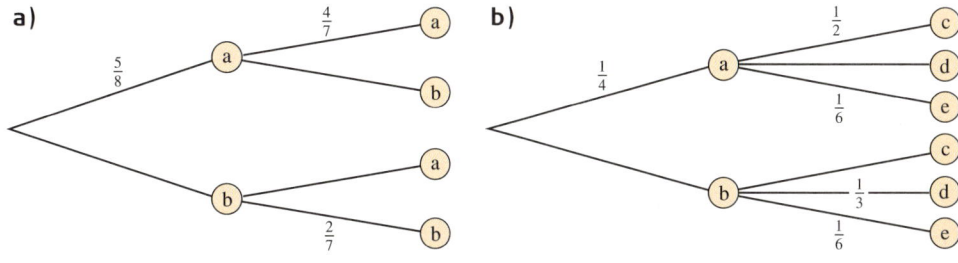

6. In einem Behälter sind 3 rote und einige blaue Kugeln.
Lena schlägt Maria das folgende Spiel vor:
„Du darfst 2 Kugeln nacheinander ziehen, ohne die erste zurückzulegen. Du gewinnst, wenn sie die gleichen Farben haben, sonst gewinne ich."

a) Nimm an, dass in dem Behälter 4 blaue Kugeln sind.
 Ist das Spiel fair, d. h. haben Maria und Lena gleich große Gewinnchancen?

b) Versuche herauszubekommen, wie viele blaue Kugeln im Behälter sein müssen, damit das Spiel fair ist.

c) *Änderung der Spielregel:* Vor dem zweiten Zug wird die zuerst gezogene Kugel wieder in den Behälter zurückgelegt.

Übungen

7. a) Eine 50-Cent-Münze wird zweimal geworfen. Wie groß ist die Wahrscheinlichkeit, dass
 (1) beidemal dieselbe Seite oben liegt; (2) unterschiedliche Seiten oben liegen?

b) Nun wird mit einer Spielmünze geworfen, bei der mit einer 70-prozentigen Wahrscheinlichkeit „Zahl" geworfen wird.

8. Ein Glücksrad wird 2-mal gedreht. Bei welchem Rad ist es günstig, auf das Ereignis
   a) zweimal dieselbe Farbe, b) verschiedene Farben zu setzen?

(1) 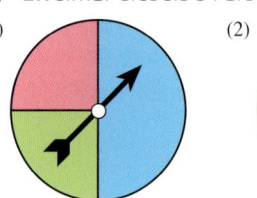 (2) 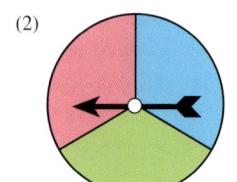 (3) 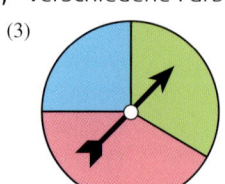 (4)

9. Anne hat in ihrem Mäppchen drei rote und zwei blaue Farbstifte. Sie nimmt ohne hinzusehen zwei Stifte heraus. Zeichne ein Baumdiagramm und bestimme, mit welcher Wahrscheinlichkeit sie
   a) zwei verschieden farbige Stifte, b) zwei rote Stifte herausgenommen hat?

So kannst du dir Arbeit ersparen: Zeichne
- *möglichst einfache Baumdiagramme*
- *oder nur einzelne Pfade*

10. Ein Kartenspiel besteht aus 32 Karten. Paul zieht aus einem gut gemischten Kartenspiel zwei Karten. Wie groß ist die Wahrscheinlichkeit dafür, dass er folgende Karten zieht:
    a) zwei Herzkarten;
    b) zwei schwarze Karten (Kreuz, Pik);
    c) zwei Asse;
    d) zwei Bildkarten (König, Dame, Bube);
    e) einen Buben und ein As;
    f) den Kreuzbuben und den Pikbuben?

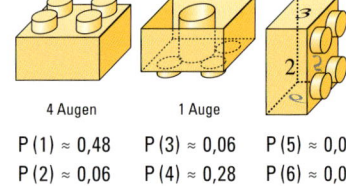

4 Augen	1 Auge	
P(1) ≈ 0,48	P(3) ≈ 0,06	P(5) ≈ 0,06
P(2) ≈ 0,06	P(4) ≈ 0,28	P(6) ≈ 0,06

11. Ein Würfel und ein Vierer-Legostein werden gleichzeitig geworfen. Berechne die Wahrscheinlichkeit des Ereignisses.
    a) Würfel eine Eins, Legostein eine Vier
    b) eine Eins und eine Vier
    c) ein Pasch
    d) keine Eins
    e) mindestens eine Sechs
    f) Augensumme 9
    g) Augensumme kleiner als 5
    h) keine Vier und keine Fünf

12. In einem Betrieb werden quadratische Tonfliesen gebrannt. Dabei treten bei einer bestimmten rustikalen Fliesensorte erfahrungsgemäß folgende Mängel auf:
    - Bei 12 % der Fliesen ist die Oberfläche nicht eben genug.
    - 7 % der Fliesen weisen zu große Abweichungen bei der Seitenlänge auf.

    Was hältst du von folgenden Aussagen? Korrigiere ggf. die Prozentangaben.

    (1) „Bei 19 % der Fliesen sind Seitenlänge und Oberfläche nicht in Ordnung."
    (2) „19 % der Fliesen sind fehlerhaft."

13. Die Wahrscheinlichkeit für „Augenzahl 5 oder 6" beträgt beim einmaligen Würfeln $\frac{1}{3}$. Wie groß ist beim zweimaligen Würfeln die Wahrscheinlichkeit für
    a) genau einmal „Augenzahl 5 oder 6";
    b) mindestens einmal „Augenzahl 5 oder 6"?

VERMISCHTE UND KOMPLEXE ÜBUNGEN

1. In einem Behälter sind 15 Kugeln mit den Zahlen 1 bis 15. Eine Kugel wird verdeckt gezogen. Berechne für folgende Ereignisse die Wahrscheinlichkeit mithilfe des Gegenereignisses. Beschreibe das Gegenereignis vorher mit Worten und gib es durch eine Menge an.
(1) Die Zahl ist größer als 2.
(2) Die Zahl ist kleiner als 15.
(3) Die Zahl ist keine Primzahl.
(4) Die Zahl ist nicht durch 5 teilbar.
(5) Die Zahl ist durch 2 oder 3 teilbar.
(6) Die Zahl ist einstellig und gerade.

2. Bevor ein Buch gedruckt wird, werden alle Seiten auf Fehler durchgesehen. Der erste Korrekturleser findet ca. 75 % der Fehler und korrigiert sie. Dann bekommt alle Seiten ein zweiter Korrekturleser, der von den übrig gebliebenen Fehlern noch ca. 60 % entdeckt und korrigiert.

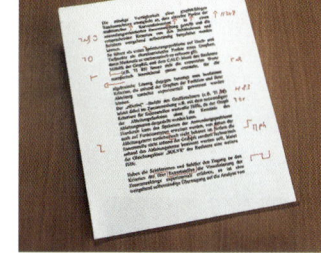

a) Mit welcher Wahrscheinlichkeit ist ein Fehler, der ursprünglich in einem Drucktext vorhanden war, nach beiden Korrekturen noch nicht entdeckt worden?

b) In zwei Korrekturen wurden 194 Fehler entdeckt. Wie viele Fehler sind schätzungsweise nach der zweiten Korrektur noch im Drucktext?

3. a) Eine 1-Euro-Münze wird dreimal geworfen. Wie groß ist die Wahrscheinlichkeit, dass
(1) dreimal dieselbe Seite oben liegt; (2) genau einmal *Zahl* oben liegt?

b) Nun wird mit einer Spielmünze geworfen, bei der mit einer 70-prozentigen Wahrscheinlichkeit *Zahl* geworfen wird.

4. In einer Fabrik wird Porzellangeschirr hergestellt. Jedes Teil wird nacheinander in verschiedenen Kontrollgängen auf Form, Farbe und Oberflächenbeschaffenheit geprüft.
Erfahrungsgemäß muss bei 25 % die Form beanstandet werden.
85 % der Teile passieren die Farbkontrolle ohne Beanstandungen.
20 % haben eine Oberfläche, die den Ansprüchen der 1. Wahl nicht genügt.
Wenn ein Teil alle drei Kontrollen ohne Beanstandungen durchlaufen hat, wird es als 1. Wahl verkauft.

Wenn ein Teil nur an einer Kontrollstelle beanstandet wurde, wird es als 2. Wahl verkauft. Alle übrigen Porzellanteile gelten als Ausschussware.

a) Stelle die dreifache Kontrolle in einem Baumdiagramm dar. Wie groß ist die Wahrscheinlichkeit dafür, dass ein Gefäß 1. oder 2. Wahl ist?

b) Es werden 1 200 Gefäße hergestellt. Wie viele Gefäße 1. Wahl, wie viele Gefäße 2. Wahl kann man darunter erwarten?

5. Lukas hat ein Paar braune und ein Paar schwarze Schuhe im Schrank. Da er meist nicht aufräumt, stehen die Schuhe unsortiert nebeneinander.
Lukas greift nacheinander im Dunkeln zwei Schuhe heraus. Wie groß ist die Wahrscheinlichkeit, dass er dabei

a) einen linken und einen rechten Schuh,

b) ein richtiges Paar,

c) das schwarze Paar Schuhe gegriffen hat?

6. Zwei Münzen werden gleichzeitig zweimal geworfen (zweifacher Doppelwurf).

a) Gib die Ergebnismenge S an.

b) Wie groß ist die Wahrscheinlichkeit, dass bei einem zweifachen Doppelwurf
   (1) das Wurfergebnis *zweimal Wappen* genau einmal,
   (2) das Wurfergebnis *verschiedene Seiten* höchstens einmal,
   (3) das Wurfergebnis *zweimal Zahl* mindestens einmal auftritt?

7. Die Wahrscheinlichkeit, dass sich bei einem neuen Auto innerhalb der ersten drei Monate ein Mangel herausstellt, liegt für Fahrzeuge, die an einem Montag hergestellt werden, bei ca. 1,5%. Bei den anderen Arbeitstagen (Dienstag bis Samstag) liegt diese Wahrscheinlichkeit bei durchschnittlich 0,8%.
Mit welcher Wahrscheinlichkeit wird sich bei einem zufällig ausgesuchten Auto ein Mangel herausstellen? Schätze vorher.

8. Welche der folgenden Schlussfolgerungen ist richtig?

(1) Ungefähr 40% der Deutschen haben Blutgruppe A; 30% der Blutspender beim Deutschen Roten Kreuz sind unter 30 Jahre alt. Ein Blutspender beim DRK wird ausgelost. Der Leiter der Blutspendeaktion vermutet, dass die Wahrscheinlichkeit, dass diese Person unter 30 Jahre alt ist und Blutgruppe A hat, ungefähr 12% beträgt.

(2) 40% der Schüler einer Klasse haben im Fach Deutsch eine gute Note (1 oder 2); im Fach Englisch sind es 30%. Hieraus folgt, dass der Anteil derer, die in beiden Fächern eine gute Note haben, ungefähr 12% beträgt.

Die Pfadregeln gelten auch für 3-stufige Zufallsversuche.

9. Aus dem Gefäß wird eine Kugel gezogen, der Buchstabe wird notiert und die Kugel wieder zurück in das Gefäß zurückgelegt.

a) Zeichne ein Baumdiagramm für das Zufallsexperiment, dass 3-mal nacheinander gezogen und wieder zurückgelegt wird.
Wie groß ist die Wahrscheinlichkeit, dass TIM gezogen wird?
Wie groß ist die Wahrscheinlichkeit, dass TIM oder MIT gezogen wird?

b) Zeichne einen Baum dafür, dass 3-mal ohne Zurücklegen gezogen wird.
Wie groß sind dann die Wahrscheinlichkeiten für TIM bzw. TIM oder MIT?

10. Jemand hat in der Tasche 4 Schlüssel, die er blindlings einen nach dem anderen herauszieht, von denen aber nur einer passt. Mit welcher Wahrscheinlichkeit hat er

a) gleich beim 1. Griff,

b) spätestens beim 2. Griff, d.h. beim 1. oder 2. Griff,

c) frühestens beim 3. Griff

den richtigen Schlüssel erfasst?

BIST DU FIT?

1. a) Beschreibe das nebenstehende Diagramm.
Welcher Zusammenhang wird verdeutlicht?

b) Zwei Reißzwecken werden gleichzeitig geworfen. Berechne die Wahrscheinlichkeit für
(1) zweimal „Seite";
(2) höchstens einmal „Kopf";   (3) mindestens einmal „Kopf".

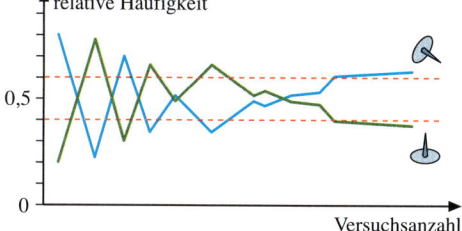

2. a) Beschreibe, wie man herausfinden kann, ob ein Würfel gezinkt ist, d. h. ob die Ergebnisse 1 bis 6 nicht gleichwahrscheinlich sind.

b) Ein nicht gezinkter Würfel wird einmal geworfen. Wie groß ist die Wahrscheinlichkeit, dass die Augenzahl
(1) größer als 2,   (2) keine Primzahl,   (3) weder durch 2 noch durch 3 teilbar ist?

c) Ein nicht gezinkter Würfel wird zweimal geworfen. Wie groß ist die Wahrscheinlichkeit
(1) zwei verschiedene Zahlen zu werfen;   (2) die Augensumme 6 zu werfen?

3. In einer Lostrommel sind 200 Lose mit den Nummern 1 bis 200. Man zieht zufällig ein Los. Bestimme die Wahrscheinlichkeit für folgende Ereignisse:
(1) Die Zahl ist durch 5 teilbar.   (3) Die Zahl ist weder durch 5 noch durch 10 teilbar.
(2) Die Zahl endet auf 2 oder 3.   (4) Die Zahl hat genau zwei gleiche Ziffern.

4. Zwei Glücksräder werden gedreht. Ergänze die Eintragungen am Baumdiagramm. Gib an, wie groß die verschiedenen Sektoren des Glücksrades sind.

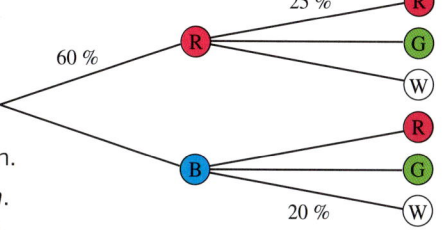

5. In einem Behälter sind 5 rote und 3 blaue Kugeln.

a) Torsten zieht zwei Kugeln *ohne Zurücklegen*.
Zeichne für den Versuch ein Baumdiagramm.
Berechne die Wahrscheinlichkeit dafür, dass 2 gleichfarbige Kugeln gezogen werden.

b) Katharina zieht ebenfalls zwei Kugeln; sie legt aber die erste Kugel in den Behälter zurück, bevor sie die zweite Kugel zieht (*Ziehen mit Zurücklegen*). Wie ändert sich im Vergleich zur Teilaufgabe a) die Wahrscheinlichkeit?

6. Frau Schulz kauft 3 Halogenlampen. Beim Kauf kann sie kontrollieren, ob sie leuchten oder defekt sind. Erfahrungsgemäß sind 4% der Halogenlampen aus dieser Produktionsserie defekt.

a) Berechne mithilfe eines Baumdiagramms die Wahrscheinlichkeit dafür, dass
(1) keine Halogenlampe defekt ist;
(2) genau eine Halogenlampe defekt ist;
(3) alle Halogenlampen defekt sind.

b) Schätze ab, wie viele Halogenlampen bei einer Produktion von 7 500 Lampen defekt sind.

Bist du topfit?

Vermischte Aufgaben

1. **a)** (1) $8{,}5 + 1{,}5 \cdot 50$ (2) $6{,}2 - \frac{1}{2} \cdot (-4)$ (3) $2^3 \cdot 16 - 4^2$ (4) $3{,}5 \cdot 10^{-2} + 6{,}5$

b) Berechne die Termwerte für $a = -2$, $b = 1{,}4$ und $c = \frac{1}{2}$.
(1) $\dfrac{a-c}{a \cdot c}$ (2) $\dfrac{(b-c) \cdot a}{c^2}$ (3) $b - \dfrac{a+c}{c-a}$

c) Zeichne den Graphen der Funktion, ohne eine Wertetabelle aufzustellen.
(1) $y = \frac{3}{4}x$ (2) $y = -1{,}2x$ (3) $y = 2{,}5x - 1$ (4) $y = -x + 3$

d) (1) Die Masse der Erde beträgt $5{,}976 \cdot 10^{24}$ kg und ihr Volumen $1{,}083 \cdot 10^{12}$ km³. Berechne die durchschnittliche Dichte der Erde.

(2) Größen anderer Planeten werden häufig auf die entsprechenden Größen der Erde bezogen. So wird die Masse des Jupiter mit $317{,}9 \, m_E$ und die des Mondes mit $0{,}0123 \, m_E$ angegeben. Gib die jeweiligen Massen in kg an.

e) Ein 3 m langes Eisenrohr hat einen Außendurchmesser von 36 mm und eine Wandstärke von 3 mm.
(1) Berechne die Masse des Eisenrohrs.
(2) Wie viel Prozent wiegt ein Kupferrohr mit den gleichen Abmessungen mehr als das Eisenrohr? Beschreibe, wie du vorgehst.

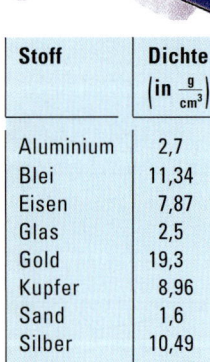

Stoff	Dichte (in $\frac{g}{cm^3}$)
Aluminium	2,7
Blei	11,34
Eisen	7,87
Glas	2,5
Gold	19,3
Kupfer	8,96
Sand	1,6
Silber	10,49
Stahl	7,86
Zink	7,14

2. **a)** Wie groß sind die Winkel β, γ und δ in der Figur rechts.

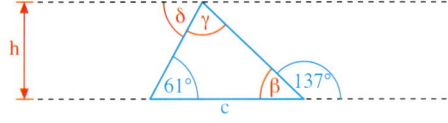

b) Der Flächeninhalt eines Dreiecks beträgt 102 cm². Die Grundseite c ist 17 cm lang. Berechne die zugehörige Höhe h.

c) (1) Bei einer durchschnittlichen Geschwindigkeit von $90 \, \frac{km}{h}$ braucht Frau Becker für die Fahrt zu ihren Eltern vier Stunden. Sie kommt erst nach fünf Stunden an. Wie groß war ihre Durchschnittsgeschwindigkeit?

(2) Ein Reisebus fährt mit einer Geschwindigkeit von $90 \, \frac{km}{h}$. Nach wie viel Minuten hat der Bus 12 km zurückgelegt?

d) (1) Eichenholz hat die Dichte $0{,}8 \, \frac{g}{cm^3}$. Sieh dir das Diagramm rechts an. Welche Größen sind einander zugeordnet? An welcher Stelle kann man die Dichte ablesen?

(2) Warum ist der Graph eine Gerade? Gib die Gleichung der Funktion an.

(3) Zeichne ein entsprechendes Diagramm für die Dichte von Sand.

Bist du topfit?

3. a) Gib in der Einheit in Klammern an.
(1) 800 cm (m)   (3) $\frac{2}{5}$ km (m)   (5) 1,5 kg (g)   (7) 832 g (kg)   (9) 2,3 m² (dm²)
(2) 7,3 km (m)   (4) 68 mm (m)   (6) 1,055 t (kg)   (8) 0,03 t (kg)   (10) 4,7 l (dm³)

b)  Sarah kaufte gestern sechs Brötchen und zwei Butterhörnchen; sie zahlte dafür 2,20 €. Heute zahlt sie für vier Brötchen und vier Butterhörnchen in demselben Geschäft 2,80 €.
Berechne aus diesen Angaben, wie teuer ein Brötchen und wie teuer ein Butterhörnchen ist.

c) In der Weihnachtszeit wird mitten auf dem Marktplatz ein hoher Weihnachtsbaum aufgestellt. Susanne und Tobias wollen die Höhe bestimmen. Dazu peilen sie die Spitze des Baumes über einen 3 m langen Stab an und messen die in der Zeichnung angegebenen Längen. Wie hoch ist der Weihnachtsbaum?

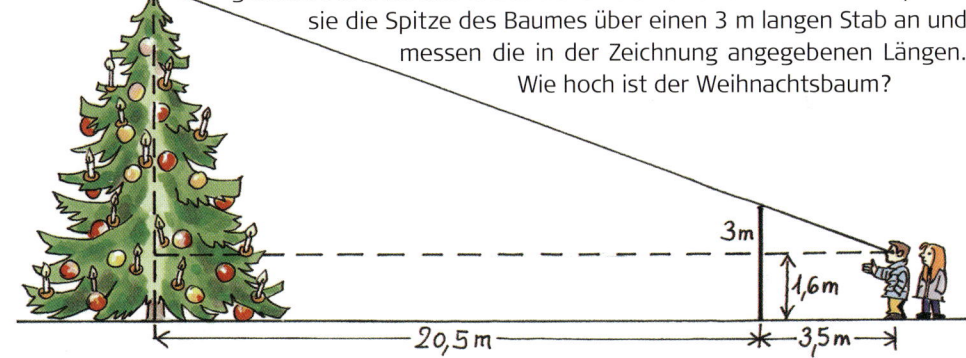

4. Bestimme die Lösungsmenge der Gleichung.
a) $4(2x - 3) + 5x = 6 - 3(x + 2)$ e) $x^2 = 1{,}69$
b) $(z + 4)(z - 7) + 8 = 4z - (6 - z)(6 + z)$ f) $a^2 + 9 = 0$
c) $2(x + 3)^2 - 34 = 3x^2 - (x - 4)^2 + 4x$ g) $4x^2 = 3x^2 + 100$
d) $2v^2 + 14v = (v + 7)^2 - 13$ h) $x^2 + 2x - 35 = 0$

5. Löse das Gleichungssystem.
a) $\begin{vmatrix} 5x - y = 7 \\ x + y = 5 \end{vmatrix}$ b) $\begin{vmatrix} 3x + 2y = 4 \\ 6x + y = 2 \end{vmatrix}$ c) $\begin{vmatrix} 5x - 3y = 56 + y \\ 12x + 16y = 3x \end{vmatrix}$

6. a) Wenn man zum Quadrat einer Zahl 3 addiert, so erhält man das Quadrat der um 5 verminderten Zahl. Wie heißt die Zahl?

b) Herr Grote hat zur Finanzierung seines Hauses zwei Hypotheken in Höhe von insgesamt 120 000 € aufgenommen. Für die erste Hypothek muss er 6 % Zinsen bezahlen, für die zweite 7 %. Die Zinsen betragen in einem Jahr zusammen 7 550 €.
Berechne die Höhe der einzelnen Hypotheken.

c) Der Umfang eines rechtwinkligen Dreiecks beträgt 24 cm. Eine Kathete und die Hypotenuse sind zusammen 20 cm lang.
Berechne die Längen der Dreiecksseiten.
Wie groß ist der Flächeninhalt?

d) Gib in der nächst kleineren Einheit an.
(1) 7,8 m   (3) 54,76 kg   (5) 5,24 dm   (7) 46,5 ha
(2) 9,6 m²   (4) 83,24 cm³   (6) 8,9 km   (8) 9,7 m³

7. Berechne x und y.

a) 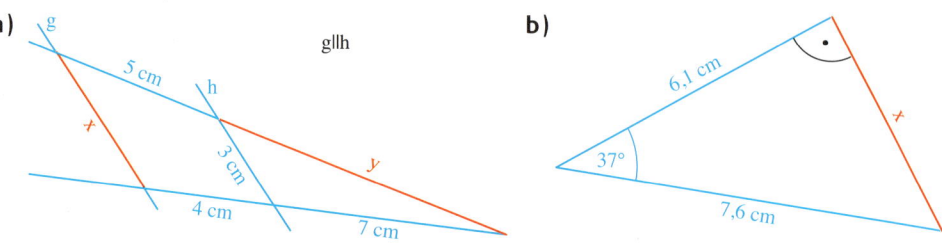 g∥h

b)

8. Von einem Quadrat wird auf einer Seite ein 1,5 cm breiter Streifen abgeschnitten. Das Reststück ist noch 59,5 cm² groß.
Wie groß war das ursprüngliche Quadrat?

9. Nils und Kamill wollen wissen, wie viele Pappnägel in der vollen Dose sind. Mit einer Briefwaage wiegen sie 10, 20, 35 und 50 Nägel jeweils mit der Dose:

Anzahl der Pappnägel in der Dose	10	20	35	50
Masse der Nägel mit Dose (in g)	45	57	78	96

a) Zeige, dass die Wertepaare in etwa auf einer Geraden liegen. Begründe kleine Abweichungen.

b) Bestimme näherungsweise die Funktionsgleichung der linearen Funktion.

c) Was geben der y-Achsenabschnitt und der Anstieg hier an?

d) Die volle Dose wiegt 0,425 kg.
Wie viele Pappnägel sind schätzungsweise in der Dose?

10.

Schwanau 1. 6. 2007: In Schanghai wühlen sich zwei gigantische deutsche Tunnelbohrmaschinen, die mit einem Durchmesser von 15,43 m die größten Tunnelbohrer der Welt sind, unter dem Jangtse Fluss durch das Erdreich. Zwei 7,4 km lange Autotunnel sollen die 600 000 Bewohner der Flussinsel Changxing mit der Schanghaier Finanzmetropole Pudong verbinden. Der erste der beiden riesigen Tunnelbohrer begann seine bis zu 65 m tiefe Untergrundfahrt im September 2006. Voraussichtlich Ende 2008 soll er den Zielschacht auf der Insel erreichen. Im Dezember 2006 startete ein baugleicher Tunnelbohrer für die zweite Tunnelröhre. Die beiden Autobahntunnel sollen rechtzeitig zur Welt-Expo 2010 dem Verkehr übergeben werden.

a) Wie viel Kubikmeter Erdreich bewegen beide Bohrer für den Bau dieser Tunnel ungefähr? Erkläre deine Rechnungen.

b) Welche Kantenlänge hätte ein Würfel mit diesem Volumen?

c) Der Abraumtransport ist eine besondere logistische Leistung.
Schätze ab, wie viel Kubikmeter Erdreich täglich während der Bohrphase von dieser Großbaustelle abtransportiert werden müssen.
Wie viele Lkw-Ladungen sind das ungefähr? Beschreibe, wie du vorgehst.

d) Erkundige dich, ob der Tunnel planmäßig übergeben wurde.

Bist du topfit?

11. a) Zur Längenbestimmung der geradlinig verlaufenden Bahnstrecke zwischen den Orten Tiefenau und Wülknitz verwendet Renate eine topografische Karte mit dem Maßstab 1 : 50000. Als Messwert erhält sie genau 6 cm.
Wie lang ist die Bahnstrecke in der Wirklichkeit?

b) Gleich oder nicht gleich?

(1) $3\frac{2}{3}$; $\frac{6}{3}$ (2) 3 % von 700 kg ; 700 kg · 0,3   (3) 0,34 : 0,017 ; 340 : 17

(4) $(5+7)^2$; $5^2 + 7^2$ (5) $3 \cdot 10^2 + 4 \cdot 10 + 5$; 345   (6) $2 - \frac{5}{2}$; 0,5

(7) $\frac{2}{3} + \frac{5}{7}$; $\frac{7}{10}$ (8) 238 € ; 200 € plus 19 % MwSt.

c) Timm steht an der Anlegestelle A der Elbefähre in Strehla und schaut zur gegenüberliegenden Anlegestelle B in Lorenzkirch.
Zur Bestimmung der Elbebreite $\overline{AB}$ geht er am Ufer entlang. Nach genau 220 Schritten (Schrittlänge: 65 cm) stellt er fest, dass er beim Anpeilen des Punktes A über eine Kathete des Geodreiecks sogleich den Punkt B über die Hypotenuse sieht.
Wie breit ist die Elbe an dieser Stelle?

12. a) Berechne x (g∥h; Maße in cm).

(1) 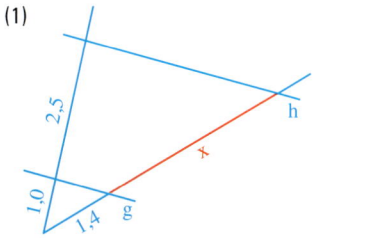   (2) 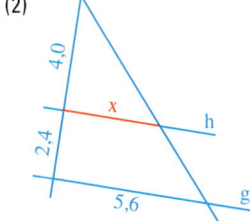   (3)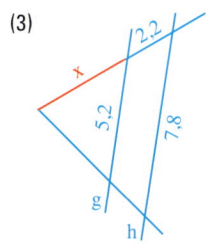

b) Aus dem Diagramm rechts kannst du den Preis für 15 Holzleisten ablesen, nämlich 27 €.
  (1) Lies den Preis für 20 Leisten ab. Überprüfe durch eine Rechnung.
  (2) Wie viele Leisten könnte man maximal für 50 € kaufen?

c) Volker denkt sich eine Zahl und multipliziert sie mit −36. Die Wurzel aus diesem Produkt ist 12.
Wie heißt die gedachte Zahl?

d) Ein kreisrundes Beet hat den Durchmesser d = 3,2 m. Am Rand werden im Abstand von 50 cm Rosen gepflanzt. Jede Rose kostet 5,25 €.
Wie hoch sind die Kosten für die Rosen?

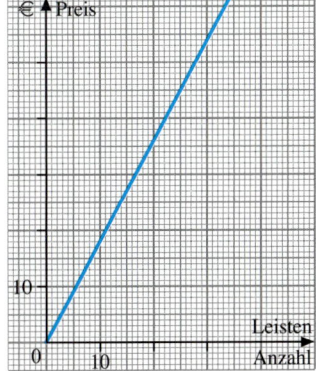

Komplexe Aufgaben

1. Im Bühnenbild eines Theaters soll einem Kreis ein Rechteck so einbeschrieben sein, dass die Diagonalen des Rechtecks gleichzeitig die Durchmesser des Kreises sind. Der Radius des Kreises beträgt 50 cm. Die eine Rechteckseite ist 20 cm länger als die andere Seite.

a) Berechne Länge und Breite des Rechtecks.
b) Wie groß ist der Flächeninhalt der gefärbten Fläche?
c) Um wie viel Prozent ist der Flächeninhalt des Kreises größer als der Flächeninhalt der gefärbten Fläche?
d) Ein weiterer gleichartiger Kreis mit einbeschriebenem Rechteck ist dem oben beschriebenen im mathematischen Sinne ähnlich. Sein Radius beträgt 75 cm.
Wie groß sind der Flächeninhalt des Kreises, des Rechtecks und der gefärbten Fläche?
Gib den prozentualen Flächenanteil des Rechtecks bezüglich des Kreises an.

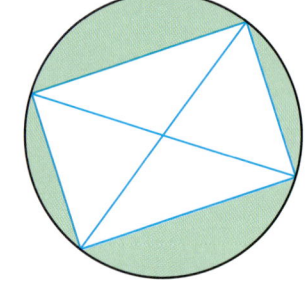

2. Die Geschwister Patrick, Fabian und Marco sind mit ihren Eltern im Urlaub. Eins der Kinder soll den Abwasch übernehmen. Marco schlägt vor, Streichhölzer zu ziehen, und bittet seinen Vater, ein kurzes und zwei lange Streichhölzer zu halten. Wer das kurze Streichholz zieht, muss den Abwasch übernehmen.
Was ist am günstigsten:
 • zuerst zu ziehen, • als Zweiter zu ziehen, • zum Schluss zu ziehen,
 • oder kommt es auf die Reihenfolge gar nicht an?
Begründe mit einem Baumdiagramm.

3. Das Körpergewicht spielt für die Gesundheit eines Menschen eine große Rolle. Der „Body Mass Index" (BMI) hilft bei der Feststellung des Normalgewichts. Der BMI wird berechnet aus dem Körpergewicht (in kg) und der Körpergröße (in m):

$$\text{BMI} = \frac{\text{Körpergewicht in kg}}{(\text{Körpergröße in m})^2}$$

Zum Beispiel hat eine Person mit einer Körpergröße von 175 cm und einem Körpergewicht von 71 kg einen BMI von 23.
Beim Skispringen ist für die Sportler mindestens ein BMI von 20 vorgeschrieben, sonst müssen sie mit einem kürzeren Ski springen. Damit soll gesichert werden, dass die Springer ein gesundes Gewicht haben.

(1) Erfüllt ein Springer mit einem Gewicht von 68 kg und einer Größe von 1,81 m diese Bedingung? Begründe.
(2) Welches Körpergewicht muss ein Springer bei einer Körpergröße von 1,75 m mindestens haben?
(3) Haben die Springer den BMI von 20 erreicht, dann dürfen sie mit der maximalen Skilänge von 146 % ihrer Körpergröße springen. Wie lang dürfen die Skier eines 1,80 m großen Springers höchstens sein?

Bist du topfit?

Ernährung

> **Empfehlung für die Energiezufuhr:**
> Mädchen, 15 Jahre: 10 000 kJ pro Tag
> Jungen, 15 Jahre: 12 000 kJ pro Tag

1. Ärzte und Wissenschaftler empfehlen täglich fünf Mahlzeiten. Die Energiezufuhr sollte folgendermaßen über den Tag verteilt werden:
1. Frühstück: 25%; 2. Frühstück: 10%; Mittagessen: 30%; Abendessen: 25%; der Rest am Nachmittag.

a) Stelle die Anteile der Energiezufuhr in einem Kreis- oder Streifendiagramm dar.

b) Wie viel kJ Energie sollten zu den einzelnen Mahlzeiten von Mädchen und Jungen aufgenommen werden?

2. Viele Menschen sprechen bei Speisen und Getränken von Kalorien, gemeint sind jedoch Kilokalorien (kcal), die zugeführt werden. Seit etwa 1980 wird die Energiezufuhr auch in der Einheit 1 Kilojoule (kJ) angegeben. In Tabellen wird heute die Energiezufuhr häufig in beiden Einheiten angegeben.

> **kcal** und **kJ** sind Einheiten für die **Energiezufuhr** durch Speisen.
> Es gilt:
> 1 kcal = 4,1968 kJ

	kcal	kJ
100 g Rotbarsch	110	
100 g Kartoffeln	70	
100 g Broccoli	50	
100 g Quarkcreme	125	
100 g Butter	775	
1 Portion Schmelzkäse (31,25 g)	85	
1 Scheiblette Käse (20 g)	65	
1 Scheibe Roggenbrot, 1 Roggenbrötchen	100	
1 Scheibe Knäckebrot	30	
1 helles Brötchen	125	

	kcal	kJ
1 Portion Müsli		2149
1 Portion Marmelade (20 g)		210
1 Portion Honig (20 g)		252
1 Apfel (125–150 g)		315
1 Banane (100–150 g)		462
1 Glas Milch (0,2 l)		378
Vollmilchjogurt (150 g; 3,5% Fett)		734
fettarmer Jogurt (150 g; 1,5% Fett)		441
1 Glas Cola (0,2 l)		462
1 Glas Apfelsaft (0,2 l)		399

a) Vervollständige die Tabelle in deinem Heft. Runde jeweils auf ganze kJ bzw. kcal.

b) Katharinas Mittagessen bestand aus 150 g Rotbarsch, 200 g Kartoffeln, 200 g Broccoli, zubereitet mit ca. 40 g Butter, und als Nachspeise 75 g Quarkcreme.
Überprüfe, ob die Empfehlungen aus der Aufgabe 1 eingehalten wurden.

3. a) Stelle ein 1. Frühstück zusammen und berücksichtige die Empfehlungen aus Aufgabe 1.

b) Wie frühstückst du? Überprüfe, ob dein Frühstück diesen Empfehlungen entspricht.

c) Zum 2. Frühstück isst Johannes einen Müsliriegel (133 kcal) und trinkt 0,2 l Cola. Ist dieses 2. Frühstück gesund? Begründe.

4. Eine Person mit einem Körpergewicht von 50 kg müsste, um 100 kcal zu verbrauchen, eine der folgenden Tätigkeiten ausführen:

Jana hat bei einer Geburtstagsparty genascht:
$\frac{1}{2}$ Tafel Schokolade (275 kcal), 1 Stück Torte (220 kcal), 1 Stück Kuchen (245 kcal), 50 g Kartoffelchips (270 kcal), 3 Gläser Saft (je 100 kcal).

Wie könnte Jana diese zusätzlich aufgenommenen Kalorien wieder verbrauchen?

Auf dem Wochenmarkt

1. Johanna kauft auf dem Wochenmarkt Äpfel ein. Für 2,850 kg Cox Orange bezahlt sie 3,42 €.

   a) Antonia bezahlt 4,20 €.
   Wie viel kg Cox Orange hat sie gekauft?

   b) Felix kauft $1\frac{3}{4}$ kg Äpfel von der gleichen Sorte.
   Er bezahlt mit einem 10-Euro-Schein.
   Wie viel Wechselgeld bekommt er zurück?

   c) Stelle die Funktion *Masse x (in kg) → Preis y (in €)* grafisch dar.
   Gib auch die Gleichung der Funktion an.
   Welche Bedeutung hat der Anstieg des Graphen?

   d) Frau Reck kauft 15 kg Cox Orange. Sie erhält 5% Mengenrabatt.
   Wie viel Euro muss sie bezahlen?

2. Jeder Händler muss wöchentlich an die Stadt für die Nutzung des Marktplatzes eine Gebühr entrichten. Diese enthält eine Grundgebühr von 8 €, hinzu kommen 1,20 € pro m² Stellfläche.

   a) Der Fischhändler Herr Otter hat einen Verkaufswagen mit einer rechteckigen Stellfläche von 2,2 m Breite und 7,5 m Länge. Berechne die wöchentliche Gebühr.

   b) Gib für die Funktion *Stellfläche x (in m²) → Gebühren y (in €)* die Funktionsgleichung an und zeichne den Graphen.

   c) Der Gemüsestand von Frau Helle ist kreisförmig. Sie muss an die Stadt eine Gebühr von 24,20 € bezahlen.
   Wie groß ist der Durchmesser ihres Gemüsestandes?

   d) Die Stadt ändert ihre Gebührenordnung. Herr Dröge bezahlt für 12 m² jetzt 25,60 €, bei Frau Peck erhöhen sich die Gebühren für 17 m² auf 32,10 €.
   Berechne die neue Grundgebühr und die Kosten pro m² Stellfläche.

   e) Herr Koch muss nach der neuen Gebührenordnung wöchentlich 3 € mehr bezahlen.
   Wie groß ist seine Stellfläche?

3. Landwirt Nölle verkauft auf dem Wochenmarkt Kartoffeln in kleinen Säcken von 12,5 kg. Eine Kontrollwägung von 15 Säcken ergab nebenstehende Massen (in kg).

12,44	12,40	12,62	12,50	12,48
12,60	12,48	12,50	12,39	12,60
12,48	12,58	12,55	12,75	12,53

   Bestimme das arithmetische Mittel, die Spannweite und die durchschnittliche Abweichung.

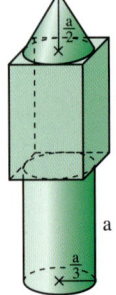

4. Auf dem Marktplatz soll eine Skulptur aufgestellt werden. Ein Künstler entwarf nebenstehendes Modell.

   a) Berechne den Oberflächeninhalt und das Volumen der Skulptur für a = 1,50 m.

   b) Wie viel wiegt die Skulptur, wenn sie aus Stahl besteht?
   Um wie viel Prozent wird die Skulptur leichter, wenn sie aus Aluminium besteht?

   c) Stell dir vor, die Länge von a wird auf 3,00 m verdoppelt. Gib an, in welchem Verhältnis der Oberflächeninhalt der ursprünglichen Körper zum Oberflächeninhalt der neuen Körper steht. Führe die gleichen Überlegungen zum Volumen der Körper durch.

Bist du topfit?

Im Theater

1. Für eine Theaterkulisse werden die abgebildeten Körper gebaut.

   (1) 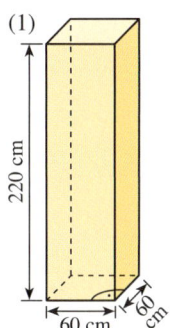 (2) 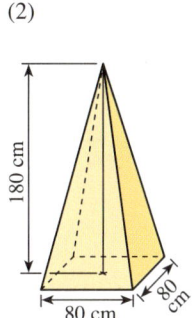 (3)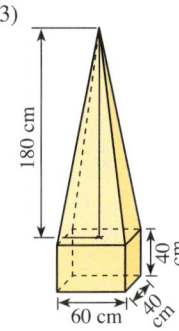

   Sie werden aus Grobspanplatten, die 2,50 m lang und 1,25 m breit sind, angefertigt. Je zwei Körper der gleichen Sorte werden benötigt.

   a) Zeichne ein Netz und ein Zweitafelbild von jedem der drei Körper in einem geeigneten Maßstab. Gib den Maßstab an.
   b) Wie viel Quadratmeter Spanplatte begrenzen die einzelnen Körper?
   c) Wie viele solcher Platten werden insgesamt benötigt? Verteile die auszusägenden Flächen günstig auf die einzelnen Platten.
   d) Wie viel Prozent der Gesamtfläche aller Platten sind Abfall?
   e) Die Körper werden außen von allen Seiten mit blauem Acryllack gestrichen. Eine 375-ml-Dose reicht für ca. 5 m².
   Schlage vor, wie man am günstigsten einkauft.
   f) Die Grobspanplatten sind 12 mm dick. Wie viel wiegen alle Körper zusammen, wenn die Dichte der Platten etwa 0,5 $\frac{g}{cm^3}$ beträgt? Runde sinnvoll.

   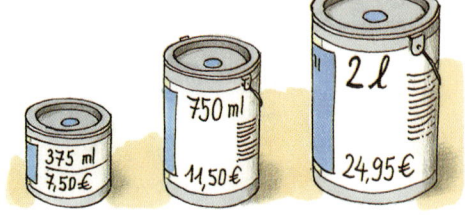

2. Zur Premiere des Theaterstückes waren alle Plätze ausverkauft. Am Premiereabend hat der Veranstalter 15 900 € eingenommen. An den folgenden Tagen waren es:

Tag	Sonntag	Montag	Dienstag	Mittwoch	Donnerstag	Freitag
Einnahmen (in €)	14 880	9 750	10 500	8 748	11 682	15 672

   a) Veranschauliche die einzelnen Einnahmen in einem Säulendiagramm.
   Berechne die durchschnittlichen Tageseinnahmen dieser Woche und kennzeichne dies im Diagramm.
   b) Gib Minimum und Maximum an. Wie groß ist die Spannweite der Einnahmen?
   c) Berechne die durchschnittliche Abweichung.
   d) Zum Premiereabend wurden 400 Eintrittskarten zum Normalpreis und 50 zum ermäßigten Preis verkauft. Am Sonntag zahlten 380 Theaterbesucher den Normalpreis und 40 den ermäßigten Preis.
   Wie teuer waren die Karten zum Normalpreis und wie viel Euro kosteten die ermäßigten Karten?

Anhang

LÖSUNGEN ZU BIST DU FIT?

Seite 47

1. a) $xy - 3x + 2y - 6$
   b) $3xz + 12x - 4z - 16$
   c) $108x - 144xy + 176y - 132$
   d) $40ab - 8a + 140b - 28$
   e) $-144x^2 + 26xy - y^2$
   f) $-8x^2 + 10xy - 3y^2$
   g) $125a^2 - 40ab - 48b^2$
   h) $80p^2 - 216pq + 112q^2$
   i) $45s^2 - 111rs + 60r^2$

2. a) $x^2 + 14x + 49$
   b) $x^2 - 6x + 9$
   c) $x^2 - 16$
   d) $9x^2 - y^2$
   e) $121a^2 + 330ab + 225b^2$
   f) $100x^2 + 320xy + 256y^2$
   g) $\frac{1}{9}x^2 - \frac{4}{15}xy + \frac{4}{25}y^2$
   h) $0{,}25x^2 + 1{,}5xy + 2{,}25y^2$

3. a) $27x - 45y + 3$ **b)** $14x + 23$ **c)** $8x - 2y - 3z - 56xy + 2$ **d)** $-6a^2 - 9a - 18$

4. a) $5x^2 - 5xy - y^2$ **b)** $8a^2 + 21ab - 14b^2$ **c)** $36a^2 - 12a + 12x - x^2 - 35$ **d)** 0

5. a) falsch; $(6u + v)^2 = 36u^2 + 12uv + v^2$ **b)** falsch: $16x^2 - y^2 = (4x - y)(4x + y)$

6. a) $\{-5, 6\}$ **b)** $\{5\}$ **c)** $\{1\}$ **d)** $\{\ \}$ **e)** $\{\ \}$ **f)** $\{1\}$ **g)** $\{0\}$ **h)** $\{6\}$

7. $4{,}875$

8. $A_O = 6a^2 + 20a;\ V = a^3 + 5a^2$

9. untere Grundseite: 10 cm; obere Grundseite: 5 cm

10. a) 243
    b) $0{,}004115226$
    c) 256
    d) $0{,}00390625$
    e) $\frac{8}{27}$
    f) $-\frac{8}{27}$
    g) $0{,}16$
    h) 1
    i) $0{,}015625$
    j) 1

11. a) 7^2
    b) $9^2 = 3^4$
    c) $9^{-2} = 3^{-4}$
    d) 2^5
    e) 2^{-5}
    f) 5^3
    g) $2^{-2} = 4^{-1}$
    h) $1{,}2^2$
    i) $25^2 = 5^4$
    j) 110^2
    k) $\left(\frac{4}{13}\right)^2$
    l) $\left(\frac{4}{3}\right)^3$

Seite 48

12. a) $7{,}46 \cdot 10^3$
    b) $3{,}67 \cdot 10^{-2}$
    c) $5{,}6 \cdot 10^4$
    d) $3{,}7 \cdot 10^{-4}$
    e) $1 \cdot 10^{-3}$
    f) $8{,}06 \cdot 10^{-3}$
    g) $1 \cdot 10^6$
    h) $6{,}02 \cdot 10^7$

13. a) $77\,200$
    b) $51\,052\,000$
    c) $0{,}00003349$
    d) $0{,}0208$
    e) $0{,}000009305$
    f) $0{,}0000004834$
    g) $100\,000\,000\,000$
    h) $0{,}0001$

14. a) $4{,}15$ kg
    b) $3{,}2$ GHz
    c) $12{,}5$ Mt
    d) $1{,}25$ hl
    e) $8{,}5$ cm
    f) $2{,}25$ mg
    g) $5{,}5$ µs
    h) $4{,}7$ nF

15. a) $3{,}3 \cdot 10^3$ W
    b) $4{,}2 \cdot 10^4$ m
    c) $3{,}65 \cdot 10^9$ Hz
    d) $1{,}4 \cdot 10^6$ W
    e) $3{,}2 \cdot 10^{-3}$ m
    f) $5{,}5 \cdot 10^{-3}$ g
    g) $1{,}62 \cdot 10^{-5}$ m
    h) $1{,}75 \cdot 10^{-9}$ s

16. a) 1720 **b)** $0{,}001$ **c)** $47{,}5$ **d)** $0{,}000042$

17. (1) $15{,}81$ cm (2) $56{,}05$ cm

18. a) $9{,}09$ cm **b)** $11{,}18$ cm

19. Die Brücke unterliegt Schwankungen von $8{,}64$ cm.

20. a) $m_E = 598 \cdot 10^{22}$ kg; $m_M = 7{,}3 \cdot 10^{22}$ kg. Die Masse der Erde ist fast 82-mal größer als die des Mondes.
    b) $m_S \approx 19{,}73 \cdot 10^{29}$ kg $\approx 1{,}973 \cdot 10^{30}$ kg

21. a) $3^{4+1} = 243$ **b)** $4^{7-2} = 1024$ **c)** $2 \cdot 4^2 = 32$ **d)** $10 \cdot 5^3 = 1250$

22. a) Die Behauptung ist falsch, z.B. $\left(\frac{1}{2}\right)^2 = \frac{1}{4}$ und $\frac{1}{4} < \frac{1}{2}$ **b)** Die Behauptung ist wahr.

Seite 83

1.

x	−4	−3	−2	−1	−0,5	0	0,5	1	2	3	4
a) y	17	10	5	2	1,25	1	1,25	2	5	10	17
b) y	−7	0	5	8	8,75	9	8,75	8	5	0	−7

2. a) b) 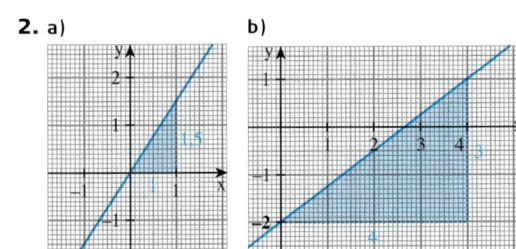 c) d)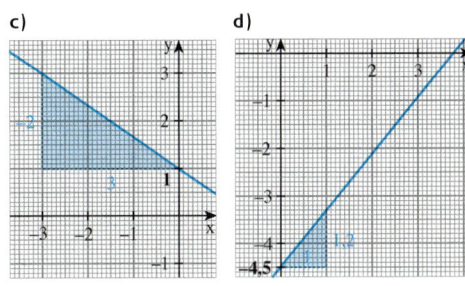

3. a) P_1 b) P_4 c) P_2 d) P_3

4. a)

x	10	−10	0	1	−0,5	$\frac{1}{4}$	$-\frac{2}{5}$
(1) y	60	−60	0	6	−3	1,5	−2,4
(2) y	$-9\frac{1}{2}$	$10\frac{1}{2}$	$\frac{1}{2}$	$-\frac{1}{2}$	1	$\frac{1}{4}$	$\frac{9}{10}$
(3) y	7,4	−7,6	−0,1	0,65	−0,475	0,0875	−0,4
(4) y	−1	3	1	$\frac{4}{5}$	1,1	$\frac{19}{20}$	$1\frac{2}{25}$

b)

y	1	−1	0	2	−2	2,5	$-\frac{3}{4}$
(1) x	3	2	2,5	3,5	1,5	3,75	$2\frac{1}{8}$
(2) x	2	3	2,5	1,5	3,5	1,25	$2\frac{7}{8}$
(3) x	1	−1,5	−0,25	2,25	−2,75	2,875	$-1\frac{3}{16}$

5. a) (1) $y = 0{,}25x$ (2) $y = -2x$ (3) $y = \frac{1}{6}x + 3$ (4) $y = -\frac{1}{5}x - 1$ b) (1) $y = -3x - 3$ (2) $y = 2x - 6$ (3) $y = 3$

6. a) $y = 1{,}4x$. Der Anstieg gibt den Preis pro kg an. b) 5,60 €; 4,90 €; 2,10 €; 6,30 €; 2,80 €

7. a) $y = 50 - 0{,}075x$ b) 0,075 l pro 1 km c) 35 l; 23,75 l; 8,75 l d) 400 km; $533\frac{1}{3}$ km; $666\frac{2}{3}$ km

8. a) (1) $y = -\frac{2}{5}x + 2$ (2) $y = \frac{1}{2}x + 1$ c) $y = -1{,}5x + 3$
b) (1) $y = \frac{1}{2}x + \frac{1}{2}$ (2) $y = -\frac{1}{2}x$ d) $y = 2{,}5x - 9{,}5$

Seite 117

1. (1|6) und (5|−2) sind Lösung der Gleichung.

2. a) (1) $y = 2x + 1$; z.B. (−3|−5); (−2|−3); (−1|−1); (0|1); (1|3); (2|5); (3|7).
  (2) Gemeinsame Punkte mit den Achsen sind (0|1) und (−0,5|0).
b) (1) $y = -2x + 1$; z.B. (−3|7); (−2|5); (−1|3); (0|1); (1|−1); (2|−3); (3|−5).
  (2) Gemeinsame Punkte mit den Achsen sind (0|1) und (0,5|0).
c) (1) $y = \frac{3}{2}x - 3$; z.B. (−3|−7,5); (−2|−6); (−1|−4,5); (0|−3); (1|−1,5); (2|0); (3|1,5).
  (2) Gemeinsame Punkte mit den Achsen sind (0|−3) und (2|0).
d) (1) $y = -\frac{1}{5}x$; z.B. (−3|0,6); (−2|0,4); (−1|0,2); (0|0); (1|−0,2); (2|−0,4); (3|−0,6).
  (2) Gemeinsamer Punkt mit den Achsen ist (0|0).

3. a) $y = -2$ b) $x = 3$ **4.** a) $L = \{(2|3)\}$ b) $L = \{(4|-2)\}$ c) $L = \mathbb{Q}$ (Grundmenge)

5. a) $L = \{(1|7)\}$ c) $L = \{(0|2)\}$ e) $L = \{(-0{,}5|3)\}$ g) $L = $ Grundmenge i) $L = \{(9|-3)\}$
b) $L = \{(-2|1)\}$ d) $L = \{(\frac{1}{3}|\frac{1}{2})\}$ f) $L = \{\}$ h) $L = $ Grundmenge

6. $L = \{(6|10)\}$ **7.** Eva: 17 Jahre; Nina: 22 Jahre **8.** 65 cm; 35 cm

9. Limonade: 0,50 €; Orangensaft: 1,50 € **10.** Mousepad: 4,99 €; Bearbeitungsgebühr: 1,99 €

Lösungen zu Bist du fit?

Seite 157

1. a) 193 km **b)** 403 km **c)** 525 km **d)** 201 km **e)** 508 km **f)** 543 km **g)** 430 km **h)** 420 km **i)** 350 km

2. Flußbreite: 52,5 m

3. a) d = 4,8 cm **b)** d = 2,8 cm **c)** d = 1,6 cm

4. a) a_2 = 15,3 cm; c_2 = 2,55 cm **c)** a_1 = 8 m; c_1 = 2,4 m **e)** b_2 = 4,2 mm; c_1 = 12,6 mm
b) a_1 = 25,2 cm; b_1 = 1,26 cm **d)** b_1 = 8,9 km; c_2 = 1,51 km **f)** b_1 = 18,4 dm; c_2 = 3,4 dm

5. a) k = 1,2; b′ ≈ 2,5 cm; c′ ≈ 5,7 cm **c)** k = 1,5; b′ ≈ 9,4 cm; c′ = 9 cm
b) k = $\frac{6}{7}$; b′ ≈ 4,3 cm; c′ ≈ 3,4 cm **d)** k = 1,2; b′ = 3,6 cm; c′ ≈ 8,4 cm

6. Baumhöhe: 10,63 m

7. V ≈ 2886 cm³

Seite 174

1. a) V ≈ 56,5 m³ **b)** V ≈ 96,3 m³ **c)** V = 1056 m³ **d)** V ≈ 73,3 m³
A_O ≈ 56,5 m² A_O ≈ 88 m² A_O ≈ 401 m² A_O ≈ 86,5 m²

2. a) h_S ≈ 89,7 cm **b)** h ≈ 18,97 mm **c)** h ≈ 10,14 cm **d)** a ≈ 1,41 m
V = 111 132 cm³ V ≈ 2 048,76 mm³ h_S ≈ 13,17 cm h_S ≈ 1,66 m
A_O = 15 271,2 cm² A_O ≈ 1 080 mm² A_O ≈ 724,75 cm² A_O ≈ 6,67 m²

3. Masse ca. 73,5 kg

4. a) Es entstehen ca. 136,1 cm³ Abfall, das entspricht 69,8 %.
b) Der Oberflächeninhalt beträgt 76,3 cm², der des Quaders 203 cm². Die Oberfläche hat sich mehr als halbiert.

5. a) V = 576π dm³ ≈ 1809,56 dm³ ≈ 1809,56 l **b)** ca. 7,54 m²

6. z. B. z. B.

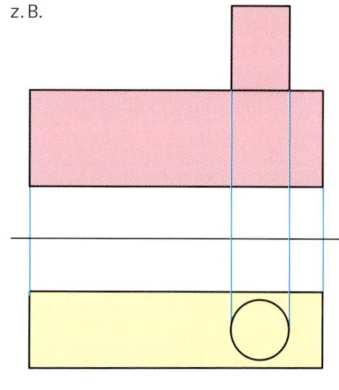

Seite 199

1. a) L = {−11; −1} **b)** L = {−1 − √2; −1 + √2} **c)** L = $\{\frac{1}{4}; \frac{1}{2}\}$

2. a) L = { } **b)** L = {1; 10} **c)** L = {−4; 6} **d)** L = $\{-2\frac{2}{3}; 3\}$ **e)** L = {−2; 2} **f)** L = $\{-1\frac{2}{3}; 4\frac{1}{3}\}$

3. a) L = {−2; 3} **b)** L = {0,2; 0,64} **c)** L = {2,5; 14} **d)** L = $\{-\frac{2}{3}; \frac{7}{18}\}$

4. Höhe: 8 cm; Grundseite 12 cm

5. a) 15 cm; 20 cm **b)** 24 cm; 36 cm

6. Seitenlänge klein: 0,9 cm; groß: 4,1 cm

Lösungen zu Bist du fit?

Seite 199

7. a) (1) $x^2 + 5x = 14$; L = {− 7; 2}   (2) $x^2 − 5x = 14$; L = {− 2; 7}
   b) (1) $x(x + 6) = 7$; L = {−7; 1}   (2) $x(x + 6) = − 9$; L = {− 3}   (3) $x(x + 6) = − 10$; L = { }
   c) (1) $x^2 − 40 = 6x$; L = {− 4; 10}   (2) $x^2 − 40 = 18x$; L = {− 2; 20}

8. 1 225 m²

9. a = 8 cm;   b = 6 cm

10. $(x − 2)\left(\frac{990}{x} − 2\right) = 860$;   Länge: 45 m;   Breite: 22 m

Seite 215

1. a) Bei langen Versuchsreihen gilt: Wahrscheinlichkeit ≈ relative Häufigkeit
   b) (1) 0,36 = 36%   (2) 0,84 = 84%   (3) 0,64 = 64%

2. a) durch häufiges Würfeln und Berechnen der relativen Häufigkeiten
   b) (1) $\frac{2}{3} \approx 67\%$ (2) $\frac{1}{2} = 50\%$ (3) $\frac{1}{3} \approx 33\%$ **c)** (1) $\frac{5}{6} \approx 83\%$ (2) $\frac{5}{36} \approx 14\%$

3. (1) $\frac{1}{5} = 20\%$ (2) $\frac{1}{5} = 20\%$ (3) $\frac{4}{5} = 80\%$ (4) $\frac{37}{200} = 18,5\%$

4.

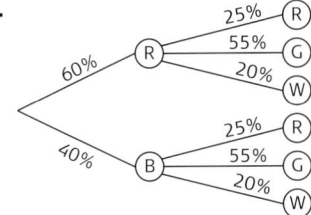

1. Glücksrad: R − 216°
               B − 144°

2. Glücksrad: R − 90°
               G − 198°
               W − 72°

5. a)

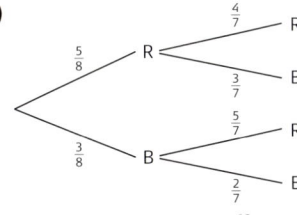

P(gleichfarbige Kugeln) = $\frac{13}{28}$

b)

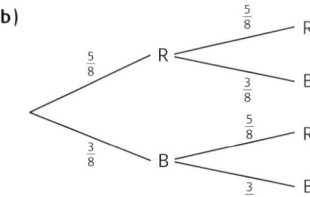

P(gleichfarbige Kugeln) = $\frac{17}{32} > \frac{13}{28}$

6. a) (1) $0,96 \cdot 0,96 \cdot 0,96 \approx 0,88 = 88\%$
   (2) $3 \cdot 0,96 \cdot 0,96 \cdot 0,04 \approx 0,11 = 11\%$
   (3) $0,04 \cdot 0,04 \cdot 0,04 = 0,000064 = 0,0064\%$

b) 300

LÖSUNGEN ZU BIST DU TOPFIT?

Seite 216

1. a) (1) 83,5   (2) 8,2   (3) 112   (4) 6,535
  b) (1) 2,5   (2) −7,2   (3) 2
  c) Anstelle einer Wertetabelle kann man lineare und proportionale Funktionen mithilfe des y-Achsenabschnitts und dem Anstieg m bzw. den sich daraus ergebenden zwei Punkten zeichnen. Lineare und proportionale Funktionen haben Geraden als Graphen.
  (1) n = 0, m = $\frac{3}{4}$; also P(0|0) und Q(4|3)   (3) n = −1, m = 2,5; also P(0|−1) und Q(2|4)
  (2) n = 0, m = −1,2; also P(0|0) und Q(5|−6)   (4) n = 3, m = −1; also P(0|3) und Q(3|0)
  d) (1) Dichte der Erde: 5,518 $\frac{g}{cm^3}$
  (2) Jupiter: ca. 1,9 · 10^{27} kg   Mond: ca. 7,35 · 10^{22} kg
  e) (1) 7343,1 g (7,34 kg)   (2) etwa 14 %

2. a) β = 43°; γ = 76°; δ = 61°
  b) h = 12 cm
  c) (1) 72 $\frac{km}{h}$ (2) 8 min
  d) (1) Die Masse ist dem Volumen zugeordnet. Die Dichte wird auf der Funktionsgeraden abgelesen.
  (2) y = 0,8 · x
  (3) –

Seite 217

3. a) (1) 8 m   (3) 400 m   (5) 1500 g   (7) 0,832 kg   (9) 230 dm^2
  (2) 7300 m   (4) 0,068 m   (6) 1055 kg   (8) 30 kg   (10) 47 dm^3
  b) Brötchen: 0,20 €; Butterhörnchen: 0,50 €
  c) 11,2 m

4. a) L = {$\frac{3}{4}$}   **c)** L = {ℝ}   **e)** L = {−1,3; +1,3}   **g)** L = {−10; +10}
  b) L = {$\frac{16}{7}$}   **d)** L = {−6; +6}   **f)** L = { }   **h)** L = {+3; −5}

5. a) L = {(2|3)}   **b)** L = {(0|2)}   **c)** L = {7$\frac{21}{29}$ | −4$\frac{10}{29}$}

6. a) 2,2
  b) 85 000 €; 35 000 €
  c) 9,6 cm; 4 cm; 10,4 cm; 19,2 cm^2
  d) (1) 78 dm   (3) 54 760 g   (5) 52,4 cm   (7) 46 500 g
  (2) 960 dm^2 (4) 83 240 mm^3 (6) 8900 m   (8) 9700 dm^3

Seite 218

7. a) x ≈ 4,7 cm; y = 8,75 cm   **b)** x = 4,5 cm

8. 72,25 cm^2

9. a) Abweichungen entstehen durch Messungenauigkeiten mit der Waage oder die nicht genormte Masse der Nägel.
  b) y = 1,29x + 32
  c) Masse der leeren Dosen; Masse eines Nagels
  d) ca. 304 Nägel

10. a) 2 767 473,4 m^3 [2 · 7400 m · π · $\left(\frac{d}{2}\right)^2$]
  b) 140,4 m
  c) Angenommen 28 Monate Bohrzeit (9.2006 bis 12.2008);
  bei 5 Arbeitstagen pro Woche = 600 Arbeitstage
  Abraum pro Tag: 4612,5 m^3
  Bei 12 m^3 pro Lkw sind das 384 Lkw-Ladungen pro Tag.
  d) erster Tunnel: 28.5.2008; zweiter Tunnel: 19.9.2008

Seite 219

11. a) 3 km
  b) gleich: (3); (5); (8)   nicht gleich: (1); (2); (4); (6); (7)
  c) 143 m

12. a) (1) 3,5 cm   (2) 3,5 cm   (3) 4,4 cm   **c)** −4
  b) (1) 36 €   (2) 27 Leisten   **d)** 105 €

Lösungen zu Bist du topfit?

Seite 220

1. a) a = 80 cm; b = 60 cm
  b) A = 3054 cm²
  c) um 157 % größer
  d) $A_K \approx 17671$ cm²; $A_R \approx 10800$ cm²; $A_{Schr.} \approx 6871$ cm²; $p \approx 61{,}1\%$

2. Es kommt nicht auf die Reihenfolge an.

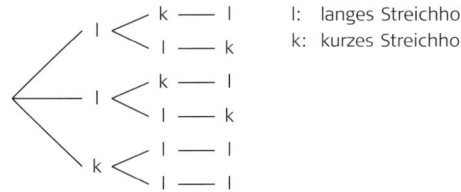

l: langes Streichholz
k: kurzes Streichholz

3. (1) BMI von ca. 20,76; Bedingung ist erfüllt   (3) höchstens 2,628 m
   (2) mindestens 61,25 kg

Seite 221

1. a)

	1. Frühstück	2. Frühstück	Mittagessen	Nachmittag	Abendessen
Winkel im Kreisdiagramm	90°	36°	108°	36°	90°
cm im Streifendiagramm (1 cm ≙ 10 %)	2,5	1	3	1	2,5

b)

	Jungen	Mädchen
1. Frühstück	3000 kJ / 714,8 kcal	2500 kJ / 596 kcal
2. Frühstück	1200 kJ / 286 kcal	1000 kJ / 238 kcal
Mittag	3600 kJ / 858 kcal	3000 kJ / 715 kcal
Nachmittag	1200 kJ / 286 kcal	1000 kJ / 238 kcal
Abendessen	3000 kJ / 714,8 kcal	2500 kJ / 596 kcal

2. a)

	kcal	kJ
100 g Rotbarsch	110	462
100 g Kartoffeln	70	294
100 g Broccoli	50	210
100 g Quarkcreme	125	525
100 g Butter	775	3253
1 Portion Schmelzkäse	85	357
1 Scheiblette Käse (20 g)	65	273
1 Rogenbrötchen	100	420
1 Scheibe Knäckebrot	30	126
1 helles Brötchen	125	525

	kcal	kJ
1 Portion Müsli	512	2149
1 Portion Marmelade (20 g)	50	210
1 Portion Honig (20 g)	60	252
1 Apfel (125 – 150 g)	75	315
1 Banane (100 – 150 g)	110	462
1 Glas Milch (0,2 l)	90	378
Vollmilchjoghurt 3,5 %	175	734
fettarmer Joghurt 1,5 %	105	441
1 Glas Cola (0,2 l)	110	462
1 Glas Apfelsaft (0,2 l)	95	399

b) Sie hat die Empfehlungen aus Aufgabe 1 leicht überschritten (≈ 3396 kJ).

3. a)/b) –
  c) Es liegt mit 243 kcal im sinnvollen Bereich der Energiezufuhr. Da es sich aber fast nur um Zucker handelt, ist es sehr unausgewogen und kaum als gesund zu bezeichnen.

4. 1310 kcal; Vorschläge für 100 kcal bei einer Person von 50 kg:
20 min Badminton, 10 min Fitnesstraining, 17 min Inline-Skaten, 12 min schnelles Rad fahren,
10 min Squash spielen, 35 min Volleyball, 18 min Treppensteigen, 30 min Spazieren gehen,
15 min Fußball, 45 min Billard

Lösungen zu Bist du topfit?

Seite 222

1. a) 3,5 kg   **b)** 7,90 €   **c)** y = 1,2x; Preis pro kg   **d)** 17,10 €

2. a) 27,80 €   **c)** 4,14 m   **e)** 10 m²
    b) y = 1,2x + 8   **d)** 10 €; 1,30 € pro m²

3. arithmetisches Mittel: 12,53; Spannweite: 0,36; durchschnittliche Abweichung: 0,07

4. a) $A_O = 13{,}34$ m² $V = 2{,}874$ m³
    b) 22 589,6 kg
       um etwa 66 % leichter
    c) A_O wächst auf das 4fache (53,38 m²).
       V wächst auf das 8fache (22,99 m²).

Seite 223

1. a) Maßstab 1 : 40
    b) (1) $A_O \approx 6$ m²   (2) $A_O \approx 3{,}59$ m²   (3) $A_O \approx 2{,}86$ m²
    c) Es werden 12 Platten benötigt.
    d) ≈ 33,6 % Abfall entstehen
    e) Bei einem Bedarf von 1 867,5 ml ist die 2 l-Dose mit 24,95 € die günstigste Lösung.
    f) m ≈ 149,4 kg zusammen

2. a) ≈ 12 447 €
    b) Minimum: 8 748 €
       Maximum: 15 900 €
       Spannweite: 7 152 €
    c) durchschnittliche Abweichung: 2 623 €
    d) Normalpreis: 36 €
       ermäßigter Preis: 30 €

STICHWORTVERZEICHNIS

abgetrennte Zehnerpotenzen 30, 32
Additionsregel 7
Additionsverfahren 104, 105, 106
Ähnlichkeitsfaktor 122, 124, 130, 133
ähnlich zueinander 122, 124
Anstieg 65
Argument 59
Auflösen von Klammern 7, 17, 18
Aufriss 164
Ausklammern 7

Baumdiagramm 208, 210
Binomische Formeln 21

Definitionsbereich 59
DGS 138, 139, 142, 146
Diskriminante 191, 192
Divisionsregel 7, 17
Dreieck
- -e, Hauptähnlichkeitssatz für 135
- -, rechtwinkliges 158
Dreisatz 50

Einsetzungsverfahren 101, 102
Ergebnis 203
- -se, mögliche 203
- -ses, Wahrscheinlichkeit eines 204
Ergebnismenge 203

Faktorisieren 7, 23
Flächeninhaltsverhältnis 130
Funktion 54
-, konstante 74
-, lineare 63, 70, 78
-, quadratische 182
Funktionsgleichung 59, 60
Funktionsterm 60
Funktionswert 59

gebrochene Zahlen 43
Gegenereignis 204
gleichartige Glieder 7
- -r, Zusammenfassen 7
Gleichung
-, lineare 7, 89
-, Lösung einer linearen 7
-, Lösungsmenge einer linearen 7, 8
- mit Brüchen 15
- mit Klammern 13
-, quadratische 180
- -en, Umformungsregeln für lineare 7
Gleichsetzungsverfahren 99
Gleichungssystem
-, lineares 95
Goldener Schnitt 201
Graph 60
- einer linearen Gleichung 89, 93

Grundriss 164

Hauptähnlichkeitssatz für Dreiecke 135
Hohlzylinder 170
Hypothenuse 158

irrationale Zahlen 38, 41, 42, 43

Kathete 158
Kegel 161
- -s, Mantelflächeninhalt eines 166
- -s, Oberflächeninhalt eines 166
- -s, Volumen eines 166
Klammern in einem Produkt 18
konstante Funktion 74
Kubikwurzel 35, 37
Kugel 161
-, Oberflächeninhalt einer 166
-, Volumen einer 163

Längenverhältnis 124, 130, 133
- -se entsprechender Seiten 125
Laplace-Experiment 204
lineare Funktion 63, 70, 78
lineare Gleichung
- mit zwei Variablen 89, 93
lineares Gleichungssystem 95
- -n -s, grafisches Lösen eines 95
- Lösen nach dem Additionsverfahren 104, 105, 106
- Lösen nach dem Einsetzungsverfahren 101, 102
- Lösen nach dem Gleichsetzungsverfahren 99
- -n -s, Lösung eines 89
- -n -s, Lösungsfälle eines 96
Lösungsformel
- einer quadratischen Gleichung 191
Lösungsmenge
- einer Gleichung 7, 8, 16
- eines linearen Gleichungssystems 96
- einer quadratischen Gleichung 186, 192

Mantelflächeninhalt
- eines Kegels 166
- eines Prismas 166
- einer Pyramide 166
- eines Zylinders 166
- zusammengesetzter Körper 168
Maßstab 126
maßstäbliches
- Vergrößern 122
- Verkleinern 122
Multiplikationsregel 7, 17

Name eines Terms 6
natürliche Zahlen 43

Normalparabel 182
Nullstelle 73

Oberflächeninhalt
- eines Kegels 166
- einer Kugel 166
- eines Prismas 166
- einer Pyramide 166
- eines Zylinders 166

Pfadregeln
- bei zweistufigen Zufallsexperimenten 210
Potenzen
- mit natürlichen Exponenten 26
- mit negativen Exponenten 28
Prisma 161
- -s, Mantelflächeninhalt eines 166
- -s, Oberflächeninhalt eines 166
- -s, Volumen eines 166
Produktregel 210
proportional 50
-, umgekehrt 50
Proportionalitätsfaktor 67
Pyramide 161
-, Mantelflächeninhalt einer 166
-, Oberflächeninhalt einer 166
-, Volumen einer 166
Pythagoras
-, Satz des 158

Quadratfunktion 182
quadratische Ergänzung 189
quadratische Gleichung 180
- -n, Anzahl der Lösungen einer 183
- -n, grafisches Lösen einer 184
- -n, Lösungsformel einer 191
- -n, Lösungsmenge einer 186, 192
- -n, Normalform einer 191
Quadratwurzel 35, 37
-, Wert der 35
Quotientengleichheit 67

Radikand 35
rationale Zahlen 37, 38, 40, 41, 42, 43
rechtwinkliges Dreieck 158
reelle Zahlen 40, 42, 43
Rissachse 164

Satz des Pythagoras 158
Schrägbild 162
Steigung 65
Steigungsdreieck 68
Strahlensatzfigur 141
Strahlensätze 141, 146, 150
Struktur eines Terms 6
Subtraktionsregel 7
Summenregel 210

Tabellenkalkulation 49, 79, 118, 119
Term 6
- -s, Name eines 6
- -s, Struktur eines 6
- -en, Vorrangregeln für die Berechnung von 6
- -e, wertgleiche 6
Termumformung 6, 7

Umformungsregeln für Gleichungen 7
umgekehrt proportional 50

Vergleich
- von Zahlenbereichen 43
Verhältnis 124
Volumen
- eines Kegels 166
- einer Kugel 166
- eines Prismas 166
- einer Pyramide 166
- eines Zylinders 166
- zusammengesetzter Körper 168
Volumenverhältnis 133
Vorrangregeln 6
Vorsätze 31, 33

Wahrscheinlichkeit
- bei zweistufigen Zufallsexperimenten 210
- eines Ereignisses 204
- eines Ergebnisses 204
- und relative Häufigkeit 204
Wertetabelle 54, 60, 182
wertgleich 6
Wortvorschrift 60
Wurzelexponent 35

y-Achsenabschnitt 70

Zahlenbereiche 43
Zahlen
-, gebrochene 43
-, irrrationale 38, 41, 42, 43
-, natürliche 43
-, rationale 37, 38, 40, 41, 42, 43
-, reelle 40, 42, 43
Zehnerpotenz
-, abgetrennte 30, 33
Zufallsexperiment 203
-, zweistufiges 208, 210
Zuordnung 54
- eindeutige 54
zusammengesetzte Körper 169
Zweitafelbild 164
Zylinder 161
- -s, Mantelflächeninhalt eines 166
- -s, Oberflächeninhalt eines 166
- -s, Volumen eines 166

BILDQUELLENVERZEICHNIS

|akg-images GmbH, Berlin: 176.2, 201.1, 201.2. |alimdi.net, Deisenhofen: Carsten Leutzinger 167.3. |allOver - galérie photo, Plourivo: 12.1. |Ancke, Eugen, Weinbach: 179.1. |Arco Images GmbH, Iserlohn: Rolfes, W. 48.2. |Astrofoto, Sörth: 153.1; ESA 31.2; Numezawa, Sigemi 46.1. |Bierwirth, Arno, Osterode: 30.1, 86.2. |BilderBox Bildagentur GmbH, Breitbrunn/Hörsching: 115.2. |bpk-Bildagentur, Berlin: 200.2. |Bundesministerium der Finanzen, Berlin: 203.2, 213.2. |Bundesministerium der Finanzen/Referat Postwertzeichen, Berlin: Urheber der Zeichnung: Norbert Höchtlen 120.2. |Bütow, Heike Dr., Kemnitz (bei Greifswald): 9.1. |Bütow, Maria, Sulzbach: 104.1. |Caro Fotoagentur, Berlin: Korth 63.1. |CASIO Europe GmbH, Norderstedt: 121.1. |Colourbox.com, Odense: MAXPPP 126.1. |Damm, Köln: 173.2. |Deutsche Bahn AG/Mediathek, Frankfurt/M.: 53.2. |DRK Generalsekretariat, Berlin: 211.1. |eisele photos, Walchensee: 220.1. |ESA Headquarters, Paris CEDEX 7: Fuji, A. 175.1. |Faber-Castell AG, Stein: 182.1. |Fabian, Michael, Hannover: 50.2, 62.1, 81.1, 81.2, 81.3, 81.4, 81.5, 116.1, 167.2, 209.1, 213.3. |Fiedler, Klettbach: 160.1, 160.2, 160.3, 160.4. |Fnoxx, Stuttgart: 82.1. |Focus Photo- u. Presseagentur GmbH, Hamburg: eye of science/Meckes 32.1. |Fotoagentur Frank Ossenbrink, Bonn: 66.1. |fotolia.com, New York: Fatman73 31.1; Hackemann, Jörg 128.1; megasquib 138.2; Schmidt, Horst 86.1; vege 12.2. |Gebr. Märklin & Cie. GmbH, Göppingen: 129.1. |Gebrüder HAFF GmbH Feinmechanik, Pfronten: 153.2. |Getty Images, München: Business Wire 46.3; Hackenberg, Klaus 173.1; Hirdes, Frithjof 205.1; Madison, David 216.1; Svenja-Foto 202.1. |Getty Images (RF), München: Photo Disc/Morita, Daisuka 224.1; Photo Disc/Morita, Daisuke Titel. |Herzig, Reinhard, Wiesenburg: 71.1. |Hübscher, Heinrich, Lüneburg: 33.1, 33.2. |Imago, Berlin: Siering 222.1. |Kehrig, Dirk, Kottenheim: 87.1, 138.1, 138.3, 139.1, 139.2, 139.3, 139.4. |Köcher, Ulrike, Hannover: 77.1. |Ludwig, Matthias Prof. Dr., Würzburg: 176.1, 176.3, 177.1, 177.2, 177.3. |mauritius images GmbH, Mittenwald: 113.1; Beck 190.1; Frei, Herbert 73.1; Müller, Dr. J. 112.1; Schrempp 50.1. |Metegra GmbH, Laatzen: 95.1. |Microsoft Deutschland GmbH, München: 49.1, 49.2, 49.3, 79.1, 79.2, 79.3, 79.4, 79.5, 91.1, 118.1, 118.2, 119.1, 178.1, 180.1, 181.1. |OKAPIA KG - Michael Grzimek & Co., Frankfurt/M.: Kage, Manfred P. 46.2; Naturbild AB/Halling, Sven 167.1; phototake 27.1; Science Source 25.1, 28.1. |Picture-Alliance GmbH, Frankfurt/M.: 206.2; dpa-Zentralbild 115.1; dpa/Klefeldt 200.1; ZB 53.1. |Pitopia, Karlsruhe: 120.1. |Postel, Prof. Dr. Helmut, Kassel: 57.1. |Scala Electronic, Grünwald: 56.1. |Streiflicht Fotografie, Schwäbisch Gmünd: 206.1. |Tooren-Wolff, Magdalena, Hannover: 64.1. |Triebel, Jörg, Waltershausen: 133.1. |ullstein bild, Berlin: Caro/Meyerbroeker 94.1. |Volkswagen Aktiengesellschaft, Wolfsburg: 214.1. |Warmuth, Torsten, Berlin: 11.1, 26.1, 26.2, 68.1, 69.1, 91.2, 114.1, 114.2, 123.1, 132.1, 132.2, 203.1, 205.2, 205.3, 205.4, 208.1, 208.2, 212.1, 212.2, 213.1. |Werbefoto van Eupen, Babenhausen: 48.1. |www.herrenknecht.com, Schwanau-Allmannsweier: 218.1. |Yao, Yan, Houston: 12.3.

Wir arbeiten sehr sorgfältig daran, für alle verwendeten Abbildungen die Rechteinhaberinnen und Rechteinhaber zu ermitteln. Sollte uns dies im Einzelfall nicht vollständig gelungen sein, werden berechtigte Ansprüche selbstverständlich im Rahmen der üblichen Vereinbarungen abgegolten.